대학수학논리학회 수리논리 연구 시리즈 4

아리스토텔레스주의 실재론적 수학철학

An Aristotelian Realist Philosophy of Mathematics
: Mathematics as the Science of Quantity and Structure

제임스 프랭클린 지음
박우석 옮김

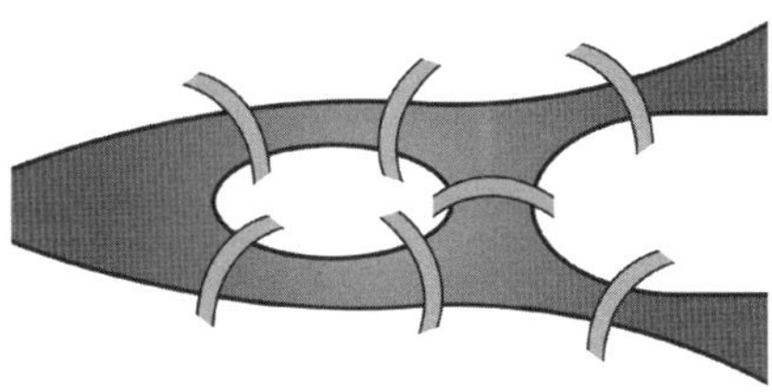

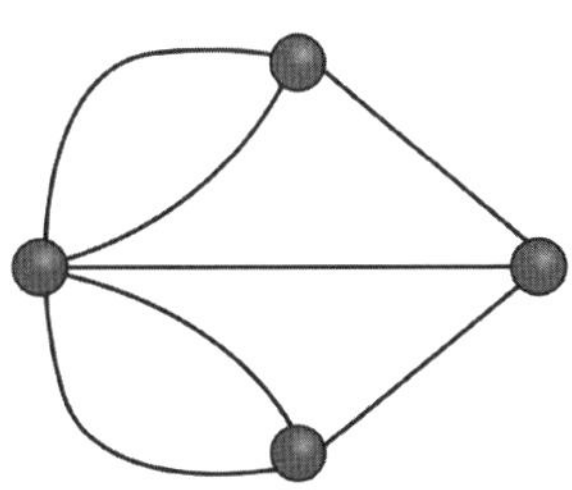

KM 경문사

First published in English under the title
An Aristotelian Realist Philosophy of Mathematics; Mathematics as the Science of Quantity and Structure
by J. Franklin, edition: 1

아리스토텔레스주의 실재론적 수학철학

지은이 제임스 프랭클린
옮긴이 박우석
펴낸이 조경희
펴낸곳 경문사
펴낸날 2022년 6월 24일 1판 1쇄
등 록 1979년 11월 9일 제1979–000023호
주 소 04057, 서울특별시 마포구 와우산로 174
전 화 (02)332–2004 팩스 (02)336–5193
이메일 kyungmoon@kyungmoon.com

값 26,000원

ISBN 979–11–6073–537–6

추천의 글

호주의 수학자이자 철학자인 제임스 프랭클린의 『아리스토텔레스주의 실재론적 수학철학』은 수학의 본성에 관한 전통적인 입장들을 비판하고 전통적인 논의에서 간과되어온 "아리스토텔레스주의 실재론"을 강력히 옹호하는 동시에 수학철학의 여러 문제들에 대해 새로운 시각과 과제를 내어놓는 풍부한 내용을 지닌 책이다. 아리스토텔레스주의 실재론이 수학철학의 여러 입장들 중 마음과 과학에 관해 알려진 사실과 가장 잘 부합하는 입장이라는 폴 테이가드의 평가에 동의하지 않는 사람도, 이 입장은 최소한 존 앤더슨과 데이비드 암스트롱 등에 의해 선도된 "호주의 실재론" 정신과 잘 부합하는 수학철학의 입장이라는 점에는 동의할 수 있을 것이다.

수학은 무엇에 관한 연구인가? 전통적인 견해들에 의하면 수학은 그 탐구대상의 존재론적 성격에서 경험과학과 확연히 구분된다. 플라톤주의에 의하면 수나 도형과 같은 수학적 연구의 대상들은 추상적인 것으로서 시공간 속에 존재하는 구체적인 대상들과 다르다. 반면 유명론에 의하면 수학적 대상은 아예 존재하지 않으며, 수학은 구체적인 대상들을 다루는 경험과학을 위한 추론적 도구 혹은 언어이다. 프랭클린의 아리스토텔레스주의 실재론은 플라톤주의와 유명론의 사이에서 그 답을 모색한다. 프랭클린에 의하면 "수학은 생물학이나 사회학과 꼭 마찬가지로 실제 세계에 관한 과학이다. 생물학이 살아있는 것들을 연구하고, 사회학이 인간의 사회적 관계들을 연구할 때, 수학은 사물들의 양적이고 구조적인 또는 패턴 지어진 측면들을 연구한다." 사물들의 양적이고 구조적인 측면에 해당하는 수학적 속성과 관계는 보편자이다. 아리스토텔레스주의 실재론은 수학적 연구 대상에 해당하는 보편자의 존재를 받아들이는 점에서 유명론과 다르지만, 이런 보편자를 추상적인 것이 아니라 물리적 혹은 다른 실재들에 의해 예화될 수 있는 구체적인 것으로 여긴다는 점에서 플라톤주의와도 다르다.

수학철학의 한 핵심 과제는 수학의 응용가능성 문제, 즉, 어떻게 수학이 실제 세계에 관한 경험과학에 잘 응용될 수 있는지를 설명하는 문제이다. 프랭클린은 수학의 연구 대상을 대칭성, 연속성과 같이 물리적 대상들에 의해 예화되거나 예화될 수 있는 보편자들로 간주하는 아리스토텔레스주의 실재론이 수학의 응용가능성 문제에 대해 플라톤주의나 유명론보다 더 우월한 해결책을 제시할 수 있음을 보인다. 그러면서 프랭클린은 수학철학의 다른 주요 문제들에 대해서도 아리스토텔레스주의 실재론이 플라톤주의나 유명론보다 더 나은 답을 내어놓을 수 있다고 주장한다. 자연수의 경우, 이는 추상적 대상이나 단순히 자연수 계열의 위치에 해당하는 것이 아니라, 세계의 부분들과 그것들을 구조화하는 단위-만들기 속성들 사이의 관계로 간주되어야 한다고 프랭클린은 주장한다. 예컨대 "지금 호수에 일곱 마리의 검은 백조가 있다"는 명제는 "지금 호수에 떠있는 검은 생물자원"이라는 세계의 한 부분과 "백조"라는 단위-만들기 보편자가 "일곱-사례로 예화된다"는 관계를 만족할 때 참이다. 자연수에 관한 이런 형이상학적 관점은 특유한 인식론적 관점과 짝을 이룬다. 즉, 이런 입장에 따르면 "지금 호수에 일곱 마리의 검은 백조가 있다"는 명제의 진위가 관찰에 의해 결정가능한 것은 작은 자연수에 해당하는 관계가 관찰가능하기 때문이다. 프랭클린은 수학이 양과 구조에 관한 연구라는 입장을 옹호함으로써 일부 구조주의 수학철학의 입장에 동조적이지만, 구조의 개념에 대한 불분명성 등 기존의 구조주의 수학철학의 문제점들을 해결하기 위한 제안을 시도한다. 예컨대 그는 "순수 구조적 속성"을 기본적으로 부분-전체론적 개념과 논리적 개념에 의해 정의될 수 있는 속성으로 규정한다. 프랭클린은 아리스토텔레스주의 실재론의 난제로 여겨질 수 있는 많은 문제들에 대해서도 해결책을 시도한다. 예컨대 "원"이나 "허수" 혹은 "0"과 같은 이상적인 수학적 개념들은 근사적으로 접근될 수 있는 것들, 원칙적으로 예화될 수 있는 것들, 혹은 유용한 허구들로 이해된다. 또한 수학적 필연성의 본성에 관련하여, 보편자들의 관계에 관한 논의에 의거하여 수학적 명제가 실재에 관한 진술이면서도 필연적일 수 있다는 논제를 옹호한다.

위의 논의는『아리스토텔레스주의 실재론적 수학철학』이 다루는 풍부한 내용의 일부분에 불과하다. 프랭클린은 응용수학과 수학적 모델 구성이 수학철학의 중요 연구과제가 되어야 한다고 여긴다. 이런 점에서 그는 기존의 수학철학에서 간과되어온 중요한 주제들에 대해 논의한다. 예컨대 "운영체제 연구(OR)", "제어이론(Control Theory)", "프로그램 검증" 등의 형식과학에 관한 논의와 수학에서 비연역적 추론의 역할에 관한 논의는 기존의 수학철학에 관한 저술들에서 찾아보기 쉽지 않은 유용한 내용을 담고 있다. 많은 철학적 논의가 그렇듯이, 프랭클린의 논지는 아리스토텔레스주의 실재론의 완전한 정당화에 미치지는 못하며, 그의 논의는 적지 않은 새로운 과제들을 남기고 있다. 그렇지만 이 책에 담긴 풍부한 논의는 수학이나 철학의 특별한 배경적 지식 없이 이해될 수 있으며, 주의 깊은 독자들은 수학철학의 주요 문제들에 대한 접근과 함께 아리스토텔레스주의 실재론에 대한 스스로의 의견을 형성할 수 있을 것이다. 박우석의 번역 작업 또한 수준급으로서, 번역자는 가독성을 높이기 위해 각별한 노력을 기울였다.

고려대학교 철학과 명예교수

정인교

옮긴이 머리말

이 책의 지자 제임스 프랭클린 교수는 1982년 워릭대학교에서 대수학 전공으로 박사 학위를 받았고, 그때부터 지금까지 뉴 사우스 웨일즈 대학교 수학과 통계학부 교수로 일해 왔다. 수학철학 책의 저자가 수학자라는 사실은 희귀한 사례이기도 하지만, 나에게는 그 자체로 의미심장하다. 철학자로서 수학철학을 연구한다고 하면 십중팔구 수학을 얼마나 아느냐는 의구심에 가득찬 시선을 받곤 했기 때문이다. 수학 바보에 틀림없는 사람이 수학 영재 집단인 카이스트에서 사반세기 넘게 수학철학을 강의하면서 마음고생이 얼마나 심했겠는가? 실제로 진짜 수학철학은 진짜 수학자가 가장 잘할 수 있지 않겠느냐고 학생들을 독려해 온 터라 수학자가 쓴 수학철학 저서를 접하면서 받는 감동은 형언하기 어려운 면이 있다.

책제목에서부터 충격을 받는 철학자 동료들이 제법 있다는 점은 자못 고무적이다. 아리스토텔레스주의를 표방한다는 데 놀라는 이들도 있고, (아리스토텔레스주의) 실재론을 자처한다는 데 놀라는 이들도 있는데, 다 이유 있는 반응이라 여겨진다. 서양철학사 전체를 반추하든 20세기 이래 수학철학의 역사만을 천착하든 아리스토텔레스주의 실재론적 수학철학은 확실히 생소한 면이 있다. 학문의 왕국에서 수학이 누려온 특권적 지위를 수학자 스스로 포기하려는 것일까? 아니면 다른 어떤 야심 찬 심모원려가 숨어있는가?

유클리드의 『기하학 원론』이 플라톤의 아카데미아에서 오랜 기간에 걸쳐 얻어진 성과를 집대성한 것이라면, 수학철학의 역사가 최소한 플라톤과 아리스토텔레스에게까지 소급된다는 것은 당연하다. 그러나 수학철학이 하나의 독립된 학문 분야로 자리 잡은 것은 1879년 예나대학교 수학교수 프레게가 현대수리논리학의 싹을 틔우고, 1903년 러셀이 역설의 발견을 통해 수학의 인식론적 토대에 관한 전면적 반성이 수학기초론이라는 분야를 낳게 된 이후의 일이다. 따라서 현대수학철학에서 아리스토텔레스의 이름을 듣기 어려워진 것도 결코 우연이 아니다. 20세기 중반 콰인이 수학기초론의 논리주의, 형식주의, 직관주의가 (아리스토텔레스의 학문적 권위가 가히 절대적이었던) 서양 중세시대의 보편논쟁에서의 실재론, 유명론, 개념론의 현대 판본이라고 시사했음에도 불구하고 아리스토텔레스에게 주어져야 할 응분의 자리를 거기서 찾아내기는 쉽지 않았기 때문이다.

왜 지금 '아리스토텔레스의 실재론적 수학철학'이 절실하게 요구되는지를 이해하기 위해서는 이 책 본문의 비판적 검토가 필수적일 것이다. 당장 지적해두고 싶은 점은 단 하나, 아리스토텔레스를 소환한다는 사실만으로도 이 책이 이미 상당히 새롭고 독창적이라는 점이다. 수학자의 직관과 지각의 유비에 기댄 괴델의 플라톤주의와 소위 필수불가결성 논증을 내세우는 콰인의 플라톤주의 이외에는 이렇다 할 획기적 수학철학이 나오지 않던 상황에서 1970년을 전후한 베나세라프의 도전이 레스닉이나 셔피로의 구조주의, 필드의 허구주의, 그리고 직관주의를 통해 논리주의, 형식주의, 직관주의의 재대결로 이어졌지만, 수학기초론을 중심으로 한 수학철학이 지니는 전형적인 면모에서 참신함을 기대하기는 어려웠다.

수학기초론을 중심으로 전개되는 수학철학에 대해 표출되는 불만 중 하나가 극히 희귀한 사례 외에는 응용수학이 철저히 무시되어왔다는 점이었다는 것도 시사하는 바가 크다. 프랭클린은 명시적으로 응용수학이 수학철학의 핵심이라고 천명하기 때문이다. 17세기 과학혁명과 그보다도 더 규모가 큰 18세기 말 제2과학혁명이 수학 없이는 불가능했으리라는 데 의문을 표하는 사람은 없다. 현대의 어떤 개별과학도 수학 없이는 불가능하다고 해도 이의를 제기할 사람은 그리 많지 않을 것이다. 사랑하는 아들딸들이 굳이 아인슈타인이나 퀴리 부인 같은 위대한 과학자가 되기를 바라지 않더라도 그들이 수학을 잘해야 좋은 대학에 진학할 수 있다는 것을 부정할 사람도 없다. 그러나 일단 현대 학문의 이상한 나라에 들어서고 나면 놀라운 현실에 부닥치게 마련이다. 수학자들은 생각만큼 힘이 세지 못하다. 우리나라의 경우 그 수도 터무니없이 적다. 수학이 인류의 먹거리 문제를 해결해주리라 믿는 사람은 당연히 없다. 수학 교수들은 일상적으로 그들의 성과가 도대체 어디에서 쓰일 수 있느냐는 학생들의 질문으로 곤욕을 치른다.

편의상 1900년을 분수령으로 삼고 칸토어의 집합론을 통해 무한의 영역을 쟁취한 수학자들이 현대수학의 모험에서 금시초문의 수학적 구조를 자유분방하게 탐구하며 독립성을 자축한다는 데 하등의 이상한 바가 없는 반면, 자연과학과 공학의 여러 분야에서 실질적으로 쓰이는 수학이 대부분 19세기 말까지 얻어진 성과라는 사실을 아울러 이해해야 오늘날 사회 안에서 수학이 지니는 위상을 어렴풋하게나마 파악할 수 있을 것 같다. 그리고 이런 정황을 배경 삼아야 간신히 현대수학철학에서 응용수학이 괄시받아 왔다는 문제를 프랭클린이 얼마나 심각하게 취급하는지를 이해할 수 있을 것이다. 비판의 표적이 된 주류 수학철학자들의 반응이나 스스로 응용수학자임을 자임할 다수의 자연과학자와 공학자들의 반향을 굳이 기다릴 필요도 없이 응용수학의 철학의 역사에서 그 노력은 높이 평가되고 길이 기억되리라 믿어진다.

수학기초론을 중심으로 한 현대수학철학은 현대영미분석철학의 전통에 서 있는 사람들에 의해 주도되어 왔다고 할 수 있다. 프레게, 러셀, 비트겐슈타인으로 이어지는 논리주의 전통이 플라톤주의적이고, 논리주의의 후계자로 자처하는 것이 오늘날의 수학적 구조주의자들이므로, 종래의 수학철학의 개혁을 꿈꾸는 프랭클린이 이 책에서 플라톤주의자/유명론자라는 거짓 이분법을 비판하면서 판을 새롭게 짜려고 노력한다는 사실은 성공 여부와 무관하게 통쾌하다. 프랭클린은 과연 양과 구조의 과학으로 수학을 규정하면서 아리스토텔레스주의 실재론적 수학철학을 통해 현대수학의 위용을 훼손하지 않으면서 오늘날의 주류 수학철학인 구조주의를 효과적으로 공격하는 데 성공하고 있는가? 무한의 문제가 지나치게 강조되어 왔다는 프랭클린의 대담한 주장은 장차 수학철학의 향방에 어떤 영향을 미칠 것인가? 그의 준플라톤주의적 아리스토텔레스주의는 구조주의와 어떤 점에서 결정적인 차별성을 확보하는가?

이 책의 전반부는 종래 수학철학의 쟁점들에서 주도적이었던 입장들을 비판하며 대안으로 제시되는 아리스토텔레스주의 실재론적 수학철학을 이해하는 데 바쳐지고 있다. 반면에, 후반부는 비교적 최근에 와서 부각된 수학철학의 현안들에 대해 아리스토텔레스주의 실재론적 수학철학이 기본적으로 어떤 자세를 취하고 있고, 또 어떤 기여를 할 수 있을지를 조감하는 데 바쳐지고 있다. 종래 수학철학의 내용이 단적으로 증명의 이해에 치중되어 있었다는 점을 상기한다면, 수학에서의 다이어그램 등 시각화 기법에 관한 폭증하는 관심은 최근 수학철학의 움직임이 예사롭지 않다는 것을 짐작할 수 있게 해준다. 종래 과학철학에서 과학적 설명이 핵심 문제였던 데 반해 수학에서의 설명의 문제는 최근 만코수 등에 의해 제기되기까지 거의 논의되지 못한 문제이므로, 이 문제에 대해 프랭클린이 초미의 관심을 쏟는다는 점만으로도 그가 현대수학철학의 첨단 조류에 시의적절하게 대처하고 있다는 것을 잘 알 수 있다. 크게 보아 종래 수학철학과 달리 수학자들의 실제 추리와 작업을 충실하게 반영하려는 최근 수학철학의 동향을 잘 대변해주는 프랭클린의 이련 연구가 최근 인지과학의 성과에 대해서 깊은 관심을 표명한다는 점 또한 지극히 자연스럽다.

이 책의 마지막 부분이 수학에서의 이상화 문제와 비연역적 논리학의 문제를 다룬다는 것, 그리고 무엇보다도 리만 가설이 화제로 이용된다는 점은 여러 가지 점에서 반갑다. 수학 바보가 리만 가설에 대한 논의를 얼마만큼이나 이해할 수 있겠는가? 그러나 정답이 나와 있는 연습문제 풀이가 아니라 미해결의 난제들에 대해 용감하게 도전하는 수학의 모습을 훔쳐보며 철학 하고 싶고 또 꼭 그래야만 한다. 그런 관점에서 수학에서의 이상화 문제는 수학의 정체성에 관련된 궁극의 철학적 난제이고, 비연역적 논리학의 문제는 그 마(魔)의 산 등정에 도전하기 위해 등산화 끈을 묶는 일로 파악된다. 수학자가 진짜 수학철학의 시범을 보여준 책의 결론부에서 수학 바보와 의기투합한다는 것은 믿기 어려운 일인 까닭에 기쁨을 한없이 증폭시켜준다.

아마도 그 놀라움과 기쁨이 이 책을 번역한다는 가당치 않은 일의 추동력이 되어주었을 것이다. 이미 지극히 주관적인 감상의 흐름을 따라 써내려간 이 글을 조금 더 개인적인 추억들로 마무리하는 것은 특권적 호사로 여겨주시기 바란다. 4년 전쯤 “수학의 과학에의 적용”에 관해 내가 조직한 소규모 국제학술워크숍에 프랭클린 교수를 강연자 중 한 분으로 초빙했으나 일정상의 연유로 불운하게도 실현되지 못했다. 얼마 후 우리는 빠른 시일 내 한번 만나야 한다는 데 동의했다. 그리고 곧 코로나가 지구를 덮쳤다. 이런 액운이 아니었다면 직접 만나서 우리는 무슨 이야기를 나누었을까? 아마도 나는 왜 이 책에서 수학사로부터 취재한 에피소드들을 좀 더 많이 논의하지 않았는지 따졌을 것 같다. 아리스토텔레스주의 실재론적 수학철학은 어쩌면 19세기 말에 이르기까지 수학사 전체를 실질적으로 지배했다고 볼 수 있지 않은가? 프랭클린 교수가 그동안 출판한 다수의 저서와 논문들을 보면 이 책을 철학사와 수학사의 관점에서 써낼 역량이 충분하다. 왜 그러지 않았을까? 아마도 그는 빙긋 웃고 말았을 것이다. 덩달아 나도 피식 웃고 말았을 것이다. 그 구상을 실현하기 위해서는 백과사전 열 권 분량의 대작이 필요하기 때문이다.

프랭클린 교수가 아리스토텔레스주의 실재론적 수학철학에 도달하는 긴 학문적 여정에는 수없이 많은 기연(奇緣)이 개입했을 것이다. 예컨대 보편자 문제에서 가장 두드러진 거목 중 한 분인 고(故) 데이비드 M. 암스트롱 교수와의 공동연구를 지목할 수 있겠다. 앞에서 언급한 바 있는 현대 수학기초론과 중세 보편논쟁 사이의 친화성은 실제로 내가 중세 형이상학자 둔스 스코투스의 개체화 이론을 박사학위 논문 주제로 삼는 데서 결정적인 역할을 했다. 개체화 문제에서 걸어 다니는 백과사전이라 불리던 호르헤 그라시아 선생님과 아리스토텔레스 논리학의 현대적 해석에서 불후의 업적을 남긴 존 코코란 선생님으로부터 받은 학은이 가슴에 사무친다. 프랭클린 교수가 이 책에서 그려준 보물지도를 따라가며 어느 부분에 흔적을 남겨야 할까? 니노 B. 코키아렐라 교수의 형식존재론, E. 질라 교수의 옥스퍼드 계산가 연구, 내가 멘토로 모시는 존 우즈 교수와 로렌조 마냐니 교수의 가추(abduction) 연구, 그리고 다시 우즈 교수의 아리스토텔레스의 초기 논리학 연구를 어떻게 프랭클린 교수의 구상에 융합할 것인가?

수학 바보가 카이스트에서 수학철학 강의를 할 수 있도록 곁에서 지켜준 인문사회과학부 동료로 과학사가 김동원 교수와 시각 전공인 인지과학자 김정훈 교수에게 감사한다. 그리고 카이스트 수학과의 최우진, 권길헌, 곽도영, 김성호, 김동수, 진교택, 엄상일, 박진현 교수님들로부터 받은 영감에 감사드린다. 한국논리학회의 동지들, 특히 다년간에 걸쳐 공동연구를 함께 수행한 박준용, 최원배, 전영삼, 김세화 교수님께도 큰 빚을 졌다. 오랫동안 학회의 기둥 역할을 해 오신 정인교 교수님께 진 빚을 갚는 일은 오래전에 포기했는데, 결국은 이 책의 심사와 서평을 떠맡기는 불상사까지 초래되었다. 박창균 교수님과 김병한 교수님이 아니었다면 대한수리논리학회도 경문사의 수리논리 연구 시리즈도, 그리고 이 번역서도 존재할 수 없었을 것이다. 경문사의 여러 선생님들, 특히 꼼꼼하게 교정과 윤문을 담당해주신 송지은 편집과장님, 그리고 수학 교육에서 철학의 역할에 관해 소중한 의견을 나눠주신 이보선 부장님과 박종화 상무님께도 고마운 마음을 전하고 싶다.

2022년 초여름
박우석

차례

추천의 글 ········ iii
옮긴이 머리말 ········ vii
차례 ········ xv
그림 차례 ········ xvii
표 차례 ········ xix

서론 ········ 1

제1부 양과 구조의 과학

제1장 아리스토텔레스주의 실재론적 관점 ········ 13
제2장 예화되지 않은 보편자와 '준플라톤주의적' 아리스토텔레스주의 ········ 31
제3장 초보수학: 양의 과학 ········ 47
제4장 고등수학: 순수하게 구조적인 것의 과학 ········ 73
제5장 실재에 관한 필연적 진리 ········ 103

제6장 형식과학이 현자의 돌을 발견하다 ······ 125
제7장 비교와 반론 ······ 155
제8장 무한 ······ 203
제9장 기하학: 수학인가, 경험과학인가? ······ 223

제2부 수학적 실재 알기

제10장 수학 알기: 양과 구조의 패턴 인식과 지각 ······ 263
제11장 수학 알기: 시각화와 이해 ······ 287
제12장 수학 알기: 증명과 확실성 ······ 307
제13장 수학에서의 설명 ······ 331
제14장 이상화: 아리스토텔레스주의의 견해 ······ 355
제15장 수학 안의 비연역적 논리학 ······ 385

에필로그: 수학, 이성의 최후의 요새 ······ 417
간추린 참고문헌 목록 ······ 421
찾아보기 ······ 425

그림 차례

그림 I.1 네 (개의) 대상들에는 여섯 가지 다른 쌍이 있다. ··· 1

그림 3.1 교차된 부분이 또 다른 정사각형인 정사각형들 ··· 57

그림 3.2 왜 2 × 3 = 3 × 2인가? ··· 67

그림 4.1 쾨니히스베르크의 다리들 ··· 74

그림 4.2 다른 양들 사이의 똑같은 관계의 그래프들 ··· 83

그림 4.3 기하급수적 성장 곡선 ··· 84

그림 4.4 세 점으로 하는 조합수학 ··· 93

그림 5.1 정사각형 타일로 평면 채우기 ··· 104

그림 5.2 정육각형 타일로 평면 채우기 ··· 104

그림 5.3 정오각형 타일들로는 평면을 채울 수 없음 ··· 105

그림 5.4 에셔의 폭포 ··· 107

그림 5.5 수직적으로, 수평적으로, 그리고 중앙에 대칭적인 형태 ··· 108

그림 6.1 다시 쾨니히스베르크의 다리들 ··· 147

그림 8.1 여러 단계의 경로에 의한 대각선의 '근사' ··· 209

그림 8.2 내접하는 정다각형과 외접하는 정다각형에 의해 원주로 접근하기 ··· 210

그림 9.1 2차원에서의 배열된 집합 ······ 230
그림 9.2 자연적 2차원 순서를 갖는 전순서 집합의 그 자신과의 외적 ······ 230
그림 9.3 파푸스의 정리 ······ 234
그림 9.4 일곱-점 평면 ······ 236
그림 9.5 먼셀 판본의 색깔 구체 ······ 244
그림 10.1 x로부터 y를 예측하는 단순 신경망 ······ 269
그림 10.2 점들의 집합에 가장 잘 맞는 선 ······ 270
그림 10.3 정사각형, 마름모꼴, 정사각형을 시사하는 맥락에서의 '마름모꼴' ······ 283
그림 10.4 똑같은 나무 구조의 세 가지 실현 ······ 284
그림 11.1 왜 $2 \times 3 = 3 \times 2$ ······ 291
그림 12.1 다시 여섯 점으로 하는 조합수학 ······ 309
그림 12.2 왜 $(2k)^2 = 4k^2$인가? (답: $2k \times 2k$ 정사각형은 네 개의 $k \times k$ 정사각형으로 이루어지니까) ······ 312
그림 13.1 홀수들의 합은 제곱 ······ 336
그림 13.2 다시 쾨니히스베르크의 다리들 ······ 344
그림 13.3 물레방아 연동기, Worthing, Norfolk, 1876 ······ 345
그림 14.1 인수 r에 의한 평면의 팽창 ······ 370
그림 14.2 0을 포함한 수선 ······ 380

표 차례

표 3.1 동전을 네 차례 던졌을 때 가능한 결과들 ········· 59
표 11.1 min(i, j)와 같은 i, j째 엔트리의 배열 ········· 293
표 15.1 초기의 리만 제타 함수의 해들의 계산들 ········· 394
표 15.2 훗날의 리만 제타 함수의 해들의 계산 ········· 394
표 15.3 뫼비우스 함수의 첫 몇 값들 ········· 396

서론

여기서 옹호될 수학철학에 따르면, 수학은 생물학이나 사회학과 꼭 마찬가지로 실제 세계에 관한 과학이다. 생물학이 살아있는 것들을 연구하고, 사회학이 인간의 사회적 관계들을 연구할 때, 수학은 사물들의 양적이고 구조적인 또는 패턴 지어진 측면들을 연구한다.

한 가지 전형적인 수학적 진리는, 네 (개의) 대상들에는 여섯 가지 다른 쌍이 있다는 것이다:

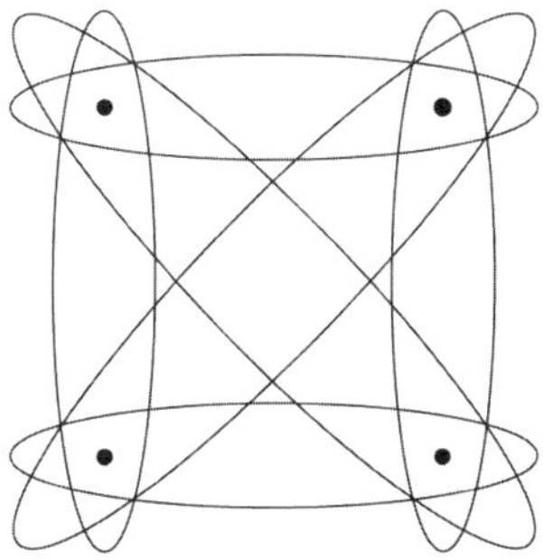

그림 I.1 네 (개의) 대상들에는 여섯 가지 다른 쌍이 있다.

그 대상들은 어떤 종류에 속하는 것일 수도 있다: 물리적, 정신적, 또는 추상적. 수학적 진술은 대상들의 그 어떤 속성들도 언급하지 않으며, 오직 그 네 대상의 복합체 내 부분들의 패턴 짓기만을 언급한다. 따라서 그 진리는 대상들의 수와 (대상들의) 쌍의 수 사이의 필연적 관계를 다루는 데 있어서 순수한 구조에 관한 것이고 또한 양적이다.

만일 그 진술이, 예컨대 바이러스가 독감의 원인이라는 것보다 실제 세계에 관해 덜 확고한 진리라고 여겨진다면, 그것은 단순히 관계에 관한 우리의 맹목성 탓이거나 그것을 사물과 속성보다 다소간 덜 실재적인 것으로 간주하는 경향 탓이다. 그러나 관계(이 예에서는 한 구조의 부분들 간 동등성의 관계들)는 색깔이나 원인만큼 실재적이다. 수학이 한 가지 실체적 진리를 다른 것들로부터 도출해내기 위한 방법과 공식들이 담긴 가방, '이론적 착즙기'에 지나지 않는다는 공학자들의 견해에 대해서는 할 말이 없다. 대상의 쌍에 관한 진리는 본성상 가설적이거나 논리적이거나 상징적이지 않으며 대상들—물리적이든 아니든 어떤 종류의 대상이건 실재적인 대상들—에 관한 직설적인 진리이다.

그 방향에서 출발하는 수학철학은 수학철학에서 논의를 주도해 온 두 철학인 플라톤주의, 유명론과 대조되는 점이 많다. 플라톤주의는 어떤 의미에서 필연적으로 추상적이고 물리적 대상들로부터 분리된 실재성을 수학의 대상들에 귀속시키고, 수학적 대상들을 (3이라는 수와 같은) 개별적인 것으로 간주한다. 그러나 아리스토텔레스주의는 대칭성, 비례, 그리고 다른 수학적 속성들을 (다른 어떤 실재가 있건 간에) 물리적 실재에 복수로 실현될 수 있는 것으로 취급한다. ("될 수 있는"이라는 한정은 중요하다: 예를 들어, 무한이 물리적 세계에 실현된다고 결정하는 것은 이론이 아니라 세계를 위해서이다. 그러나 아리스토텔레스주의는 플라톤주의와 달리 그것이 문자 그대로 실현될 수 있는 속성이라고 주장한다.) (형식주의와 논리주의 같은 판본을 포함하는) 유명론은 수학을 실재하는 주체를 전혀 가지지 않고 그저 일상적인 물리적 대상들에 관해 이야기하거나 추론하는 방식에 불과한 것으로 간주하는 반면, 아리스토텔레스주의는 수학을 문자 그대로 실재의 어떤 측면에 관한 것이되 개별적 대상들에 관한 것이라기보다는 특정한 종류의 속성과 관계에 관한 것으로 간주한다.

이 관점은 이어지는 장들에서 다루어질 몇 가지 문제를 제기한다.

첫째로, 관계와 그 밖의 속성은 어떤 종류의 실재성을 갖는가? 제1장은 아리스토텔레스주의 수학철학이 하나의 예인 일반적인 형이상학적 관점을 설명하면서 아리스토텔레스주의 실재론에의 입문을 제공한다. 아리스토텔레스주의 실재론은 수학적 속성들과 그 밖의 다른 모든 속성들이 (비록 어떤 것이 현실적으로 사례화되는지는 선험적 문제가 아니라 자연이 결정하고 과학이 발견할 문제라고 할지라도) 물리적 또는 다른 실재 안에 사례화될 수 있다고 주장한다. 제2장 "사례화되지 않은 보편자들과 '준(準)플라톤주의적' 아리스토텔레스주의"는 수학이 물리적 실재 안에서 발견되지 않는 고차적 질서의 무한 같은 구조에 개입하기 때문에 수학철학과 특별히 연관성이 있는 아리스토텔레스주의 실재론의 한 가지 측면, 즉 사례화되지 않은 속성들의 지위에 관해 논의를 전개한다. 그렇다면, '양', '구조' 또는 '패턴'은 정확히 무엇을 의미하는가? 그것들은 모호하기로 악명 높은 단어들이고, 특히 '구조'가 그러하다. 제3장 "초보수학: 양의 과학"은 수학의 전통적 대상이고 일용할 양식 문제에서도 여전히 주된 주제인 '양'을 다룬다. 비례, 수, 집합은 아리스토텔레스주의의 용어로 실재에서 발견되는 속성들과 관계들로 설명된다. 제4장 "고등수학: 순수하게 구조적인 것의 과학"은 현대 고급 수학의 전형적인 주제인 구조를 다룬다. 구조주의 수학철학을 개발하려는 다양한 시도들은 구조가 무엇인가를 묻는 정의 문제를 거론하지 않거나 어떤 종류의 집합이나 다른 추상적 대상들을 '구조들'로 추구해왔다. 우리는 그 대신 사물들의 어떤 속성이 구조적인지 정확한 특성화를 추구해야 한다.

그다음 문제는 수학적 진리의 필연성에 관한 것으로 거기에서 그것들에 대한 특정의 지식을 얻을 가능성이 따라 나온다. 수학철학은 일반적으로 수학의 필연성과 확실성을 부정하는 밀(Mill)과 라카토슈(Lakatos) 스타일의 경험주의이거나 필연성을 인정하지만 (플라톤주의, 형식주의, 그리고 논리주의의 경우 각각 다른 이유로) 수학이 실제 세계에 직접적으로 적용된다는 것을 부정하는 경향이 다수다. 그러나 아리스토텔레스주의 수학철학은 실제 세계에 대한 직접적인 지식에서 필연성을 찾는다. 그 예와 반론들에 대한 방어가 제5장 "실재에 관한 필연적 진리들"에서 주어진다. 필연성과 실재성의 결합이 어떤 방식들에서 고유의 수학보다 더 분명한 운영 연구 같은 더 넓은 (의미의) 수리 또는 형식과학에서의 상황은 제6장 "형식과학이 현자의 돌을 발견하다"에서 기술된다. 과학에서, 특히 최근의 흥미진진한 '복잡성의 과학'에서 수학의 역할은 아리스토텔레스주의의 관점에서 자연스러운 결과로 설명된다: 복잡성은 단지 구조의 풍요성일 뿐이다.

아리스토텔레스주의 수학철학의 본질적 요소들이 주어짐에 따라 제7장은 20세기에 주도적이었던 플라톤주의와 유명론의 수학철학들과의 비교, 그리고 그로부터 제기되는 반론들에 대한 답변을 시도한다.

제8장은 "무한"이라는 특별한 주제를 다룬다—우리는 수들이 결코 소진되지 않는다고 옳은 확신을 하지만, 그것이 무엇을 의미하는지와 경험을 한참 넘어서는 것을 우리가 어떻게 알 수 있는지는 수학철학이 반드시 설득력 있게 설명해야 할 일이다. 그리고 세계는 사실상 유한할 수 있으므로 무한은 아리스토텔레스주의 철학이 사례화되지 않은 속성들을 설명할 수 있는지를 가릴 테스트 케이스이다.

제9장은 고대에는 수학의 중심 부분으로 간주되었지만 비유클리드 기하학의 발견 이후 구름에 가려지고 단지 실제 공간의 물리학에 불과한 것이 아닌지 의심받는 '기하학'을 다룬다. 수학적인 것과 물리적인

것 사이의 구분이 결정된다.

'수학 알기'에 관한 제10, 11, 12장은 인식론을 다루는데, 그것은 아리스토텔레스주의의 관점에서 전통적인 대안들과 아주 다르다. 소규모의 양과 구조에 관한 직접적 지식은 지각으로 알 수 있고, 아리스토텔레스주의 인식론은 유아 발달에 관한 연구로 알려진 바와 잘 연결된다. 그러나 수학적 지식은 지각의 진술을 확장하기 위해 상당량의 지적 작업을 필요로 한다. 시각화는 지각되지 않은 구조에 직접적인 총체적 통찰을 제공함으로써 증명을 보충한다. 어떻게 증명이 수학적 필연성을 지니는 지식으로 인도하는지를 설명하는 데 있어서 몇 가지 놀라운 점이 있다. 제13장은 수학의 인식론에서의 특별한 주제인 설명을 다룬다. 수학적 설명들은 왜 실제 세계 내의 패턴들이 반드시 있는 바대로 그래야 하는지를 보여준다. 제14장은 또 다른 특별한 주제인 이상화(idealization)를 다룬다: 플라톤주의자들이 강조해왔듯, 수학은 종종 실재에서 정확히 찾아지지 않는 완벽한 원들과 같은 이상화된 존재자들을 다루는 것으로 여겨지고, 그에 따라 실재가 현실적으로 지닌 수학적 구조를 연구하는 데 있어서 그런 존재자들의 역할은 조심스러운 설명을 필요로 한다.

수학적 진리가 종종 증명될 수 있다는 사실은 그에 관계된 경험적 증거가 있어야만 될 가능성을 배제하지 않는다. 플라톤주의든 아리스토텔레스주의든 간에, 실재론자의 관점은 과학 탐구의 표준적인 논리적 방법들이 수학에도 작용 가능함을 발견하기를 기대할 것이다. 어떤 추측들은 그에 대한 훌륭한 증거를 갖고, 그 추측을 증명하기 위해 애쓰는 노력을 정당화해줌이 바로 그 증거이다. 제15장 "수학의 비연역적 논리"는 그 주제를 개관한다. 진리가 필연적인 수학에서 실험적 증거의 존재는 확률이 최소한 때로는 순수 논리학의 문제, 가설들과 그에 대한 증거 사이에 성립하는 일종의 부분적 함축이라는 케인즈(Keynes)의 견해를 되살릴 필요성을 보여준다.

그렇다면 수학은 실제 세계의 한 가지 종류의 속성들—수와 크기 같은 양적인 속성과 그리고 대칭성, 연속성, 갈라짐 같은 구조적 속성—에 대한 지식을 주는 하나의 진정한 과학이다. 수학적 진리에 관한 지식은 다른 사실적 진리와 마찬가지로 똑같은 수단—지각과 특수자들로부터의 추론—을 통해 올 수 있다. 그러나 수학은 자연과학의 진리들에는 결여된 필연성도, 어떤 경우에는 증명을 통한 확실성을 갖고 알 수 있는 필연성도 지닌다.

아리스토텔레스주의 수학철학의 독특한 특징들—그것을 수학철학에서의 다른 모든 대안들로부터 첨예하게 구별짓는 주장들—은 다음과 같다:

- (물리적, 그리고 어떤 것이든 다른) 세계의 특정 실재적 속성들(비례, 대칭성 등)은 수학의 대상에 포함된다.
- 비록 어떤 수학적 속성은 현실적으로 사례화되지 않을 수도 있지만, 그 속성들 모두 사례화될 수 있다.
- (비물리적 영역의 비인과적 존재자들이라는 플라톤주의적 의미에서) 추상적 대상은 아예 없고 그에 대한 필요도 전혀 없다.
- 응용수학은 수학철학의 핵심이다.
- 물리적 실재에 문자 그대로 참인 필연적인 수학적 진리들이 있다.
- 가장 단순한 수학적 진리들은 참인 것으로 지각될 수 있는 반면, 다른 것들은 더 지적인 방법들에 의해 확립될 수 있다.

진리, 필연성, 확실성, 그리고 수학의 중요성에 관한 강한 주장들은 언제나 이루어졌다. 그 주장들은 모두 참이다. 특히 오늘날 그 주장들에 대한 분명한 옹호가 필요하다. 현실과 먼 플라톤주의의 존재자들이나 단지 언어가 과학에서 그토록 효과적일 수 있느냐는 답변 불가능한 문제들로부터 해방되어 아리스토텔레스주의의 구조주의 수학관은 우리 문명이 실재를 파악하는 주된 수법 중 하나로서 수학을 응분의 위치로 복권시킬 것이다.

제1장에서 소위 엄격한 의미의 철학을 시작하기에 앞서 짧게 사고실험을 하나 해보자. 그 실험은 세계의 수학적 특색들을 그것들 자체 안에서 개념화하는 일이 어떠할지를 극화함으로써 철학을 할 준비를 하게 해줄 것이다.

가능한 한 순수하게 물리적인 세계를 상상해보라. 그 세계는 플라톤주의적 수 같은 추상적 존재자들, 인간이든 신이든 정신들, 그리고 언어들을 전혀 포함하지 않는다—그저 우리가 일상적으로 이해하는 대로 다양한 질량, 형태, 상대적 거리, 힘, 속도, 원자 구성, 양자 상태 등을 지닌 물건 조각인 물리적 대상들만을 포함한다. (물론 그 안에 상상이 없는 세계를 상상하는 데는 다소의 난점이 있다. 그러나 말하자면 우리가 의식을 지닌 동물의 삶이 시작되기 이전의 지구를 다루고 있다고 가정함으로써 가능한 한 물리적 세계를 분리하자.) 그 세계에는 (가능한 한 단호하게 이야기해서) 수학적 본성을 가진 어떤 것이 있는가, 없는가?

질량을 갖는 대상들이 있다면, 질량들은 서로서로 특정의 관계 속에 있다—어떤 것들은 다른 것들보다 더 큰 질량을 갖고, 어떤 것들은 훨씬 더 많은 질량을 갖는다. 그 관계들은 그것들을 지각하거나 이름 짓거나 측정함으로써 창조되는 것이 아니다: 그것들은 물리적 재료 자체 안에 내재한다. 나아가서, 있는 바 그대로, 질량들은 단지 다소의 관계만 가지는 것이 아니라 정확한 비례의 관계나 비율의 관계를 갖는다. 예를 들어, 만일 어떤 질량이 (하나의 박테리아가 번식할 때같이) 복제되면, 그 합의 질량은 원래 질량과 확정적 관계를 갖는다. 그 비율 자체가 속도들 사이나 거리들 사이나 힘들 사이에 성립하는 비율 안에 복제된다. 그 비율들은 상호 관계를 맺는다; 예를 들어, 만일 (힘, 질량, ⋯) a의 b에 대한 비율이 c의 d에 대한 비율과 같다면, a의 c에 대한 비율은 b의 d에 대한 비율과 같다. 같은 종류의 존재자들 사이 비율들 각각의 시스템은, 비록 물리적 실재에 완전히 실현되었더라도, (최소한) 우리가 연속체 또는 실수들의 체계라고 부르는 데 익숙한 바(의 일부)와 신비한 유사성을 갖는다. ("최소한 …의 일부"라는 한정어를 덧붙인 것은 만일 우주가 유한하면 아주 크고 아주 작은 비율들은 물리적 실재에 실현되지 않을 수 있다는 사실을 허용하기 위함이다. 우리는 여기서 단지 어쩌다 실현된 비율들에 관해 이야기하고 있다.)

이산적 양에 대해서도 유사하다. 세계의 부분들은, 그 어떤 이름 짓기에도 앞서, 어떤 측면에서 동일한 이산적 덩어리들로 등장한다: 예를 들어, 질량과 전하가 동일한 전자들, 형태, 크기, 그리고 생화학적 특징이 아주 유사한 사과들. 그런 큰 덩어리들의 질량은 같은 종류의 개체들과 특정 관계를 갖게끔 조직되어 질량 간의 어떤 특징적인 관계로 인도된다: 예를 들어, 그 어떤 전자들의 더미도 한 부분과 동일한 부분으로 구성되거나 또는 한 부분과 남겨진 한 전자와 동일한 부분으로 구성된다. 다시 말해서, 우리가 정수들의 산수라고 부르는 것은 그 어떤 인간의 사고나 추상적 대상들의 개입에 앞서 (또다시 우주 내 사물의 수에 이르기까지) 물리적 실재의 부분들 사이의 관계들 안에 실현된다.

질량이 우주 안에 배열되는 방식은 무작위적이지만, 종종 (정확히든 근사적으로든) 대칭적이다. 눈송이들은 정육각형의 대칭성을 지니고 성장하고, 행성의 궤도는 주기적으로 반복되고, 동물들은 양측 대칭에 가깝게 성장하고, 나무들은 무작위적 요소들로 원형에 가까운 대칭성을 갖는다. 또 부분들 간의 이 같은 대칭성은 어떤 생각이나 그것들의 기술보다도 앞서 존재하고, 일견 최소한 어떤 추상적 존재자나 청사진도 포함하지 않는다. 그러나 대칭성과 (근사적 대칭들을 포함하여) 그와 같은 종류들은 군론(群論: group theory)이라 불리는 고등 순수수학 분과의 주제이다. 따라서 또 그와 같은 종류의 상당히 수학적 구조는 양처럼 문자 그대로 물리적 세계 내에 실현된다.

많은 흐름과 세계 내 그와 유사한 과정들이 연속적이다. 최소한 동물의 지각 수준에서 그러하다. 따라서 그 흐름들은 문자 그대로 거리, 속도, 그리고 가속도 간에 성립하는 것들과 같은, 양의 과학, 미적분에서 연구되는 관계들을 실현한다. 그렇지 않고 만일 지극히 작은 규모에서 우주가 이산적이라면, 그것들은 미적분에 이산적으로 근사한 대응 관계들을 실현한다—예를 들어, 한결같은 상대적 성장률과 기하급수적 성장 곡선들 사이의 관계는 연속적인 경우와 이산적인 경우 양자 모두에서 성립한다. 어떤 경우라도 우주는 문자 그대로 그 수학적 구조를 실현한다.

자, 이제 그 사실들을 납득하게 해줄 철학적 관점에 대한 설명을 시작하자.

제 1 부

양과 구조의 과학

1 아리스토텔레스주의 실재론적 관점

전통적 수학철학에서 느끼는 불편함 중 많은 부분은—응용수학의 무시, 복잡한 구조들 대신 집합들, 수들, 그리고 논리학에 병적 애착, 작은 유한한 구조에 앞서는 무한들에 대한 관심, 어떻게 '추상적' 대상들을 알 수 있는가 하는 데 관한 인식론적 막다른 골목—마치 그것들이 유일한 대안인 것처럼 플라톤주의와 유명론 사이에서 요동친다는 데서 온다. 따라서 형이상학에서의 아리스토텔레스주의의 선택지에 대한 간략한 소개로 이야기를 시작하는 것이 바람직하다. 이 장은 속성에 관한 아리스토텔레스주의의 윤곽을 잡고, 그것을 믿는 주된 이유들을 개관하는 '개인지도격' 안내로 구상되었다. 아리스토텔레스주의 실재론은 수학철학에서는 무시되어 온 선택지이지만,[1] 일반 형이상학에서는 잘 알려져 있어 아리스토텔레스주의, 플라톤주의, 그리고 유명론에 대한 장황한 찬반 토론은 각주들에 나오는 참고문헌에 맡겨두고 근거만 요약해서 다룰 수 있다.

주된 쟁점들은 특별히 수학과 상관이 없으므로, 나는 지나는 길에 언급하는 것을 이상으로 수학적 예들의 논의를 의도적으로 피하려 한다.

1 그 방향의 소수의 연구들은 제7장 마지막 절에서 개관되며 이 책의 연구와 비교된다.

보편자의 실재성

'오렌지색은 파란색보다 빨간색에 가깝다'. 그것은 *색깔*에 관한 진술이지 색깔을 지닌 특수한 사물들에 관한 진술이 아니다—아니, 만일 그것이 사물에 관한 것이라면, 단지 *그 사물의 색깔이라는 면*에서만 그 사물에 관한 것이다: 오렌지색의 사물은 색깔이라는 면에서만 빨간색의 사물과 비슷하고 파란색의 사물과 비슷하지 않다. 색깔 자체에 대한 언급을 피할 수는 없다.

색깔, 형태, 크기, 그리고 질량은 특수자 또는 '토큰'이 공유하는 반복가능자, '보편자' 또는 '유형'이다, 예를 들어, 어떤 특정의 파란색 음영은 다수의 특수자에서 발견될 수 있는 어떤 것이다—그것은 고대 그리스 철학자들의 고전적 표현으로 하나의 '다자 위 일자(one over many)'이다. 그 반면, 하나의 특수한 전자는 비반복가능자이다. 그것은 하나의 개체다: 다른 전자가 그것을 닮을 수는 있지만(아마도 위치를 예외로 하고서는 그것을 정확히 닮을 것이다), 문자 그대로 그것일 수는 없다.[2]

과학은 보편자에 관한 것이다. 실로 보편자의 지각이 있다. 인과적 힘을 갖는 것은 보편자이다. 우리는 한 개별적 돌을 지각하지만, 오직 특정의 형태, 색깔, 무게로써 그리하는데, 왜냐하면 그것들이 우리의 감각에 영향을 주는 힘을 부여하는 속성들이기 때문이다. 한 물체가 특정한 빛을 반사하고 파란색으로 보이는 것은 그것이 파란색인 덕분이다. 과학은 우리에게 우리가 지각하는 보편자들의 분류와 이해를 제공하고 그것들을 연결하는 법칙을 발견한다—물리학은 질량, 길이와 전하 같은 속성을 다루고, 생물학은 생명을 지닌 사물들의 특별한 속성을 다루고, 심리학은 심적 속성과 그것들의 결과를 다루고, 수학은… 글쎄, 그 문제는 곧 논의될 것이다.

2 보편자에 관한 실재론의 소개는 J.P. Moreland, *Universals* (Acumen, Chesham, 2001), 제1장; C. Swoyer, 'Properties', *Stanford Encyclopedia of Philosophy* (1999, revised 2011), http://plato.stanford.edu/entries/properties/ 참고.

보편자에 관한 아리스토텔레스주의 실재론은 세계가 특수자들과 보편자들 양자 모두를 포함하고, 세계의 기본 구조가 이 페이지가 얼추 직사각형이라는 것같이 어떤 특수자가 보편자를 갖는 '사태'라는 간단한 견해를 취한다.[3]

또한 과학은 어떤 보편자들이 있는지에 대한 심판이다. 어떤 특수자들이 있는지를 아는 것과 꼭 마찬가지로, 어떤 보편자들이 있는지를 알기 위해서는 우리가 연구하고, (관찰뿐만 아니라 추론들을 포함하여) 최선의 과학의 평결을 받아들여야만 한다. 광합성은 존재한다고 판명된 반면, 플로지스톤은 그렇지 못하다. 따라서 보편자가 단어의 의미에 의해 창조되지도 [또는 그것을 설명하기 위해 공준(公準; postulate)되지도] 않고, 우리가 이야기하고 생각함으로써 그것들을 더 많이 만들어낼 수도 없다. 그 반면, 언어는 자연의 일부이고, (우리의 고유한 이름들이 개체들의 명찰이 되듯이) 우리의 보통 명사, 형용사, 그리고 전치사들이 있거나 있다고 여겨지는 속성들의 어떤 근사물을 이름하거나 또는 다수의 기본 문장들이 종종 실재의 특수자-속성 구조를 거울처럼 반영한다면, 그것은 전혀 놀랍지 않다.

플라톤주의와 유명론

누구나 다 앞서 다룬 논의에 동의하지는 않는다. *유명론*은 보편자들이 실재의 진짜 구성요소가 아니라 단지 단어나 개념 또는 집합들이고, 유일한 실재는 특수한 사물들이라고 주장한다. 수학철학에서 논리주의와 형식주의는, 수학을 어떤 외적인 실재에 관한 것이 아니라 기호의 문제인 것으로 간주하는 한, 유명론적인 경향의 이론들이다. (수학에 특수한 유명론과 플라톤주의의 논증들은 제7장에서 논의된다.)

3 D.M. Armstrong, *A World of States of Affairs* (Cambridge University Press, Cambridge, 1997).

유명론의 주된 문제는, 보편자를 받아들이지 않아야 한다면, 왜 다른 개체들이 같은 이름 (또는 개념이나 집합) 아래 모여야만 하는지를 설명하는 데 유명론이 실패한다는 데 있다. 예를 들어, '술어 유명론'(즉, 보편자를 단어에 불과한 것으로 취급하는 유명론)에 따르면, " '하양'이라는 단어는 소크라테스에게 올바르게 적용된다"는 "소크라테스는 백인이다"에 우선한다. 그것은 반직관적인데, 왜냐하면 사물은 언어가 존재하기에 앞서 하얀색으로 보이고, 하얀색인 사물들 사이의 공통성 때문에 우리가 그 용어를 올바르게 적용하는 것으로 보이기 때문이다. 그리고 그 공통성을 우리가 알아차리는 일은 우리가 그 단어를 올바르게 적용하는 법을 배우기 위한 하나의 조건이고, 모든 하얀색 사물들이 똑같은 방식으로 우리에게 영향을 미치는 능력으로부터 나온다—'인과성은 존재의 표지이다'. 또 다른 문제는 특수자들을 통합하기 위해 유명론자들이 의지하는 술어나 개념 자체가 보편자라는 것이다—'하양'이라는 단어는 어떤 특정 페이지 위의 특정의 기명이 아니라 '하양'이라는 단어 유형 일반을 의미한다; 따라서 술어 또는 개념 유명론은 단순히 '다자위 일자(one over many)' 문제를 다시 무대로 떠밀어 올릴 따름이다.[4]

수학이 유명론적으로 행해질 수 있다는 것을 보여주려는 하트리 필드(Hartry Field)의 진지한 시도는 제7장에서 검토한다. 비록 플라톤주의자는 아니지만, 그 프로젝트는 암묵적으로 양적 속성에 대한 실재론적 견해를 포함하고 결론지어질 것이다.

*플라톤주의*는 (최소한, 수학철학에서 보통 발견되는 플라톤주의의 극단적 판본에서[5]) 보편자들이 있지만, 그것들은 추상적 세계 안의 순수

4 Moreland, *Universals*, 28-30; D.M. Armstrong, *Universals: An Opinionated Introduction* (Westview Press, Boulder, CO, 1989), 제1장.

5 그것은 또한 다음과 같이 다양한 이름으로 불린다. '대상 플라톤주의(objects Platonism)' (G. Hellman, *Mathematics Without Numbers*, Oxford University Press, Oxford, 1989), 3; '표준적 플라톤주의(standard Platonism)' (C. Cheyne and C.R. Pigden, Pythagorean powers, *Australasian Journal of Philosophy*, 74 (1996), 639-

형상이고, 이 세계의 대상들은 '분유(分有; participation)' 또는 '근사(approximation)'라는 신비한 관계에 의해 보편자와 관계를 맺는다고 주장한다. 따라서 모든 파란 사물들을 한데 묶는 것은 오직 파랑의 형상에 대한 보편자들의 관계뿐이고, 모든 쌍들을 한데 묶는 것은 추상적인 수 '2'에 대한 보편자들의 관계뿐이다. 마치 보편자가 수학자들이 다뤄온 특수한 존재자들을 이름하는 것처럼 수학자들이 무반성적으로 '2', '연속체', 그리고 '괴물 군' 같은 이름들을 사용하는 일은 그런 존재들에 대한 플라톤주의적 견해를 지지해주는 것으로 느껴진다.

존재론적으로나 인식론적으로나, 플라톤주의의 문제점들은 '다자 위 일자' 문제의 해결책에 관한 *관계적* 견해로부터 나온다. 첫째, 관계의 본성을 설명하는 어려움이 있다: '분유'와 '근사'는 명료화하기 어려운 은유인 반면, 만일 우리가 쌍들의 2라는 수에 대한 관계 같은 예들을 고찰하면, 우리는 그 관계에 대한 아무런 통찰도 갖고 있지 못한 것으로 여겨진다.[6] 둘째, 형상이 작동하는 방법의 관계적 본성이란 사물들을 통합하는 관계들 사이의 공통성을 간과한다는 것을 의미한다: 만일 우리가 현실적으로 존재하지 않는 파랑의 형상을 상상한다면, 그것이 실제로 존재할 경우 개체들 중 어느 것들이 파랑의 형상에 대한 그 개체들의 관계에 의해 통합될 것들인가? 확실히 그 개체들을 파랑의 형상을 분유하기 쉬운 것들로 만들고, 또 그 개체들을 빨간색인 것들로부터 구

645); '원기왕성한 플라톤주의(full-blooded Platonism)' (M. Balaguer, *Platonism and Anti-Platonism in Mathematics*, Oxford University Press, Oxford, 1998), 3, 5; G. Restall, Just what is full-blooded Platonism? *Philosophia Mathematica*, 11 (2003), 82–91); '존재론적 플라톤주의(ontological Platonism)' (M. Steiner, Platonism and the causal theory of knowledge, *Journal of Philosophy* 70 (1973), 57–66); '전통적 플라톤주의(traditional Platonism)' (P. Maddy, *Realism in Mathematics*, Oxford University Press, Oxford, 1990, 21); 그것은 아마도 플라톤의 플라톤주의는 아닐 것이다: 이에 대한 논의는 M. Panza and A. Sereni, *Plato's Problem: An Introduction to Mathematical Platonism* (Palgrave Macmillan, Basingstoke, 2013), 17–26. 참조.

6 D.M. Armstrong, *Universals and Scientific Realism* (Cambridge University Press, Cambridge, 1978), 66–68; M. Balaguer, Platonism in metaphysics, *Stanford Encyclopedia of Philosophy* (2004, revised 2009), http://plato.stanford.edu/entries/platonism/.

별해주는 무엇인가가 있다는 말인가? 그것이 지각이 시사하는 바이다. 파란 사물들이 특징적인 방식으로 우리의 망막에 영향을 주는 것은 그러기에 앞서 다른 어느 곳에서 형상을 참조할 그 어떤 명백한 필요도 없이 사물들 안의 파랑이 인과적으로 작용하기 때문이다.

인식론적으로도 플라톤주의는 그 자신의 관계적 본성으로 인한 난점들을 지니고 있다. 형상들의 영역으로의 지각과 유사한 직관이 있거나, 우리가 최선의 설명으로의 추론(inference to the best explanation) 같은 어떤 추론 과정을 통해 형상들에 관한 지식을 가진다. 전자는 가능하지 않은데, 왜냐하면 형상들의 영역이 무인과적이어서 어떤 메시지도 채색된 표면에서 우리 망막으로 오듯 그 영역으로부터 우리 두뇌로 올 수 없다. 어떻게 인간은 '여행 갈 수도 없고 아무런 신호도 받을 수 없는 추상적 영역에 관한 진리들에 확실하게 접속할' 수 있는가?**7** (수학적 시각화에서 우리가 수학적 필연성의 영역으로 직접 접속한다고 주장되어 왔다;**8** 제11장에서 논증되듯이, 그 주장 참이지만 그 필연성들은 다이어그램 안에서 실현되거나 실현될 수 있는 것이지 하나의 분리된 추상적 세계에서 그런 것은 아니다.) 둘째 선택지인 최선의 설명으로의 추론을 통한 형상들과 접속은 처음부터 어린이들이 추상적 존재자들로의 그 어떤 세련된 추리도 필요로 하지 않으면서 셈과 패턴 인지(pattern recognition)로부터 상당량의 직접적 수학적 지식을 갖고 있는 것으로 보인다는 문제에 직면한다. 그 기본적 지식의 본성은 제10장에서 다룰 것인 반면, 과학에서의 수학의 필수불가결성으로부터 플라톤주의를 논증하려는 더 정교한 시도들은 제7장에서 고찰될 것이다.

7 F. MacBride, Can *ante rem* structuralism solve the access problem? *Philosophical Quarterly* 58 (2008), 155-164에서의 정식화; 수학철학에서의 그 문제의 고전적 소개는 P. Benacerraf, Mathematical truth, *Journal of Philosophy* 70 (1973), 661-679; Balaguer, Platonism in metaphysics, section 5에서의 논의 참조.

8 J.R. Brown, *Philosophy of Mathematics: A Contemporary Introduction to the World of Proofs and Pictures* (2nd edn, Routledge, New York, 2008), ch. 3.

플라톤주의에 대한 완전한 답은, 만일 그것들이 플라톤적 세계의 추상적 대상들이 아니라면, 수 '2', 연속체, 그리고 다른 수학적 존재자들이 무엇인지에 대한 설명을 포함해야만 한다. 하나의 대안인 아리스토텔레스주의의 설명은 제3장과 제4장에서 주어질 것이다.

여기서는 플라톤주의와 유명론에 대한 더 자세한 비판을 제시할 만하지 않다. 그것은 형이상학에 관한 일반적 저작들에서 널리 추구되어왔다.

이쯤에서 대부분의 수학철학에서 가정되어온 플라톤주의자-유명론자 이분법이 어떻게 잘못된 것인지를 알 수 있다. 만일 플라톤주의가 '추상적 대상들이 있다'를 의미하는 것으로 받아들여지고, 유명론이 '없다'를 의미하는 것으로 받아들여진다면, 플라톤주의와 유명론이 상호 배타적이고 망라적인 입장들로 보일 수 있다. 그러나 '추상적'과 '대상'이라는 단어 양자 모두 아리스토텔레스주의적 대안으로부터 주의를 흩트리는데 한몫한다: '추상적'의 경우 플라톤주의자의 물리적 세계로부터의 단절을 시사함으로써, 그리고 '대상'의 경우 한 당구공의 특수성과 아마도 단순성을 시사함으로써. 실로, 수학철학에서 그토록 높은 평판을 지녀온 '추상적 대상'의 개념은 비교적 최근의 관념이며, 매우 불분명하다. 그것은 유명론자들(특히 로크)과 플라톤주의자들(특히 프레게) 사이에서 분야를 나누려는 결정에서 나온 하나의 인공물이다. 특히, 그 관념은 수학의 대상들이 구체적이지도 않고 심적이지도 않으므로 그것들은 순수하게 추상적인 '제3의 영역'에 거주해야 한다는 프레게의 결론의 산물이다.9

아리스토텔레스주의자들은 '추상적 대상' 담론에서 사용되는 의미에서 대상을 추상적인 것과 구체적인 것으로 나누는 이분법을 받아들이지 않는다. 파랑 같은 어떤 속성은 구체적 특수자도 아니지만, 인과적 효력

9 G. Rosen, Abstract objects, *Stanford Encyclopedia of Philosophy* (2001), http://plato.stanford.edu/entries/abstract-objects/.

의 결여와 물리적 세계로부터의 분리라는 '추상적 대상'의 중심적인 고전적 특색들을 소유하지도 않는다. 반대로, 어떤 구체적 대상이 파랑이라는 속성을 소유하는 것은 정확히 그것에 (파랑으로 지각될) 인과적 효력을 부여한다.

따라서 수학철학의 흥미로운 존재자는—예컨대 당신의 신장과 내 신장의 비율—수들의 비인과적 '추상적' 세계의 거주자이거나 길이들 간의 실제-세계 관계이거나 아무것도 아닐 수 있다. 세 가지 선택지들은—플라톤주의자, 아리스토텔레스주의자, 유명론자—구별하여 테이블 위에 올려놓아둘 필요가 있다. 그렇지 않으면 시작부터 논의가 혼동될 것이다.

수학이 복잡성에 대해 갖는 특별한 관계 때문에 보편자 이론 안에서 일반적으로는 비교적 사소한 중요성을 지니는 데 불과하지만 아리스토텔레스주의 실재론을 수학에 적용하는 데는 결정적으로 중요한 세 가지 쟁점들이 있다. 그것들은 사례화되지 않은 보편자들의 문제, 관계들의 실재성 문제, 그리고 구조적 보편자와 '단위-만들기' 보편자의 문제이다. 이들 중 아마도 가장 중요할 첫 번째 문제를 다루는 일은 다음 장으로 미뤄두겠다.

관계와 구조의 실재성

아리스토텔레스주의 실재론은 속성뿐만 아니라 관계의 실재성에도 개입한다. 보다-더-큰이라는 관계는 오렌지색이라는 속성과 똑같은 방식으로 반복 가능하고 관찰 가능하다.[10] 시각 시스템이, 설사 내적 배열이 오렌지색을 등록하는 것보다 다소 더 복잡하더라도, 상대적 키에 대한 즉각적 판단을 내릴 수 있다. 그만큼 중요한 것이 각 색깔들 사이에 있음(betweenness) 같은 보편자 자신들 간 관계의 실재성이다—색깔이 실재적이라면, 그것들 사이의 관계는 '갇혀' 있고 또한 실재적이다. 관계를

10 Armstrong, *Universals and Scientific Realism*, vol. 2, ch. 19.

개별적으로 관계지어진 항들의 속성으로 간주하려 했던 고대의 견해로부터 그것들이 순수하게 심적인 것이라고 본 초기 근대의 견해들에 이르기까지, 서양의 철학사상은 관계의 실재성을 무시하거나 폄하하려는 뿌리 깊은 경향을 보여 왔다.[11] 그러나 비율과 대칭성 같은 관계의 실재성을 확고하게 파악하는 일은 어떻게 수학이 실재에 직접적으로 적용될 수 있는지를 이해하는 본질이다. 관계에 대한 눈감음은 확실히 버트런드 러셀의 "수학은 우리가 무엇에 관해 이야기하는지 결코 알지 못하고 우리가 말하는 바가 참인지도 알지 못하는 주제로 정의될 수 있다"는 유명한 말의 그럴듯함 배후에 있다.[12] (비록 다른 곳에서는 러셀이 관계의 유사성이나 동형성에 관해 완전히 실재론자의 방식으로 쓰고 있을지라도)[13].

한 대상이나 체계의 부분들 사이 내적 관계들이 그 대상의 *구조*를 구성한다. 구조는 수학에서 결정적 중요성을 지니는 개념이다. 한 구조적 속성은 그 속성을 지니는 특수자의 *부분*들을 본질적으로 지칭하는 속성이다. '특정 격자무늬 패턴임'은 특정 색깔과 너비로 어떤 특정 패턴 안에 배열된 줄무늬를 가졌다는 것을 의미한다. '메탄 분자임'은 어떤 특정 구성 속에서 네 개의 수소 원자와 한 개의 탄소 원자를 갖는 것을 의미한다. '장군 부름'은 체스판 위의 체스 말들의 복잡한 구조를 함축한다.[14] 색깔 같은 것의 부분의 어떤 특수한 속성을 요구하지 않으면서 구조적인 속성은 '순수하게 구조적'이라 불릴 수 있을 것이다. 이는 제4장에서 고등수학의 근본적인 대상들로서 고찰할 것이다.

11 J.R. Weinberg, *Abstraction, Relation, Induction* (University of Wisconsin Press, Madison, 1965), part 2; S.E. Glenn, *Relations and Reality: The Metaphysics of Parts and Wholes* (PhD, Boston College, 2000); D. Odegard, Locke and the unreality of relations, *Theoria* 35 (1969), 147–152.

12 B. Russell, *Mysticism and Logic* (Allen & Unwin, London, 1917), 75.

13 B. Russell, *Introduction to Mathematical Philosophy* (Allen & Unwin, London, 1919), ch. 6.

14 J. Bigelow and R. Pargetter, *Science and Necessity* (Cambridge University Press, Cambridge, 1990), 82–92; D.M. Armstrong, In defence of structural universals, *Australasian Journal of Philosophy* 64 (1986), 85–88; J. Pagés, Structural universals and formal relations, *Synthese* 131 (2002), 215–221.

'단위-만들기' 속성들과 집합들

'사과임'은 '사과임'이 그 사례들을 이산적으로 구조화한다는 점에서 '물임'과 다르다. '사과임'은 사과 더미 하나가 '사과임'이라는 보편자에 의해 하나의 유일한 수의 겹치지 않는 부분들, 사과들, 그리고 사과들 자신이 사과가 아닌 부분들의 부분들로 나누어진다는 점에서 '단위-만들기' 또는 '정렬된(sortal)' 속성이라 일컬어진다.15 그것이 '사과'라는 단어는 복수형을 갖고 (그것이 보통 갖는 의미에서) '물'은 그렇지 않은 이유이지만, 그 구별은 근본적으로 속성에 관한 것이고 언어에 관한 것이 아니다. 주어진 한 더미는 상이한 단위-만들기 속성들에 의해 다르게 구조화된다. 예를 들어, 하나의 구두 더미는 스무 개의 구두짝으로나 열 컬레의 구두로 이루어질 수 있다. 이 단위-만들기 보편자가 더미 안에서 그것이 만들어내는 수에 선행한다는 사실에 주목하면서 (이산, 자연, 정)수의 관념들은 이 현상에 대해 설명을 다소 제시해야만 한다. 대조적으로, '물임'은 동종 이성체(homoiomerous), 즉 (최소한 우리가 분자 수준 아래로 내려갈 때까지는) 물의 어느 부분이나 물이다.16 그러므로 '물임'이라는 보편자는 어떤 개별적인 질량의 물 안에서 그 어떤 특수한 수의 단위도 지어내지 않는다.

'사과임'이 그 더미를 개별적 사과들로 나눈다는 사실 또한 집합과 보편자 사이의 관계라는 쟁점을 제기하면서 사과들의 집합이 있다는 것을 보증해준다. 그것이 무엇이건 간에, 하나의 집합은 특수자이지 보편자가 아니다. {시드니, 홍콩}이라는 집합은 그 도시들 자체와 마찬가지로 반복이 불가능하다. 그 어떤 속성도 그 속성을 갖는 모든 것들의

15 암스트롱(Armstrong)으로부터; 또한 '개체화하는 속성(individuative property)'이라고도 불림 (W.v.O. Quine, *Word and Object,* MIT Press, Cambridge, Mass, 1960, 90); '정렬된 속성(sortal property)' [스트로슨(Strawson)의 의미에서, '하나의 정렬된 보편자는 그것이 모으는 개별적 특수자들을 구별하고 세기 위한 원리이다', *Individuals*, London, 1959, 168]; R.E. Grandy, Sortals, *Stanford Encyclopedia of Philosophy* (2006, revised 2007), http://plato.stanford.edu/entries/sortals/ 참고.

16 Armstrong, *Truth and Truthmakers*, 113-115.

집합을 정의해야만 한다는 프레게의 '내포(comprehension) 공리'의 아이디어는 훌륭하며, 역설들을 피하기 위해 필요한 그 공리의 조정 후에도 원리상 살아남는다. 이는 다른 속성들이 똑같은 집합을 정의해야 할 가능성에 주목을 촉구함으로써 속성과 집합의 차이를 강조한다. 한 고전적인 (철학자들의) 예에서, '심장을 지닌(cordate)'이라는 속성과 '신장을 지닌(renate)'이라는 속성은 동연적(同延的; co-extensive)이다. 즉, 비록 그것들이 똑같은 속성이 아니고 다른 가능세계에서는 같은 집합을 규정하지 않을 것임에도 불구하고 똑같은 동물들의 집합을 규정한다.

집합에 관한 대부분의 논의는, 프레게의 전통 안에서, 집합을 어떤 다른 세계 속의 '추상적' 존재자로 취급하는 플라톤주의의 견해로 가정하는 경향을 보여 왔다. 한 가지 제안은 하나의 집합은 그서 그것의 단집합(單集合; singleton)들의 더미이고, 한 대상 x의 단집합은 x가 어떤 단위-만들기 속성을 지니는 것에 불과하다: 조(Joe)가 '인간임' 같은 단위-만들기 속성을 갖는다는 사실이 {조(Joe)}라는 집합이 있기 위해 필요한 전부다.[17] 이 이론과 그에 대한 대안들은 제3장에서 더 논의될 것이다.

인과성

보편자의 일반이론의 큰 부분이 인과성, 성향들, 자연법칙들에 관여되고, 이 모두는 보편자들 사이의 관계들로 설명된다.[18] 아리스토텔레스주의의 한 가지 주된 강점은 이 같은 보편자들의 관계가 하나의 자연법칙과 우주적 우연의 일치 사이의 차이에 대해 자연스러운 설명을 제공할 수 있다는 것이다: 모든 A가 B라는 법칙은 (모든 A가 어쩌다 B이다와

17 Armstrong, *Truth and Truthmakers*, 118–123, D. Lewis, *Parts of Classes* (Blackwell, Oxford, 1991), 제1장에 기초하여 논의됨.

18 Armstrong, *Truth and Truthmakers*, ch. 10; D.M. Armstrong, *What is a Law of Nature?* (Cambridge, Cambridge University Press, 1983), part II; Bigelow and Pargetter, *Science and Necessity*, 제5~6장.

는 달리) 실재하는 속성들 A와 B 사이의 어떤 실재적 연관성의 결과이고, 그것의 본성은 과학에 의해 발견되어야 한다. (속성 A와 B는 복잡할 수 있고, 그 연관성들 사이의 연관성은 단순한 구성요소들 사이의 연관성들의 결과이다: 예를 들어, 산성과 부식 사이의 법칙적 연관성은 분자 수준에서의 속성들의 결과이다.) 유사하게, 아리스토텔레스주의는 반사실적 조건문들에 대해 간단한 설명을 제공한다: 한 소금 조각은 용해 가능하다—즉, 현실적으로 물에 넣지 않았을지라도. 소금 안에 내재하는 (나트륨과 염화 이온 사이의 결합과 물 분자들의 속성들로부터 빚어지는) 속성들 덕분에 물에 넣으면 녹을 것이다. 따라서 가용성와 관성 같은 (어떤 특정 상황에서 그 속성들로 인해 어떻게 될 것인지에 의해 반사실적으로 규정되는) 성향들 또는 힘(power)인 속성과 형태처럼 '그저 있는' 절대적 속성들 사이에 한 가지 중요한 구별이 생긴다. 그 둘 사이의 관계는 논쟁거리다.

수학을 위해 이것의 일부는 중요하고, 일부는 그렇지 않다. 형태, 크기, 갈라짐, 대칭성, 연속성 등처럼 보통 수학적인 것으로 고려되는 속성들은 정언적이다—그 수학적 속성들은 반사실적 상황에서 그 속성들이 어떠할 것인지에 의해 정의되지 않는다. 그러나 수학적 속성들은 최소한 다른 속성들과 더불어 인과적 힘을 갖는다. 우리가 네모난 못을 둥근 구멍에 맞출 수 없는 이유는 그 둘의 형태[물론 못과 구멍의 강직성(rigidity), 즉 힘이 가해질 때 형태를 유지하려는 성향]에 있다. 정육면체임은 어떤 성향을 특정 방식들로 측정 도구들에 맞추도록 지원하지만, 그것은 어떻게 형태의 절대적 본성이 다른 원인들과 맞춰지는가의 문제다.[19] 수학철학의 목적을 위해서는 성향성과 원인들에 관한 난해한 문제들을 해소할 필요가 없다.

19 N. Goodman, *Fact, Fiction and Forecast* (4th edn Harvard University Press, Cambridge, Mass., 1983), 40–41; G. Molnar, *Powers: A Study in Metaphysics* (Oxford University Press, Oxford, 2003), 제10장의 논의 참조.

수학적 속성들의 인과적 힘들은 다른 속성들의 인과적 힘과 마찬가지로 그것들의 지각에 중요하다: 예를 들어, 얼굴의 대칭성은 그 색깔만큼이나 우리 시각에 영향을 미칠 수 있다.

아리스토텔레스주의 인식론

여러 공통점들에도 불구하고, 인식론에 대한 플라톤주의와 아리스토텔레스주의의 접근법은 전혀 다르다. 앞서 기술된 플라톤주의는 어떻게 우리가 아무런 인과적 상호작용도 갖지 못하는 형상의 영역에 지식이 있을 수 있는가 하는 '접속(access) 문제'로 몹시 괴롭힘을 당한다. 아리스토텔레스주의 인식론이 그 어떤 문제점들을 지니든 간에, 접속 문제는 그 문제들 중 하나가 아니다. 아리스토텔레스주의의 보편자는 (신호들을 산출하는) 인과적 힘을 결여한다는 의미의 '추상적'인 것이 아니다. 반대로, 지각의 대상들은 인과적 힘을—신호를 발하고, 감각에 차별적으로 영향을 미치는 등—바로 그 대상의 형태와 색깔 같은 속성들 덕분에 지닌다. 눈으로 어떤 대상이 네모남을 볼 수 있는 이유는 정사각형인 대상이 정사각형이 아닌 대상이 주는 영향과 다른 결과를 망막에 나타내기 때문이다.

그러나 아리스토텔레스주의의 지식 이야기에는 지각 이외 더 많은 내용이 있다. 아리스토텔레스주의 인식론은 감각적 지식과 지성적 지식을 구별하고 각각에 대해 아주 다른 설명을 제시한다.

감각적 지식은 솔직하게 자연주의적이고 인과적이다. 동물들과 인간들 양자 모두에서 (그리고 그 문제로 말하자면 로봇들에서도) 가장 기본적인 종류의 비추론적 감각적 지식으로 아리스토텔레스주의자들은 지식의 '온도계' 모델을 받아들인다: 감각들은 만일 사실의 성립과 아는 자의 그것에 대한 믿음 사이에 신뢰할 수 있는 연관성이 있으면 그 사실을 안다. '신뢰할 수 있는'은 사실들의 종류들 사이의 법칙적 연관성들에 의해 설명되고, 그 연관성은 아리스토텔레스주의의 견해로 실재론적 해석을 받아왔다. 그 연관성 자체가 알려질 것이 요구되지는 않는다.[20] 따라서 우리는 어떤 표면이 우리 시각 범위 안에서 노랗다는 것을 그 대상의 황색성이 인과적으로 (한 가지 방식으로는 다른 노랑색인 사물들과 같지만 다른 색깔의 사물들이 우리에게 영향을 미치는 방식과는 다르게) 우리 망막에 영향을 미침을 통해 안다. 따라서 감각들은 (모터 반응으로 적절하게 번역 가능한) 인과적 반응의 범위를 가짐으로써 색깔의 차이를 실재하는 색깔의 범위로 '추적'할 수 있다.

그 예의 단순성이 분석이 복잡하거나 일반적인 진리에 관한 지식에 적용 가능하지 않다는 점을 시사할 수도 있지만, 최근 수십 년간 지각심리학에서의 연구는 아주 복잡하거나 구조적인 속성들에 동물의 인지 시스템이 놀라운 범위에 걸쳐 반응하는 능력을 보여주었다. 한 고전적 예에서, 개구리의 시신경 안에서 특정 섬유는

> 시야보다 더 작은 어두운 대상 하나가 그 시야에 들어오고, 멈춰 서고, 그 후로는 간헐적으로 움직일 때 가장 잘 반응한다. 그 반응은 조명이 바뀌거나 배경(예컨대, 풀와 꽃들 그림)이 움직이면 영향을 받지 않고, 움직이든 가만히 있든 배경이 시야에 있으면 사라진다.[21]

실험가들은 자연스럽게 그런 섬유를 '벌레 탐지기'라고 부르지만, 그것은 그저 특정의 고도로 복잡한 시공적 패턴에 반응할 뿐이다. 특별히 중요한 것은 템포와 다른 하나 이상의 감각에 등록될 수 있는 '양상 간' 속성

20 자세한 논의는 D.M. Armstrong, *Belief, Truth and Knowledge* (Cambridge University Press, Cambridge, 1973), 제12장 참조.

21 J.Y. Lettvin, H.R. Maturana, W.S. McCulloch and W.H. Pitts, What the frog's eye tells the frog's brain, *Proceedings of the Institute of Radio Engineers* 47 (1959), 1950-1961; 이것이 F에 대한 믿음인지의 여부에 대한 논의는 F. Dretske, *Perception, Knowledge and Belief: Selected Essays* (Cambridge University Press, Cambridge, 2000), 67-73 참조.

들에 반응하는 지각 시스템의 고차적 수준의 능력인데, 왜냐하면 그것이 다른 감각기관들의 평결의 높은 수준의 (그러나 여전히 자동적인) 비교 가능성을 암시하기 때문이다.[22] 어떻게 인지 체계가 그 원인인 외적 세계의 구조를 '제공(affords)'하는 지각적 흐름으로부터 지식을 추출하는지—예를 들어, 어떻게 전체 시각 체계가 모든 가시적 대상들의 광학적 흐름을 그 유기체가 그 장면으로 움직여 나아가고 있다는 정보로 해석하는지—는 자연주의적으로 설명된다.[23] 또한 인지 체계는 부분적으로 관찰된 물체에서 관찰되지 않은 표면의 외삽 같은 특정량의 자동적 추론[24]과 예들로부터의 일반화를 할 수 있다; 인공지능의 이 분야들 연구는, 비록 진보가 느리지만, 어떻게 단적으로 자연주의적이고 인과적인 지식 분석을 그런 복잡한 인지 능력들로 확장할 수 있을지를 암시해왔다.

그러나 인간이 지식을 갖기 위해서는 더 많은 것이 요구된다. 세계가 ('개체 a가 속성 F를 갖는' Fa 형식의) 사태들의 세계라는 전제 아래서, 그것을 인식할 수 있는 어떤 '추상'의 인지 능력이 필요하다. 그 능력은 한편으로 그 사실에 참여하는 연속적인 사물 a를 인식해야 하고, 그러한 인식을 보편자 F로부터 구별(또는 '사고 안에서 그것을 분리')해야 한다(그리고 F를 a가 가진 다른 속성들로부터 별개의 것으로 인식해야 한다). 이러한 인지 능력이 불가능하다는 비트겐슈타인주의적 논증들에도 불구하고,[25] 범주화와 학습에 관한 발달심리학은 그런 능력을 발견하고 그것이 어떻게 작동하는지에 빛을 다소 던져준다. 아주 어린 유아들은 대상을 지각적 특색의 유사성에 따라 한데 묶고 범주의 심적 표상을 형성할 수 있다; 예를 들어, 다양한 고양이 사진을 여러 장 보여주면,

22 E.g. M.A. Schmuckler, Visual-proprioceptive intermodal perception in infancy, *Infant Behavior and Development* 19 (1996), 221-232.

23 J.J. Gibson, *The Senses Considered as Perceptual Systems* (Houghton Mifflin, Boston, 1966).

24 E.g. R.L. Gregory, *The Intelligent Eye* (Weidenfeld & Nicolson, London, 1970).

25 E.g. P. Geach, *Mental Acts: Their Content and Their Objects* (Routledge & Kegan Paul, London, 1957), 18-44.

서너 달 된 유아들은 새로운 고양이 사진들은 학습된 범주와 비슷하지만 개나 말 사진들은 새롭다는 것을 알아차린다. 그 예들의 어떤 특색이 가장 중요한지를 말할 수 있는데, 고양이와 개를 비교할 경우, 머리의 형태가 몸의 형태보다 훨씬 더 중요하다. 수평선 위에 점 하나가 찍힌 다양한 사진들을 보고서 유사한 사진들과 선 아래 점 하나가 찍힌 사진들을 구별하는 능력을 증명하는 유아들의 경우, 똑같은 능력을 공간적 관계들에도 적용한다. 그 능력들은 대상들의 다른 지각적 속성과 대상 자체로부터의 구별에 대한 암묵적 인식을 요구한다.[26]

자기의식과 언어적 능력 같은 더 특별히 인간적인 종류의 지식에 대한 자연주의적 설명이 가능한지는 그다지 분명치 않지만, 그 난해한 분야들은 수학철학과 밀접한 연관성이 없다.

그러나 수학에 중심적인 또 다른 종류의 인간의 지식이 있다. 아리스토텔레스주의자들은 인간 지식이 사실뿐만 아니라 왜 어떤 사실들이 반드시 그래야만 하는지에 관한 이해를 포함한다는 것에 깊은 인상을 받는다. 우리는 모든 등각삼각형이 등변삼각형이라는 사실을 알 뿐만 아니라 증명을 따름으로써 왜 그것들이 반드시 그런지를 이해한다. 아리스토텔레스의 고전적 예에서 '원형의 상처가 더 천천히 낫는다는 사실을 아는 것은 의사의 일이고, 왜 그런지 이유를 아는 것은 기하학자의 소관사이다'.[27] 전통적 아리스토텔레스주의는 정신 안에 보편자를 분리해내는 '추상'뿐만 아니라 보편자들과 그것들의 필연적인 상호관계에 대한 통찰까지 할 수 있는 거의 마술적인 힘들을 지닌 '지성'의 능력을 상정했다.[28]

26 P.C. Quinn and J. Oates, Early category representation and concepts, in J. Oates and A. Grayson, eds, *Cognitive and Language Development in Children* (Blackwell, Malden, MA, 2004), 21–60.의 입문용 개관 참조.
27 Aristotle, *Posterior Analytics*, I권, 제13장.
28 Aristotle, *De Anima*, III권 제5장; R.D. McKirahan, *Principles and Proofs: Aristotle's Theory of Demonstrative Knowledge* (Princeton University Press, Princeton, NJ, 1992), 제18장.

이런 종류의 지식의 가장 좋은 예들이 수학으로부터 오는 까닭에, 더 자세한 논의는 수학 인식론의 더 높은 수준을 다룰 장들(제11장과 제12장)으로 미뤄둘 수 있겠다.

이것이 아리스토텔레스주의 실재론의 입장에서 인식론의 기본적 스케치이다. 이상적으로는 사안에 관해 현대 인지과학에 기초하여 완전한 설명을 제공하는 한 권의 책을 참조하는 일이 가능해야만 한다. 최근 아리스토텔레스주의가 인식론보다 형이상학에 집중해온 까닭에, 불운하게도 그런 책은 없다.[29] 수학철학은 그 책이 쓰여지기만 기다리고 있을 수가 없다. 수학 알기에 관련된 일반적 쟁점들을 다루는 데 오직 인식론의 가장 기본적인 특색이 본질적이므로 그럴 필요도 없다.

29 J. Maritain, *Distinguish to Unite: Or, The Degrees of Knowledge* (G. Bles, London, 1959)과 B. Lonergan, *Insight: A Study of Human Understanding* (Philosophical Library, New York, 1957) 같은 저작들은 지성적 지식 내에서 다양한 구별을 짓지만, 감각적 지식과 그것이 어떻게 지성적 지식을 낳는지는 본격적으로 다루지 않는다.

2 예화되지 않은 보편자와 '준플라톤주의적' 아리스토텔레스주의

아리스토텔레스주의 수학철학은 수학의 대상들—대칭성, 연속성과 순서 같은 속성들—이 물리적 세계 안에 실현되며, 그에 따라 수학은 생물학과 마찬가지로 세계의 측면들에 관한 과학이라고 주장한다. 이 주장에 대한 주된 반론은 '큰 무한수들같이 수학의 대상 중 어떤 것은 물리적 세계에 실현되지 *않는다*'는 것이다. 세계는 유한하고, 그럴 경우 무한수들과 아주 긴 길이들은 실제 세계에 예화되지 않을 수 있다. 고차적 무한들은 더욱 더 그러하다: '집합론은 너무 커서 모든 자연수들의 집합같이 친숙한 무한 집합들을 왜소하게 만드는 무한 집합들의 존재에 개입한다. 무한 집합들에 대한 이 담론을 물리적 대상들에 관한 것으로 해석하는 그럴듯한 방식은 아예 없다.'[1] 또는 셔피로가 썼듯:

> 물리적 우주의 크기에는 *어떤* 한계가 있다는 주장은 온당하다고 여겨진다. 그렇다면, 물리적 우주의 존재론보다 더 큰 존재론을 요구하는 수학의 분과는 이 분과들이 공허하게 될 운명이 아니라면 물리적 대상들의 영역을 떠나야 한다. 심지어 산수를 놓고도

1 M. Balaguer, Fictionalism in the philosophy of mathematics, *Stanford Encyclopedia of Philosophy* (2008, revised 2011), http://plato.stanford.edu/entries/fictionalism-mathematics/

수학의 설명이 물리적 우주의 크기에 인질로 잡힌다는 것은 반직관적이다.[2]

그렇다면 그 실현되지 않는 양에 관한 수학적 진리들을 아리스토텔레스주의는 어떻게 설명하는가?

이 질문에 답하기에 앞서 우리는 그 질문이 두 가지 방식으로 나뉘지 않는지 잠시 의심할 수 있다. '설사 아리스토텔레스주의자가 작은 수, 비율 등을 설명할 수 있다고 하더라도 그는 큰 수들과 사례화되지 않는 것들을 어떻게 다룰 수 있는가?'를 묻는 일이 지나치게 성급한가? '지각이 지식을 준다'는 주장에 대해 '설사 지각이 어떤 사물들에 대한 지식을 준다고 하더라도 어떻게 그것이 관찰되지 않은 것들에 대한 지식을 줄 수 있는가?'라고 응수하는 누군가와 비교해보라. 맞다. 그렇지만 우선 멈춰 서서 장미꽃 향기를 맡아보자. 작은 유한한 구조들은 수학자들을 계속 사로잡을 바를 많이 지니고 있고, 그에 관한 지식 체계는 방대하다. 만일 그 진리들이 평범한 실재에 관해 문자 그대로 참이라는 것을 인정한다면, 플라톤주의자의 재해석이 전혀 필요 없는 방대한 아리스토텔레스주의적 수학적 지식의 체계가 있게 될 것이다. 만일 세계가 확장되어 사례화되는 것과 사례화되지 않는 것 사이의 경계를 무한히, 아마도 고차적 무한으로 날려 버린다면, 대부분의 수학적 지식은 (비추상적) 세계에 관해 문자 그대로 참일지 모른다.

어쨌거나, '사례화되지 않는 보편자들의 문제'는 진짜 문제이고 반드시 직면되어야 한다. 그러한 문제는 특히 수학철학에서 절실하지만 독특하지는 않다. 그것은 매우 조심스럽게 취급할 필요가 있다. 아리스토텔레스주의 실재론이 그 문제에 대한 답을 가지고 있다고 논증되겠지만, 그것은 다소간 플라톤주의의 기미를 지닌 아리스토텔레스주의를 요

2 S. Shapiro, *Philosophy of Mathematics: Structure and Ontology* (Oxford University Press, Oxford, 1997), 86.

구한다. 그러나 그 결과로 나올 이론은 표준적 플라톤주의와 아주 거리가 멀고 화해될 수 없다.

결정가능자(determinables)와 확정자(determinates)

큰 수들같이 사례화되지 않은 보편자를 우리가 아는 이유는 그것들이 *결정가능자*라 불리는 구조화된 치역들에서 등장한다는 데 있다. 색깔은 결정가능자인 반면, 케임브리지 블루같이 하나의 정확한 색깔의 음영은 하나의 *확정자*이다—하나의 색깔일 수 있는 가능한 방식들의 넓은 범위 중에서 하나의 색깔인 한 가지 정확한 방식이다. (따라서 '파란색'은 확정자 색깔의 치역이다—부분적으로 색깔이지만 완전히 결정되지 않은 것이다.) 양에서도 유사하다: 길이는 결정가능자이고, 1.57미터는 하나의 확정자인 길이이다.

결정가능자가 확정자들로 나뉘어지는 방식은 분류가 유(類)와 종(種)을 통해 작동하는 방식과 다르다. (고전적 예에서) 인간들은 유(類)인 동물에 종차인 합리성이 추가되어 이루어지는 반면, 케임브리지 블루는 (케임브리지 블루 자체와 다른) 추가된 어떤 종차를 지닌 색깔이 아니다. 그것은 그저 색깔을 지니는 다른 방식들 중 하나일 뿐이다.[3]

한 결정가능자가 관계 지어지지 않은 확정자들의 이산적 질량으로 나누어지는 것은 가능하고—냄새의 공간은 정확하게는 아닐지라도 그런 성격의 어떤 것을 갖는데—그 반면 색깔과 양 같은 가장 중요한 사례들에서 확정자들은 연속적 변화에 회부된다. 색깔들은 아주 닮거나 그렇지 않으며, 두 색깔들 사이에는 중간 색깔들의 범위가 있다.[4] 길이에 있어

3 W.E. Johnson, *Logic*, 제1부(Cambridge University Press, Cambridge, 1921), 제11장; 개관을 위해서는 다음을 참조. D.H. Sanford, Determinates vs determinables, *Stanford Encyclopedia of Philosophy* (2002, revised 2011), http://plato.stanford.edu/entries/determinate-determinables/

4 색깔들의 공간의 구조 개관은 다음 참조. J. Cohen, On the structural properties of the colours, *Australasian Journal of Philosophy* 81 (2003), 78–95; 제9장에 더 자세한 논의가 나옴.

서도 유사하다. 비록 외관이 실재에 대응하는지는 경험과학들이 말해줘야 하지만, 모든 외관에서 색깔과 길이의 범위는 무한히 분할가능하다.

색깔들 사이에 성립하는 사이에 있음 관계나 길이들 간의 비율 같은 어떤 결정가능자의 확정자들 사이의 관계에 관한 사실들은 필연적인 것으로 보인다. 확실히 주어진 파란색의 음영이 진홍색과 주홍색 사이에 있는 가능세계, 또는 A가 B의 길이의 두 배이고, B는 C의 길이의 두 배이고, A는 C의 길이의 세 배인 가능세계는 없는가?

어떤 개별적인 확정자들이 결정가능자의 치역 사례들을 형성했다는 것을 우리의 지각이 인지하지 못하면서 등록하는 일이 원리상으로는 가능할 것이다. 그것은 현실적으로 일어나는 일이 아니다. 우리 감각기관은 색깔과 길이의 범위에 연속적으로, 그리고 의심할 여지없이 부정확하게 반응하고, 우리는 명확하게 변화와 그 변화가 하나의 단일한 결정가능자 내에서의 변화라는 것을 인식한다. 그 결과, 우리는 경험한 것과 가깝지만 구별되는 색깔과 길이를 삽입하고, 외삽하고, 상상하는 능력을 갖고 있다. 그것은 일견 어떤 의미에서 우리가 직접적으로 경험하는 것 외의 색깔들과 길이들의 실재성을 믿을 이유를 우리에게 제공해준다. 이것이 인식론이다.

존재론은 어떠한가?

사례화되지 않은 파란색의 음영과 큰 수

아리스토텔레스주의의 슬로건은 보편자들이 사물 안에(*in re*) 있다는 것이다: (플라톤적 천국 안에 있다는 것과 대조되게) 사물들 자체 안에. 특히 우주 내의 사물들의 수보다 큰 수들처럼 사례화되지 않은 보편자들의 경우, 그 격률에 관하여 지나치게 근본주의적이려고 해도 소용이 없을 것이다. 우주는 얼마나 큰가 또는 어떤 색깔들이 현실적으로 시제 사물들 위에 등장하는가 등은 확실히 우연적 문제인 반면, 보편자에 관한 최소한 어떤 진리들은 그것들이 사례화되는지와는 독립적으로 보인다—예를 들어, 만일 어떤 파란색의 음영이 사례화되지 않았다면, 파란색의 음영은 여전히 다른 음영들 사이에 놓일 것이다.[5] 어쩌다 전혀 사례화된 적이 없는 파란색 음영의 실재성(만일 그런 것이 있다면)에 대한 아리스토텔레스주의적 설명은 정확히 어떤 것인가?

다수의 아리스토텔레스주의자들은 어떤 방식으로도 사례화되지 않은 보편자들을 인정하는 일은 그 어떤 참된 실재에도 접지하지 못한, 실제 세계를 넘어서는 형상들의 영역을 시인함으로써 과도한 플라톤주의가 될 것이라고 논변을 편다.[6] 그렇다면 그들은 우주의 지름보다 큰 길이나 사례화되지 않은 파란색 음영들은 단지 가능성에 지나지 않는다고 말해야 마땅하다. 그 제안의 난점은 '단지' 그 가능하다는 데 불과한 길이들이 수학에 의해 올바르게 기술되는 방식들로 서로서로에 대해 스스로 비례 관계에 서는 것으로 여겨지고, 사례화되지 않은 하나의 파란색 음영은 두 확정자인 사례화된 것들 사이에 놓이는 것으로 여겨진다는 데 있다. 따라서 '단순한' 가능성들 자체는 구조가 복잡하고, 그에 대한 진리들이 전혀 명백한 진리생성자(truthmaker)를 갖지 않는 준플라톤적 형상의 세계를 형성한다. '어떤 길이의 세 배는 그 길이의 두 배와 네 배 사이에 놓인다' 같은 비율에 대한 우리 지식은 우주의 반지름을 넘어서는 길이에도 적용된다. 말하자면 그 진리들은 우주가 확장되면 실재로 떨치고 나갈 태세를 갖추고 있다.

브렌트 먼디는 어떻게 양의 일반 이론이 양에 관한 경험적 증거와 연관되는지를 물음으로써 사례화되지 않는 보편자의 실재에 대한 옹호 논

5 흄의 '빠진 파란색 음영'의 예(*Treatise of Human Nature*, ed. L.A. Selby-Bigge, 2nd rev. edn, Clarendon Press, Oxford, 1975, 6)는 인식론에 관한 것이지만(어떻게 우리 상상력이 두 경험된 것들 사이에 놓여진 하나의 경험되지 않은 파랑의 음영을 채울 수 있는가?), 여기서 그 예는 존재론에 적용되었다.

6 D.M. Armstrong, *Universals: An Opinionated Introduction* (Westview Press, Boulder, CO, 1989), 75-82.

변을 편다. 유명론적 이론은 (외연적인) 두 양들의 합은 하나의 양이라는 양 이론의 표준적인 공리들은 문자 그대로 거짓이라고 하는 문제에 직면한다. (예를 들어, 만일 질량이 조작적으로 저울에서의 측정을 의미한다면, 충분히 큰 두 질량들은, 비록 개별적으로는 들어맞더라도, 너무 커서 하나의 저울 안에 함께 두지 못할 수 있다). 그 문제는 오직 사례화된 양들만을 인정하는 아리스토텔레스주의 실재론에 의해 공유된다: 두 사례화된 길이의 합과 두 파랑의 음영의 평균은 사례화되지 않을 수 있다. 먼디는—어떤 보편자들이 있는지 결정하는 것을 과학의 문제로 취급하는 입장인—후험적 실재론의 입장에서는 경험적 증거가 어쩌다 사례화된 확정자들의 임의적 집합체의 실재성보다 결정가능한 양의 실재성을 더 지지한다고 시사한다. 이론적 단순성의 근거들에 의거할 때, 어쩌다-사례화된-범위-내의-길이가 아니라 길이-일반이 경험적 증거가 말이 되게 해주는 이론적 존재자이다.[7] 길이나 색깔을 사례화되는 범위로 제한하는 일은 오직 관찰된 물체들만이 존재한다고 가정하는 일과 유비적인 '단순화'일 것이다—그 같은 제한을 데이터가 어쩌다가 샘플이 된 자연적 범위를 설정하는 데 실패하게 한다. 우리는 색깔의 과학이 사례화된 색깔의 음영들과 마찬가지로, 있을 수 있는 그 어떤 사례화되지 않은 파란색의 음영도 다룰 수 있기를 기대한다—물론 직접적인 실험적 증거는 단지 사례화된 음영들에 관한 것일 수밖에 없지만, 과학은 그저 실험적 데이터의 더미만이 아니라 실험으로부터 추론이 이루어지고, 그에 따라 실험적 결과들 사이의 간극을 '메울' 외삽(또는 내삽) 논증들이 가능하다.

7 B. Mundy, The metaphysics of quantity, *Philosophical Studies* 51 (1987), 29–54; 먼디는 자신의 입장을 '자연주의적 플라톤주의'라고 부르지만, 그것은 사례화되지 않은 보편자들을 지닌 아리스토텔레스주의 실재론과 동일하지 않다. 그것은 자연화된 인식론이 추상적 대상들에 대한 지식을 허용할 수 있다고 주장하는 '자연화된 플라톤주의'와 똑같은 입장이 아니다: M. Balaguer, Against (Maddian) naturalized Platonism, *Philosophia Mathematica* 2 (1994), 97–108; B. Linsky and E.N. Zalta, Naturalized Platonism versus Platonized naturalism, *Journal of Philosophy* 92 (1995), 525–555.

비슷하게, 브라이언 엘리스는 자연법칙들이 질량과 같은 '차원들' 또는 '일반적 보편자들'의 개별적 가치를 연결하는 것이 아니라 차원들 자체를 연결한다고 논증한다. 그것들은 밀(Mill)의 표현으로 '공변(共變; concomitant variation)' 또는 '사물들의 양적 속성들 사이의 일반적 관계들', 즉, 예를 들어 깊이와 압력의 *치역들* 사이의 관계들을 표현한다. 따라서 과학은, 무엇보다도 법칙들이 결정가능자들을 연결하므로, 존재론적으로 우선하는 것은 확정자나 가치들이라기보다 결정가능자라고 시사한다.[8] 어떤 가치의 사례화의 부재는 결정가능자 일반의 실재성에 어긋나지 않는다.

사례의 부재는 연속체, 유클리드 기하학이나 무한수들 (이에 관해서는 제8장에서 더 자세히 논의함) 같은 수학적 구조들, 그리고 완벽한 구(이에 관해서는 제5장과 제14장에서 더 자세히 논의함) 같은 이상화들에서도 똑같다. 이 개념들은 (가능적으로) 사례화되지 않는 구조들로나 (단지) 가능한 구조들로 기술될 수 있지만, 어느 경우라도 실재에서 사례화될 수 있는 복잡한 형상—그것에 관해 필연적 지식이 있을 수 있는 형상—을 띤다. 그 형상들은 필연적으로 평범한 실재를 넘어서야 하고 그 안에 문자 그대로 사례화될 수 없는 고전적 플라톤주의의 형상들과 다르다. 아리스토텔레스주의 형상들은 사례화될 수 있지만, 어느 것이 실제로 사례화되는지를 결정하는 것은 역사적 실재(또는 신의 의지, 또는 그런 일들을 결정하는 그 무엇이든)의 우연성이다.

재조합에 의해 가능한 것들?

광대한 범위에 걸쳐 적용되는 양의 경향 때문에 어떤 방식에서 사례화되지 않은 보편자들을 인정하지 않는 엄격한 아리스토텔레스주의 실재론으로 양을 이해하는 일은 특히 어렵다. 그런 최선의 시도는 데이비드

8 B. Ellis, The categorical dimensions of the causal powers, in A. Bird, B.D. Ellis and H. Sankey, eds, *Properties, Powers and Structures: Issues in the Metaphysics of Realism* (Routledge, New York, 2012), 11-26, 제3절.

암스트롱의 가능성의 조합 이론이다. 암스트롱은 가능성이 세계의 현실적인 요소들의 재조합이라고 주장한다—유니콘임은 가능한데 왜냐하면 그것이 현실적으로 존재하는 존재자들의 부분들의 재조합이기 때문이다. 그러나 결합은 (비록 보편자들의 추가는 아닐지라도) 현실적으로 존재하는 특수자들의 추가와 삭제를 허락한다: '결합은 넓은 의미로 이해되어야 한다. 그것은 확장(아마도 "반복"이 덜 오해하기 쉬운 용어일 것이다)과 수축의 관념을 포함한다.'9 개체들은 스스로를 무한정 복제하도록 허용되어야 하고, 실로 무한히 종종 새 가능성들을 창조하게끔 허용되어야 한다.

난점은 그럴 경우 아주 크거나 무한한 수들의 가능성이 분석되는 대신 이론 안에 탑재되거나 전제된다는 것이다. 어떻게 우주 안에 사례화된 것들보다 더 큰 수들이 가능한가? 우주 내의 현실적인 개체들이 '무한정의 증가'에 회부되기 때문이다.10 (유사하게, 우주의 반지름보다 긴 길이가 있을 가능성은 더 큰 전체 길이를 지닌 물체를 제시하기 위해 현실적인 개체들을 복제할 수 있기에 그 근거가 생긴다. 한 사례화되지 않은 양은 '현실적인 것으로부터 조합론적으로 접속 가능한' 양들이다.11) 그러나 개체들의 무한정 복제 가능성 자체의 근거는 무엇인가? 그 이론에 대한 말은 없다. 그 대신 그 이론이 전개되기 위해 그 가능성을 가정해야만 한다.12 예를 들어, 무엇이 어떤 특수한 무한 기수의 가능성의 근거인가? 최소한 현실적인 개체들이 그토록 많은 횟수에 걸쳐 무한하게 복제될 가능성은 있다. (전통적 아리스토텔레스주의의 현실적 무한에 대한 의심을 감안할 때 그것은 보통 논쟁의 여지가 있다고 간주되는 가능성이다.) 그것은 실로 근거일 수 있지만, 조합론적 가능성 이론은 그 가능성에 대한 분석을 제시하지 못했고, 단지 가능성을 주장하

9 D.M. Armstrong, *A Combinatorial Theory of Possibility* (Cambridge University Press, Cambridge, 1989), 37.
10 Armstrong, *Combinatorial Theory*, 125.
11 Armstrong, *Combinatorial Theory*, 56.
12 Armstrong, *Combinatorial Theory*, 58–60.

기만 했을 뿐이다. 따라서 조합론적 이론은 가능성에 대한 완전한 설명이 못된다. 특히, 주장했던 대로 사례화된 것들에 의한 사례화되지 않은 것들의 환원적 분석을 보편자들에 대해서 제시하지 않았다.

현실적 우주에서는 무(無)와 같은 진실로 '이질적인' 보편자들의 가능성에 관해 남은 문제가 하나 있다.[13] 그러나 그 문제는 수학에서 고려할 일들의 범위를 넘어서는 것으로 여겨진다—힐베르트 공간과 접속불가능한 무한 기수들의 방대한 크기와 비교적(秘敎的)인 본성에도 불구하고, 이질적인 보편자들은 어떤 의미에서 단순한 속성들의 작은 범위로부터 만들어진 것으로 여겨진다. 무엇이 그 속성들이고, 어떻게 그것들이 더 큰 것들을 만드는지는 나중에(제3장과 제4장) 고찰될 것이다.

준플라톤주의적 아리스토텔레스주의

이 지점에서 여기서 옹호되는 것이 플라톤주의적 형태의 아리스토텔레스주의가 그다지 아니지 않은가 의구심을 품을 수도 있겠다. 여기서 옹호되는 입장은 모두가 사례화되지는 않은 보편자들의 공간을 가지며, 영혼은 그 공간 안의 필연적 상호 연관성들에 대해 통찰을 지닌다. 그렇다. 그러나 플라톤주의와 아리스토텔레스주의라는 이름으로 포괄되는 두 가지가 아니라 세 가지의 별개의 입장들이 있다:

1. (극단적) 플라톤주의에 따르면, 보편자들은 그 본성상 '추상적 대상들'이다. 즉, 보편자들은 이 세상에 (완전히 또는 정확히) 존재할 수 있는 종류의 존재자들이 아니며, 인과적 힘이 결여됐다;
2. (여기서 옹호되고 있는 입장인) 준플라톤주의 또는 양상 아리스토텔레스주의에 따르면, 보편자들은 존재할 수 있고 이 세계 안에 존재하는 것으로 지각될 수 있고 또 종종 그러하지만, 그렇게 존재하는 것

13 D.M. Armstrong, *Truth and Truthmakers* (Cambridge University Press, Cambridge, 2004), 86-89.

은 우연적인 문제이며 우리는 심지어 사례화되지 않은 것들에 대해서도 그리고 그것들의 필연적 상호관계들에 대해서도 지식을 가질 수 있다;

3. 엄격한 이-세계적(this-worldly) 아리스토텔레스주의에 따르면, 사례화되지 않은 보편자들은 어떤 방식으로도 존재하지 않는다: 모든 보편자들은 실제로 사물들 안에(*in re*) 있다.14

이 입장들은 아주 판명하게 다르다. 준플라톤주의 아리스토텔레스주의와 극단적 플라톤주의 사이에는 다리 놓기 불가능한 간극이 있다. 아리스토텔레스주의적 보편자는 (설사 어떤 것들이 어쩌다 존재하지 않더라도) 실재하는 사물들 내에 있을 수 있는 것들이고, 그에 대한 지식은 (설사 간접적으로 그리고 추론 이후라서 직접적으로 경험된 것들을 넘어서서 보편자들에 관한 것일 수 있더라도) 사례화된 보편자들에 의해 직접적으로 영향받는 감각들로부터 온다. 대조적으로, 극단적 플라톤주의는 그것들이 인과적 힘이나 정위를 갖지 않고 그에 따라 지각될 수 없다는 (그리고 오직 공준되거나 논증에 의해 추론될 수 있을 뿐이라는) 의미에서 보편자를 '추상적'이라 한다.15

둘째와 셋째 입장 사이의 간극이 큰지 여부가 우리가 그 가능성들에 대해 어떤 설명을 제시하는가에 의존한다는 것은 참이다. 만일 '이-세계'적 아리스토텔레스주의자가 (예를 들어, 가능세계들에 완전한 존재성을 부여함으로써) 단지 가능한 보편자들에 대한 확고한 견해를 갖고자 한다면, 그 두 종류의 아리스토텔레스주의는 거의 차이가 없게 될 것이

14 S. Shapiro, *Philosophy of Mathematics: Structure andOntology* (Oxford University Press, New York, 1997), 85-86의 '제거적 구조주의'를 모델로 해서 이-세계적 아리스토텔레스주의을 '제거적' 아리스토텔레스주의라고 부를 수 있을 것이다.

15 M. Colyvan, *The Indispensability of Mathematics* (Oxford University Press, Oxford, 2001), ch. 3; Ø. Linnebo, Platonism in the philosophy of mathematics, *Stanford Encyclopedia of Philosophy* (2009, revised 2011), http://plato.stanford.edu/entries/platonism-mathematics/; G. Rosen, Abstract objects, *Stanford Encyclopedia of Philosophy* (2001, revised 2012), http://plato.stanford.edu/entries/abstract-objects/

다. 그러나 그러한 차이가 없어짐은 가능세계들에 관한 플라톤주의를 채택하는 결과가 될 것이다. 또 그러나 가능성에 대한 수축적인 견해를 가정하면서 (아리스토텔레스주의자에게서 기대될 수 있고, 암스트롱의 이론에서 전개되고 있듯이) 이-세계적 아리스토텔레스주의자는 어떤 훨씬 더 협소한 실재적 존재자들의 영역을 믿을 것이다.

셔피로는 여기서 '양상' 아리스토텔레스주의에 의해 의존할 수 있는 채택할 만한 필연성과 가능성에 대한 견해가 전무하고, 따라서 필연성에의 의존은 플라톤주의를 대치할 수 없다고 논증한다. 실로, 이것이야말로 플라톤주의에 대한 '제거적 구조주의' 아리스토텔레스주의의 대안이라 부르는 데 대한 그의 반론이다. (헬먼은 이것을 아리스토텔레스주의적 보편자 이론을 가지고 지지하지 않음에도 불구하고). 셔피로는 수학을 (최소한 때로는) *가능한* 구조들에 관한 것으로 보는 한에서 아리스토텔레스주의에 동의하는 헬먼의 '양상 실재론'을 논의한다(헬먼의 이론은 제7장에서 더 고찰된다). 헬먼에 따르면, 산수의 하나의 주장 Φ는 *논리적으로 가능한* 임의의 체계 S에 대해, 만일 S가 자연수 구조를 예화하면 Φ는 S에 대해 참이라는 것을 의미한다. 셔피로는 이렇게 반론을 편다:

> 현대 논리학의 교과서와 수업들에서 논리적 양상이 집합으로 이해된다는 점을 상기하라. 어떤 문장이 논리적으로 가능하다는 말은 그것을 만족하는 어떤 집합이 있다는 이야기이다. 그러나 제거적 구조주의의 양상적 선택지에 따르면, 어떤 특정 집합이 있다는 것은 집합론적 위계의 구조를 예화하는 모든 논리적으로 가능한 체계에 관한 무엇인가를 말한다. 이것은 받아들일 수 없는 순환이다. 수학적 '존재'를 논리적 가능성에 의해 만드는 것은 만일 후자가 집합론적 위계 안에서 존재에 의해 만들어진다면 아무런 득도 없다.[16]

16 Shapiro, *Philosophy of Mathematics*, 89.

현대 논리학 교과서들이 집합들을 논리적 필연성보다 더 기본적인 것으로 간주한다는 이야기는 의심스러운 주장이다;[17] 그리하는 한에서 그 같은 교과서들의 주장은 제7장에서 비판될 프레게의 플라톤주의를 수용하는 것이다. 그리고 그런 견해는 방금 논의한 것과 같은 종류의 사례들에서 특히 그럴 법하지 않다. 예를 들어, 색깔들 사이의 사이에-있음 관계의 필연성은 보편자들 일반 사이의 관계들의 필연성에 기인한다. 길이들 사이의 '더 크다' 관계의 이행성도 이와 유사하다. 색깔과 길이, 그리고 그것들의 속성은 어떤 방식으로든 집합에 의존하지 않는다. 그 필연성의 본성이 어떻든 간에, 그것들을 집합론에 의존하는 것으로 간주할 아무런 동기도 없다. 따라서 필연성과 가능성에 호소하는 데 있어서 셔피로의 순환성 주장은 유지될 수 없다.

어떤 방식으로든 사례화되지 않은 보편자들에 관해 의견이 일치하지 않는 둘째 (준플라톤주의 아리스토텔레스주의)와 셋째(엄격하게 땅을 딛고 선 아리스토텔레스주의적) 입장들 사이의 관계의 문제로 되돌아가자. 그 불일치는 사례화된 것으로 알려진 과학의 보통 보편자들에 관해서는 절박성이 큰 문제는 아닌데, 왜냐하면 그것들은 그 자신의 지각의 원인이 되기 때문이다. 엄격하게 경험적으로 정향된 아리스토텔레스주의 실재론자에게 공포를 불러일으킨 것은 수학 동물원의 거대하고 비교적(秘教的)인 표본들이다. 사례화되지 않았거나 사례화되지 않을 수 있는 수학적 존재자들에 관한 우리의 지식은 언제나 플라톤주의를 믿는 지도적 이유였고, 옳게도 그러했는데, 왜냐하면 그것이 여기, 지금을 확실히 넘어서는 지식이기 때문이다. 그것은 엄격하게 이-세상적인 아리스토텔레스주의에게 극복할 수 없는 난점들을 야기했다. 그러나 우리가 오직 부분적으로만 플라톤주의적 방향으로 움직일 수 있는지 여부를 고

17 (온라인) 『스탠포드 철학 백과사전(*Stanford Encyclopedia of Philosophy*)』의 유관 기사들은 그런 어떤 견해들도 가정하거나 옹호하지 않는다: M. Gómez-Torrente, Logical truth (2010), http://plato.stanford.edu/entries/logical-truth/; B. Kment, Varieties of modality (2012), http://plato.stanford.edu/entries/modality-varieties/ .

려할 필요가 있다. 파란색의 스펙트럼 안에 두 사례화된 음영들 사이에 사례화되지 않은 음영을 위한 공간이 있는 것과 똑같은 이유에서 극단적 플라톤주의를 향해 오직 절반만 움직여 나갈 여지가 있다. (플라톤주의가 주장하듯) 파란색 음영들의 비인접성은 파랑 스펙트럼에 관한 하나의 필연적 사실이지만, 하나의 중간적 파랑의 음영이 사례화되었는지 여부는 (보편자들이 실재 내에 문자 그대로 사례화될 수는 없다고 주장하는 극단적 플라톤주의와는 반대로) 우연적이다. 플라톤주의로 기우는 경향을 지닌 아리스토텔레스주의자에 따르면, 그것은 사례화되지 않은 수학적 구조들에게서도 똑같다: 하나의 비율은 작고 사례화되든 크고 사례화되지 않든 (플라톤주의자가 생각하듯) 하나의 필연적인 비율들의 스펙트럼의 일부이지만, 하나의 사례화된 비율은 문자 그대로 두 현실적인 (예컨대) 길이들 (아리스토텔레스주의에서 생각되듯) 사이의 하나의 관계이고, 따라서 물리적 세계에서 발견되는 어떤 것이다. 극단적 플라톤주의와 극단적 아리스토텔레스주의 사이에 하나의 중간적 입장이 가능한 근본적인 이유는, 사례화되지 않은 보편자들에 대한 지식이 있다는 플라톤주의자의 통찰이 사례화된 보편자들이 직접적으로 사물들 안에서 지각될 수 있다는 아리스토텔레스주의자의 통찰과 양립가능하다는 데 있다.

준플라톤주의적 아리스토텔레스주의의 슬로건은 '사례화는 가능하지만 필연적이지는 않다'이다.

하나의 사례화되지 않은 보편자는 '존재한다'고 말해야만 할까? 그것은 준플라톤주의 아리스토텔레스주의자에 의해 의미 있는 질문으로 간주되지 않는다. 한 보편자가 어떤 사태 내에서 하나의 특수자에 사례화될 때, 한 존재가 그 보편자와 더불어 존재한다; 한 보편자가 사례화되지 않으면, 그 보편자와 다른 보편자들에 대한 관계들을 알 수 있는 가능성이 있지만, 그 보편자에 존재자들의 존재에 평행하는 '존재'를 부여할 필요는 없다. 그런 가능성들을 위해 이름들과 수학적 기호법들을 제정하면 편리할 수 있겠지만, (가능성뿐만 아니라 허구적 대상들과 미래의 대상들 같은) 여기, 지금을 넘어서는 대상들의 지칭에 관한 언어철학 내의 복잡한 문제를 다루는 일은 보편자의 철학이나 수학철학의 임무가 아니다.[18] 사례화되었든 아니든, 보편자들 사이의 관계들의 실재성, 그리고 그것들에 대한 지식의 실재성을 주장하는 것으로 충분하다.

준플라톤주의적 아리스토텔레스주의는 다른 이론들에서 난점들을 낳는 수학의 객관성에 관한 두 가지 상충하는 직관들을 말이 되게 해준다. 한편으로 여기서의 아리스토텔레스주의적 면모는 수학의 객관성을 지각과 측정으로부터 나오는 보통 과학의 객관성과 연결되도록 허락한다: 예를 들어, 한 물리적 대상의 대칭성은 지각될 수 있고, 양들은 세어지고 측정될 수 있다. 그것은 대칭성과 길이가 같은 양적 속성들이 실재에서 진정으로 사례화되고 과학의 통상적인 방식으로 그 자신에 대한 지각적이고 측정가능한 지식의 원인이 될 수 있기 때문이다. 그 반면, 순수수학은 지각가능한 실재를 넘어 우리 지식을 지탱하고 현실적인 세계에 사례화되지 않을 수도 있는 필연성들의 영역에 대한 통찰을 우리에게 주는 것으로 느껴진다. 암스트롱은 다음과 같이 표현했다. "우리는 수학에서 단지 가능할 따름이고 실제로 아마도 법칙적으로는 불가능할 존재자들에 대한 지식을 얻는다. … 이 결론들을 *후험적으로* 확립하는 문제는 있을 수 없다. … 그렇다면, 수학적 '존재'는 현실적 존재의 가능성이다".[19]

그 대립되는 수학적 객관성의 원천들은 그들 사이의 명백한 긴장 관계에도 불구하고 양립가능해야 하는데, 왜냐하면 때로는 순수수학이 그 적용 가능성이 의심받지 않는 구조들을 발견하고 나서 뒤이어 바로 그 구조들이 실재의 어떤 측면을 기술한다는 발견이 간혹 일어나기 때문이

18 그러나 허구주의자의 0 해명을 제14장에서 참조하라.
19 Armstrong, *Combinatorial Theory*, 126.

다. [미분 기하학의 비교적(秘敎的)인 측면들을 아인슈타인이 일반 상대성 이론에서 사용한 일이 많은 유명한 사례 중 하나다.[20]] 준플라톤주의 아리스토텔레스주의는 수학의 객관성의 이 다른 측면들 기저의 형이상학을 설명한다. 똑같은 수학적 속성들이 사례화될 수도 있고(따라서 지각가능하고 측정가능하고), 그렇지 않고 사례화되지 않고 단지 가능할 뿐일 수도 있다(따라서 어쩌면 어떤 다른 순수하게 지성적인 방법에 의해 접속가능할 수도 있다).

인식론의 자세한 내용—단순한 사례들에서의 지각이 어떻게 비존재에 대한 지적 통찰과 맞물리는지—은 제10, 11, 12장에서 다룬다. 특히 제11장은 상상력을 다루는데, 상상력은 직접적으로 지각된 것을 넘어 예화되지 않을 수 있는 것들의 영역으로 내보내는 학습된 개념들의 재조합하는 능력이다.

20 A. Pais, *Subtle Is the Lord: The Science and the Life of Albert Einstein* (Oxford University Press, Oxford, 1982), 210–213.

3 초보수학 : 양의 과학

아리스토텔레스주의 실재론자들이 수학이 세계의 어떤 속성들의 과학이라는 점을 확립하려 한다면, 그들은 어느 속성들을 말하는지를 설명해야만 한다. 이는 특히 필요한데, 왜냐하면 물리학, 생물학, 또는 사회학 같은 과학들보다 수학에서의 답이 훨씬 덜 명백하기 때문이다. 물리학이 사물들의 무슨 속성들—(설사 사물을 물리적인 것으로 만드는 어떤 공통적인 속성을 지니고 있는지 말하기는 어려울지라도) 질량과 인력 같은 속성들—을 연구하는지는 분명하다. 마찬가지로 생물학이 살아 있는 사물들의 특유한 속성을 연구한다는 것도 분명하다. 그러나 그 특별한 과학들이 연구하는 사물들의 속성이 열거되었을 때, 무슨 속성들이 수학이 관여하는 것으로 남아 있을 것인가? 답은 결코 명백하지 않다.

그 답에 설득력이 있기 위해서는 아리스토텔레스주의 실재론이 앞의 질문에 설득력 있는 정확한 답변을 해야만 한다. 그 답은 논쟁의 여지없이 수학적인 것의 예들을 포괄함으로써 설득력을 갖추고, 분명한 정의에 의해 정확성을 갖추어야만 한다.

수학의 대상들에 관해 그리고 그 대상이 무엇인지에 관해 실재론자들로부터 두 가지 주된 제안들이 나왔다. 아리스토텔레스로부터 칸트에 이르기까지 이 분야를 주도했고, 근래 소수의 저자들에 의해 되살아난 첫째 이론은 수학이 '양의 과학'이다. 둘째 이론은 양의 과학의 주제가 구조 또는 패턴이라는 것이다.

이들 양자를 수학의 대상으로 취급하는 이유와 이 (지독히 모호한) 개념들의 정확한 정의들은 제시하고자 한다. 정의들의 정확성은 그 개념들이 비록 밀접하게 연관되지만 동일하지는 않다는 증명을 허락하기에 충분할 것이다.

두 실재론적 수학 이론: 양 대 구조

양은 이 장에서, 그리고 구조는 다음 장에서 검토한다. 양과 구조 *양자 모두* 실재하는 속성들이고 수학에 의해 연구되지만 아주 판이한 속성들이라고 결론지어진다. 연구되는 이 두 대상의 구분은 얼추 초보수학과 고등수학의 구분에 대응된다. '양'과 '구조'의 관념이 같지 않다는 것을 확립하기에 충분할 만큼 어떻게 정확하게 특징지을지 설명할 것이다. 그러나 양과 구조는 수학의 주제에 어느 정도의 단일성을 부여하기에 충분할 만큼 가까운 관계를 갖고 있다.

아리스토텔레스의 시대로부터 18세기에 이르기까지 하나의 수학철학이 그 분야를 주도했다. 수학은 '양(量; quantity)의 과학'이라고 불렸다. 아리스토텔레스의 기본 존재 범주들 중 하나인 양은 산수에 의해 연구되는 이산적 연속과 기하에 의해 연구되는 연속으로 구분된다.[1] 그 이론은 명백히 셈과 측정, 그리고 그 결과로 나오는 수들을 가지고 하는 계산을 강조하면서 최소한 초보수학에 대한 애초의 온당한 그림을 우리에게 제공한다. 이는 수학의 대상이 무엇인지(물리적 사물과 아마도 그것의 크기 같은 비물리적 사물의 특정 속성), 그리고 어떻게 그 속성이 알

1 제7장의 참고문헌들 참고.

려지는지(물리적 사물의 다른 자연적 속성이 알려지는 것과 똑같은 방식으로: 단순한 사례에서는 지각에 의해, 그리고 더 복잡한 사례에서는 지각으로부터의 추론에 의해)에 관한 문제들에 직접적이고도 이해할 수 있는 답을 약속한다.

형식주의와 논리주의 같은 고전적 20세기 수학철학에 대한 불만, 그리고 수와 집합에 관한 재건되지 않은 플라톤주의로 회귀하려는 소망의 결여에 따라 1990년대에 또 다른 실재론적 수학철학의 평판이 높아졌다. 구조주의는 수학이 구조 또는 패턴을 연구한다고 주장한다. 셔피로가 설명하듯이, 수론은 개별적 수들이 아니라 '자연수 구조'를 다루고, 그것은 '한 단일한 추상적 구조로서, 후속자 관계, 유일한 첫 대상을 갖고, 귀납 원리를 만족하는, 대상들의 무한 컬렉션에 공동되는 패턴이다.[2] 그 구조는 시간 안 별개의 순간들의 무한 연쇄에 '의해 예화된다'. 수론을 위해서는 수 '2'에 그 체계의 시작 가까이 그것의 자리 또는 '장소' 외에는 아무것도 없게 되도록 수론은 그저 그 구조의 속성들만을 연구한다. 수학의 다른 부분들은 실수 체계나 추상 군들 같은 다른 구조들을 연구한다.

현대 수학이 대칭성 같은 구조적 속성들과 물리적 체계와 추상적 체계 양자 모두의 순수하게 관계적인 측면들에 집중하는 것을 볼 때, 구조주의 수학 이론은 양 이론과 마찬가지로 애초의 그럴듯함을 다소 지닌다. 그것은 현대 순수수학에 만연한 군들과 위상학적 공간들 같은 '추상적 구조들'에 대한 집중에 의해 지지된다.

이 두 실재론적 수학 이론들 사이 기저의 철학적 유사성을 감안할 때, 그들 사이의 관계나 양과 구조의 개념들 사이의 관계 관한 질문들이 제기되지 않았다는 것은 놀랍다. 양 이론 또는 그것과 아주 비슷한 어떤

2 S. Shapiro, *Thinking About Mathematics: The Philosophy of Mathematics* (Oxford University Press, New York, 2000), 257-264.

것이 1990년대에 부활했고 한 철학자들의 학파가 집합, 수, 그리고 비율 또한 사물의 실재하는 속성들로(또는 더 정확하게는 보편자들 사이의 관계들로: 예를 들어, '두 배의'라는 비율은 두 길이가 갖는 관계와 두 무게가 갖는 관계 사이에 공통되는 어떤 것일 수 있다) 해석되어야만 함을 보여주고자 애썼다. 구조주의는 북미에서 그런 반면 이 프로젝트가 호주에서 추구되었다는 사실[3]은 이 이론이 수학철학 대부분의 최근 논의에서 언급되지 않고 있다는 데 대한 충분한 변명으로 여겨지지 않는다.

양 이론이 더 아리스토텔레스주의적 실재론이고, 구조주의는 더 플라톤주의적 실재론이라는 것은—어느 정도 소통의 부재를 설명해줄 수 있다고 하더라도—충분한 핑계는 못된다. 양 이론가들은 현실적인 길이, 시간 등의 사이에 존재하는 비율을 논의하는 경향을 지니고, 대개 암스트롱의 이론처럼 아리스토텔레스주의 실재론적 보편자 이론 안에 그들의 이론을 자리매김한다. 그러나, 다음 장에서 기술되듯이, 두 지도적 구조주의자인 셔피로와 레스닉은 대체로 구조들에 관한 플라톤주의자이다: 셔피로는 보편자들에 관한 플라톤주의와 비교하여 '사물들에 앞서(*ante rem*) 구조주의'를 선호하고, 레스닉 또한 특정의 단서를 단 채로 플라톤주의자이다.[4] 그러나 양측 사이의 간극은 겉보기처럼 그리 넓지 않다. 셔피로와 레스닉은 농구경기 수비 같은 물리적 대상들의 배열들이 추상적 구조들을 '예화'하도록 허용하고, 그에 따라 수학이 고전적 플라톤주의보다 다소간 더 직접적인 방식으로 실제 세계에 적용되는 것을 허용하는 반면, 특정의 다른 구조주의자 저자들은 사례화된 패턴들을 훨씬 더 크게 강조한다.[5] 그 반면, 양 이론가들은 그들의 접근법을

3 제7장의 참고문헌들 참고.

4 S. Shapiro, *Philosophy of Mathematics: Structure and Ontology* (Oxford University Press, New York, 1997); M.D. Resnik, *Mathematics as a Science of Patterns* (Oxford University Press, New York, 1997), 10, 82, 261, 그러나 269에서는 덜 플라톤주의적임.

5 D. Dennett, Real patterns, *Journal of Philosophy* 88 (1991), 27–51, section II; W.W. Sawyer, *Prelude to Mathematics* (Penguin, Harmondsworth, 1955); K.J. Devlin, *Mathematics: The Science of Patterns* (Freeman, New York, 1994).

(제2장에서 기술된 바와 같이) 하나의 준플라톤주의적 형태의 아리스토텔레스주의로 만드는 경향을 보이면서 아주 큰 수들 같은 사례화되지 않은 양들을 다룰 필요를 인정한다.

일단 양의 과학과 구조의 과학의 존재가 주목되고 나면, 몇 가지 명백한 문제가 제기된다. 양의 과학과 구조의 과학은 실제로는 이전에 양이라 불리던 것의 현대적 이해에 불과한 '구조'를 지닌 똑같은 이론인가? 그렇지 않으면, 구조는 양을 하나의 종(種)으로 갖는 유(類)이고, 그리하여 구조주의는 현대수학의 더 넓은 범위를 반영하는 양 이론의 일반화인가? 그 반면, 만일 양과 구조가 양자 모두 진정한 종류의 보편자들이지만 서로 다른 것이라면, 양자 모두의 과학이 맞는가? 그리고 만일 과학이 아니라면 양과 구조란 무엇인가?

만일 수학철학이 수와 집합같이 유치원과 논리학 세미나에서 연구되는 항목들에 집중하는 것을 넘어서 응용수학자들을 포함하여 실제 수학자들에 의해 연구되는 것들을 다루고자 한다면, 이 질문들은 수학이 무엇에 관한 것인지를 분명하고 정확하게 말하려는 아리스토텔레스주의 수학철학의 필요를 넘어서는 이유들로 인해 중요하다. (심지어 수학의 적용 가능성에 관한 철학자들의 논의들도 예컨대 운영 체제 연구나 유체역학이 아니라 수들과 실수 해석학을 전면에 내세운다.[6]) 수학자들의 담론 안에 등장하는 존재자들의 애초의 분류는 예컨대 그 존재자들을 집합이나 카테고리 같은 어떤 다른 소재 안에서 재구성하려는 철학적으로 영감을 받은 프로젝트들보다 확실히 더 바람직하다.

6 예컨대, 적용에 관한 논의는 다음을 참조. H. Field, *Science Without Numbers: A Defence of Nominalism* (Princeton University Press, Princeton, NJ, 1980); M. Steiner, *The Applicability of Mathematics as a Philosophical Problem* (Harvard University Press, Cambridge, Mass., 1998); P. Maddy, *Naturalism in Mathematics* (Oxford University Press, New York, 1997); M. Colyvan, *The Indispensability of Mathematics* (Oxford University Press, New York, 2001).

여기서 논증으로 옹호될 입장은 양과 구조 양자 모두 실재하지만 다른 종류의 보편자라는 것이다. 그에 관한 과학은 (철학적으로 다소 불만스러운) 초보수학과 고등수학이라는 이름으로 불리는 데 근접하는 것들이다. 이는 보기보다 더 신나는 결론이다. 그 같은 결론으로 양의 이론은 채택할 만한 어떤 수학철학에나 편입되어야 하는데, 현재의 지도적인 경쟁자 그 누구에 의해 행해지는 바와도 거리가 멀다. 이는 또한 현대(18세기 이후) 수학이 완전히 새로운 주제인 순수수학을 발견했고, 그에 따라 고대인들이 상상할 수 없었던 과학을 창안했다는 것을 의미한다.

우선 "수란 무엇인가?" 같은 수학철학의 전통적인 문제를 논의하되 순수하게 구조적인 고찰들이 덜 명백한 초보적인 사안들에 논의를 한정하여 양을 검토하도록 하자.

연속적 양과 비율

수학의 전통적 구분에 따르면, 기하학은 연속적 양을 연구하는 반면, 산수는 불연속적인 양 또는 수를 연구한다. 그 구분은 최소한 두 종류의 양이 많은 공통점을 지니는지, 예컨대 '두 배'라는 비례가 2라는 셈에 쓰는 수와 많은 공통점을 지니는지가 애당초 전혀 분명하지 않다는 사실을 돋보이게 해준다. 그런 만큼 이들을 분리해서 검토하도록 하자.

연속적 양이라는 결정적으로 중요한 개념은 *비례* 또는 *비율*이다. 비글로(Bigelow)는 비례를 다음과 같이 소개한다. 그의 아리스토텔레스주의적 언어는 물리적으로 실재하는 관계들과 가까운 거리를 유지하기 위해, 그리고 아울러 우리가 얼마나 쉽게 관계들, 그리고 관계들 간의 실재성을 다루는지를 상기시키기 위해 선택되었다:

> 코끼리, 이탈리아인, 벌새과 호텐토트인 같은 물리적 대상들은 많은 속성과 관계를 가지고 있다: 예컨대, 체적과 표면적. 그리고 이 대상들의 물리적 속성들은 서로 중요한 관계이다. 특히 그런

> 물리적 속성들은 서로 간에 비례의 관계이다. 어떤 벌새의 표면적과 한 호텐토트인의 표면적 사이에는 한 가지 관계가 있고, 그것은 한 이탈리아인의 표면적과 어떤 코끼리의 표면적 사이에 성립하는 관계와 같을 수도 있고 같지 않을 수도 있다.
>
> 비례 같은 관계들은 표면적들 사이에만 성립하는 것이 아니라 체적들 사이에도 성립한다. 상상할 수 있듯이, 두 대상의 표면적 사이의 관계는 다른 두 대상의 체적 간의 관계와 같을지도 모른다. 그러나 두 대상의 표면적 간의 관계가 일반적으로 그것들의 체적 간의 관계와 같지 않으리라는 것은 괄목할 만한 생물학적 중요성을 지니는 사실이다. 형태의 차이를 무시함으로써(예컨대, 어떤 코끼리가 이탈리아인을 닮았다거나 어떤 이탈리아인이 코끼리를 닮았다고 가정함으로써) 만일 코끼리 체중이 열 배라면 표면적은 백 배, 체적은 천 배가 될 것이다. 코끼리와 이탈리아인의 체적, 또는 호텐토트인과 벌새의 체적 차이는 그들의 표면적 차이보다 더 클 것이다. 여기 여러 가지 별개의 관계들이 있다: 나아가서 이 관계들은 독특한 방식으로 서로 다르다. 또한 이 관계들 간에 독특한 관계들이 있다. 이 사실들은, 예컨대 열 규제의 문제들 같은, 물리적 의미를 지니는 귀결들을 갖는다. 수학의 대부분은 이와 같은 비옥한 토양에서 성장했다.[7]

따라서 예컨대 '질량 1.57킬로그램임'이라는 보편자는 '질량 0.35킬로그램임'이라는 보편자와 특정 관계, 비례를 갖는다. 길이들의 쌍은 시간 구간들의 쌍처럼 그 같은 비례를 가질 수 있다. (온도 구간들의 쌍들이 서로 비례 관계에 있을 수 있는지는 분명치 않다: 그것은 온도 축척의 종류에 관한 물리적 사실들에 의존한다.) 비율 자체는 그저 질량의 쌍들, 즉 길이와 시간 구간들 간의 이항 관계들이 공통적으로 지니는 것이

7 J. Bigelow, Sets are haecceities, in J. Bacon, K. Campbell and L. Reinhardt, eds, *Ontology, Causality and Mind: Essays in Honour of D.M. Armstrong* (Cambridge University Press, Cambridge, 1993), 제4장, 74-75.

다. 유클리드의 표현으로, '한 비율은 같은 종류의 두 크기 간 크기라는 측면에서의 일종의 관계이다'.[8]

비율들은 가장 쉽게 '외연적인'이라 불리는 일종의 양으로 이해된다. 현대 물리학은 길이와 질량 같은 외연적인 양들과 온도와 속도 같은 내포적인 양을 기본적으로 구별한다.[9]

만일 한 물체가 2미터의 길이를 갖는다면, 그것은 각각 1미터인 두 부분으로 이루어진다. 질량이나 체적의 경우도 같다: 2 단위 질량이나 체적은 (여러 다른 방식으로) 단위 질량 또는 체적의 두 부분으로 이루어진다. 2초의 시간은 각각 1초인 두 부분으로 이루어진다. 그런 양이 '외연적인'이라 불린다. 국제 순수 및 응용 화학 협회의 표현으로 '독립적이고 비상호작용적 하부시스템들에 대해 부가적인 양이 *외연적*이라 불린다'.[10]

외연적인 양들은 측정이 쉬운데, 왜냐하면 양이 측정되려면 그 양을 채우기 위해 한 단위가 반복될 수 있기 때문이다. 예를 들어, 한 길이는 동일한 막대들을 연결함으로써 측정될 수 있는데, 왜냐하면 그 막대들에 의해 점유된 길이는 각각의 막대 길이들의 합이기 때문이다. 필연적으로, 만일 어떤 외연적인 양을 지닌 대상이 복제된다면, 합의 원물에 대한 비율은 필연적으로 두 배의 비율이다.

따라서 색깔 하나가 모든 가능한 색깔들의 공간 안에서의 위치 하나에 불과하지 않는 것과 똑같은 이유로, (특수한) 비율 하나가 (모든 비율

8 Euclid, *Elements*, 제V권, 정의 3.
9 M.R. Cohen and E. Nagel, *An Introduction to Logic and Scientific Method*, abridged edn, Routledge, London, 1939, 183-187.
10 International Union of Pure and Applied Chemistry (IUPAC), *Quantities, Units and Symbols in Physical Chemistry* ('The Green Book'), Third Edition, IUPAC & RSC Publishing, Cambridge, 2007, 6.

들의) '어떤 구조 안에서의 위치 하나'에 불과한 것이 아니다—개별적인 비율이나 색깔은 다른 비율이나 색깔을 언급하지 않고서도 파악할 수 있는 내재적 속성을 갖는다. 비록 그것 자체의 구조를 갖는 모든 비율이나 모든 색깔의 하나의 체계나 공간이 있기는 하지만, 어느 특정의 것은 사례화되고 그것의 이웃은 그렇지 않다고 하는 것은 말이 된다. 어느 파랑 색깔들이 빠졌는지가 완벽하게 확정적인처럼 수소 원자의 에너지 수준들의 쌍에 의해 어느 비율이 사례화되는지는 완벽하게 확정된다.[11]

비율은 외연적 양에서 가장 쉽게 보이지만, 그것들은 또한 어떤 종류의 내포적 양들, 즉 외연적 양들의 비율인 것들에서 결정적으로 중요하다. 초당 2미터의 속도를 갖는 물체가 각각 초당 1미터의 속도를 갖는 두 부분으로 구성되지는 않으므로 속도는 외연적 양이 아니다. 그럼에도 불구하고, 속도는 확정적 비율을 갖는데, 왜냐하면 다른 것보다 두 배의 속도를 갖는 어떤 물체는 같은 시간에 두 배의 공간을 확보하기 때문이다.

비율은 집합과 전혀 밀접하게 연결되지 않는 것으로 보인다. 내 키에 대한 당신 키의 비율은 그 어떤 (신장들, 사람들, 수들 또는 그밖의 어떤 것들의) 집합의 존재도 시사하거나 요구하지 않는다.

이산적 양과 수

이산적 양은 비율과 아주 다른 방식으로 생긴다. 그 사례를 이산적으로 구조화하는 것이 '단위-만들기' 또는 '세기' 또는 '사과임' 같은 정렬(sortal) 보편자들의 특징이다. 정렬 보편자의 이 같은 특징으로 '물임(being water)' 같은 덩어리(mass) 보편자와 구별된다. 하나의 사과 더미는 '사과임'에 대해 특정의 관계에 선다. 그 관계는 그 더미 속 사과의

11 양에 대한 순수하게 관계적인 견해의 옹호 논변들에 대한 반론은 다음 참조. D.M. Armstrong, Are quantities relations? A reply to Bigelow and Pargetter, *Philosophical Studies* 54 (1988), 305-316.

수이다. 똑같은 관계가 구두 더미와 '구두임' 사이에 성립할 수 있다. 수는 그저 이들 이항 관계들이 공통적으로 지니는 것이다.[12]

따라서 지금 호수에 일곱 마리의 검은 백조가 있다고 가정해보자. 그 명제는 지금 호수에 떠있는 검은 생물자원이라는 세계의 한 부분과 검은 백조라는 한 구조적 속성에 관한 것이다. 양자 모두가 그 덩어리와 그 속성 사이의 관계가 '일곱'이어야 한다는 것을 결정하는 데 필요하다: 만일 다른 덩어리(예컨대 지금 호수 위 또는 밖에 있는 검은 백조)나 다른 단위-만들기 속성(예컨대 백조의 신체기관)이었다면, 수적 관계가 다를 것이다. 그러므로 수들은 단순히 세계의 부분들의 속성들이 아니라 세계의 부분들과 그것들을 구조화하는 단위-만들기 속성들 사이의 관계여야만 한다.

따라서 한 구두 더미가 '구두임'에 대해 한 가지 수적 관계에 서 있고, '한 켤레의 구두임'에 대해 또 다른 수적 관계에 서 있다는(프레게가 많이 써먹음)[13] 사실은 한 더미의 수가 주관적이라거나 세계 내의 어떤 것에 관한 것이 아님을 보여주는 게 아니라 다만 수가 고려되고 있는 셈 보편자에 상대적임을 보여줄 뿐이다; 그리고 아리스토텔레스주의자들은 그 보편자를 세계의 가구의 일부로 취급한다. (유사하게, 한 가설의 확률이 그것에 대한 증거에 상대적이라는 사실은 그 확률이 주관적이라는 것이 아니라 그것이 가설과 증거 사이의 하나의 관계라는 것

12 D.M. Armstrong, *Sketch for a Systematic Metaphysics* (Oxford University Press, Oxford, 2010), 제13장에서; 원래 P. Forrest and D.M. Armstrong, The nature of number, *Philosophical Papers* 16 (1987), 165-186 그리고 대체로 G. Kessler, Frege, Mill and the foundations of arithmetic, *Journal of Philosophy* 77 (1980), 65-79; 다소 은밀하게 아리스토텔레스에서: '척도는 항상 그것이 측정하는 모든 것들의 술어가 될 수 있는 어떤 동일한 것이어야 한다. 예를 들어, 만일 그것들이 말들이면, 척도는 "말"이고, 만일 그것들이 인간들이면, "인간"이다'. *Metaphysics* 제14권, 제1장, 1088a4-11.

13 G. Frege, *The Foundations of Arithmetic*, 1884, trans. J.L. Austin (2nd revised edn, Blackwell, Oxford, 1980), 제22절, p. 28와 제54절, p. 66.

을 보여준다.) 우리는 제7장에서 프레게의 실수의 의미와 파괴적 귀결들을 고찰할 것이다.

우리는 구조화하는 단위-만들기 속성을 부분-전체론적 합을 자르는, 호수 위의 검은 덩어리를 일곱 검은 백조를 잘라내는 '쿠키 커터'로 묘사할 수 있다. 그러나 이 묘사는 잘라낸 개들이 뿔뿔이 흩어져야만 한다고 시사하는 점에서 잠재적으로 오해되기 쉽다. 그것은 종종 그러하지만, 꼭 그럴 필요는 없는데, 왜냐하면 어떤 단위-만들기 속성이 사례를 조화하는 방식이 한 개체의 진부분이 또한 같은 종류의 하나의 개체일 가능성을 허용하기 때문이다. 예를 들어, 다음의 다이어그램에서14 윤곽선으로 둘러싸인 공간은 세 개로 묘사된 정사각형들이지만 그것들은 뿔뿔이 흩어지지 않는다:

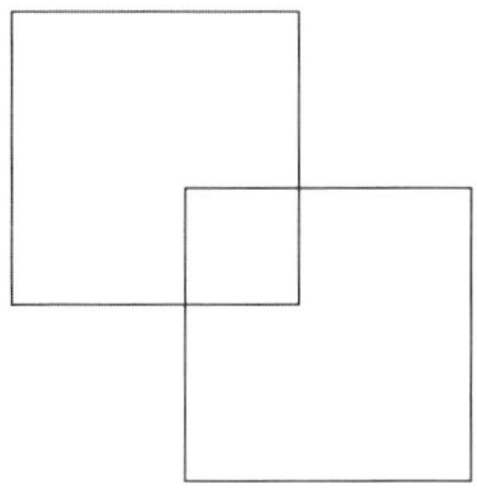

그림 3.1 교차된 부분이 또 다른 정사각형인 정사각형들

따라서 공간의 한 부분의 '정사각형임'에 대한 관계는 사과의 '사과임'에 대한 관계보다 조금 더 복잡할 수 있지만, 그에 관하여 특별히 문제가 될 점은 아무것도 없다.

하나의 비율처럼, 하나의 수는 수들의 체계 안에서의 하나의 위치에 불과한 것이 아니다. 하나의 더미 안에는 수들에 관해 체계적인 어떤 것

14 P.M. Simons, Against the aggregate theory of number, *Journal of Philosophy* 79 (1982), 163-167에서.

과도 독립적으로 (그리고 셈을 통해 얻은 것같이 그것에 관한 어떤 지식과도 독립적으로) 완벽하게 확정적인 수의 사과들이 있다. 따라서 2라는 수가 단지 수들의 열 안에서의 위치에 불과하다는 서비로를 위시한 이들의 이론은 불완전하다. 그것은 수들의 서수적 측면과 기수적 측면을 혼동하는 데서 나온다. 하나의 서수로서의 2가 단지 수열에서 두 번째 자리에 지나지 않더라도, 기수로서의 2는 예컨대 천랑성(Sirius)과 '하나의 별임' 사이의 독특한 관계이다[왜냐하면 천랑성은 쌍성(雙星)이기 때문이다].

이산적 양과 집합

비율들이 집합들과 무관한 반면, 수들은 집합들과 밀접하게 연결되어 있다. 어떤 집합이 주어지면, 거기에는 셀 어떤 것이 있다. 그리고 역으로 셈이 있으면, 거기에는 세어지고 있는 존재자들의 집합이 있고, 실로 집합들은 그 밖에는 달리 쓸모가 별로 없다.[15] 한 더미와 그것을 구조화하는 한 단위-만들기 속성이 주어지면, 즉각 그 속성에 대해 더미가 부분-전체론적 합인 사물들의 집합과 그 집합 안의 사물들의 수 양자 모두가 만들어진다(수반한다). 만일 아무런 단위-만들기 속성도 없으면—만일 그저 물건만 있으면—수도 없고 집합도 없다.

따라서 집합들은 수학 안에서 결정적 역할을 지니고 있고, 그것은 단지 고차적 수준에서만 그런 것이 아니다. 철학자들은 때때로 마치 집합이 19세기에 오직 실수 해석학의 기초론에서의 비교적(秘敎的) 문제들과 연관해서만 발견되었다는 듯이 이야기한다.[16] 명시적인 집합론은 오직 그 단계가 되어서만 필요했지만, 더 이른 시기의 수학에서도 집합에

15 현대적 추상적 수보다 현대의 집합에 더 가깝게 대응하는 '단위들의 하나의 군집'이라는 유클리드의 수(arithmos) 정의와 비교하라. [J.P. Mayberry, *The Foundations of Mathematics in the Theory of Sets* (Cambridge University Press, Cambridge, 2000), 18에서 지적되고 있듯이]

16 예를 들어, P. Maddy, *Naturalism in Mathematics* (Oxford University Press, Oxford, 1997), ch. 1; J. Bigelow and R. Pargetter, *Science and Necessity* (Cambridge University Press, Cambridge, 1990), 44-45.

대한 무수한 언급이 있었다. 어떤 일을 하는 데서 '얼마나 많은 방법들이' 있는지(예컨대, 한 대상의 집합에서 얼마나 많은 쌍이 선택될 수 있는지)처럼 구조화된 집합들의 셈과 같은 조합수학에서 연루된 집합들에 대한 명시적 언급을 피하기는 어렵다. 예를 들어, 수학적 확률 이론을 정초한 그들의 1654년의 서신 교류에서 페르마와 파스칼은 네 개의 동전 던지기 게임을 끝내는 방법들을 고찰했고, 명시적으로 열여섯 가지 가능성들의 집합을 목록에 올렸다:17

표 3.1 동전을 네 차례 던졌을 때 가능한 결과들

a	a	a	a
a	a	a	a
a	a	b	b
a	b	a	b

a	a	a	a
b	b	b	b
a	a	b	b
a	b	a	b

b	b	b	b
a	a	a	a
a	a	b	b
a	b	a	b

b	b	b	b
b	b	b	b
a	a	b	b
a	b	a	b

'다수'라는 널리 퍼져 있는 관념18은 부분집합의 명시적 개념이고, 예컨대 다음과 같은 논증의 타당성을 설명하는 데 필요하다:

> 대부분의 A는 B다
> 대부분의 A는 C다
> 그러므로 어떤 B는 C다19

여기서 요구되는 추리는 오늘날 학교에서 보통 (벤 다이어그램을 이용

17 Pascal to Fermat, 24 August 1654, in J. Franklin, *The Science of Conjecture: Evidence and Probability before Pascal* (Johns Hopkins University Press, Baltimore, MD, 2001), 308; 일반적으로 조합수학의 역사에 관해서는 A.W.F. Edwards, *Pascal's Arithmetical Triangle* (2nd edn, Johns Hopkins University Press, Baltimore, MD, 2002) 참조.

18 예를 들어, *Talmud*: Franklin, *Science of Conjecture*, 172-175에서.

19 하나의 예가 다음에 나옴. J.H. Lambert, *Neues Organon* (1764): see J. Franklin, Artifice and the natural world: mathematics, logic, technology, in K. Haakonssen, ed., *Cambridge History of Eighteenth Century Philosophy* (Cambridge University Press, Cambridge, 2006), 제28장, 842.

하여) 집합들을 명시적으로 참조함으로써 해결되는, '만일 학급 내 열 명의 학생이 바이올린을, 다섯 명이 피아노를, 그리고 둘이 양자 모두를 연주한다면, 얼마나 많은 학생들이 이 악기들 중 최소한 하나를 연주하는가?' 같은 가장 초보적인 문제들에서 요구되는 추리와 닮았다. 한 함수의 그래프에서—오렘의 운동의 형태 그래프, 데카르트의 카테지안 평면에서의 대수 방정식 그래프, 또는 플레이페어의 18세기 시간 대비 지출 그래프 같은—축들은 함수의 정의역과 co-정의역, 즉 입력과 그 함수의 가능한 출력 각각의 집합들을 표상한다. 따라서 집합은 수학의 아주 초보적인 부분에서 대단히 친숙한 대상이고, 또 오랫동안 그래왔다.

집합에 대한 지칭이 오직 수학 안에서만 발견되는 것도 아니다. 소대 편성에 대한 (또는 고대 군대들 안에서의 대응되는 구분들의) 관계는 생물 자원에 의해 측정된다기보다는 수적인데, 왜냐하면 그것들은 양자 모두 군인의 집합이기 때문이다. 옥스퍼드 영어 사전은 사물들의 집합이라는 현대적 의미에서 '군(group)', '컬렉션(collection)', '부류(class)', '군집(multitude)', '집합체(aggregate)', '쌍(pair)' 그리고 '집합(set)'의 초기 용례들 다수를 기록하고,[20] 그것은 '회사',[21] '사회', '위원회', '집회', '국회

20 성전 모퉁이의 아름다운 도안들의 그룹(grouppe)' (1710); '작고 부서진 무리들(groups)과 하부-무리들은 마침내 사라지는 경향을 보일 것이다' (Darwin, 『종의 기원(*Origin of Species*)』, 1859); '옛 성경 주해들을 하나의 컬렉션으로 모으기 위해' (1460); '수는 단일성들의 하나의 컬렉션에 불과하다' (최초의 유클리드 영역본 1570, 그리스어의 plethos); '로마인들을 여섯 개의 큰 군단 또는 그가 계급들이라 부르는 밴드들로 나누었다'(1656); '다수의 죄를 숨기다' '(공인본, 1611, 불가타 본 성경의 multitudinem으로부터, 그리스어의 plethos); ''다수의 개인들로 구성된 한 군대나 사람들의 한 단체를 이야기할 때의 총합적(aggregate) 의미에서의 하나(Dryden, 1683); '한 쌍의 다리들과 발들'[초서(Chaucer), 1395경]; '이 세 쌍의 원리들'(1653); '한 조(set)의 비올들의 음악'(1561); '또 다른 관념들의 집합(set)을 이해력에 공급하다'(Locke, 1690); '그 방정식을 만족하는 어떤 값들도 그 체계의 해들의 집합을 구성한다고 말해진다'(1857); 유사한 내용이 D. Gillies, An empiricist philosophy of mathematics and its implications for the history of mathematics, in E. Grosholz and H. Berger, eds, *The Growth of Mathematical Knowledge* (Kluwer, Dordrecht, 2000), 41-57에 나옴.

21 예를 들어, '어떤 공동체(Fraternitie), 길드, 회사(Companie), 또는 친교단체(Fellowship), 또는 다른 단체(corporate)', 제1막, 에드워드 4세, i. 제4절 (1461)

의원' 같은 사람들과 동물들의 집합들을 다루는 더 특별한 언어, 그리고 '무리', '떼', '떼거리'[22] 등과 같은 모든 다양한 집합명사들을 다루는 데서 시작하지 않는다. '심지어 철학자들조차 그 개념을 어느 정도 잘 다룰 수 있었다: (디오게네스의 털 뽑힌 닭에 대한 응수로) 플라톤이 '털 없는 이족(동물)'이라는 '인간'의 정의에 '넓고 납작한 손톱의'라는 특징을 추가하지 않을 수 없었다고 기록될 때,[23] 명백히 한 술어의 외연과 관련된 이해가 있다. 심지어 집합들의 집합들의 집합들 … 도 일상생활에서 드물지 않다—만일 내가 각각 다섯 켤레의 구두가 담긴 열 개의 소포가 들어 있는 네 개의 나무상자를 실은 세 트럭분의 위탁화물에 서명한다면, 나는 구두들의 집합의 집합의 집합의 집합의 집합의 집합을 다룬 것이다; 그 예는 왜 곱셈이 초보 산수에서 덧셈만큼 중요한지를 보여준다.

그래서 아리스토텔레스주의자의 관점에서 집합이란 무엇인가? 아리스토텔레스주의자는 집합들이 거기서 질문들이 멈춰야 하는 단순한 '추상적' 대상이고 원소 됨 관계는 *고유류*(固有類; *sui generis*)라는 플라톤주의자의 이야기에 만족할 수 없다. 제7장에서 논증되겠듯이, 그 개념은 문제 투성이이고, 설사 이해할 수 있고 만족스럽다고 하더라도, 그 개념은 어떤 플라톤주의적 존재자를 그 안에서 아무런 역할도 할 수 없어야 하는 이야기, 어떻게 단위-만들기 속성들이 하나의 더미를 셀 수 있는 어떤 것으로 구조화하는지에 관한 이야기 안에 끼워넣게 될 것이다.

아리스토텔레스주의자는 집합들이 존재론적으로 하나의 더미를 구조화할 어떤 단위-만들기 속성이라는 것 이상의 어떤 것도 아닌 그런 이론을 바란다. 여러 이론들이 이용 가능하고 그 이론들 사이의 차이는 비본질적이다:

22 '이제 아벨은 양 떼를 지켰다.' (창세기 4:2).
23 Diogenes Laertius, *Lives of Eminent Philosophers*, VI.40; '한 보편적 관념의 외연은 모든 특수한 종류와 그것 아래 포함되는 단일한 존재들에 관한 것이다'. (Watts, *Logic*, 1725).

- 암스트롱은 하나의 집합이 그것의 단집합(單集合; singleton)들의 부분-전체론의 논리적 합이라는 데이비드 루이스의 제안을 받아들이고, x의 단집합이 단순히 x를 골라내는 어떤 단위-만들기 보편자가 있는 사태라는 아이디어를 추가한다.[24]
- 포레스트는 집합들에 관한 매력적인 *반*실재론은 $\{a, b, \cdots\}$이라는 집합을 a, $b\cdots$를 부분들로 갖는 것으로 *간주된* 더미 $a+b+\cdots$로 취급할 것이고, 이의 실재론적 판본은 그 집합을 $a+b+\cdots$가 a, b, $\cdots$를 부분들로 갖는 '트로프(trope)' 또는 사태로 여기는 것이 되리라고 시사한다.[25]
- 비글로는 하나의 단집합은 그것의 유일한 원소의 '개체적 본질' 또는 이것임(haecceity)이고, 그것은 '그것의 독특함을 포착'해서 한 집합이 '아무것도 그 보편자를 현실적으로 사례화하는 것들 중 하나와 동일하지 않고서는 사례화할 수 없는 하나의 보편자'이게 하는 것이라고 논변한다.[26]
- 사이먼즈는 똑같은 형식적 속성들이 x의 단집합이 x가 그 자신과 동일하다는 사태인 것을 허용함으로써 얻어질 수 있다고 제안한다.[27] (단위-만들기 속성은 그런 어떤 속성 없이는 골라낼 x가 없게 되리라는 점에서 여기서 암묵적이다.)

이 모든 제안들의 본질은 이 문제에서 필요한 기본적인 철학적 수준에서 우리가 순진하게 '대상'의 관념에 끌리지 않을 수 없다는 데 있다. 우리가 '그 고양이가 매트 위에 앉아 있었다'라고 주장할 때, '그 고양

24 D.M. Armstrong, Classes are states of affairs, *Mind* 100 (1991), 189–200, 좀 더 명료화하려는 시도가 다음에 나옴. D.M. Armstrong, Reply to Rosen, *Australasian Journal of Philosophy* 73 (1995), 626–628; 여러 가지 제안들이 A. Paseau, Motivating reductionism about sets, *Australasian Journal of Philosophy* 86 (2008), 295–307.

25 P. Forrest, Sets as mereological tropes, *Metaphysica* 3 (1) (2002), 5–9에 열거됨.

26 J. Bigelow, Sets are haecceities, 제3절.

27 P. Simons, Negatives, numbers and necessity: some worries about Armstrong's version of truthmaking, *Australasian Journal of Philosophy* 83 (2005), 253–261.

이' 안의 '그'는 우리가 배경으로부터 잘린 하나의 단일하고 통합된 *대상*을 다루고 있음을 가리킨다. 우주라는 물질의 연속체와 그 연속체가 겪는 흐름 속에서, 무엇이 그 따뜻하고 털이 많은 항목을 잘라내고, 경계를 짓고, 보통명사로 불릴 자격이 있는 하나의 개별적 사물로 지목하는가?[28] 고양이를 배경에서 잘라내고, 그렇게 함으로써 하나의 단집합을 지어내고 (그리고 현실적으로 반복될 때 다른 집합들을 지어내고) 동시에 셀 어떤 것을 지어내는 것은 '고양이임'이라는 속성, 그 반복가능한 단위-만들기 속성이다.

이것은 수들이 집합들의 속성들이라는 직관적으로 매력적인 이론에 빛을 던져준다: 예를 들어, {시드니, 홍콩}과 {절제, 인내}는 '2임' 또는 '쌍임'이라는 속성을 공유하는 특수자들이다.[29] 있는 그대로 그 이론은 간단하고 자연스럽지만, 수의 본성에 관한 전체 이론으로서는 두 가지 문제를 지닌다: 집합이 무엇인지에 대한 설명의 부재, 그리고 집합들과의 명시적인 연관성이 밝혀지기 전에 수천 년 동안 수들이 어떻게 이해되었는지에 관한 미스터리. 그럼에도 불구하고, 집합론에 대해 시도되는 그 어떤 설명도 집합들의 속성들로서의 수들 이론을 하나의 귀결로 낳거나 그 이론의 매력을 대수롭지 않게 처리해 버려야만 한다.

수들에 관한 이 책의 설명은 그 이론을 하나의 귀결로나 그에 가까운 것으로 전하지 않는다. 가장 단순한 사례인 1-원소 집합들을 살펴보자: {시드니}라는 집합은 (암스트롱의 판본을 취해 보면) '도시임' 같은 호주 동부의 건물들 덩어리의 단위-만들기 속성이라는 사태다. 그러나 그

28 B.C. Smith, *On the Origin of Objects* (MIT Press, Cambridge, Mass., 1996); Mayberry, *Foundations of Mathematics in the Theory of Sets*, 23과 비교할 것: '그것의 경계선에서 수의 관념을 오염시키는 모호성은 사물의 관념에 영향을 미치는 것과 똑같은 모호성이다".

29 예를 들어, 다음에서 옹호됨. Maddy, *Realism in Mathematics* (Oxford University Press, Oxford, 1990), 88–96; C. Menzel, Frege numbers and the relativity argument, *Canadian Journal of Philosophy* 18 (1988), 87–98.

반면 1은 그 건물들의 덩어리가 (하나의 반복가능한 속성인) '도시임'이라는 단위-만들기 속성에 대해 가지는 관계다. 따라서 그 수와 그 집합 사이의 관계는 아주 밀접하다. 그러나 그 집합이 그 건물들 덩어리의 그 어떤 다른 단위-만들기 속성에 의해서도 마찬가지로 잘 구성되는 반면, 1이라는 수는 엄격하게 그 덩어리와 시드니가 '하나의 도시'라는 선택된 속성 사이의 하나의 관계라는 데 주목하라. 따라서 한 집합은 하나의 더미를 어떤 단위-만들기 속성들이 나누기를 하는지로부터 추상된 대상들로의 구분과 관련된다. 그러므로 수들이 집합들의 속성들이라는 견해는 다소간 수들이 한 더미와 단위-만들기 속성 사이의 쇄계들이라는 주장보다 더 추상적이지만, 그 주장과 양립가능하다.

그 견해는 또한 왜 수들이 명시적인 집합론보다 훨씬 더 오래되었는지에 대한 어느 정도의 설명을 제공한다: '두 도시들'을 세는 일은, {시드니, 홍콩}이라는 집합을 형성하기 위해 필요하듯. 그로부터 단위-만들기 속성이 그 더미를 둘로 나누는 추상에 앞서 행해질 수 있다.

다음 장에서 구조의 정의를 위해 그 중요성이 증명될 이 집합의 정의들의 또 다른 귀결은 아리스토텔레스주의의 견해에 의거하면 표준적 유명론과 플라톤주의의 논의들에서와 같은 집합론과 부분-전체의 논리 사이에 첨예한 구별이 없다는 것이다. 철학에서 보통 논의되는 부분-전체의 논리는 단위들이나 원자들의 부분-전체의 논리—'개체들의 계산'—이다. 부분-전체의 논리는 그것을 플라톤주의적 존재자들로부터 해방된 수학을 재구성하는 데 사용하기를 희망했던 굿먼 같은 유명론자들의 것이었다.[30] 그러나 만일 우리가 아리스토텔레스주의의 견해 위에서 획일적이거나 연속적인 요소를 지닌 부분-전체의 논리를 넘어서서 대상들이나 단위들을 포함하려면 단위-만들기 보편자들을 필요로 한다. 예를 들

30 N. Goodman and W.V. Quine, Steps towards a constructive nominalism, in N. Goodman, *Problems and Projects* (Bobbs-Merrill, Indianapolis, 1972), 173-198.

어, 집합론에서는 $a \neq \{a\}$인 반면, 부분–전체의 논리는 오직 하나의 대상만을 보고, 둘째 대상, 즉 a의 단집합이 존재한다는 것을 부인한다. 그러나 아리스토텔레스주의자의 견해에 의거하면, 하나의 단일한 대상 a가 있도록 하는 것은 이미 어떤 단위-만들기 보편자를 인정한 것이다. 그 단위-만들기 보편자는 이를 구성하고, 단집합 $\{a\}$가 그에 수반하는 물질과 구별된다. 따라서 집합론과 개체들을 지닌 부분–전체의 논리는 본질적으로 같은 (즉, 단위-만들기 속성들을 갖는 대상들과 대상들의 사태들에 대한) 존재론적 개입을 갖는다.

아리스토텔레스주의자들이 이후 갈라설 유일한 쟁점은 집합 형성의 무한정 반복가능성에 관한 것이고, 따라서 그 쟁점은 논쟁을 벌일 가치가 있다. $\{a\}$로부터 $\{\{a\}\}$를 형성하는 것이 가능하려면, 'a가 어떤 단위-만들기 속성을 갖는 그 사태' 자체가 별개의 '하나'여야 한다. 우리가 '사태' 앞에 정관사를 기꺼이 사용하려 함이 사정이 그렇다는 추정을 낳고 그에 반하는 어떤 분명한 이유도 없다고 여겨진다. 그러나 무한정의 반복가능성을 허용하는 것은 부풀려진 존재론을 만든다고 논증할 수 있다. 따라서 치하라(Chihara)는 물리적 대상들의 집합들이 그들의 원소들이 있는 곳에 위치한다는 매디(Maddy)의 견해에 대해 다음과 같이 논증한다.

> 내 책상 위에는 사과와 그것의 유일한 구성원이 그 사과인 단위집합만 있는 것이 아니라 그것의 유일한 원소가 그 사과인 단위집합도 있다. 분명히, 이런 노선의 추리에 의해, 우리는 내 책상 위에 무한하게 다수인 대상들이 있다고 추론할 수 있다. 그리고 이 모든 대상들은 내 책상 위의 정확히 똑같은 양의 공간을 차지한다.[31]

31 C. Chihara, *Constructibility and Mathematical Existence* (Oxford University Press, Oxford, 1990), 201–202.

그 책상이 대상들로 미어터지고 있다는, 따라서 우리가 그것들을 믿어서는 안 된다는 함축은 온당치 않다. 그 사과의 형태와 색깔은 혼잡해서 서로 밀쳐내지 않는데, 왜냐하면 그것들은 물리적 대상들이 아니고 한의 물리적 대상의 (실제로 구별되는) 측면들이기 때문이다. 집합들의 위계도 같은 이유로 인구 과잉을 만들어내지 않는다.

집합을 일종의 사태로 보는 견해나 실로 집합들에 대한 다른 어떤 환원적 해명도 집합들이 인과적 힘을 지닐 수 있는지, 그것들이 시공간적으로 정위될 수 있는지 (그리고 만일 그렇다면 그것들의 원소들이 있는 곳에 위치하는지) 그리고 그것들이 환원되는 존재자들이 플라톤주의자들의 집합들 자체보다 더 자연주의적으로 받아들일 만한지 같은 문제들을 제기할 수 있다.32 이것들은 진정한 문제들이지만 사태들의 형이상학이 다루도록 남겨두어야 한다. 사태의 개념이 건전한 한에서, 수학철학은 형이상학이 Fa라는 사태가 예컨대 개체 a와 속성 F의 인과적 힘을 소유한다고 이야기되어야만 하는지에 대해 무슨 답을 내어놓든지 간에 다 받아들일 수 있다.

집합에 관한 이런 견해는 물리적 대상들의 작은 집합들이 매디가 논증하듯 직접적으로 지각 가능해야 할 가능성을 제기한다.33 만일 내가 달걀 꾸러미를 열고 그 안에 세 개의 달걀이 있는 것을 본다면, 나는 달걀-더미의 창백하고 굴곡진 표면과 그것이 '달걀임'에 의해 각각이 하나의 달걀인 세 부분들로 구조화된 것 양자 모두를 지각한다. 그 더미를 세 달걀로 이루어진 하나의 집합으로 지각하기 위해서는 그것으로 충분하다.

물리적 대상들의 *집합들의* 집합들의 지각이 우리의 역량들을 넘어서는 것도 아니다. 예를 들어, 이 다이어그램에서

32 Paseau, Motivating reductionism about sets.
33 P. Maddy, *Realism in Mathematics*, 58–67; further discussion in Chapter 7 below.

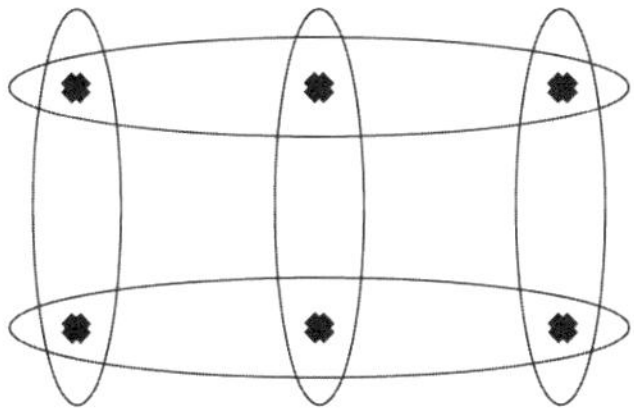

그림 3.2 왜 2 × 3 = 3 × 2인가?

달걀형들의 요점은 그 여섯 대상을 번갈아 두 개의 세 쌍들의 집합들과 세 개의 쌍들의 집합들로 보도록 시각 체계를 안내하는 데 있다.

우리는 작은 수들과 집합들에 관한 지식을 인식론에 관한 첫 장(제10장)에서, 그리고 큰 것들에 관한 지식을 무한에 관한 장(제8장)에서 너 논의할 것이다.

특별하고, 현실적인 대상들의 집합들에 관심을 두었던 지금까지의 논의에 의해 포괄되지 않은 공집합에 대한 설명을 제시하는 일이 남았다. 아리스토텔레스주의의 관점에서 보면, 그것에 허구주의자의 설명을 제시해서 잃는 바는 전혀 없을 것이다. 나중에 보게 될 바와 같이, 수학적 구조들에 대한 아리스토텔레스주의적 견해들은 그것들이 집합들로부터 구성될 필요가 없고, 그에 따라 공집합은 예컨대 연속체를 구성하기 위해 필요하지 않다. 우리는 그 논의를 제14장에서의 이상적 존재자들과 영을 다룰 때까지 미뤄둘 것이다.

이산적 양과 연속적 양의 비교

기원이 다름에도 불구하고, 2라는 이산적 수와 '두 배'라는 비율은 어떤 밀접한 연관성을 갖고 있다. 만일 내가 사과 한 개를 취해 겹침이 없는 복제물을 만든다면, 그것들의 부분-전체 논리적 합은 2가 '사과임'에 대해 갖는 관계에 서는 반면, 그 합의 질량, 체적, 그리고 표면적은 하나의 단일한 사과의 질량, 체적, 그리고 표면적 각각에 대해 두 배의 비율 관계에 선다. 역으로, 만일 내가 B라는 길이에 대해 두 배의 비율 관계에서는 A라는 길이를 취하면, A라는 길이의 끈은 길이가 2라는 수적 관계에 서는 B라는 길이의 어떤 흩어진 부분들로 이루어진다. 왜 그래야만 하는지에 대해 설명이 요구된다.

이산적 양과 연속적 양 사이의 관계는 다음과 같이 물음으로써 명료화될 수 있을 것이다: 1킬로그램의 질량임'은 이산적 양에 관한 앞의 절들의 의미에서 하나의 보편자-만들기 속성인가? 답은 이렇다: 예 그리고 아니오. 한편으로, 1킬로그램 같은 하나의 단위는 반복에 회부되고, 그 의미에서 하나의 사과 같은 이산적 존재자를 닮았다. 그 반면, '1킬로그램임'은 연속적인 변화에 회부된다는 점에서 '하나의 사과임'과 대조된다: 1킬로그램임은 무한정 가까운 무게들의 범위에서 하나의 임의적인 점이지만, 하나의 사과와 두 사과들 사이에는 아무런 양도 없다. (내가 사과 한 개 반을 먹을 수는 있지만, 그 절반은 무게나 체적에 의한 전형적 사과의 절반인 사과-물질의 양이다.)

그러나 연속적 양과 이산적 양의 서로 다른 기원은 아리스토텔레스주의 양의 철학에서 어떤 고전적인 문제들로 인도된다. 한 가지 자연스러운 아이디어는 *단위들을*—그것에 대해 모든 다른 양들(예를 들어, 길이들처럼 같은 종류의)이 어떤 주어진 문제에서 정수곱들로 표현될 수 있는 작은 양들—취해 연속적인 양을 이산적 양으로의 환원을 시도하는 것이다: 이 아이디어를 작동하도록 만드는 일의 불가능성은 (전통적으로 그러나 충분한 증거 없이) 피타고라스에게 귀속되어 왔으며, 아마도 수학에서 최초인 참으로 놀라운 결과의 의미였다: 정사각형의 변과 대각선의 통약불가능성. 제 아무리 작더라도, 한 정사각형의 변과 대각선 양자 모두가 그것의 정수곱들이게 하는 단위는 *없다.* 다시 말해서, 어떤 두 정수의 비율이 아닌 하나의 연속적인 비율이 존재할 수 있다. 그러므로 기하학과 연속적인 양 일반은 어떤 근본적인 의미에서 산수보다 더 풍부하고, 단위 선택을 통해 기하학과 연속적인 양으로 환원이 불가능하다. 이산적 근사를 통해 연속적인 것에 관해 많은 것이 포착될 수 있지만, 그것은 언제나 보류해둔 비밀을 지니고 있다.

다만 왜 그 두 종류의 비율(연속적인 것과 이산적인 것)에 대한 비율 교대의 원리 (만일 a의 b에 대한 비율이 c의 d에 대한 비율과 같으면, a의 c에 대한 비율은 b의 d에 대한 비율과 같다는 것) 같은 보다 더 구조적인 특색들이 동일해야만 하는지에 관한 미스터리를 증폭시켰다. 이 원리가 '보편 수학', 양 일반의 과학의 일부인가?[34] 철학적으로나 수학적으로, 비율들을 측정하는 방식을 정의하지 않고서 비율들의 동등성을 정의하려는 유클리드의 시도에 의해 얻어질 바가 있는가(제V권, 정의 5)?[35] 이 문제들은 진짜 문제들이고 흥미롭지만, 여기서 다뤄지지는 않는다. 이 문제들은 언급하는 목적은 단순히 실재론적 양 이론의 범위를 지적하는 데 있다.[36]

'양' 정의하기

양의 과학이 산수와 기하로 이루어진다는 고대인들의 이론은 얼추 옳기는 하지만 다소 제한을 필요로 한다. 베나세라프의 무한 진행 이론의 예가 보여주듯 특정 종류의 선형적 순서 구조 연구 역시 산수의 일부로 온당하게 간주되지만, 산수가 이산적 양의 과학이라는 것은 적절하다. 그러나 연속적 양의 과학으로서의 기하학은 더 심각한 문제들을 지니고 있다. 형태를 대뜸 '양'으로 간주하기는 언제나 어려웠다—기하학은 확실히 형태를 연구하지만. 그것은 크기를 닮기는커녕 대조된다. 다른 방향으로부터 이산적 기하학들이 있을 수 있다는 문제가 있다: 컴퓨터 그래픽에서의 공간들은 이산적 또는 원자적이지만, 명백히 기하학적이다.

34 C.B. Crowley, *Universal Mathematics in Aristotelian-Thomistic Philosophy* (University Press of America, Washington, DC, 1980).

35 Euclid, Elements, 제V권, 정의 5; 현대의 하나의 부활 사례가 B. Hale, Real numbers, quantities and measurement, *Philosophia Mathematica* 10 (2002), 304-323.

36 더 많은 논의는 J. Franklin, Quantity and number, in D. Novotný, ed., *Neo-Aristotelian Perspectives in Metaphysics* (Routledge, London, 2014) 참조.

흄은, 비록 수학자는 아니지만, 실재하는 공간이 이산적일 수 있다고 논증하는 데서 확실히 그의 동시대 수학자들을 통타했다.[37] 나아가서, 연속직 양 일빈의 과학이리고 디 잘 주장될 대안적인 지식의 체계가 있는데, 그것은 미적분이다. 연속성의 연구는 뉴턴과 라이프니츠의 미적분에서 정의되고 사용되었고 코시와 바이어슈트라스의 실수 해석학에서 더 정교화된 대로 극한의 관념을 요구한다. 그러나 또 다른 전선에 그 자체로 실재에 존재하는 대로 양에 관심을 갖는 것으로 여겨지는 다른 지식 체계가 있다. 바로 측정 이론으로, 어떻게 수들을 양들과 결합할지에 관한 과학이다.[38] 그것은, 예를 들어, 동일시되거나 추가될 물리적 양들이 차원상 동등해야 한다는 요건과[39] 스케일들의 서수적 선형 구간과 비율 스케일로의 분류를 포함한다.[40]

그렇다면 이제 마지막으로 '구조'의 정의와 비교할 만한 '양'의 정의가 있어서 그것들의 상호 논리적 관계들을 드러낼 수 있는가 하는 문제가 있다.

아리스토텔레스의 '더 많이와 더 적게에 회부되는' 개념에서 영감을 받아 하나의 정의는 순서 구조의 수학에 기초할 수 있다. 한 반순서(半順序; partial order)는 (수학적 용어법에서) 재귀적, 반대칭적, 그리고 이행적인 이항 관계이다. (집합들 간의 포함 관계가 한 예이다: 그것은 집

37 J. Franklin, Achievements and fallacies in Hume's account of infinite divisibility, *Hume Studies* 20 (1994), 85-101

38 제7장에서 나는 양과 수의 영역 사이의 이 관계를 포함하지 않는, 측정에 대한 아리스토텔레스주의적인 설명을 더 제공할 것이다.

39 B.S. Massey, *Units, Dimensional Analysis and Physical Similarity* (Van Nostrand Reinhold, London, 1971), 2

40 B. Ellis, *Basic Concepts of Measurement* (Cambridge University Press, Cambridge, 1968), ch. 4; 다수의 참고문헌은 다음을 참조. J.A. Diez, A hundred years of numbers: An historical introduction to measurement theory 1887-1990. II, *Studies in History and Philosophy of Science* 28 (1997), 237-265; 수학철학을 위한 결론들은 다음 참조. C. Pincock, A new perspective on the problem of applying mathematics, *Philosophia Mathematica* 12 (2004), 135-161.

합들을 더 작고 더 큰 순서로 배열하지만, 모든 집합의 쌍이 비교가능한 것은 아니다.) 하나의 선형 또는 전순서(全順序; total order)는 어떤 두 원소도 비교가능한 (예를 들어, 정수들 사이의 '더 크다') 반순서이다.[41] 측정 이론의 언어에서 항목들은 하나의 서수적 스케일로 비교가능하다고 이야기된다; 그러나 수들의 스케일이라는 의미에서 '스케일'은 정의의 일부가 아니라 하나의 귀결이다: 만일 항목들이 선형적으로 순서지어지면, 그것들은 그 순서에서 나중에 나오는 항목들이 더 큰 수를 갖도록 수들을 배정받을 수 있다. 만일 항목들이 선형적으로 순서지어지면, 순서지어진 항목들 사이의 거리 관념이 있을 수도 있고 없을 수도 있다. 즉, a와 b 사이의 구간과 c와 d 사이의 구간을 더 적은, 동등한, 또는 더 많은 것으로 비교하는 것이 의미 있다(측정 이론의 용어로는 그 항목들이 하나의 구간 스케일로 비교가능하다). 만일 그렇다면, 그 항목들이 크기들 사이의 비율이 의미 있도록(비율 스케일에서 비교가능하도록) 어떤 크기를 가질 수도 있고 가지지 않을 수도 있다.

가장 핵심적인 또는 패러다임격인 양들은 최소한 구간 규모에서 비교가능한 것들이다. 그 양들은 항목들의 배열이 연속체 또는 그것의 한 조각(예를 들어, 확률의 경우 0에서 1까지의 구간) 또는 그것의 한 하부구조(유리수나 정수 같은)에 체계 동형적임을 함축한다. 광물 강도의 1-to-10 스케일이나 IQ 같은 순수하게 서수적인 어떤 스케일을 '하나의 양'이라 부르는 것은 전적으로 논외는 아닐지라도[42] 용어의 의미를 확

41 B.A Davey and H.A. Priestley, *Introduction to Lattices and Order* (2nd edn, Cambridge University Press, Cambridge, 2002), 제2장.

42 사회과학에서 흔히 행해지듯이; N. Cliff and J.A. Keats, *Ordinal Measurement in the Behavioral Sciences* (Erlbaum, Mahwah, NJ, 2003)를 볼 것. 또 다른 제안은 B. Hale, Reals by abstraction, *Philosophia Mathematica* 8 (2000),100–123, 106 참조. 러셀은 이 지점에서 언어의 불확정성에 관해 이야기한다: "['양'의] 보통 의미는 (1) 더 많고 더 적은 관계들의 능력과 (2) 분할가능성을 함축하는 것으로 보인다. 이 특징들 중 전자가 후자를 함축하는 것으로 가정된다. 그러나 내가 이 함축을 부인할 것을 제안하는 까닭에, 나는 분할불가능한 어떤 것들이 크기라는 것을 인정하거나, 그렇지 않으면 다른 것들보다 더 크거나 더 작은 어떤 것들이 크기가 아니라는 것을 인정해야 한다. 보통 용법으로부터의 이 일탈들 가운데서 하나는 불가피하므로, 나는

대하는 것인데, 왜냐하면 '양자'나 항목들을 분리하는 반복가능한 원자가 없고, 항목들 사이의 차이에 의미를 귀속시키지 않기 위해 주의가 필요하기 때문이다.

우리는 더 느슨하게 어떤 (필연적으로 선형적이지는 않은) 순서 구조를 (그것이 일종의 스케일에서 *다소의* 비교를 허용한다는 점에서) 일종의 양이라 부를 수 있다. 따라서 벡터와 복소수는 어떤 고정된 것의 모든 실수곱들이 선형 순서를 형성하고 따라서 '더 많게나 더 적게'로 비교된다는 점에서 양이라 불릴 수 있다. 비록 다른 방향에 있는 것들이 엄격하게 비교가능하지는 않다고 하더라도, 방향은 연속적으로 변화하고 따라서 한 벡터는 가까운 방향에 있는 것과 (전자의 후자로의 투사는 전자와 유사하고 후자와 비교가능하다는 점에서) 근사적으로 비교가능하다; 벡터 그리고 벡터와 기하학의 관계는 제9장에서 논의한다.[43]

절대적 정확성은 예외로 하고 연속체의 속성들을 벡터가 공유하는 한, 우리는 친족유사성에 의해 부정확한 확률 같은 퍼지한 양을 허용하는 데까지 나아갈 수 있음직도 하다.[44]

요약하면, 양의 과학은 미적분까지 포함하는 초보수학에 측정 이론을 더한 것이다. 다음 장에서 우리는 구조가 어떻게 양과 대조되면서도 밀접한 연관성을 지니는지를 볼 것이다.

덜 심각하다고 믿는 전자를 선택할 것이다. 그렇다면, 한 크기는 어떤 다른 것보다 더 크거나 더 작은 어떤 것으로 정의될 것이다." B. Russell, *The Principles of Mathematics* (1903), 제151절.

43 Bigelow and Pargetter, *Science and Necessity*, 제2.6절에서의 논의 참조; Bigelow, *Reality of Numbers*, 제II(c)부; S. Leuenberger and P. Keller, Introduction: the philosophy of vectors, *Dialectica* 63 (4) (2009), 369–380 그리고 같은 특집 호에 실린 다른 논문들 참조.

44 양자역학의 양들에서의 '가치 불확정성'에 관해서는 다음을 참조. J. Forge, Quantities in quantum mechanics, *International Studies in the Philosophy of Science*, 14 (2000), 43–56.

4 고등수학 : 순수하게 구조적인 것의 과학

지난 3세기 동안 수학은 양이라는 원래 주제를 훨씬 넘어섰다. 수학은 구조와 패턴이라는 전혀 다른 주제를 발견했다. 우리는 철학적으로 중요한 사례들에 초점을 맞춰 역사적 발전을 개관하고 나서 "'구조'란 정확히 무엇인가?"라는 결정적으로 중요한 철학적 문제를 논의한다.

수학에서 구조의 발흥

패턴의 관념들은, 예컨대 친족 관계를 나타내기 위한 다이어그램의 사용과 장식에서 어떤 반복적 패턴들이 가능한지에 관한 분명한 의미처럼, 쓰기가 없는 문화들의 '민속수학'에서 알려지지 않은 것은 아니다. 패턴의 관념들은 잘 정의된 수학적 문제들로 인도되지 못했다.[1] 분명히 '양'에 관한 것으로 잘 기술되지 못했다고 여겨지는 진지한 수학적 문제의 최초 사례는 오일러의 쾨니히스베르크의 다리이다. 이 다리들은 다음의 그림에 보이듯 두 섬과 두 강둑을 연결한다:

1 M. Ascher, *Ethnomathematics: A Multicultural View of Mathematical Ideas* (Brooks/Cole, Pacific Grove, CA, 1991), chs 2, 3, 6.

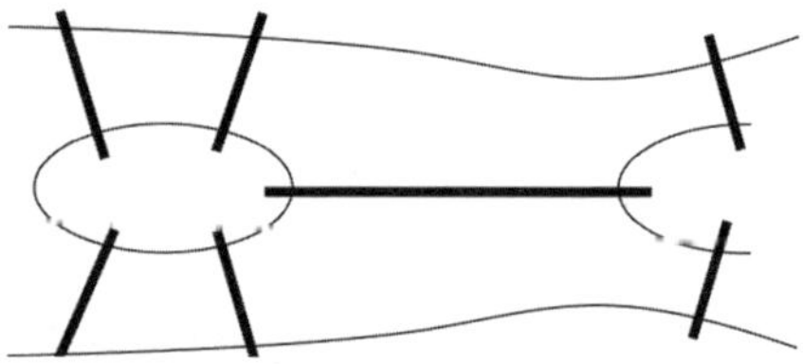

그림 4.1 쾨니히스베르크의 다리들

18세기 쾨니히스베르크의 시민들은 그 다리들 중 최소한 어느 하나를 두 차례 건너지 않고서는 모든 다리를 한 차례씩 건너기가 불가능함에 주목했다. 오일러는 시민들이 옳았음을 증명했다.[2] 그 결과는 직관적으로 크기나 수 같은 양적인 무엇에 관한 것이라기보다 다리들의 '배열' 또는 패턴에 관한 것이다. 오일러가 말했듯, 그 결과는 '오직 다리의 위치와 속성의 결정에 관한 것이다; 그것은 측정을 포함하지 않는다'. 다리들의 길이와 섬들의 크기는 무관하다. 그것이 우리가 다이어그램을 그토록 도식적으로 그릴 수 있는 이유다. 문제가 되는 모든 것은 어느 섬 덩어리가 어느 다리에 의해 연결되느냐이다. 오일러의 결과는 오늘날 네트워크의 위상수학에서 개척자적 노력으로 간주된다. 제6장에서 간략하게 기술되듯이, 지금은 그래프 이론, 네트워크, 그리고 시간표 같은 운영 체제 연구 문제가 불러오는 화제들에 관해 방대한 연구 결과가 존재하는데, 거기서 강조점은 양이 아니라 배열과 연결에 주어진다.[3]

구조가 양과 대조되는 두 번째 종류의 예는 19세기 군론과 20세기 물리학이 전면으로 소환한 대칭성이다. 대칭성은 사물들, (물리적일 수

2 L. Euler, *Solutio problematis ad geometriam situs pertinentis*, 1735, trans. in, N. Biggs, E. Lloyd and R. Wilson ed., *Graph Theory 1736-1936* (Oxford University Press, Oxford, 1976), 3-8.

3 C. Pincock, A role for mathematics in the physical sciences, *Nous* 41 (2007), 253-275, 제II절이 이 예를 분석하고 있고, 만일 '다리 시스템이 그 부분들 사이의 관계들이 부분들을 직접 어떤 특수한 그래프로 투사하도록 허락한다는 의미에서 하나의 그래프 구조를 갖는다'는 핀콕의 진술이 '구조'를 다리들의 시스템과 그래프가 공유할 수 있는 하나의 속성으로 보는 실재론자의 해석을 취한다면, 여기서 이야기된 바와 일치할 것이다.

도 있으나 꼭 그럴 필요는 없는) 사물들의 하나의 실재적 속성이다(예를 들어, 하나의 논증은 만일 그것의 후반부가 전반부의 단계들을 순서를 반대로 바꿔 반복한다면 대칭성을 지닐 수 있다; 플라톤주의적 수학적 존재자들은, 그런 것이 있기라도 한다면, 대칭적일 수 있다). 대칭성의 종류들은 현대 추상 대수학의 중심적 부분인 군론에 의해 분류된다.[4]

최근 수학철학에서의 구조주의

철학계에서 가장 많이 논의된 구조의 예는 다른 것이다. 한 유명한 논문에서 베나세라프는 만일 자연수의 열이 집합론 안에서 구성된다면 그 수들이 정확히 어느 집합들이어야 하는지 고를 아무런 원칙적 방법도 없다는 점에 주목했다:

$$\varnothing, \{\varnothing\}, \{\{\varnothing\}\}, \{\{\{\varnothing\}\}\}, \cdots$$

이라는 열은

$$\varnothing, \{\varnothing\}, \{\varnothing, \{\varnothing\}\}, \{\varnothing, \{\varnothing\}, \{\varnothing, \{\varnothing\}\}\}, \cdots$$

이라는 열과 꼭 마찬가지일 것인데, 왜냐하면 양자 모두 하나의 '진행' 또는 'ω-열(sequence)'—그것 자신으로 되돌아오지 않는 출발점을 지닌 하나의 무한 수열—을 형성하기 때문이다. 공집합으로부터 시작하는 유일한 이유는 최소한주의(minimalism)가 게임의 이름이라는 것이고, 따라서

덕, {덕}, {{덕}}, …

4 H. Weyl, *Symmetry* (Princeton University Press, Princeton, NJ, 1952); G. Hon and B.R. Goldstein, *From Summetria to Symmetry: The making of a revolutionary scientific concept* (Springer, Dordrecht, 2008).

라는 열은 허용될 만하지만,

1시, 2시, 3시, …

라는 열은 그렇지 못할 것인데, 왜냐하면 그것은 열세 번째 단계에서 처음으로 되돌아오기 때문이다. 그는 '산수는 … 단지 수열이라는 덕으로 모든 수열들이 공통적으로 갖는 추상적 구조를 세련되게 하는 과학이다'라고 결론지었다.[5] 이것이 산수의 전부라는 주장은 ω-열이 실로 일종의 순서(order) 구조이고, 그것들의 연구는 수학의 일부라는 주장보다 더 논쟁의 여지가 많다.

베나세라프의 저작과 수학의 실천에서 구조의 역할에 대한 이해도 증가의 결과로 '구조주의'라 불리는 수학철학이 지난 20년 동안에 이 분야의 선도적 경쟁자 중 하나가 되어 왔다.[6] 구조주의 수학철학을 이 책의 수학이 무엇인지에 관한 아리스토텔레스주의적 판본의 구조주의적 견해와 비교하는 것은 자연스럽다. 두 지도적 이론가인 스튜어트 셔피로와 마이클 레스닉의 구조주의는 이 책과 마찬가지로 유사한 예들을 수학에 전형적인 것으로 지목한다. 주된 차이는 '구조'가 집합이나 수 같은 일종의 플라톤주의적 존재자로 (전통적으로 이해된 바대로 '추상적 대상'으로) 생각된다는 점에서 셔피로와 레스닉의 구조 개념이 본질적으로 플라톤주의적이라는 데 있다. 셔피로는 그가 보편자에 관한 플라톤주의와 비교하는 '*ante rem* 구조주의'를 선호하고,[7] 레스닉 또한 특

5 P. Benacerraf, What numbers could not be, *Philosophical Review* 74 (1965), 495-512; M. Panza and A. Sereni, *Plato's Problem: An introduction to mathematical Platonism* (Palgrave Macmillan, Basingstoke, 2013), chs 3-5에서 논의가 재검토됨.

6 다양한 구조주의적 수학관들의 분류는 다음 참조. E. Reck and M. Price, Structures and structuralism in contemporary philosophy of mathematics, *Synthese* 125 (2000), 341-383; C. Parsons, Structuralism and metaphysics, *Philosophical Quarterly* 54 (2004), 57-77; M. Friend, *Introducing Philosophy of Mathematics* (Acumen, Stocksfield, 2007), 제4장; L. Lehrer Dive, An epistemic structuralist account of mathematical knowledge, PhD thesis, University of Sydney, 2003, 제1장.

정의 제한조건을 지닌 플라톤주의자이다.[8]

셔피로와 레스닉이 야구에서의 수비 같은 물리적 대상의 배열이 추상적 구조를 '예화'하도록 허락하고, 따라서 수학이 고전적 플라톤주의보다 더 직집적 방식으로 실제 세계에 적용되도록 허락한다는 것은 참이다. 그 반면 어떤 다른 구조주의자인 저자들은 사례화된 패턴들을 훨씬 더 강조한다.[9] 그러나 구조주의적이든 아니든, 그 어떤 플라톤주의적 수학 이론도 앞서 첫 두 장에서 설명된 이유들로 인해 아리스토텔레스주의적 이론과는 멀리 동떨어져 있다.

레스닉과 셔피로의 견해에 관한 더 자세한 고찰은 제7장에서 플라톤주의적 수학철학들을 다룰 때 이루어진다.

추상 대수학, 군, 그리고 현대 순수수학

현대의 순수수학은 갈수록 더 순수 구조에 집중해왔다. 푸앵카레는 다음과 같은 논평에서 수학의 새로운 방향을 알아차렸다: 수학자들은 대상이 아니라 대상 간의 관계를 연구한다:

> 그들에게는 그 관계들이 변화하지 않는 한, 이 대상들이 다른 것들로 대치되는 것은 아무런 상관도 없는 일이었다. 질료는 그들의 주목을 받지 못하고, 그들은 오직 형상에만 관심을 갖는다.[10]

그 논평은 양의 과학으로 생각된 수학에 대해서는 딱히 참이 아니지만,

7 S. Shapiro, *Philosophy of Mathematics: Structure and Ontology* (Oxford University Press, New York, 1997); S. Shapiro, *Foundations of mathematics*:

8 M.D. Resnik, *Mathematics as a Science of Patterns* (Oxford University Press, Oxford, 1997), 10, 82, 261.

9 D. Dennett, Real patterns, *Journal of Philosophy* 88 (1991), 27–51, section II; K.J. Devlin, *Mathematics: The Science of Patterns* (Henry Holt, New York, 1994).

10 H. Poincaré, *Science and Hypothesis* (Walter Scott, London, 1905), 20.

1900년 이후의 고등수학에 대해서는 참이다. 그것은 한편으로 전통적으로 수학 '기초론'이라 불린 작지만 철학적으로 두드러진 수학의 한 모퉁이를 포함하는데, 그것은 공리화에 관한 문제들뿐만 아니라 논리적 개념들을 사용하며 집합과 범주들의 순수하게 주제-중립적인 소재로부터 어떤 구조들이 만들어질 수 있는지를 다룬다. 반면에, 현대 순수수학의 대부분은 부르바키학파에 의해 대수적, 위상수학적, 그리고 순서 구조들로 분류된 더 풍부한 구조를 다룬다.[11] 20세기 순수수학은 더할 나위 없이 추상적이고 구조적인 방향으로 치고 나갔다. 대수학에서의 에미 뇌터, 카테고리 이론의 창설자들, 그리고 부르바키 학파 같은 막강한 사상가들이 순수수학의 구조적 측면들, 대상 자체의 속성과 대조되는 대상 간의 관계를 더욱 더 강조함으로써 주목할 만한 진보를 이루었다.[12] 확실히, 만일 수학철학이 초보수학과 20세기 초 논리학과 집합론의 소위 기초론적 연구들에 고정되지 않고 그것을 넘어서려 한다면, 그것은 G. H. 하디가 "'진짜' 수학자들의 (즉, 고등 순수수학자들의) '진짜' 수학"이라고 부른 것을 진지하게 취급해야만 한다.[13]

이런 발전들은 순수수학자들이 다른 사람들에게뿐만 아니라 그들 자신에게도 그들이 고정된 객관적 속성들과 관계들을 갖는 추상적 대상들의 영역을 탐색한다는, 자연스러운 플라톤주의적 해석을 갖는다. 그러므

11 N. Bourbaki, The architecture of mathematics, *American Mathematical Monthly* 57 (1950), 221-232; 배경에 관한 논의는 다음 참조. L. Corry, Nicolas Bourbaki and the concept of mathematical structure, *Synthese* 92 (1992), 315-348.

12 다음에서 강조됨. S. Mac Lane, *Mathematics: Form and Function* (Springer, New York, 1986); J. Piaget, *Structuralism*, trans. C. Maschler (Harper & Row, New York, 1970); J.-P. Marquis, Category theory, *Stanford Encyclopedia of Philosophy*, article of 2007, http://plato.stanford.edu/entries/category-theory/; 자세한 역사는 다음 참조. L. Corry, *Modern Algebra and the Rise of Mathematical Structures* (Birkhäuser, Basel, 1996); 후대의 발전에 관한 논의가 다음에 나옴. D. Corfield, *Towards a Philosophy of Real Mathematics* (Cambridge University Press, 2003), ch. 10; Shapiro, Philosophy of Mathematics, 176-177.

13 G.H. Hardy, *A Mathematician's Apology* (Cambridge University Press, Cambridge, 1940), 59-60; 그 점이 다음에서 강조됨. Corfield, *Towards a Philosophy of Real Mathematics*, ch. 1.

로 아리스토텔레스주의 수학철학자의 도전적 과제는 어떻게 순수수학이 진실로 (비추상적이고 물리적일 수 있는) 실재 안에 존재할 수 있고 때때로 실현되는 보편자들에 관한 것인지를 설명하는 일이다.

순수수학의 대상에는 일견 그것들이 물리적 세계에 구현될 가능성을 방해하는/막는 것으로 보일 두 가지 특색이 있다. 하나는 그것들의 고도의 추상성이고, 다른 하나는 무한-차원의 힐베르트 공간 같은 것들 중 어떤 것들의 엄청난 크기이다. 그것들은 아주 별개의 문제이다. 후자는 제8장의 주제인 무한이라는 화제에서 가장 잘 다뤄진다. 추상성은 다른 종류의 문제여서 추상성에 집중하기 위해서는 가능한 한 추상적인 동시에 가능한 한 작고 이해하기 쉬운 (달리는 논쟁의 여지없이 전형적인 순수수학의 존재자들인) 예로부터 시작하는 것이 바람직하다.

따라서 가장 작은 사소하지 않은 군인 2차의 순회군(巡廻群; cyclic group)을 검토해보자.[14] 2차의 순회군 우리가 1('동일성'을 가리키는)과 α로 표시할 두 원소를 가진다. 그 군은 그것의 곱셈 구구표에 의해 완전히 구체화된다.

*	t	α
t	t	α
α	α	t

즉, 1은 (그것을 곱해 아무런 효과가 없는) 동일성으로 작용하는 반면, 다른 원소인 α는 '대합(對合)', 즉 그것을 제곱하면 동일성을 얻는다. 그 기술은 곱셈구구단표와 똑같은 정보를 제공하고, 순수하게 구조의 용어로 그리한다. 원한다면 우리는 집합론 내에서 군을 구성할 수 있다.

14 이 예에 대한 철학적 관심이 다음에 기술됨. Ø. Linnebo, Structuralism and the notion of dependence, *Philosophical Quarterly* 58 (2008), 59-79, 제VI절.

수들 안에서의 군과 군의 연산들의 두 친숙한 예와 그것들의 작용은 {0, 1}과 2를 법으로 하는 덧셈(with addition mod 2)이다:

+	0	1
0	0	1
1	1	0

그리고 {1, −1}의 곱셈:

×	1	−1
1	1	−1
−1	−1	1

아리스토텔레스주의자에게 제기되는 문제는 이 추상적 구조가 문자 그대로 온전히 일상적인 비추상적 현실에 실현될 수 있는 보편자인지 가리는 일이다.

이 구조는 아주 흔하며, 컴퓨터과학에서 토글이라 불린다. 컴퓨터 자판에서 대문자 변환 고정 키가 토글 역할을 한다: 한 번 누르면 자판 입력을 대문자 상태로 바꾼다: 다시 한 번 누르면 그 작용은 취소되고 시스템은 출발할 때로 되돌아간다. 그 군의 또 다른 친숙한 구현은 다음과 같다:

α → 책상 위의 페이지를 넘겨라.
ι → 책상 위의 페이지를 그대로 두어라.

키보드를 눌러 대문자 잠금 모드로 들어갔다가 되돌아오는 작업과 페이지를 넘기는 작업은 친숙하고, 실재의 추상적 부분이 전혀 아니다. 이것들은 일상적 의미에서 사건들(사건-유형들)이다.[15] 그리고 추상적 존재자인 2차의 순회군은 문자 그대로 키보드 위의 대문자 잠금 토글 안에 실현된 하나의 보편자다. 대문자 잠금을 두 차례 누르기는 대문자 잠금 작업을 취소한다는 것이다. 따라서 대문자 잠금이 하나의 대합(對合; involution)이라는 것 이상의 아무것도 말하지 않는다.

그러고 나서 우리는 공리들(이 경우 공리들은 그저 곱셈 구구단표 자체다)로부터 정리들을 도출할 수 있고, 그 정리들은 그때 실현된 것들에 대해 참이다. 예를 들어, 연산 α의 어떤 짝수 누승이나 동일성인 반면, 어떤 홀수 누승도 α이다. 그 다소 복잡한 짝수 누승과 홀수 누승의 차이는 왜 하나의 토글이 그 시스템이 어떤 상태에 있는지 사용자가 상태를 체크하기 위해 위험하게 시스템을 운영할 필요 없이 그 정보를 주기 위해 빛 같은 지표와 같은 지위를 가져야만 한다는 것이 왜 이 인간-컴퓨터 상호작용의 한 가지 중요한 원리인지를 설명해준다. 추상 군의 정리들은 따라서 군의 구조를 가진 체계에 적용되는데, 왜냐하면 그 정리들은 그 공리들에 의해 기술된 구조의 귀결이기 때문이다.

최소한 그것들이 물리적인 어떤 것 안에 실현되기에 지나치게 크지 않는 한, 유사한 고찰이 순수수학에서 언급되는 추상적 존재자 어느 것에든지 적용된다. 예를 들어, 전형적인 리(Lie) 군은 SO(3), 3차원의 특별한 직교(直交; orthogonal) 군이다. 그것은 (한 고정점에 관하여) 3차원 공간 내의 모든 회전 체계 안에 실현된다. 하나의 개별적 회전은 아무 문제 없는 비추상적 존재자이다: 한 물리적 대상은 공간 내 지각가능한 움직임인 하나의 현실적인 경식(硬式; rigid) 회전에 회부될 수 있다. SO(3)의 곱셈표는 예를 들어 루빅의 큐브를 한 축에 대해 비튼 다음

15 물론 또한 고전 논리학에서의 부정처럼 다수의 덜 물리적이고, 더 추상적인 군들의 실현들이 있다.

(중심은 고정시킨 채로) 다른 축에 대해 비트는 것 같은 그런 두 작업을 결합한 효과를 기술할 것이다; 따라서 추상적 구조 SO(3)의 본질인 추상적 곱셈표는 문자 그대로 물리적 회전 안에 실현된다.[16]

SO(3) 전체를 실현하기 위해 필요한 *모든* 가능한 회전들의 (무한) 체계는 아마도 그 자체가 하나의 물리적 대상은 아닐 것이다. 그러나 그 점에서 SO(3)의 실현가능성의 그 어떤 결여도 우주의 유한성에 기인하는 자연수의 순서 구조 ω의 실현불가능성과 같을 것이다: 그것은 다를 수도 있었을 세계의 우연적 특색의 결과이고, 따라서 보편자들의 현실적인 실현보다 실현가능성을 강조하는 제2장의 '준플라톤주의' 아리스토텔레스주의적 견해에 장애가 되지 않는다.

토글(2차 군)의 예는 또한, 고등 순수수학 전체를 통틀어서 보아도, 형식적 공리화 개념과 구조 개념 사이의 밀접한 연관성을 이해하기 위한 시험대이다. 문제의 구조는 그것의 곱셈표를 통해 직접적으로는 아니더라도 * 연산(즉, 특정의 형식적 제한 하의 삼항 관계)을 지니고 군론의 공리들을 만족하는 두 존재자로 이루어진 임의의 체계로 정의될 수 있다:

$(x^* y)^* z = x^* (y^* z)$
모든 x에 대해 $\iota^* x = x^* \iota = x$인 ι이 존재한다.
각각의 x에 대해 $x^* y = y^* x = \iota$인 y가 존재한다.

이 공리들을 만족하는 어떤 두 존재자들도 (한 작용과 더불어) 하나의 토글이고, 다시 말해서, 앞서 제시된 것같이 곱셈표를 갖는다. 그 공리들이 '형식적'이라 말하는 것은 그저 x, y, ι이라는 이름들이 공리들 안

16 양자역학에서의 군들에 관한 유사한 추리는 다음을 참조. A. Peressini, Troubles with indispensability: applying pure mathematics in physical theory, *Philosophia Mathematica* 5 (1997), 210–227.

에서 주어진 것과 달리 이름 지어진 존재자들에게 어떤 속성도 귀속시키지 않는다고 말하는 것이고, 그 공리들의 다른 언어들('존재한다', '모두에 대하여', '같다')은 순수하게 논리적이라고 말하는 것이다. 그것은 구조—이 경우 2차 군의 구조—가 주제-중립적 또는 순수하게 논리적인 용어로 정의가능하다는 (이후 이루어질) 주장에 '내용'을 준다.[17]

응용수학에서의 구조적 공통성

구조의 강조는 순수수학에 특유한 일이 아니다. 어떻게 한 양이 다른 양과 다른지에 관한 응용의 맛을 더 잘 느끼게 해주는 두 예를 들어보자. 어떻게 한 양이 다른 것과 더불어 변화하는지를 그래프로 그리는 일은 흔하다: 시간 대비 이익, 시간 대비 속도, 막대를 따라가는 거리 대비 온도.

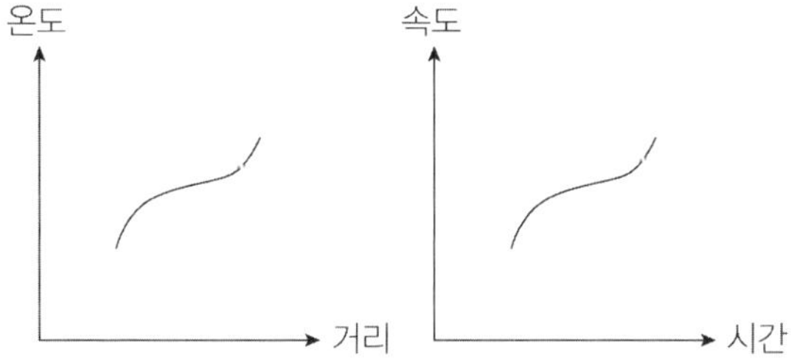

그림 4.2 다른 양들 사이의 똑같은 관계의 그래프들

그 그래프들은 어떤 특정의 온도와 거리의 변화가 문자 그대로 어떤 특정의 속도와 시간의 변화들과 동일하다고 주장한다. 한 선(어느 축이든지)이 거리, 온도, 시간, 그리고 속도를 무차별적으로 표상하는 것이 가능한데, 왜냐하면 그 모든 양들이 똑같은 구조를 갖기 때문이다: 연속체의 일차원적 구조(또는 최소한 그것들은 이 구조를 국지적으로 갖는다; 비록 전체적으로 어떤 차이들이 있겠지만, 그 점에서 예를 들어 속도

17 Further in M. Giaquinto, *Visual Thinking in Mathematics* (Oxford University Press, Oxford, 2007), 207-208.

는 하나의 자연적 0을 갖는 반면 시간은 그렇지 않다) 그리고 연속체는 아래에서 기술되겠듯이 순수하게 구조적인 언어로 현실화될 수 있다.

마지막 예는 수학에서 가장 오랫동안 다뤄져 온 주제 중 하나인 국지적 구조와 전체적 구조 사이의 상호작용을 소개하고 있다.[18] 규모가 큰 한 집단의 인구수가 해마다 4%씩 꾸준히 증가한다거나 어떤 은행 계좌가 연 4% 복리로 매일 오른다고 가정하라. 이 진술들은 상황의 국지적 구조, 어떻게 어느 한때의 인구 또는 돈의 양이 짧은 기간 내 이전의 인구와 관계가 있는지 제시해준다. (은행의 경우, 하루 금액이 정확히 하루 전 액수의 $\left(1+\frac{4}{36500}\right)$배인 반면, 인구의 경우는 이것이 근사적으로 참이다.) 전체 구조—어떻게 국지적 구조의 상호작용들이 시간 경과에 따라 '합쳐'져서 인구 전체 시간-변화의 '형태'를 만드는지—는 잘 알려진 지수적 성장 곡선이다. 그 비직선임은 국지적 구조에 의해 함축되기는 하지만 그 구조 안에 있지는 않는 전체적 구조의 속성이다.

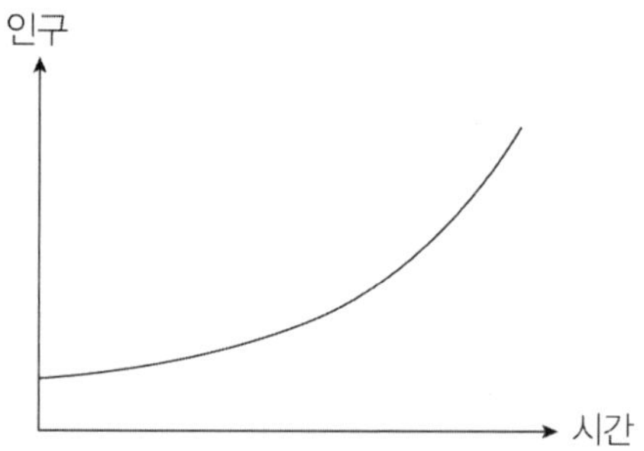

그림 4.3 기하급수적 성장 곡선

국지적인 것과 전체적인 것의 상호작용을 인구나 돈에서의 여하한 실현들과도 독립적으로 그 고차적 수준에서 논의하는 것은 순수 구조들에 관한 아주 추상적인 관점을 요구한다. 그 관점은 추상적 대상들의 의미

18 J. Franklin, Global and local, *Mathematical Intelligencer* 36 (2014).

에서 '추상적'인 것이 아니라, 그 부분들과 전체들의 속성들로부터 추상된 부분들과 전체들의 관계라는 의미에서의 추상적인 것을 의미한다.

인식론에 관한 장에서 확인할 수 있듯, 수학을 순수하게 구조적인 것의 과학으로 보는 견해는 어떻게 수학적 지식이 지닌 특별한 종류의 확실성을 가질 수 있는지에 관해 통찰을 준다. 하나의 정신은, 그것이 무엇이건 간에, 컴퓨터 시뮬레이션처럼 부분들을 가질 수 있고, 따라서 순수하게 구조적인 속성들을 문자 그대로 실현할 수 있다. 따라서 수학은 물리학이나 생물학이 할 수 없는 방식으로 정신들에 문자 그대로 현존할 수 있다.

이로써 순수, 응용을 막론하고 현대 수학의 중심 개념이 된 구조에 대한 해설을 마친다. 이제는 '구조'라는 파악하기 어려운 관념에 관한 다소 철학적 성찰을 해볼 때이다.

'구조' 정의하기

직관적으로 수학에 대한 '구조'의 핵심적 중요성을 알아차리는 것은 매우 좋은 일이지만, 구조가 무엇인지에 대한—어떤 속성이 구조적이고 어떤 것이 그렇지 않은지에 대한—명료한 이해가 없다면, 그것은 철학적으로 불만스럽다. '구조' 정의하기의 어려움이 구조주의 수학철학들의 아킬레스건이 되어 왔다는 점을 시인해야만 한다. 한 옵서버가 말하듯, '구조주의가 직면해온 주된 문제들이 명료성 결여에 관한 것이라는 말은 아마도 지나치게 심한 일반화가 아닐 것이다. 결국 그 견해를 기술하기 위해 사용된 슬로건들은 고도로 연상력을 자극하는 은유에 지나지 않는다. 특히, 철학자들은 의구심을 품어왔다: 구조란 무엇인가?'[19]

19 M. Colyvan, Review of Resnik, Mathematics as a Science of Patterns and Shapiro, Philosophy of Mathematics: Structure and Ontology, *British Journal for the Philosophy of Science* 49 (1998), 652–656; 레스닉이 이 문제를 회피하는 이유에 대해서는 *Mathematics as a Science of Patterns*, 257–261 참조.

그것은 공정한 요구다. '구조'는 다음과 같이 정의될 수 있다.

첫째, 어떤 속성 S는 'S를 갖는 특수자의 진부분이 S와 동일하지 않은 어떤 속성 T를 갖고 … 이 사태가 최소한 부분적으로 S를 구성할 때, 그리고 오직 그럴 때만' *구조적*이다.[20] 이 정의 아래서 구조적 속성들은 '한 특정 격자무늬 패턴임'이나[21] '야구경기의 수비임'[22] 같은 예들을 포함한다. 격자무늬 패턴이기 위해서는 부분들이 어떤 특정 방식으로 배열되어야만 한다. 그러나 명백히 이런 예들에서의 색깔을 갖는다거나 야구선수라는 부분들에 대한 언급은 그런 구조들을 수학의 대상로서 적합하지 않게—최소한 순수수학의 대상들은 아니게—만든다. 더 *순수하게* 구조적인 어떤 것이 필요하다. 셔피로가 더 플라톤주의적인 언어로 표현하듯, 야구경기의 수비는 일종의 체계다. 그러나 수학에서 연구되는 더 순수한 구조는 '어떤 체계의 추상적 형식이고, 대상들 간의 상호관계들을 강조하면서, 어떻게 대상들이 체계 내 다른 대상들과 관계되는지에 영향을 미치지 않는 대상들의 어떤 특색도 무시하거나',[23] 다시 '[어떤 패턴 내의] 하나의 위치이고 … 대상이 속하는 패턴 안에서 대상의 특수한 위치 덕에 갖는 것 이외에는 아무런 두드러진 특색을 갖지 않는다'.[24] 셔피로는 다음과 같은 (순수) 구조의 정의를 제시한다:

> 나는 하나의 *체계*를 특정 관계들을 갖는 대상들의 집합체로 정의한다. … 하나의 *구조*는 대상들 간의 상호관계를 강조하고, 어떻게 대상들이 체계 내의 다른 대상들과 관계되는지에 양향을 미치지 않는 대상들의 어떤 특색도 무시하는, 한 체계의 추상적 형식이다.[25]

20 D.M. Armstrong, *A Theory of Universals: Universals and Scientific Reasoning*, vol. II (Cambridge University Press, Cambridge, 1978), 69.
21 Armstrong, *Theory of Universals*, 70.
22 Shapiro, *Philosophy of Mathematics*, 74, 98.
23 Shapiro, *Philosophy of Mathematics*, 74.
24 Resnik, *Mathematics as a Science of Patterns*, 203.

그 정의는 직관적인 기술로서는 도움이 되지만, 하나의 정의로서는 부족한 점이 많다. 아리스토텔레스주의의 관점에서, 그 정의의 주된 결함은 그것이 '추상적 형상'(그리고 아마도 또한 '집합체')이라는 명백히 플라톤주의적 관념에 호소한다는 점이다. 비플라톤주의자에게는 추상적 형상이 무엇을 의미할 수 있는지가 불분명하다. 다른 결함들은 '특정 관계들을 지닌 대상들의 집합체'는 오직 하나의 '추상적 형식'만을 지녀야 한다는 가정, 그것들을 위한 자리가 전혀 없어야 할 곳에서의 '강조하기'와 '무시하기' 같은 인간의 활동들의 등장, 그리고 (예를 들어, 색깔 같은 대상들의 비구조적 속성이 어떻게 그 체계의 다른 대상들과 관계되는지의 '원인'이 된다는 의미로써 '영향'을 줄 수 있다는 점에서) '정동(affect)'의 무한정한 의미를 포함한다. '구조'의 정의에는 훨씬 더 정확한 어떤 것이 필요하다. 그것은 다음과 같은 정의에 의해 성취될 수 있다:

> 한 속성은, 만일 그 속성이 (순수하게 논리적인 개념들과 더불어) 전적으로 같음과 다름, 그리고 부분과 전체라는 개념들로 정의될 수 있으면, *순수하게 구조적*이다.[26]

간략히 말해서, 한 순수하게 구조적인 속성은 논리학과 부분-전체 논리 안에서 정의가능하다.[27] 예를 들어, 가장 단순한 종류의 대칭성으로 대칭적이라는 것은 어떤 측면에서 똑같은 두 부분으로 이루어진다는 것이다.

25 Shapiro, *Philosophy of Mathematics*, 73-74.

26 한 가지 문법적 문제에 지나지 않는다는 점에 주목하라: 한 구조적 속성은 어떤 '체계'의 하나의 속성이라 가정된다는 점. 그것은 '체계'라는, 부분들의 부분-전체 논리학적 합을 넘어서는 상위의 한 존재자에의 개입을 함축하려는 것이 아니다. 그것은 단지 문법적 편의를 위한 것이다: '부분들'을 이야기하는 것은 그 부분들이 그것의 부분들인 하나의 전체를 요구한다.

27 처음에는 한 구조의 자기 동형(自己 同型; automorphism)의 존재에 의한 대칭성의 정의가 이보다 더 정확하게 여겨질 수도 있겠다. 그러나 자기 동형의 존재는 한 가지 측면에서 동일한 부분들의 존재에 수반한다: 그런 부분들이 있으면, 그것들의 교환은 하나의 구조-보존적 자기 동형이다—부분들이 동일한 측면에 의해 정의됨으로써 보존되는 구조.

만일 우리가 구조의 정의의 일부로서 '논리학'에 의존한다면, 무엇이 논리학으로 간주되는지에 대해 다소 설명이 필요한데, 왜냐하면 그것은 경계선상의 사례들에 관해 의견 일치가 전혀 이루어지지 않은 문제이기 때문이다.28 그 쟁점들 중 어떤 것들은 구조의 정의와 무관하지만, 연관성이 있는 세 가지 쟁점이 있다.

첫째는 우리가 '속성임'과 '관계임'을 순수하게 논리적인 관념들로 간주해야만 한다는 것이다; 그것은 단지 어떤 논리적 범주에 존재자들이 속하는지를 진술하므로 아리스토텔레스주의자들은 기꺼이 그렇게 한다. 물론 한 속성은 한 관계와 다른 논리를 지닌다: Fx는 Rxy와 다르게 작동한다.

둘째는 '논리학'이 '동일성을 포함한 논리학'을 의미한다는 것이다: 동일성 또는 동등성은 수학에 결정적으로 중요하고, 동등성을 논리적 관념으로 포함하는 것은 가장 기본적인 수학을 하는 데 필요하다. 버트런드 러셀 스타일로

두 마리 개가 있다.

를

개 A와 개 B가 있고, A ≠ B

로 바꿔 쓴다면, 2라는 수는 '같지 않은'을 포함하는 논리학을 위해 제거된다: 동등성의 관념이 본질적으로 중요하다. 대상들의 같음과 다름은 한 단위-만들기 보편자의 반복되는 사례화에 의해 생기므로, 이것은 앞장으로부터의 교훈, 즉 단위-만들기 보편자들의 결정적으로 중요한 역

28 S. Haack, *Deviant Logic, Fuzzy Logic: Beyond the formalism* (University of Chicago Press, Chicago, 1996).

할은 수와 집합을 생성하는 것이라는 교훈을 확증해준다. 동등성은 부분-전체 논리가 '개체들의 계산'에서 사용되고 있는 것과 똑같은 이유에서 논리학에 수용된다: 단위들로 이루어지는 대상들이 반드시 있어야 한다.

논리학의 한계에 관한 셋째 쟁점은 복수 양화가 진정 논리적인지의 여부에 관한 것이다. 복수 양화는 '오직 서로 서로만을 존경하는 비평가들이 있다' 같은, 사람들의 그룹을 언급하지 않고서는 표준적 일차 논리학으로 번역될 수 없는 명제들에 관련된다. 따라서 그런 양화가 논리학인지, 그리고 따라서 존재론적으로 흠이 없는 것인지, 또는 그것이 위장한 집합론이고 따라서 어떤 플라톤주의적 의미에서 집합들에의 개입을 포함하는지의 문제가 제기된다.[29] 이것은 정묘하고 흥미로운 쟁점이지만, 그 해결은 두 가지 이유에서 수학의 본성과 구조의 정의에 관한 이 책의 테제를 위해서는 중요하지 않다. 첫째 이유는 수학의 실제 활동이 하나 이상의 것들이 있다는 주장의 러셀적 바꿔 쓰기($\exists x \exists y$ ⋯ and $x \neq y$)를 지닌 단일 양화('존재한다 there is'와 '모두에 대해 for all')가 적절하다고 보아 왔다는 것이다; 철학자들의 예들 중 환원 불가능하게 복수적인 양화는 보통 수학적 실제에서 나오지 않는 것으로 여겨진다. 둘째 이유는 우리가 이미 집합에 대한 아리스토텔레스주의적 해석을 제시했듯이 집합에 대한 그 어떤 지칭도 플라톤주의적 의미로 이해되어야 할 필요가 없다는 것이다.

집합은 대상과 그에 대한 단위-만들기 속성의 존재에 수반하므로 집

29 Ø. Linnebo, Plural quantification, *Stanford Encyclopedia of Philosophy*, http://plato.stanford.edu/entries/plural-quant/, 2008; 수에의 적용은 다음 참조. B. Yi, Is two a property? *Journal of Philosophy* 96 (1999), 163-190 and D. Lewis, Mathematics is megethology, *Philosophia Mathematica* 1 (1993), 3-23; 복수 양화에 있어서의 부분-전체 논리의 위력은 또한 다음 연구에서 옹호된다. G. Hellman, Does category theory provide a framework for mathematical structuralism? *Philosophia Mathematica* 11 (2003), 129-157.

합론과 (개체들을 포함한) 부분-전체의 논리의 존재론적 개입은 똑같다는 점은 앞 장에서 설명되었다. 단위-만들기 속성들은 '개체들의 계산'에 필요한 것과 똑같은 존재자들이다. (집합 형성 연산자이 무한정 반복가능성이라는 가능성에 관한 논쟁의 여지가 있었지만, 그것은 허용되어야 한다고 논증되었다.) 한 개념이 순수하게 구조적이라는 것을 증명하기 위해서는 집합들로부터 그것의 한 모델을 구성하는 것으로 충분하다는 결론이 따라나온다—구성을 위한 집합론과 순수 부분-전체 논리의 수용능력은 동일하다.**30** 그것이 실로 집합론 안에서 수학적 존재자들을 구성하는 일의 주된 철학적 요점이다. 수학의 대상들을 플라톤적 존재들로 고려된 집합들로 환원함으로써 집합론에서의 구성이 보통 플라톤주의를 지지하는 것으로 취급되지만, 그것은 마찬가지로 위장한 부분-전체 논리와 구조로 해석될 수 있다.

그럼에도 불구하고—그리고 특히 집합 형성의 무한정 반복가능성에 관해, 그리고 그것의 결과로 만들어지는 고차적 집합들의 영역에 관해 생길 수 있는 의심들을 감안할 때—구조의 정의로부터 직접적으로 어떻게 다양한 수학적 개념들이 순수하게 구조적일 수 있는지를 보여주는 것이 구조주의의 옹호로써 훨씬 더 설득력이 있을 것이다. 심지어 그렇다고 하더라도, 우리는 거기서 대부분의 난해한 기술적 작업이 행해질 수 있는 집합론적 구성의 프로젝트에 의해 인도될 수 있다.

부분-전체 논리와 논리학의 충분함

고등수학이 오직 순수하게 구조적인 속성들만을 다룬다는 주장은 아리스토텔레스주의 수학철학에 본질적으로 중요한 도전장을 던진다. 그 도전은 순서나 위상수학적 속성들처럼 논쟁의 여지없이 수학적인 속성들이 이런 의미에서 순수하게 구조적임을 증명하는 것이다. 이제 '구조'의 정의로부터 얻을 수 있는 명료함을 지니고 우리는 몇몇 단순하지만 전

30 D. Lewis, *Parts of Classes* (Blackwell, Oxford, 1991), esp. 112.

형적인 예들에서 어떻게 수학이 논리학과 부분/전체의 논리만을 사용하여 전개되는지 이해할 수 있다.

예를 들어, 우리는 'ω-열임'의 개념이 순수하게 구조적이라는 것을 {∅, {∅}, {{∅}}, {{{∅}}}, …} 같은 집합들과 원소 됨 관계로부터 순수하게 구성되는 예를 전시함으로써나 페아노 공리들이 오직 동등성을 포함한 논리학만을 사용하여 구조를 특징짓는 데 주목함으로써 증명해 보일 수 있다: 이항관계 S를 지닌 대상들의 체계는, 만일 각각의 대상 x에 대해 S에 의해 x와 관계되고 $S(x)$라 표시되는 하나의 유일한 대상이 있으면, 페아노의 공리들을 만족한다; $S(x)=S(y)$는 $x=y$를 함축한다; 어떤 x에 대해서도 $S(x)$가 아닌 하나의 대상이 있고, 1이라 불린다, 그리고 만일 어떤 속성 P가 1에 대해 성립하고, 그것이 x에 대해 성립할 때마다 $S(x)$에 대해 성립하면, 그것은 그 체계 내 모든 대상에 대해 성립한다. 그 기술에는 오직 어떤 (구체화되지 않은 속성들을 가진) 대상들, (달리 구체화되지 않는) 이항관계 S와 (동등성과 속성들에 대한 양화를 포함하는) 논리학만이 있다. 따라서 그 기술은 앞서 제시된 정의에 따라 순수하게 구조적이다.

헬먼(Hellman)은 그의 수열 또는 ω-열 관념의 '양상-구조적' 재구성을 설명하는 과정에서 그 예를 더 명료화한다.[31] 만일 작대기나 별들 같은 구체적인 것들의 수열을 가지고 있다면, 이 구체적인 것들의 임의의 합들은 집합 {0, 1, 2, 3, …}('표준적' ω-열)의 부분집합들과 일대일로 대응한다고 그는 말한다. 그 대응은 '각각의 합이 그 수열을 형성하는 항목들로 고유하게 분해 가능하다는 사실에 의해 보장된다. 그러나 이것은 처음에 선택된 항목들이 (아무런 공통 부분도 포함하지 않으면서) 쌍으로 이산적이라는 사실에 의해 보장된다.' (따라서 여기서 부분-전체

31 G. Hellman, *Mathematics Without Numbers: Towards a Modal-Structural Interpretation* (Oxford University Press, Oxford, 1989), 48-49.

의 논리가 원자들을 지닌 부분-전체의 논리이거나 '개체들의 계산'이라는 것은 본질적이다.) 그러므로 수들의 부분집합들을 사용하여 보통 표현되는 산수이 모든 진리들을 지지하기에 충분한 합들이 있지만, 그 합들은 개체들만큼 구체적이고, 전체 수열의 부분들(부분집합들이 아니라)이다.

플라톤주의자들은 수학을 부분-전체론 위에 세우는 것은 단지 '위장한 집합론' 만들기에 불과하다고 반론을 제기할 것이다. 아리스토텔레스주의자들은 반대로 집합론이 위장한 부분-전체론이라고 결론짓는다. 데이비드 루이스를 좇아 내가 제7장에서 논의하겠듯이, 표준적 플라톤주의자의 집합 개념은 명료성을 결여하고 있고, 논증되기보다는 가정되어 온 플라톤주의의 존재론적 짐을 짊어진다. 이와 비교할 때 부분-전체론은 존재론적으로 흠이 없고, 만일 부분-전체론의 능력이 집합론의 능력에 필적할 수 있다면, 플라톤주의 일반의 난점들, 그리고 특히 플라톤주의 집합론의 불명료성이 부분-전체 논리의 포장된 존재론을 더 선호할 만한 수학의 토대로 만든다. 그러나 결부된 부분-전체론이 개체들을 지닌 부분-전체론이고, 앞 장에서 논증되었듯이, 집합들에 대한 환원적 설명이 이용 가능하므로, 부분-전체론과 집합론의 존재론적 개입에는 별 차이가 없다.

이제 (개념적으로) 고등수학의 가장 단순한 분과인 조합수학에서 전형적인 예를 하나 들어보자.

각 쌍이 한 선으로 연결되는 여섯 개의 점들을 고찰하라. 그 선들은 모두 (그림 안에서 점선과 실선으로 표상된) 두 색깔 중 하나로 채색된다. 그러면 한 색깔로 이루어진 하나의 삼각형(즉, 삼각형을 연결하는 세 개의 선 모두가 같은 색깔을 지니는 세 점)이 반드시 존재한다.

증명이 여기 있다: 점들 중 하나를 취하고, 그것을 O라고 부르자. 그

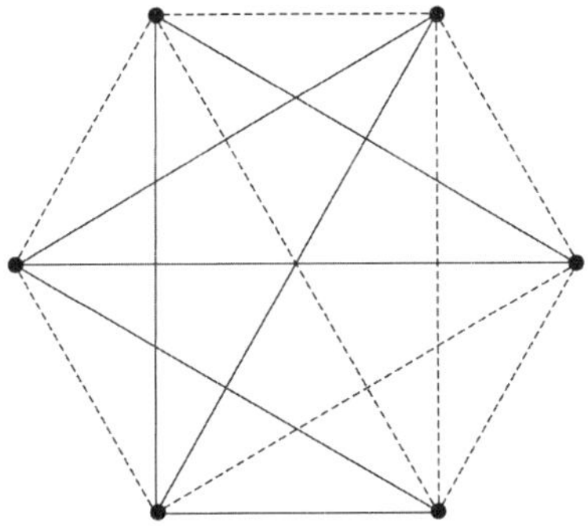

그림 4.4 세 점으로 하는 조합수학

러면, 그 점으로부터 다른 것들로의 다섯 선들 중 최소한 셋이 같은 색깔, 예컨대 A를 지닐 것에 틀림없다. 그 선들 끝의 세 점을 고찰하라. 만일 그 점들 중 어떤 것이든 두 점이 A라는 색깔의 선에 의해 연결된다면, 그것들과 O는 하나의 A-색깔 삼각형을 형성한다. 그러나 만일 그렇지 않다면, 그 세 점들은 모두 B-색깔의 선들에 의해 연결될 것에 틀림없고, 따라서 B-색깔 삼각형이 하나 있다. 따라서 언제나 하나의 단색의 삼각형이 있다. QED.

이것이 진실로 기하학에 관한 것이 아니라는 점에 주목하라. '점들'은 물리적인 것이든, 심적인 것이든, 전자적인 것이든, 별에 관한 것이든 상관없이 그 어떤 것일 수도 있다. '선들'은 그들 사이의 어떤 관계일 수도 이고, '색깔들'은 '선들'을 두 종류로 나누는 어떤 구분일 수도 있다. 따라서 그것은 어떤 의미에서 아주 높은 수준의 추상에 관한 진리이지만, 그 어떤 실재적인 사물의 그 어떤 가능한 배열에 관해서도 진리이다.

맨손. 공리 없음. 계산 없음. 순수한 이해. *그것*이 수학이다.

어떤 진지한 수학은 여기서 아주 작은 개념들의 배열(array)을 가지고 행해져 왔다. 순수하게 논리적인 개념을 넘어서서는 같음과 다름, 부분과 전체의 개념들만이 있다. 점들은 서로서로 다르고, 그것들은 거기에 다른 어떤 측면을 가진다. 그것이 기술되어야 할 문제와 전개되어야 할 증명을 위해 필요한 전부이다. 앞서 언급되었듯이, 두 점과 세 점에 관한 진술들은 또한 오직 이 관념들만을 사용하여 바꿔 쓸 수 있다: '오직 두 점만이 있다'는 '점 A와 점 B가 있고, A는 B와 다르다'와 동치이다. 또한 그 증명 안의 추리는 새로운 관념을 전혀 요구하지 않는다: O로부터의 다섯 선이 고려될 때, 그중 셋은 같은 종류여야 한다. (첫째 선이 A라는 종류에 속한다고 하자. 그러면 둘째는 A라는 종류에 속하거나 B라는 종류에 속한다; 그러면 셋째 또한 A이거나 B이거나…) 따라서 모두가 앞서 정의된 대로 순수하게 구조적이다.

조합수학을 넘어 나아가면, 변화나 아주 작은 것을 다루는 어디서나 중심 개념들 중 하나는 *연속성*이다. 순수하게 구조적으로 연속성을 정의하기는 조금 더 어렵지만, 다소 다른 관점에서 수학자들에 의해 연구가 이루어져 왔다. 더 부분-전체의 논리적인 언어에 다소 적응시킨 위상수학적 공간의 표준적 정의는 다음과 같다: '열린' 부분들이라 불리는 그 부분들의 집합체를 가진 한 대상은 만일 다음 조건을 만족하면 하나의 *위상수학적 공간*을 형성한다:

1. 빈 부분과 전체 대상이 열려 있다.
2. 열린 부분들의 어떤 합도 열려 있다.
3. 열린 부분들의 어떤 유한한 교점도 하나의 열린 부분이다.32

(예를 들어, 실선이나 연속체는 열린 부분들이 열린 구간들의 임의의 합집합일 때 하나의 위상수학적 공간을 형성한다.) 그렇다면 한 함수는 어떤 열린 부분의 원상(原像; inverse image) 또한 열린 것일 경우 *연속적*

32 그 정의의 표준적인 집합론적 표현은 다음을 참조. 예를 들어, S. Willard, *General Topology* (Addison-Wesley, Reading, Mass, 1970), 23.

이라 정의된다. 이 연속성의 정의가 공간 내에서의 움직임들에 대한 직관에 기초하여 한 연속적인 함수는 전혀 '갑작스러운 점프'를 하지 않는 것이라던 애초의 연속성에 대한 이해로부터 매우 멀다는 것은 참이다. 그러나 그 정의의 천재성은 정확히 이 공간적이고 역동적인 관념들을 순수하게 구조적인 용어로 바꾸는 능력에 놓여 있다.[33]

비슷한 이야기가 실수를 유리수들의 코시 열들의 (유리수들 자체가 이미 자연수들로부터 구성되고 나서) 집합들로 구성하거나 추상 군들을 특정 속성들을 만족하는 집합들로 구성하는 것처럼 집합들로부터의 수학적 대상들의 고전적 구성들에 적용된다. 각각의 경우, 목표로 삼는 구조에 관한 선행 지식이 구성들에서 집합들의 선택을 안내하는 반면, 현실적인 구성이 보여주는 것은 순수하게 '추상적'인 요소들 이외의 다른 어떤 것도, 즉 순수하게 구조적인 속성들을 넘어서는 어떤 것도 문제의 수학적 개념들을 해명하는 데서 더 요구되지 않는다는 것이다. (우리는 집합론에서의 구성을 제7장에서 더 고찰할 것이다.)

또 다른 잘 알려진 예를 보자. 명제 계산의 모든 법칙은 단순히 집합론의 법칙으로 번역할 수 있다. 예를 들어, 명제들의 분배법칙은:

> (모든 명제들 p, q 그리고 r에 대해)
> p 그리고 (q 또는 r)은 (p 그리고 q) 또는 (p 그리고 r)과 논리적으로 동치이다

는 집합들의 분배법칙

33 그 정의는 주로 하우스도르프(Felix Hausdorff)의 *Grundzüge der Mengenlehre* (1914), 제9장에 기인한다; see G. Preuß, Felix Hausdorff (1868-1942), in C.E. Aull and R. Lowen, eds, *Handbook of the History of General Topology*, vol. 1 (Springer, Dordrecht, 1997), 1-20; 고등수학의 다른 분야들에서의 예들은 J.L. Bell, Whole and part in mathematics, *Axiomathes* 14 (2004), 285-294 참조.

(모든 집합들 P, Q 그리고 R에 대해)

P ∩ (Q ∪ R) = (P ∩ Q) ∪ (P ∩ R)

에 대응한다.

그 대응은 명제와 집합 양자 모두 보완 분산 부울속(부울束; Boolean lattice)의 구조를 전시한다고 말함으로써 표현될 수 있다(보완 분산 부울속의 공리들은 단순히 그 공리로부터 분배법칙 같은 것이 따라 나올 기본 원리들을 정립한다). 명제와 집합은 아주 다르지만, 그들에 의해 만들어지는 수학적 구조들과 그들의 관계는 동형적이다. 둘 중 어느 것에 관해 수학적으로 이야기되어야 할 모든 것은 명제와 집합이 공통으로 지닌 구조로부터 따라 나온다.

양은 일종의 구조인가?

그런 순수 구조의 예들과 그것들의 앞 장의 양의 예들과의 명백한 차이는 양과 구조가 매우 다른 종류의 보편자들이라는 생각, 그리고 그에 따라 양과 구조 각각에 대응하는 두 다른 지식의 체계가 있어야만 한다는 생각에 주된 이유들을 제공해준다. 그러나 정반대 또는 최소한 양이 구조의 한 가지 종류라고 믿을 두 가지 중요한 이유가 있다. 그 이유들이 그런 강한 주장을 확립시킬 만큼 설득력 있지는 않지만, 수학이 양과 구조 양자 모두를 연구하는 과학이라면, 왜 양에 관해 이야기할 수 있는 것 중 그토록 많은 부분이 순수하게 구조적인지를 보여주고, 그에 따라 수학의 통일성을 어느 정도 설명해준다.

첫 번째 이유는 순서 관계의 순수하게 구조적인 본성으로부터 나온다. 앞 장에서 설명되었듯이, 양은 항상 양들의 *배열된* 본성을 강조하면서 '더 많은 것과 더 적은 것'에 민감한 것으로 직관적 특성화가 가능하다고 생각되었다. 그러나 퍼스(Peirce)와 데데킨트(Dedekind)[34]에 의해

34 C.S. Peirce, On the logic of number, *American Journal of Mathematics* 4 (1881), 85–95, repr. in *Collected Papers*, ed. C. Hartshorne and P. Weiss (Harvard

지적되고 앞서 주목한 베나세라프의 예에서 추종되었듯이, 순서는 순수하게 형식적 또는 구조적 언어로 특징지을 수 있다. 한 이항 관계는 만일 그것이 반대칭적이고 이행적이면 하나의 *순서*(order)라고 말할 수 있다: 만일 그에 더해 유관한 종류의 항목들의 모든 쌍이 어떤 방식으로든 관계지어지면, *선형*(linear) 또는 *전*(total)순서이다. 그 정의들을 만들기 위해 논리적 언어 이상의 그 어떤 것도 요구되지 않으며, 따라서 하나의 선형 순서의 관념은 순수하게 구조적이다.

그것은 중요한 결과이다. 그러나 이 아이디어들을 양의 패러다임인 비례 척도의 순수하게 형식적 또는 구조적 특성화로 확장하는 단순하고도 자연스러운 방법은 없다고 여겨진다. 할 수 있는 최선의 것은 횔더의 (연속적) 양의 공리화 (1901) 안에 있는 바와 같다. 그는 < (-보나 작은) 관계와 + (덧셈) 연산을 가지고 (긍정적) 양을 위한 일곱 개의 공리를 정립했다:

> 주어진 임의의 크기 a와 b에 대해, 다음 중 하나가 참이다:
> $a = b$, $a < b$, $b < a$
> 모든 크기에 대해 그것보다 작은 것이 하나 존재한다.
> 모든 크기 a와 b에 대해, 그것들의 합 $a+b$가 잘 정의된다.
> $a+b > a$이고 $a+b > b$
> 만일 $a < b$이면, $a+x = b$이고 $y+a = b$인 x와 y가 존재한다.
> $a+(b+c) = (a+b)+c$는 언제나 참이다.
> 모든 크기들이 각각 하나 그리고 오직 하나의 집합에 속하도록 두 개의 집합으로 나뉠 때마다, 어느 집합도 공집합이 아니고, 첫째 집합 내의 어떤 크기도 둘째 집합 내의 각각의 크기보다 작고, 그

University Press, Cambridge, MA, 1960), vol. 3, 158-170; R. Dedekind, The nature and meaning of numbers, 1887, *Essays on the Theory of Numbers* (Open Court, Chicago, 1901에 수록되고, Dover, New York, 1963로 재출판됨); E.H. Reck, Dedekind's structuralism: an interpretation and partial defense, *Synthese*137 (2003), 369-419의 분석 참조.

> 러면 $\xi' < \xi$인 모든 것이 첫째 집합 안에 있고 그에 대해 $\xi < \xi''$인 모든 ξ''가 둘째 집합에 속하는 그런 하나의 크기 ξ가 존재한다.[35]

마지막 공리는 엄격히 말해서 순수하게 구조적이지만, 그것은 매우 복잡하고 집합들(또는 크기들의 전체 체계)에 깊이 개입한다. 그것은 한 비율 스케일을 모방하는 매우 복잡하고 부자연스러운 방식, 즉 유리수들의 코시 열이나 데데킨트 절단의 집합처럼 순수 집합론 안에서의 연속체의 고전적 구성에 대응한다. 왜냐하면 연속체는 비율에 대해 있는 모든 것을 포함하기 때문이다: 가까움의 상호 관계를 지닌 모든 유리수의 체계는 그저 연속체다. 집합론 안에서 유리수의 체계를 구성하는 일은 순수하게 구조적인 본성을 보여주지만, 상당한 비직관적인 장치를 대가로 치러야 한다.

그러나 연속체가 순수하게 구조적이라는 것을 비율들(그리고 따라서 양 일반)이 순수하게 구조적이라는 것이 따라 나온다고 여겨 짐직한다. 이 논증에서 잘못을 찾아내는 일은 구조적 속성들과 비구조적 속성들 사이의 관계에 관한 여러 가지 문제에 빛을 던져주고, 더불어 수학의 실재에의 적용 가능성에 관한 다수의 쟁점들에도 빛을 던져준다. 연속체가 하나의 순수하게 구조적인 존재자라는 것은 참이다. 개별적 비율들 자체가 순수하게 구조적이라는 것은 따라나오지 않는다. 연속체는 비율들의 체계가 여러 아주 다른 존재자들과 공유하는 하나의 구조이고, 예를 들어, (만일 실제 공간이 무한하고 무한하게 분할가능하다면) 실재하는 공간 안에서 한 무한한 선이고, (차이에 의해 규정된 거리를 지니는) 무한한 소수(decimal)들의 집합이다.[36] 개별적, 공간적 점들이나 개별적

35 J. Michell and C. Ernst, The axioms of quantity and the theory of measurement: 횔더(Otto Hölder)의 독일어 원문 텍스트 'Die axiome der Quantität und die Lehre vom Mass', *Journal of Mathematical Psychology* 40 (1996), 235-252의 제1부로부터 번역됨.

36 더 자세한 분석은 A. Newstead and J. Franklin, On the reality of the continuum, *Philosophy* 83 (2008), 117-127 참조.

인 무한 소수들이 순수하게 구조적이라는 것은 따라 나오지 않는다. 오직 각각의 종류의 모든 존재자들의 체계가 (똑같은) 구조, 연속체를 사례화한다.

똑같은 추리 노선이 또 다른 오래된 문제를 해결해준다는 사실이 명백해질 것이다. 'ω-열임'이 순수하게 구조적이고, 하나의 전체로 취해진 수들이 이 구조를 사례화한다는 사실은 개별적 수들이 순수하게 구조적이라는 것을 함축하지 않는다. 수들은 구조들 안에서 장소들 또는 '자리들'이지만, 단순히 구조들 안의 장소들이지만은 않다. 더미들과 하나의 전체 체계로 취해진 단위-만들기 속성들—참된 수들—은 하나의 ω-열을 형성하지만, 여전히 그들 자신의 성격을 유지한다. 공집합으로부터 형성되는 집합들 같은 다른 존재자들 또한 누군가 그것들을 수들로 오인할 필요 없이 ω-열을 형성할 수 있다. 그것은 단지 양자 모두 열이기 때문에 도시행 8.21번 버스를 기다리는 통근자들의 열을 8.46번 버스 기다리는 사람들의 열로 오인하는 모습과 같을 것이다.

양이 일종의 구조라고 생각하는 두 번째 이유는 이산적 양은 최소한 순수한 구조 이외의 것이 아무것도 없는 장소들에서 나올 수 있다고 여겨지기 때문이다. 아리스토텔레스의 양 취급법은 순서보다는 분할가능성을 더 강조한다.[37] 분할가능하다는 것은 그저 부분들을 갖는다는 데 불과하고, 그것은 순수하게 구조적인 문제다. 그러므로 똑같은 것이 그들 자신은 부분들을 갖지 않는 부분들(즉, 원자들)로 이루어진 것들에도 적용된다. 원자들의 수는 그러므로 하나의 양이고, 그것은 그 어떤 비구조적 장치를 사용하지 않고서도 계산될 수 있다. (어떤) 양은 반드시 순수하게 구조적이어야만 하는 것으로 여겨질 것이다.

37 S. Hegarty, Aristotle's notion of quantity and modern mathematics, *Philosophical Studies* (Ireland) 18 (1969), 25–35.

이 논증이 연속적 양의 경우 전개할 수 없다는 사실로부터 다소 의심이 생긴다. 만일 무한 분할이 가능하다는 의미에서) 물체들 또는 공간들이 연속적이라면, 우리는 그것들의 양을 순수 부분-전체론의 논리 안에서 정의할 수가 없고, 물체들이나 공간들의 작은 부분들의 비교가능성에 의존하여 결정할 하나의 척도를 가져와야 한다. 만일 우리가 그때 이산적인 사례를 돌이켜보고 왜 거기서 어떤 척도도 필요하지 않았는지를 묻는다면 우리는 원자들 사이의 동등성에 대한 어떤 숨은 가정이 있지 않았는지 의아해할 수 있다. 그것이 크기에서의 동등성이었다고 인정함은 물론 그 양이 순수하게 구조적으로 정의가능하지 않음을 인정하는 게 될 것이다. 그러나 만일 그 원자들이 직관적으로 다른 크기를 지녔다면, 우리는 그것들을 세어보는 대신 그것들의 무게를 달거나 달리 측정하려 것이다. 두 원자가 어떤 유한한 비율 관계를 지니지 않을 수도 있다: 만일 우리가 어떤 명제의 개연성을 명제를 지지하는 이유들을 셈으로써 측정하고자 했다면, 우리는 연역적이고 비연역적인 이유들이 균형을 맞출 수 없다(한 연역적인 이유는 단지 개연적인 이유들이 몇이든간에 그것들을 능가한다)는 사실을 무시할 것이다. 그런 경우, 셈은 요점을 잃은 것이 되거나 전체 '비중'을 결정하는 방식으로서 터무니없이 오해하기 쉽게 될 것이다. 의심할 여지없이 모든 논문과 인용지수가 동등하다는 애초의 가정을 사용하여 학문적 가치를 측정하지 않는다면 위원회들은 그들의 작업을 마칠 수가 없을 것이지만, 그 기저의 결과들은 전적으로 만족스럽지 않다.

따라서 양이 일종의 구조라는 것을 보여주려는 논증들 중 어느 것도 성공하지 못한다. 그럼에도 불구하고, 양이 구조의 위기로부터 가까스로 탈출했다는 것, 그리고 양의 구조적 측면들에 대해 집중하지 않으면서 양에 관해 뭔가 흥미로운 바를 말할 전망은 어둡다는 것이 시인되어야만 한다.

이제 양과 구조의 정의를 갖게 되었으니 구조와 양이 똑같은 것인지

(아니면 하나가 다른 하나의 한 종류인지) 묻는 문제는 정확한 답을 허용한다. '아니다'가 그 답이다. 1.57미터의 0.35미터에 대한 비율은 하나의 양이지 구조가 아니다. 어떤 테이블의 대칭성은 순수하게 구조적인 보편자이지 양이 아니다.

5 실재에 관한 필연적 진리[1]

아리스토텔레스주의적 관점의 한 가지 본질적인 주제는 보편자와 그것의 관계에 관한 것으로서 수학의 진리들이 필연적인 동시에 실재와 관련 있어야 한다는 것이다. 그 주장은 '수학의 명제들은 실재에 관한 것인 한 확실하지 않고, 확실한 한 실재에 관한 것이 아니'라는 아인슈타인이 고전적 격륜에 표현되어 있는 통상적 견해와 상반된다.[2] 아인슈타인은 '확실한'으로 그가 의미한 바가 '필연적인'이라는 점을 분명히 했고, 최근의 철학자들은 대부분 필연적인 동시에 실재에 관한 수학적 진리는 있을 수 없다는 데 대해 그에게 동의해 왔다.

필연성의 예

그러나 수학은 일견 직접적으로 실재에 관한 다수의 필연성의 사례들을 제공한다. 그중 하나가 앞 장에서 언급한 오일러의 다리들이라는 고전적 사례이다. 오일러는 쾨니히스베르크의 시민들이 (다리들의 추상적 모델이 아니라) 그 시에 현실적으로 존재하는 다리들을 꼭 한 번씩만

1 내용이 많이 다른 이 장의 이른 판본이 J. Franklin, Mathematical necessity and reality, *Australasian Journal of Philosophy* 67 (1989), 286-294에 게재되어 있다.
2 A. Einstein, *Ideas and Opinions* (Random House, New York, 1954), 233.

건너는 것은 불가능함을 증명했다.

또 다른 예를 들어 보자: 정오각형의 선들. 내 화장실 바닥을 (똑같은 크기의) 정오각형 타일들로 … 채우는 것은 불가능하다. 내 화장실 바닥은—곧 구체적으로 설명하겠듯이—유클리드 평면과 어떤 밀접한 관계를 지닌다. 유클리드 평면을 정오각형으로 채우기는 불가능하다는 것은 기하학에서 증명가능한 명제다. 즉, 비록 전체 공간을 포괄하도록 (같은 크기의) 정사각형들이나 정육각형들을 함께 맞추는 일은 가능하지만, 다음의 그림들에서처럼:

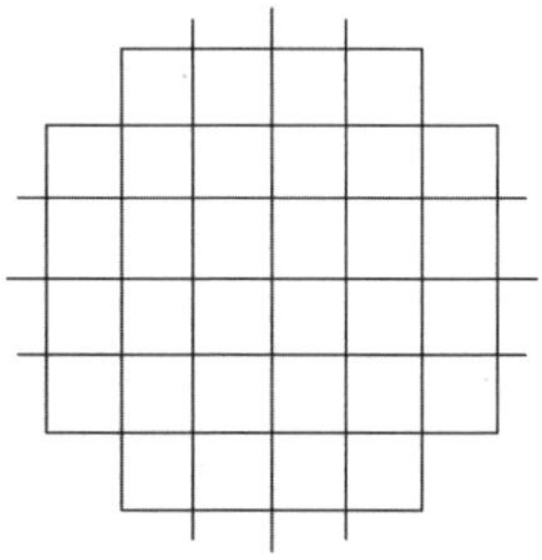

그림 5.1 정사각형 타일로 평면 채우기

이고

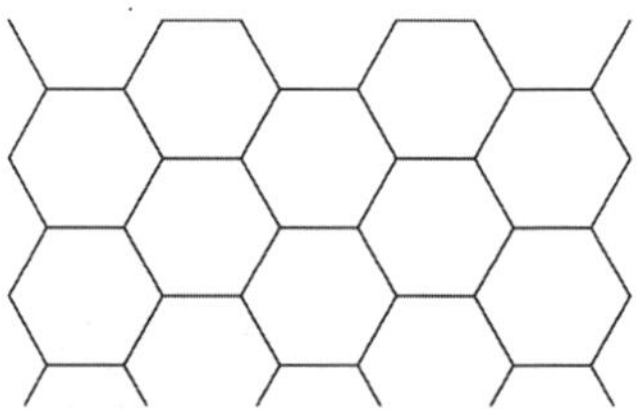

그림 5.2 정육각형 타일로 평면 채우기

타일을 깔 수 있지만 정오각형을 가지고 그렇게 하기는 불가능하다:

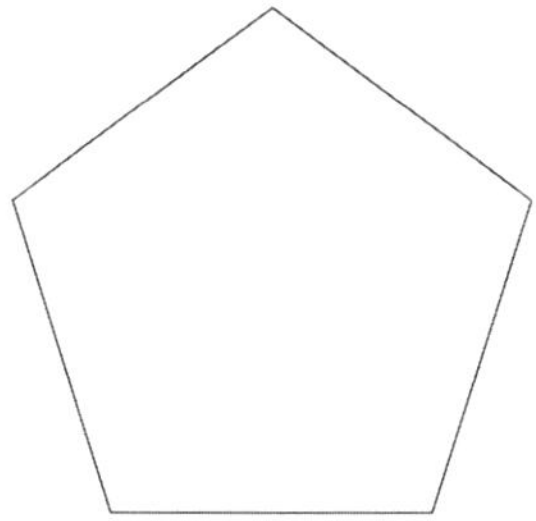

그림 5.3 정오각형 타일들로는 평면을 채울 수 없음

평면 위에 그 도형들이 어떻게 놓이든지 그것들 사이에 남는 공간이 생긴다.

이제 '유클리드적 평면'은 의심할 여지없이 하나의 추상이거나 플라톤적 형상이거나 이상화이거나 심적 존재이다—그 어떤 경우에도 그것은 정확히 그리고 문자 그대로 실재하는 바닥이다. 만일 '유클리드 평면'이 실제 사례들을 가질 수 있다면, 내 화장실 바닥은 그 사례들 중 하나가 아니고, 유클리드 평면의 어떤 정확한 실제 사례도 없을 수 있다. 그러나 명제 안의 용어들이 조금 변해도 여전히 참이라는 의미에서, 유클리드 공간에 관한 그 명제가 '안정성'을 지닌다는 것은 또 다른 수학적 사실이다. 다시 말해서, 하나의 거의 유클리드적 공간을 (그것의 실체적 부분을) 정오각형에 가까운 형태들로 채우기는 불가능하다. ('실체적 부분'이라는 단서는 단순히 하나의 타일과 정확히 같은 형태와 크기의 부분을 취할 가능성을 피하는 것이다: 그런 제멋대로 구획한 부분도 물론 타일로 채울 수 있다.) 이 명제는 실재에 관한 한 원래 명제와 똑같은 지위를 갖는데, 왜냐하면 '거의 유클리드 평면임'과 '거의 일반 정오각형임'은 '정확히 유클리드 평면임'과 '정확히 일반 정오각형임'만큼이나 추상적 또는 수학적이기 때문이다. 그 명제는 만일, 실재적이든 추상적이든, 어떤 것이 거의 유클리드 평면의 형태를 지닌다면, 그것은 거의 일반 정오각형으로 채울 수 없다는 귀결을 갖는다. 그러나 내 화장실 바닥은 정확히 거의 유클리드 평면의 형태를 가지고 있다. 또는 달리 표현해보면, 거의 유클리드 평면임은 내 화장실 바닥의 하나의 추상적 모델이 아니라 그것의 진짜 형태다. 그러므로 화장실 바닥을 거의 또는 정확히 일반 정오각형인 타일들로 채워질 수 없다.

마지막 문장의 '…질 수 없다'는 수학적 필연성인 동시에 실재에 관한 필연성이다.

다른 예를 들어보자: 계속 돌아 위로 올라가서 그것의 출발점에서 끝나는 원형이나 거의 원형의 계단을 만들기는 불가능하다. (따라서 이런 종류의 해프닝을 보여주는 것으로 여겨지는 그림 5.4 같은 에셔의 유명한 그림들은 실현이 불가능하다.)

그 불가능성은 단지 경험적인 것만이 아닌데, 왜냐하면 어떤 자연법칙에서의 변화도 그런 계단을 가능하게 만들지 못하기 때문이다. 그 불가능성 기저에는 하나의 순수하게 수학적인 사실이 있는데, 즉, 계속 끝까지 증가하는 원으로부터 실수로의 연속함수는 없다는 것이 그것이다. 그 명제는 그러므로 공간의 유클리드주의성이나 비유클리드주의성과 아무런 관계가 없다; 정합적인 '위로(up)'가 있는 그 어떤 공간의 상당한 부분에서든 그 진술은 참이다.

만일 기술된 바대로의 어떤 계단이 만들어진다면, 수학적 정리에 위배되는 실재하는 사물이 있게 될 것이다. 따라서 그런 실재하는 사물의 존재는 수학적으로 불가능하다.

그 세 가지 예들은 불가능성에 관한 것들이었다. 다음은 긍정적인 필연성의 예다.

비록 3차원에서도 유사한 예들이 있지만, 단순화를 위해, 2차원에 국한하기로 하자. 한 점이 어떤 물체 내에 있을 때 그 물체는 한 축에 대

그림 5.4 에셔의 폭포
(출처: http://en.wikipedia.org/wiki/File:Escher_Waterfall.jpg.)

해 축 반대쪽의 점 또한 그 물체 안에 있으면, 그리고 오직 그럴 경우에만 대칭적이라고 말한다. 따라서 한 정사각형은 한 수직 축에 대하여, 수평 축에 대하여, 그리고 그것의 대각선들 양자 모두에 대하여 대칭적이다. 한 점이 한 물체 안에 있을 때, 어떤 물체는 만일 직접적으로 P의 반대편에 있는 그 점 또한 그 물체 안에 있으면, 그리고 오직 그럴 때만 한 점 P에 대해 대칭적이라 말한다. 따라서 한 정사각형은 그것의 중심에 대해 대칭적이다. 다음은 실재하는 물체에 관한 하나의 필연적으로 참인 신술이나: 수평축과 수직축 양자 모두에 관해 대칭적인 모든 물체들은 또한 축들의 교차점에 관해서도 대칭적이다:

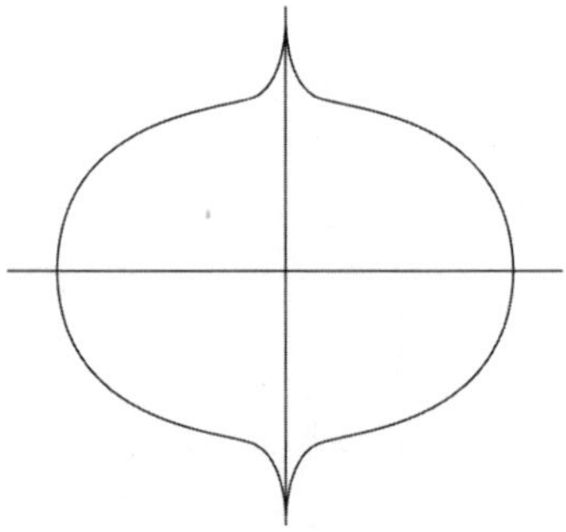

그림 5.5 수직적으로, 수평적으로, 그리고 중앙에 대칭적인 형태

또다시 그 공간은 이 명제가 참이기 위해 유클리드 공간일 필요가 없다. 필요한 모든 것은 그 안에서 논항들이 말이 되는 공간이다.

반론과 답변

이 예들은 실재에 관한 필연적으로 참인 수학적 명제들로 보인다. 이 외관을 몇몇 잘 알려진 반론들에 맞서 옹호하는 일이 남았다.

반론 1

이들 가정된 필연성들에 대한 반례들을 생각해내기는 아주 쉽다. 예를 들어, '적도 위에서 지구 주위를 돌아 건설되고 1마일 길이의 단들을 지닌 계단을 상상하라. 만일 각 계단이 접선 평면으로 시작한다면, 그리고 그다음은 그것의 끝 아래에서 출발한다면, 확실히 우리는 계단의 예에 대한 반박을 갖게 된다?[3]

답변: 이 계단 위에서 우리가 그 어떤 방식으로 지구를 걸어서 돈다고 상상하든지 간에, 우리는 계단 *위로* 올라가고 있지 않다. 만일 '위로'가 '지구 중심으로부터 멀리'를 의미한다면, 그리고 (우리가 거인이라

3 P. Ernest, review of 'Mathematical necessity and reality', *Mathematical Reviews* 92b:00007.

가정하고서) 우리가 각 단계의 중간에 발을 내디딘다면 우리는 각 단계에서 지구 중심으로부터 정확히 멀리 떨어져 있다. 따라서 반례는 없다. 이 사례에 적용 가능한 다른 어떤 의미의 '위로'도 상상하기 어렵다.

만일 그 반례가 잘 작동하지 않는다면, 공간이 토러스를 닮은 타원형이나 실제로 위로의 원형 계단이 그것의 출발점으로 돌아오도록 허용할 별난 위상수학을 가진다고 상상하는 데서 발견될 다른 반례들이 틀림없이 있으리라 의심하기 쉽다. 그것은 수학적 결과의 본성을 오해하고 있다. 그것은 전체적인 아닌 국지적 위상수학에 관한 것이다. 그것은 공간이 국지적으로 유클리드적일(즉, 계단 전체를 포함하는 공간의 한 부분이 유클리드 공간과 가까울) 것을 요구한다. 그리고 나서는 우리가 계단의 중간 위로의 방향같이 공간 내의 어떤 방향도 '위로'가 되도록 선택할 수 있다. 이 국지적 영역을 포함하는 어떤 더 큰 공간의 전체적 위상수학과 '위로'의 전체적 관념이 정의가능한지 여부는 연관성이 없다.

원과 같은 넓이의 정사각형을 작도하려 애쓰는 데 아무런 요점도 없는 것과 똑같은 이유에서 수학적 정리들에 대한 반례들을 상상하려 애쓰는 데는 미래가 없다.

반론 2

내 화장실 바닥을 정오각형 타일들만 가지고 채우는 일의 불가능성은 바닥이 거의 유클리드적이라는 데서 따라 나오고, 그것은 우연적 사실이다. 계단의 예에서도 유사하게, 만일 우리가 공간의 먼 부분으로 움직이면, 어떤 전체적인 '위로'가 정의될 수 있고, 따라서 우리의 '위로'가 거기서 말이 되는 영역 안에 존재하는 것이 우연적일 수 있다.

답변: 한 가지 평행하는 반론은 '모든 빨간색인 것들은 색깔이 있다'가 필연적이지 않다는 것을 증명하려 하고, 그 근거로 그 명제가 어떤

것이 빨간색인지의 여부에 따르는 우연적이라는 점을 든다. '모든 빨간색인 것들은 색깔이 있다'의 필연성은 빨간색임과 색깔을 지님 사이의 *연관성*으로부터 온다. 어떤 것이 빨간색임의 우연성은 그 연관성과 무관하다(그리고 그 점은 설사 누군가가 그 필연성이 분석적이라거나 다른 어떤 방식으로 사소한 것이라 생각한다고 하더라도 영향을 받지 않을 것이다). 내 화장실 바닥에 대해 참이라고 주장되는 필연성은 화장실의 거의-유클리드적인 형태와 정오각형들의 형태 사이의 연관성으로부터 온다. 내 (화장실) 바닥이 어떤 형태를 갖는지가 우연적이라는 사실은 그것과 무관하다. 유사하게, 계단의 우주 안에서의 위치와 그것의 주위 공간이 우연성은 그것이 현실적으로 갖는 형태의 필연적 귀결들과 무관하다.

*재반론:*4 확립된 필연성은 여전히 단지 대언적(對言的; *de dicto*)인 것이고, 주장된 것처럼 대물적(對物的; *de re*)인 것이 아니다. 이 평행하는 논증을 취해보자: *s*가 반지름이 1미터인 하나의 구체라고 하자. 내가 12제곱미터의 연한 가죽을 가졌다고 가정하라. 수학은 다음과 같은 대언적 주장을 확립한다:

1. 필연적으로, 반지름 1미터의 구체는 12제곱미터의 연성 물질로 덮을 수가 없다.

그러나 그것은 다음과 같은 대물적 주장과 똑같지 않다:

2. 필연적으로, *s*는 12제곱미터의 연성 물질로 덮을 수 없다.

(1)이 참임은 (2)가 참이라는 것을 보장해주지 않는데, 왜냐하면 반지름이 1미터라는 것이 *s*에게 필연적일 필요가 없기 때문이다; 예를 들어, *s*

4 익명의 심사위원의 논평에서.

는 단지 우연적으로 반지름이 1미터인 거대한 공일 수 있다.

재반론에 대한 답변: 하나의 증명이 각각의 구체에 특별히 적용되지 않으면서 구체 일반에 적용된다는 것은 불가능한데, 왜냐하면 일반적 증명들은 특수 사례들에 구체화될 때도 여전히 증명이기 때문이다. 예를 들어, 어떤 짝수의 제곱도 짝수라는 것의 증명(만일 $n = 2k$이면 $n^2 = (2k)^2 = 2(2k^2)$)은 예컨대 6 (6 = 2.3, 따라서 $6^2 = (2.3)^2 = 2(2.3^2)$)로 특수화될 때도 여전히 증명이다. 반지름 1미터의 어떤 구체도 12제곱미터에 의해 덮힐 수 없다는 증명은 특수한 구체 *s*에 대해서도 그 필연성이 관물적으로 적용된다는 것을 보여줌으로써 수행될 수 있다. 가죽을 자르고 그것을 *s* 위에 붙이는 일은 그 가죽으로 구체를 덮는 일의 불가능성이 *s*에 적용된다는 것을 확증해줄 것이고, 그 증명은 그 사이 왜 그 불가능성이 단지 강도나 교묘함의 결여에 기인한 것이 아님을 보여줄 것이다.

구체 *s*가 다르게 됨으로써, 예를 들어 거대한 크기로 성장함으로써 그 증명이 회피될 수 있다는 제안에 관해서 말하자면, 우선 '*s*가 거대한 공일 수 있다…'에 식별해야 할 하나의 중의성이 있다. 그것은

A. 이름 *s*는 문제의 구체 이외의 어떤 것을 이름할 수 있다.

를 의미하거나

B. 대상 *s*는 (똑같은 것으로 남을 수 있지만) 크기 같은 어떤 비본질적인 속성을 변화시킬 수 있다.

를 의미할 수 있다.

선택지 (A)를 택하면 너무 많은 것을 증명하게 될 것인데, 왜냐하면 주

장된 대물적 필연성을 배제할 것이기 때문이다. 관물적 필연성의 패러다임은 '47은 필연적으로 소수다'이다. 그러나 우리는 다음과 같이 논증함으로써 반론에 해당하는 추리를 사용하여 그것을 부인할 수 있다: *s*가 47이라는 수라고 하자. 그러면 수학은

(A′) 필연적으로, 47은 소수다.

라는 주장을 확립한다. 그러나 그것은

(B′) 필연적으로 *s*는 소수다.

같은 주장과 똑같지 않은데, 왜냐하면 *s*는 48일 수 있기 때문이다. 방금 이름들의 그것들의 피지시체들로부터의 분리가능성에 관해 한 가지 트릭 속임수가 쓰였다.

반면에, 만일 우리가 선택지 (B)를 택하면, 우리는 본질적 속성들과 우유적 속성들의 구별에 개입하게 된다.**5** 이 구체 *s*가 거대할 수 있었다고 말하는 것은 그 구체가 어떤 실재적이지만 비본질적인 속성, 그것의 크기에서 변하고 있는 반면, 그것의 동일성을 유지하고 있다고 말하는 것이다. 이 말은 받아들일 만하지만, 그렇다면 그것은 그 필연성이 관물적이라는 주장과 모순되지 않는다. 아리스토텔레스주의자들에 따르면, 대물(*de re*) 안의 '물(*re*)'은 형태 같은 보편자들을 포함한다. 내 화장실 바닥은 그 형태 때문에 정오각형 타일로 채울 수 없고, 그 형태는 비록 바닥에 의해 필연적으로 소유되지는 않지만, 하나의 실재—바닥의 하나의 실재—이고 바닥에 대해 필연성들은 참일 수 있다.

5 B.A. Brody, De re and de dicto interpretations of modal logic or a return to an Aristotelian essentialism, *Philosophia* 2 (1972), 117-136, 제IV절.

반론 3

7 + 5 = 12라는 명제는 일견 필연적인 동시에 실재에 관해 무언가 말해주는 것으로 보인다. 예를 들어, 그것은 만일 내가 사발에 일곱 개의 사과를 넣은 다음 다시 다른 사과 다섯 개를 넣으면 사발 안에 열두 개의 사과가 생긴다는 귀결을 갖는 것으로 보인다. 한 표준적인 반론은 빗방울의 경우 다르다는 데 주목함으로써 시작되는데, 왜냐하면 빗방울은 합쳐질 수 있기 때문이다. 따라서 실재에 관해 무언가를 말하기 위해서는 그 수학적 명제가 최소한 '사과들은 합쳐지지 않는다' 같은 명백히 우연적인 어떤 명제와 결합되어야만 한다. 이런 고찰은 7 + 5 = 12이라는 명제가 어떤 의미에서 동어반복적이거나 거의 그렇다는 의심에 의해 강화된다.

답변: 아마도 이 반론들은 답변될 수 있겠지만, 명백히 수학적 명제 7 + 5 = 12의 필연성과 그것의 실재에의 적용 사이의 이혼을 옹호하는 일견 그런 사례가 있다. 그 적용은 경험적으로 거짓일 수 있는 물체들에 관한 약정들을 도입하는 대가를 치러야 하는 것이다.

앞의 예들은 이 반론에 민감하지 않다. 거의 정오각형임, 거의 대칭적임 등은 실재하는 사물들이 가질 수 있는 속성들이고, 수학적 명제들은 어떤 경험적 가정들도 필요로 하지 않으면서 이 속성들을 지닌 사물들에 관해 무언가를 말한다.

반론 4

이 반론은 아마도 결과적으로 둘째 반론과 같겠지만, 역사적으로는 따로 제기되었다. 그것은 최소한 어떻게 주어진 예들이 이런 종류의 반론들을 회피하는지에 대해 더 많은 빛을 던져준다.

그 반론은 다음과 같이 전개된다: 기하학은 실재하는 사물들의 형태를 연구하지 않는다. 예를 들어, 구체의 이론을 청동 공들에 적용할 수 없는데, 왜냐하면 청동 공들은 완벽하게 구체가 아니기 때문이다.[6] 이런 노선을 따라 생각하는 이들은 기하학의 완벽한 구체들과 평범한 실재의 청동 공들 사이에 다양하게 이해된 '이상화'의 관계를 공준했다. 완전히 플라톤주의의 결론으로 인도되지는 않는다고 하더라도, 어떤 그런 생각도 수학의 이상적 (그리고 따라서 필연적) 영역과 물리적 (그리고 우연적) 세계 사이의 대조로 귀결될 것이다.

답변: 그 문제는 단순히 그리스 수학의 원초적 상태의 결과라는 점이 밝혀졌다. 고대 수학은 오직 완벽한 구체 같은 단순한 형태들만을 다룰 수 있었다. 현대 수학은 연속적 변화를 연구함으로써 수학의 활동을 완벽하지 않은 구체들같이 더 복잡한 형태들로 확장할 수 있었다. 즉, 특수하나 완벽하지 않은 구체들에 관한 결과들이 아니라 예를 들어, 반지름이 1미터인 하나의 구체로부터 아주 조금 다른—예컨대, 그 구체의 어디에서도 1센티미터 이상 벗어나지 않는—모든 완벽하지 않은 구체들을 고려해보라. 그러면 어떤 그런 완벽하지 않은 구체의 부피도 완벽한 구체의 부피보다 1입방미터의 1/10보다 적게 차이가 난다. 따라서 완벽하지 않은-구체 형태들은—비록 더 힘들기는 하겠지만—완벽한 구체들과 꼭 마찬가지로 수학적으로 연구될 수 있다. 그러나 실재하는 청동의 사물들은 어떤 '이상화'나 '단순화' 없이 완벽하지 않은-구체 형태를 가졌다. 따라서 완벽하지 않은 구체들에 관한 수학적 결과들은 직접적으로 실재하는 사물들의 실제 형태에 적용될 수 있다.

앞의 예들은 아무런 이상화도 포함하지 않는다. 그러므로 그것들은

6 Aristotle, *Metaphysics* 997b33–998a6, 1036a4–12; Proclus, *Commentary of the First Book of Euclid's Elements*, trans. G.R. Morrow (Princeton University Press, Princeton, NJ, 1970), 10–11. 핀콕은 수학적 적용에서 이상화들의 중요성을 그가 수학이 과학에 어떻게 기여하는지에 관한 '형이상학적 이해'라고 부르는 바를 부인하는 주된 이유로 취급하는데, 그 이해는 아리스토텔레스주의 실재론을 포함하는 것이다. (C. Pincock, *Mathematics and Scientific Representation*, Oxford University Press, Oxford, 2012, 4).

앞 반론 4에서 오는 어떤 문제들도 피한다.

(그러나 이상화는 수학에서 유용한 방법이다. 그것은 제14장에서 고찰될 것이다.)

반론 5

이 반론은 가정된 수학의 가설적 본성으로부터 진행된다. 순수수학은 전적으로, 만일 그러저러한 명제가 어떤 것에 대해서든 참이면, 그러저러한 또 다른 명제가 그것에 대해 참'이라는 버트런드 러셀의 격률7은 가설성과 내용의 결여 사이의 어떤 연관성을 시사한다. 수학은 그저 논리학이라는 데까지 생각이 멀리 나아가지는 않은 이들조차 종종 수학은 실재에 관한 것이 아니라 오직 논리학과처럼 어쩌다 실재에 관한 것일 수 있는 진술들을 연관짓는다고 생각해왔다. 아인슈타인을 포함하여 물리학자들이 특히 이런 식으로 이야기하기 쉬웠는데, 왜냐하면 그들에게는 수학이 일차적으로 이론들로부터 귀결들을 연역하는 데 사용하는 트릭들의 보따리이기 때문이다. 수학에서의 그 어떤 필연성도 단지 '만일 …이면' 진술에 있고, 그 명제가 실재에 적용될 때는 남아 있지 않다고 주장된다.

답변: 수학은 그 어떤 다른 과학보다 더 가설적이지 않다. 앞서 제시된 예들은 가설적인 것처럼 보이지 않는다. 그 예들은 단순히 '내 화장실 바닥'과 '모든 대칭적 형태들'에 대해 이야기한다. 그것들을 쉽게 가언적 형식으로 바꿔 쓸 수 있으리라는 것은 참이다. 그러나 수학적 진술들이 종종 만일 …이면 형식으로 쓰여진다는 것은 그 자체로 수학이 특별히 가설적이라는 논증이 되지 못한다. 어떤 과학도, 심지어 순수하게 분류적인 과학까지도, 보편적으로 양화된 진술들을 포함하고, 어떤 '모

7 B. Russell, *Mysticism and Logic and Other Essays* (Allen & Unwin, London, 1917), 75.

든 A가 B다' 진술도 마찬가지로 가설적으로 '만일 어떤 것이든지 A이면, 그것은 하나의 B다'로 표현될 수 있다. 가언적 진술은 특히 논리적으로 복잡한 상황에서 편리할 수 있지만, 그것은 '모든 A가 B다'만큼이나 진짜 A들과 B들에 관한 것이다.

그 누구도

> 모든 1헥타르당 550밀리리터의 아이그랜의 적용은 망토풀의 정상적인 침입에 대해 효과적이다.

를 단지 그것이

> 만일 1헥타르당 550밀리미터의 아이그랜이 망토풀의 정상적인 침입에 사용되면, 잡초들이 죽을 것이다.

처럼 가언적으로 표현될 수 있다는 이유만으로 실재에 관한 것이 아니라고 논증하지 않는다. 그 예들 안의 것 같은 수학적 명제들이 가언적으로 표현될 수 있기 때문에 실재에 관한 것이 아니라고 생각해서도 안 된다. 실제 액체의 일부가 (근사치로) 550밀리미터의 아이그랜일 수 있다. 실제 테이블들이 축들에 관해 (근사적으로) 대칭적일 수 있다. 실제 화장실 바닥들이 (거의) 편편하고 실제 타일들이 (거의) 정오각형일 수 있다.8

설사 수학을 만일 …이면 형식으로 개조하는 과정이 공리화에까지 나아간다 할지라도 이 논증의 영향력은 줄어들지 않는다. 아인슈타인은 그렇다고 생각했다: 그것과 더불어 이 장을 시작했던 아인슈타인으로부터의 인용문은 이렇게 계속된다:

8 A. Musgrave, Logicism revisited, *British Journal for the Philosophy of Science* 28 (1977), 99–127, section 5.

> 수학의 명제들이 실재에 관한 것인 한 그것들은 확실하지 않다; 그리고 수학의 명제들이 확실한 한 그것들은 실재에 관한 것이 아니다. 이 사태에 대한 완전한 명료성은 오직 '공리학'이라는 이름으로 알려진 수학의 트렌드를 통해 공공재가 되었다.

아인슈타인은 계속해서 연역적이며 공리화된 기하학은 수학이고, 확실하고, '순수하게 형식적', 즉 해석되지 않은 것이라고 논증한다; 고체인 물체들이 3차원 유클리드 공간 안에서 물체들로서 관계한다는 명제를 포함하는 응용기하학이 물리학의 한 분과인 반면. 고체인 물체들이 이런 방식으로 관계된다는 것이 우연적인 물리적 명제라는 점을 인정하고, 연역적 '기하학'의 해석되지 않은 체계가 가능하다는 것을 인정할 때, '그런 것으로서의 수학이 실제 대상들에 관해 … 아무것도 서술할 수 없다'는 아인슈타인의 결론에는 두 가지 주된 문제점이 남는다.[9]

첫째, 특별 상대성 이론이나 윤리학 같은 비수학적 화제들은 공리화될 수 있고, 그에 따라 실재하는 사물들에 관한 것이기를 그치지도 않는다. 설사 우리가 해석하지 않는 척하는 '순수하게 형식적인 공리화된 특별 상대성'이나 '공리적 윤리학'의 평행적 체계를 구축한다 해도 그것은 그대로 남는다.

둘째, 설사 '응용 기하학'의 명제들 중 어떤 것들이 우연적일지라도, 앞의 예들이 보여주듯이 모두가 그런 것은 아니다. 의심할 여지없이 '화장실 바닥을 정오각형 타일들로 채우기는 불가능하다'에 대응하는 '순수하게 형식적인 기하학'의 명제가 있다; 요점은 그것이 해석되었을 때 '불가능하다'는 양상이 여전히 거기 있다는 것이다.

이것으로 이론상 수학은 오직 가설적이기 때문에 필연적이라는 반론

9 Einstein, *Ideas and Opinions*, 234.

에 대한 답변은 완료되었다. 불운하게도 그 답변은 물리학자들과 공학자들처럼 수락의 보통 사용자들 사이에 존재하는 수학이 어떤 과학적 명제를 다른 것으로부터 얻어내기 위한 일종의 도구상자라는 강한 느낌을 전혀 설명해주지 않는다. 만일 한 전자공학자가 그의 라플라스 변환표를 찾아들고 전류를 계산해내는 일에 익숙하다면, 그는 불가피하게 이 수학적 방법을 그 필연성이, 만일 그런 것이 있다면, 그것은 수학이 무엇에 관한 것이 아니라 단지 일종의 이론적 주스 추출기계이기 때문에 나온다고 이해할 것이다.10

응용 가능한 수학의 상당 부분은 트릭이나 계산적 장치들로 이루어진다는 점이 시인되어야 한다. 트릭들은, 수학에서나 아니면 다른 어디서나, 무엇에 대한 것도 아니다. 트릭에 관한 어떤 진짜 수학도 왜 그리고 언제 트릭이 작동하는지를 설명하고 있을 것이다; 이는 최종적인 답을 내기 위한 것을 예외로 하고서는 공학자들에게 거의 관심이 없을 문제이다. 어려운 점은 어떻게 수학이 다수의 사용자들에게 그렇게 보이지 않으면서 필연성과 실재에의 응용 양자 모두를 지닐 수 있는지를 설명하는 일이다.

제1장에서 기술한 것처럼, 이에 대한 간략한 답은 관계들을 실제로는 존재하지 않는 것으로 생각하는 정신의 경향에 달려 있다. 수학은 특정 종류의 관계들과 너무도 꽉 묶여 있어서 그 주제를 간과하기 쉽다. 어떻게 수학이 물리학에 적용되는지에 대한 한 가지 친숙한 예가 이를 더 분명하게 해줄 것이다.

뉴턴은 중력의 역제곱 법칙을 공준했고, 그것으로부터 행성들의 궤도가 (거의) 타원형이라는 명제를 도출했다. 그 수학적 추리가 어떤 직접

10 그 이미지는 C.G. Hempel, On the nature of mathematical truth, *American Mathematical Monthly* 52 (1945), 543-556, at 554에서 온 것이다.

적인 방법으로 실재에 관한 것인지, 그렇지 않으면 단지 한 과학적 법칙을 다른 것으로부터 도출하기 위한 하나의 논리적 장치에 불과한지를 알아 보기 위해 그 도출을 조금 더 자세히 살펴보자.

우선 뉴턴은 그 궤도의 형태를 중력 법칙만으로부터 도출하지 않았다. 한 궤도는 행성이 그것을 따라 움직이는 경로이고, 따라서 힘 법칙을 운동과 연결하는 명제가 필요하다; 그 연결고리는 물론,

힘 = 질량 × 가속도

이다. 그러면 태양의 중력에 의해 인과지어진 것들 외의 알짜 가속도들은 무시할 수 있다는 주장이 나올 것임에 틀림없다. 이상적으로 이것은 작은 부가적 알짜 힘들이 단지 계산된 경로들로부터 작은 일탈들만을 낳으리라는 것을 보여주는 안정성 분석과 동반해야만 한다. 그러나 필연적인 전제들을 추가하는 것은 어떤 타원도 도입하지 않았다. 그 전제들이 제시하는 것은 어떤 점에서든지 한 행성의 운동의 *국지적* 변화이다: 어떤 행성이 어떤 점에서 어떤 속도인지 주어지면, 법칙들이 힘을 주고, 그 행성이 갖는 가속도—속도의 변화—를 준다. 수학의 임무—수학의 유일한 임무—는 그 경로의 모든 점에서의 이 운동의 변화들을 한데 합쳐서 그 결과인 경로가 하나의 타원에 틀림없음을 드러내는 것이다. 수학은 그 경로를 추적해야 한다: 즉, 그것은 국지적 운동들로부터 전체 운동을 추출해야 한다. 확립된 필연성은 궤도가 절대적으로 이야기해서 타원들이어야 한다는 것이 아니라 있는 그대로의 국지적 힘—에 따른 운동들과 타원에 가까운 경로의 전체적 형태 사이의 연결의 필연성이다.

여기에 수학을 하는 두 가지 방식이 있다. 특별히 이 경우, 각운동량을 지니는 이떤 교묘한 트릭들이 있다. 그것들은 충분히 괄복할 만하지만, 여전히 그 문제에 대해 별다른 작업 없이 운 좋게 정확한 해결책을

허용하는 순수하게 테크닉에 관한 문제들이다. 다른 방법은 더 널리 적용가능하고 더 직접적이기 때문에 여기서 더 의미가 크다. 그것은 컴퓨터를 사용하여 작은 조각들로 잘라서 경로의 근사치를 구한다. 처음 점에서 가속도를 계산하고, 근거리의 행성의 운동을 계산한 다음 새 위치에 대해 새 가속도를 계산하는 등. 그 경로를 더 잘게 잘라 갈수록 계산은 더 정확해진다. 이것은 행성 궤도들을 계산하는 데 실제로 사용하는 방법인데, 왜냐하면 그것이 행성들의 중력 상호작용 같은 작은 부가적 힘들을 쉽게 설명할 수 있기 때문이고, 이는 특별한 트릭을 쓸모없이 만든다. 계산상의 트릭의 부재는—국지적 구조에서 전체적 구조를 추출하면서—수학이 실제로 무슨 일을 하고 있는지 노출시킨다.

이런 저런 방식으로 미분 방정식의 해와 관련된 응용수학의 큰 비중으로부터 분명해졌듯이, 그 예는 수학이 응용되는 전형적 방법이다. 미분 방정식 풀기는 보통 전적으로 국지적 구조로부터 전체 구조를 얻어내는 문제다—그 방정식은 각 점의 이웃에서 무슨 일이 일어나고 있는지를 기술한다; (방정식의) 해는 그 결과들의 총체적 행태다.11 또한 수학적 모델링과 운영 체제 연구의 상당 부분은 국지적 원인들의 종합적 결과들을 계산하는 일을 다룬다. 앞의 예들은 무엇보다도 국지적 구조와 전체적 구조의 모종의 상호작용을 포함한다. (이 종류의 가장 간단하고 사소하지 않은 예가 앞 장에서 기술된 지수적 증가다.)

'구조'가 무엇인지 말하기는 지독히 어렵다. 그러나 설사 앞 장의 자세한 제안들이 옳지 않더라도 명백히 그것은 최소한 관계들, 특히 내적인 부분-전체 관계들과 관련된다. 만일 한 궤도가 전체적으로 타원형이면, 타원형의 각각의 점에서의 곡률은 필연적으로 역제곱 법칙에 의해 주어지며, 그 역도 성립한다. 비록 그 필연성을 '논리적'이라고 부르는

11 S. Smale, 'What is global analysis?', *American Mathematical Monthly* 76 (1969), 4–9; L. Perko, *Differential Equations and Dynamical Systems* (3rd edn, Springer, New York, 2001), chs 2–3.

것은 문제를 오히려 더 모호하게 만든다고 여겨지지만, 일반적으로 국지적인 구조와 전체적인 구조 사이의 연관성은 필연적이다. 이런 식으로 볼 때, 수학의 기능을 단지 논리적 엔진처럼 귀결들을 연역하는 것으로 간주하고 싶은 유혹이 거의 생기지 않는다. 그럼에도 불구하고, 왜 수학이 종종 아무런 주제도 지니지 않는다고 보여지는지를 이해하기는 쉽다—만일 서구적 정신이 관계들의 실재성에 초점을 맞추면서 엄청난 어려움을 겪어왔다면, 구조적인 것들같이 추상적인 관계들은 더욱 더 내밀하다. 그럼에도 불구하고, 대칭성, 연속성과 그 밖의 것들은 질량의 비율들같이 측정할 수 있는 관계들; 금리선물같이 사고파는 것들; 그리고 친자 관계처럼 소송이 제기되는 것들과 마찬가지로 실재적이다;

그렇다면, 전형적으로 한 과학자는 인력의 역세곱 법칙이나 인구 규모에 비례하는 인구성장 비율 같은 한 체계 내의 어떤 단순한 국지적 행태를 공준하거나 관찰할 것이다. 수학 연구는, 손으로 하든 컴퓨터로 하든, 그 조각들을 한데 합쳐 제안된 법칙—이 사례들에서는 타원 궤도들과 지수적 성장—의 계속되는 작용의 총체적 결과를 발견할 것이다. 수학을 그저 '핸들 돌리기'로 생각하는 나쁜 이유들이 있다—예를 들어, 그것이 실험보다 비용이 적게 든다. 그리고 다수의 과학자들의 전문성이 단순한 수학적 테크닉들로 귀착된다. 수학은 전체 구조의 부분들 간의 필연적 상호 연관 관계들을 연구하고, 그것들은 다른 어디서만큼이나 실재적인 체계의 속성들이다.

이로써 왜 실제로는 그렇지 않음에도 불구하고 수학이 많은 사람들에게 그저 연역 엔진이나 순수하게 가설적인 것으로 여겨지는지에 대한 설명을 마친다.

반론 6

어떤 철학의 학파들은 진정으로 실재에 관한 필연적 진리란 있을 수 없고, 따라서 그 어떤 필연적 진리도 공허한 것이 틀림없다고 생각해왔다.

흄의 견해를 요약하는 한 유명한 구절에 따르면, "별개의 현실적 존재들 사이에는 어떤 필연적 연결도 있을 수 없다".

답변: 수학철학은 한물 간 형이상학적 도그마들을 반박하는 데 있어서 자아도취하지 않으면서도 수학을 다루기 위해 할 일이 충분히 많다. 수학은 그 자신의 기준에 따라 평가되어야만 하고, 더 광범한 형이상학적 이론들은 그 무엇이건 발견된 것을 설명하기 위해 조정되어야 한다.

그럼에도 불구하고, 이 반론이 앞의 예들과 만나는 데 실패하는 정확한 지점들에 관해 뭔가 말할 수 있다. 첫째는 '판명(distinct)'하다는 단어다. 이 단어는, 마치 관계들이 점인 특수자들을 잇는 끈처럼 생각될 수 있다는 듯, 일종의 논리적 원자론을 시사한다. 그 견해가 지나치게 단순하다는 걸 알기 위해 우리가 F. H. 브래들리가 될 필요는 없다. 이는 수학에서 전형적이듯이 내적 구조를 지닌 사물들을 다룰 때 특히 부적절하다. 화장실 바닥의 표면처럼 어떤 무한하게 분할 가능한 것 안에서, 순수하게 외적 관계를 지닌 점 특수자는 어디에 있을까? (아마도 공간의 점들? 그러나 타일 크기 공간의 부분들과 전체 공간의 관계들은 점들과 전혀 상관이 없거나 점들 사이의 관계들의 전체 체계의 속성들이다.)

흄주의적 격률이 실패하는 둘째 지점은 '존재들'에서다. 아마도 별개의 실체들—독립적으로 홀로 서는 존재자들—사이에는 어떤 필연적 연결도 있을 수 없다는 것은 참이다. 그러나 아리스토텔레스주의적 견해에서 실재적인 (비록 아마도 '존재들'이라 의심스럽게 불리겠지만) 속성들에서는 그렇지 않다. '수직축에 관해 대칭적임', '수평축에 관해 대칭적임' 그리고 '교차점에 관하여 대칭적임'은 실재하는 속성들이다. 그것들은 어떤 물체가 다른 것 없이 하나를 가질 수 있다는 의미에서 '판명한' 또는 독립적이다. 그러나 앞서 우리가 보았듯이, 그것들 사이에는 증명 가능한 필연적인 연관성이 있다. 즉 그것들 중 어느 둘을 갖는 것은 셋째 것을 갖는다는 것을 함축한다.

따라서 모든 반론들에 답변이 됐다. 그러므로 그 세 개 예가 외관과 마찬가지로 수학적이고, 필연적이고, 실재에 관한 것이라는 결론이 유지된다.

옹호된 테제는 어떤 필연적인 수학적 진술들이 실재를 직접적으로 지칭한다는 것이었다. 모든 수학적 진리가 실재와 상관이 있다는 더 강한 명제는—최소한 그 진리가 어떤 종류든지 직접적이거나 문자 그대로의 실재와의 상관성을 의미한다고 이해된다면—지나치게 강한 것으로 여겨진다. 만일 앞의 예들과 다른 수학적 진리들 사이에 아무런 연관성 있는 차이가 없다면 그 강한 명제는 실로 따라 나올 것이다. 그러나 차이들이 있다. 특히 수학에서 상상할 수 있는 것들이 실재에 있을 것으로 여겨지는 것보다 더 많다. 어떤 수학적 존재자들은 그저 지나치게 크다; 설사 물리적 실재의 어떤 것이 한 무한한 차원의 벡터 공간의 구조를 가질 수 있다 해도, 그것은 우리가 그렇다는 것을 알기에는 지나치게 크다. (무한들은 제8장에서 고찰할 것으로, 그 무한들이 그에 관해 지식을 가질 수 있는 진정한 보편자들이지만 사례화되지는 않을 수도 있다고 논증될 것이다.) 다른 수학적 존재자들은 그들이 도입되는 방식으로부터 의도적으로, 허구로 의도됨으로써 비지칭적인 것일 수 있다. 아리스토텔레스주의자는 음수, −1의 제곱근, 보통 런던 사람 그리고 다른 그런 존재자들이 허구일 수 있다는 점을 인정할 수 있다. 제14장에서 설명될 것이다.

앞서 주장된 바는 대칭성, 연속성, 분할가능성, 증가, 순서, 부분과 전체같이 실제 사물들에 의해 소유되고, 수학에 의해 직접 연구되며, 수학에 관한 필연적인 명제들로 귀결되는 속성들이 있다는 것이다.

6 형식과학이 현자의 돌을 발견하다

아리스토텔레스주의자들은 전통적 수학철학에서 토론을 위해 선택되는 예들의 범위가 협소하다고 비난한다. 전통적 메뉴—수, 집합, 무한 기수, 공리, 형식 논리학의 정리—는 수학자들이 전형적으로 하는 일과는 거리가 멀다. 그것은 지난 백년 동안 이루어진 수학의 광대한 세계에서 받을 수 있고 또 받아야만 할 영양분을 수학철학에게서 박탈함으로써 지적 식욕 부진을 초래했다. 철학자들은 순수수학과 응용수학 그리고 통계학의 넓은 범위뿐만 아니라 오직 지난 80년 동안에만 등장한 '형식'과학 또는 '수리'과학의 스위트룸 전체를 거의 전적으로 무시해왔다. 나는 여기서 왜 이 발전들이 실재론적 수학관을 추구하는 이들에게 철학적으로 흥미로운지를 암시하기 위해 소수의 간략한 사례들을 제시한다. 특히 중요한 점은 그 사례들이 실제 세계에 관한 다수의 필연성의 예들을 포함한다는 것이다.

이전에는 과학의 분류가 분명했다. 자연과학이 있고, 사회과학이 있었다. 그리고 수학과 논리학이 있었는데, 이것들은 과학으로 기술될 수도 있고 그렇지 않을 수도 있겠지만, 실험이나 가설 세우기 대신 증명을 사용함으로써 다른 과학들로부터 뚜렷하게 구별된다고 여겨졌다.

그 깔끔한 그림은 지난 70년 동안 '형식' 또는 '수리' 과학들, 또는 '복잡성의 과학'[1] 또는 '인공' 과학[2] 등 다양하게 불리는 몇몇 새로운 과학의 등장에 의해 이지럽혀졌다.

이들 과학은 다수이고, 매우 많은 사람들이 그 안에서 일하며, 심지어 더 많은 사람들이 이들 과학의 결과물들을 사용한다. 철학자들이 그 같은 과학들을 거의 주목하지 않았다는 것은 유감스러운 일인데, 왜냐하면 그것들은 철학에 고유한 기술들을 사용할 예외적인 기회들을 제공하기 때문이다. 첫째, 그 같은 과학들의 형식적 본성은 수학과 논리학이 획득해 온 특별한 고려를 누릴 자격을 주는 것처럼 여겨진다. 형식적인 것으로서 그것들은 플라톤주의자와 (대부분의 철학자들에게 잠복해 있는) 확실성 신봉자들, 특히 예컨대 양자역학, 우주론, 그리고 진화에 관한 대부분의 철학적 사변이 아마도 새로운 과학적 발견들에 의해 케케묵은 이론이 되지 않을까 의심하는 이들에게 호소해야 한다.

그뿐만 아니라 네트워크 흐름에 관한 증명들, 컴퓨터 프로그램의 정확성 증명들 따위를 지닌 형식과학들의 지식은 어디로 보나 *현자의 돌*, 즉 이 세계의 기초와 우연적 존재들에 관한 의견을 순수 이성의 필연적 지식으로 변환하는 방법을 성취한 듯한 외관을 지니고 있다: 우리는 이런 외관이 올바르다고 논증할 것이다. 설사 그렇지 않다고 하더라도, 그리고 추상과 실재 사이에 간격이 있다고 하더라도, 그 간격은 어떤 의미

1 이 장의 초기 판본이자 실체적으로 다른 판본이 J. Franklin, The formal sciences discover the philosopers' stone, *Studies in History and Philosophy of Science* 25 (1994), 513-533에 게재되었다. H.R. Pagels, *Dreams of Reason: The Computer and the Rise of the Sciences of Complexity* (Simon & Schuster, New York, 1988); M.M. Waldrop, *Complexity: The Emerging Science at the Edge of Order and Chaos* (Simon & Schuster, New York, 1993); P. Bak, *How Nature Works: The Science of Self-Organized Criticality* (Copernicus, New York, 1996); S. Wolfram, *A New Kind of Science* (Wolfram Media, Champaign, Ill, 2002).

2 H.A. Simon, *The Sciences of the Artificial* (MIT Press, Cambridge, MA, 1969; 3rd edn., 1996).

에서 다른 곳에서보다 더 작을 것이다.

그 반면 철학의 언어-정향적 측면 또한 다뤄질 것이다. 데카르트가 말했듯 만일 철학 연구의 한 가지 목표가 모든 주제에 관해 그럴듯하게 이야기할 수 있는 것이라면, 형식과학은 도움이 될 수 있다. 그것들은 '피드백'처럼 원리상 기술적 세부사항에 지나치게 많이 주의를 기울이도록 요구하지 않으면서 복잡한 현상들에 관해 설명적 담화를 허락하는 몇 가지 개념을 제공한다. 진화론의 바로 이런 측면이 철학자들에게 한 세기에 걸쳐 기쁨을 제공했으므로 형식과학들의 전망은 밝을 것이 틀림없다.

형식과학들은 또한 과학철학자들이 이론 변화, 실재론, 귀납, 사회학 등에 내해 서로 충분히 수나를 나눠온 반면, 신짜 과학은 그 보누가 그에 대해서는 무관한 거대하고 다양한 지식 체계를 산출해왔다고 느끼는 다수의 사람들에게 호소할 수 있다.

형식과학 또는 수리과학 개관

이 장이 형식과학이 철학계에 거의 알려지지 않았다고 주장하는 까닭에 (독자들이) 형식과학과 친숙하리라 가정하는 것은 바람직하지 않다. 형식과학들을 열거하고 그들 중 몇몇의 전형적인 문제 한두 가지를 기술함으로써 이 과학들에 대한 최소한의 개관을 제공하고자 한다. 철학적 분석은 나중에 뒤따를 수 있다. 편의상 과학과 하부 과학의 이름을 이탤릭체로 표시하였다.

선례는 거의 어디서든지 찾을 수 있겠지만, 형식과학으로 적절히 지목할 만한 가장 오래된 것은 *운영체제연구*(*opertions research*: OR)이다. 그 기원은 보통 다학제적 과학 연구팀들이 유보트(U-boats), 호위대의 최적 규모 등을 위한 가장 효율적인 탐색 패턴들을 연구했던 제2차 세계 대전 직전과 전쟁 기간 동안으로 추정한다.[3] 이제 고찰할 전형적 문제들은 과제 일정 짜기와 상자 포장이다. 같은 기계를 사용하기 때문에 동시에 수행할 수 없어서 어떤 일을 어떤 일 다음에 따라해야 하는지에 관한 제약을 받는 공정 과제들이 주어졌을 때, 우리는 그것들을 가장 짧은 시간에 해내는 방법을 찾는다. 상자 포장은 어떻게 주어진 크기의 물품 더미를 가장 효율적으로 주어진 용적의 상자들 안에 담을 것인지를 다룬다.[4] 사용되는 방법들은 본질적으로 가능성들의 검색에 의존하고, 수학적 아이디어들을 사용하여 검색 공간을 줄이는 것이다.

비록 응용에서 시작했지만, 운영연구는 지금에 와서 엄연히 하나의 추상적 과학이다.

또 다른 비교적 오래된 형식과학은 *제어 이론*(*control theory*)이다. 이 이론은 종종 실제 산출량과 원하는 산출량을 비교하고 시스템의 환경을 바꿔 그들 사이의 차이를 줄임으로써 화학 제조 공장 같은 작업 시스템을 원하는 목적에 맞게 개조하는 것을 목표로 한다.[5] 제어 이론에 속하는 두 가지 '시스템' 개념이 있는데, 그 개념들은 공공 어휘의 일부가 되었다. 첫째 개념은 피드백이다. (물론 피드백 *기제*는 훨씬 오래되었지만,[6] 추상적 연구의 대상으로서 피드백은 1940년대 말 '*사이버네틱스*'에 관한 위너의 저작이 나오고서야 두드러졌다.[7] '피드백'이라는 단어는

3 F.N. Trefethen, History of Operations Research, in J.F. McCloskey and F.N. Trefethen, eds, *Operations Research for Management* (Johns Hopkins Press, Baltimore, MD, 1954), vol. 1, 3–35; S.I. Gass and A.A. Assad, eds, *An Annotated Timeline of Operations Research: An Informal History* (Springer, New York, 2004). Notes 273.

4 C.D. Woolsey and H.S. Swanson, *Operations Research for Immediate Application: A Quick and Dirty Manual* (Harper & Row, New York, 1975); H.A. Taha, *Operations Research: An Introduction* (7th edn, Prentice Hall, Upper Saddle River, NJ, 2003).

5 R.C. Dorf and R.H. Bishop, *Modern Control Systems* (10th edn, Prentice Hall, Upper Saddle River, NJ, 2004); R.E. Kalman, P.L. Falb and M.A. Arbib, *Topics in Mathematical System Theory* (McGraw-Hill, New York, 1969).

6 O. Mayr, *The Origins of Feedback Control* (MIT Press, Cambridge, MA, 1970).

7 N. Wiener, *Cybernetics, or Control and Communication in the Animal and the Machine* (MIT Press, Cambridge, Mass, 1948); S.J. Heims, *The Cybernetics Group* (MIT Press, Cambridge, MA, 1991).

1920년에서야 전자공학의 맥락에서 영어로 처음 사용된 기록이 있다: 그 분야 밖에서는 1943년이 되어서야 등장한다.) 둘째 개념은 '거래'[trade-off; 두 가지 바람직하지만 양립불가능한 특징들 사이에서 얻어지는 균형. 옥스퍼드 영어사전(*Oxford English Dictionary*)]다. '거래'는 1961년에 영어로 처음 사용된 기록이 있다.

많은 양의 데이터 내 구조를 찾고 해석하는 테크닉들에 관한 잘 통합된 체계는 존재하지 않는다. 그것들은 맥락에 따라 *(기술적) 통계학*, *패턴 재인*, *데이터 마이닝*, *데이터 분석*, *신호 처리* 또는 *수리분류학* 등으로 불린다. 이 산물의 이름들은 심지어 더 다양하다: '상습범 가석방자 예측 신경망'이나 '적응형 퍼지 논리 분류기'를 구매할 경우, 실제로 받는 것은 패턴 재인 알고리즘 구현이다. 통계학은 50년 이상 된 과학이지만, 그 단어는 보통 여기서 고찰되는 단순한 데이터 내 패턴 찾기가 아니라 샘플로부터 모집단으로의 확률적 추론을 가리킨다. 그림들의 집합에서 평균 또는 중앙값을 찾을 때, 우리는 확률적인 어떤 일을 하는 것이 아니라 단지 데이터 내의 어떤 중간점을 찾고 있는 것이다. 수년간의 이익을 막대그래프로 그리는 것도 마찬가지로 그것의 구조뜰 또는 패턴들이 명백해지도록 하면서 그 데이터를 요약할 따름이다. 이 과학들에서의 한 가지 전형적 테크닉이 *클러스터 분석*이다. 우리는 분류할 항목들의 다양한 특색들을 열거한다; 예를 들어, 다양한 문화의 현악기들을 분류하기 위해 현의 수, 길이의 폭에 대한 비율 등을 열거할 수 있다. 이런 특색들의 표는 보통 자연스레 클러스터들에 포섭될 것이다: 클러스터들 내의 항목들은 비슷한 윤곽의 특색을 공유하는 반면, 클러스터들 간의 큰 '공간들' 안에 몇 가지 항목이 있다.[8] 보통 그 클러스터들은 대체로 유의미하고 새로운 항목들의 정확한 분류를 허락하리라 기대된다. *장면 분석* 또는 *이미지 이해*는 2차원 또는 3차원 안에 배치되는

8 B.S. Everitt, S. Landau, M. Leese and D. Stahl, *Cluster Analysis* (5th edn, Wiley, Chichester, 2011); R.R. Sokal and P. Sneath, *Principles of Numerical Taxonomy* (Freeman, San Francisco, 1963).

반면[9], *신호 처리*와 *시계열 분석*은 증권시장 가격과 부분전체론적 기록들 같은 시간 내에서의 데이터의 흐름을 다룬다.[10]

그다음으로 흐름—교통, 고객들, 정보, 또는 그저 추상적인 것 안에서의 흐름들—을 연구하는 여러 가지 과학이 있다. 교통 흐름상 어디에 병목 현상이 일어날 것이고, 어떤 새 연결고리를 추가해야 그 현상이 완화될 것인가? 그런 문제들은 수학적 분석과 *네트워크 분석*에서의 컴퓨터 모델링으로 연구된다. 통신 네트워크로의 당연한 응용이 있다.[11] (널리 알려진 흐름 다이어그램 테크닉을 가장 자연스럽게 사용하는 곳이 이 과학이다. 그런 다이어그램들은 아마도 컴퓨터 프로그램 같은 데서 제어의 흐름을 디자인하는 데 더 종종 사용되겠지만, 그것은 단순히 이 과학들 다수에서 구조의 공통성을 예시해줄 따름이다.) 평균 1분당 한 명꼴로 고객들이 임의의 시간에 계산대에 도착한다고 가정하자. 만일 담당 직원이 그것들을 1분당 오직 하나꼴로 처리할 수 있다면, 상당히 많은 시간 긴 줄이 생길 것이다. 대부분의 시간대에 기다리는 사람들의 열이 지나치게 길어지지 않기 위해서는 직원들의 수용역량이 1분당 약 1½일 필요가 있는 것으로 밝혀졌다. 이것은 *열(queue) 이론*에서 얻은 결과이고, 이는 통신 분야에서 널리 응용되는 학문분야인데, 왜냐하면 전화 통화도 예측가능한 평균 비율로 임의의 시간에 걸려 오기 때문이다.[12] 정보 이론에서의 섀넌의 유명한 업적은 0과 1의 흐름 속에서 정보량을 측정하는 문제에 주의를 환기했다.[13] 그 이론의 한 가지 하위 지점

9 R.O. Duda, P.E. Hart and D.G. Stork, *Pattern Classification* (2nd edn, Wiley, New York, 2001); J.A. Richards, *Remote Sensing Digital Image Analysis: An Introduction* (5th edn, Springer, Berlin, 2013).

10 S.J. Orphanidis, *Introduction to Signal Processing* (Prentice Hall, Englewood Cliffs, NJ, 1996); C. Chatfield, *Analysis of Time Series: An Introduction* (6th edn, Chapman and Hall/CRC, Boca Raton, FL, 2004).

11 D. Jungnickel, Graphs, *Networks and Algorithms* (3rd edn, Springer, Berlin, 2008); M.G.H. Bell and Y. Iida, Transportation Network Analysis (Wiley, Chichester, 1997); J.F. Hayes and T.V.J.G. Babu, *Modeling and Analysis of Telecommunications Networks* (Wiley, Hoboken, NJ, 2004).

12 B.D. Bunday, *Basic Queueing Theory* (Edward Arnold, London, 1986).

이 *데이터 압축* 이론이다: 대부분의 메시지들은 (영어 테스트의 'the'처럼) 공통적으로 나오는 부분들은 이 부분을 감압할 때 이 기호를 'the'로 대치하라는 지령과 더해 단일한 기호로 대치할 수 있다는 점에서 메시지들 안에 중복이 많다. 이는 그 메시지가 더 효율적으로 저장되고 전해지도록 해준다. DNA '코드'로의 응용들이(또는 최소한 시도된 응용들이) 존재한다.[14] 정보 측정에 있어서의 새넌에 의한 '엔트로피'의 사용은 이 주제를 열역학과 연관짓는다. 열역학이 형식과학들을 닮았다고 하는 의미는 이후 논의된다.

(경쟁적 또는 협조적) 환경에서 다양한 행위자들을 위한 상이하며 가능한 전략의 기대 귀결 청산(pay-off) 개념은 그것들의 동역학이 그런 결정들 사이의 상호작용에 의존하는 시스템들의 분석을 허용한다. 이것은 *게임이론*이다. 그런 시스템들은 비즈니스 협상과 경쟁,[15] 싸울 준비를 하는 동물들[16] 그리고 증권시장 거래를 포함한다. 어떻게 개인의 선호가 선호의 총체적 표현, 즉 가격에 나오는가 같은 문제들을 다루는 *수리경제학*의 어떤 측면들이 아마도 게임이론의 일부로 보일 수 있을 것이다.[17]

13 C.E. Shannon, *The Mathematical Theory of Communication* (University of Illinois Press, Urbana, IL, 1949); D.R. Hankerson, G.A. Harris and P.D. Johnson, *Introduction to Information Theory and Data Compression* (2nd edn, Chapman & Hall/CRC, Boca Raton, FL, 2003).

14 M.S. Waterman, ed., *Mathematical Models for DNA Sequences* (CRC Press, Boca Raton, FL, 1989); J. Augen, *Bioinformatics in the Post-Genomic Era* (AddisonWesley, Boston, 2005).

15 J. von Neumann and O. Morgenstern, *Theory of Games and Economic Behavior* (Princeton University Press, Princeton, NJ, 1944); L.G. Telser, *Competition, Collusion and Game Theory* (Aldine Atherton, Chicago, 1972); M. Shubik, *Game Theory in the Social Sciences* (MIT Press, Cambridge, MA, 1982); A.K Dixit, S. Skeath and D.H. Reiley, *Games of Strategy* (3rd edn, Norton, New York, 2009).

16 M. Enquist, *Game Theory Studies on Aggressive Behaviour* (University of Stockholm, Stockholm, 1984).

17 G. Debreu, *The Theory of Value: An Axiomatic Analysis of Economic Equilibrium* (Wiley, New York, 1959); J.S. Kelly, *The Arrow Impossibility Theorems* (Academic Press, New York, 1978); E. Silberberg and W. Suen, *The Structure of Economics: A Mathematical Analysis* (3rd edn, McGraw-Hill, Boston, 2005).

(이자율, 실업 등의 모델링을 포함하는 수리경제학의 잘 알려진 분야들은 많은 논쟁의 이유들로 인해 현실 경제에 관한 확실한 지식을 산출하는 데 어려움을 겪었다.)

더 최근 들어 *자가 조직 시스템 이론, 세포 오토마타 이론, 인공생명, 비평형 열역학, 수리생태학* 등 다양하게 알려진 서로 중첩되는 과학들이 생겨났다. 그것들은 모두 어떻게 거대 시스템의 소규모 상호작용들이 조직의 글로벌 패턴들을 만들어내는지를 다룬다. 한 예로, 세포 오토마타의 패러다임은 생명 게임이다. 무한정으로 큰 정사각형 격자 위에서 이 세포들 중 어떤 것들은 애초에 '산' 것으로 선택된다. 반면은 그러고 나서 이런 업데이트 규칙에 따라 진화한다: 과밀에 의한 죽음: 만일 여덟 세포 중 살아 있는 한 세포를 에워싼 넷 또는 그 이상의 세포들이 살아 있으면, 그 세포는 '죽는다'.

> 노출에 의한 죽음: 만일 한 살아 있는 세포를 에워싼 여덟 세포 중 어느 것도 살지 못했거나 오직 하나만이 살았으면, 그것은 죽는다.
> 생존: 둘 또는 셋의 산 이웃이 있는 살아 있는 세포는 생존한다.
> 탄생: 죽은 세포는 여덟 이웃 중 꼭 셋이 살아 있으면 살아난다.

(업데이트는 시간의 각각의 단계에서 동시적으로 이루어진다.) 주목할 만한 점은 어떤 처음의 구성들이 몇 세대 후 그들 자신의 복제물을 산출하는 형태들 같은 복잡하고 예상하지 못한 패턴들로 인도된다는 것이다.[18] 그 안에서 단순한 국지적 상호작용들로부터 복잡한 시스템들이 나오는 이와 유사한 자기 조직 현상들이 평형과는 거리가 먼 열역학 시

18 M. Gardner, Mathematical games: The fantastic combinations of John Conway's new solitaire game 'Life', *Scientific American* 223 (1970), issue 4, 120–123; W. Poundstone, *The Recursive Universe* (Oxford University Press, Oxford, 1987), 24–47과 제4, 6, 8, 10장; C. Adami, *Introduction to Artificial Life* (Springer, New York, 1998). 274 Notes.

스템들에서 발견되었다.19 수리생태학에서의 상호작용하는 포식자와 먹이의 시스템 연구도 마찬가지로 국지적 현상에서 글로벌한 현상의 예측과 설명을 포함한다. 그렇다면 먹이가 감소하면 허기진 포식자(predator)의 무리가 남은 먹이들을 거의 쓸어버려 포식자들 역시 거의 멸종 지경에 이를 수 있다. 그러고 나서 먹이는 천천히 되살아날 수 있을 것이다. 포식자와 먹이 사이클 내에서의 혼란스러운 패턴들의 발견은 *카오스 이론*의 초기 추동력들 중 하나였다.20 물론 진화, 우주의 기원, 두뇌 안에서의 학습 등에 관해 많은 사변이 따라 나왔고21, 그중 어떤 것들은 의심할 여지없이 언젠가 무엇인가에 해당하게 될 것이다.

대개 형식과학들은 컴퓨터와 수학적 모델링을 이런 저런 방식으로 사용한다. 실로 컴퓨터의 출현은 수작업 계산이 가능하지 않은 규모가 큰 사례들에 결과를 내게 했다는 점에서 이 주제들의 성공의 주요 성공 요인들 가운데 하나였다. 그러나 각 과학과 하드웨어 공학에서의 컴퓨팅 응용들 위에 *이론적 컴퓨터 과학*이 있다. 그 한 분과가 *전산적 복잡성 이론(computational complexity theory)*이다. 전형적으로, 우리는 계산 문제의 내재적 복잡성을 (그것을 풀기 이해 필요한 단순 덧셈이나 한 자릿수들의 비교 같은) 단순한 연산의 수로 측정하기를 원한다. 계산 시간은 단순 연산들의 수에 비례하므로 이것은 그 문제를 컴퓨터로 푸는 것이 현실적인지를 보여줄 것이다. 예를 들어, (보통 학교에서 쓰는 알고리즘으로) 두 n-자릿수들을 더하기는 n과 $2n$의 한 자릿수 덧셈들을

19 G. Nicolis and I. Prigogine, *Self-Organization in Non-Equilibrium Systems* (Wiley, New York, 1977); F.E. Yates, ed., *Self-Organizing Systems: The Emergence of Orde*r (Plenum, New York, 1987).

20 R. May and A.R. McLean, *Theoretical Ecology: Principles and Applications* (3rd edn, Oxford University Press, Oxford, 2007); M. Kot, *Elements of Mathematical Ecology* (Cambridge University Press, Cambridge, 2001).

21 P.C.W. Davies, *The Cosmic Blueprint* (Heinemann, London, 1987); E. Jantsch, *Self-Organizing Universe* (Pergamon, Oxford, 1980); S.A. Kauffman, *At Home in the Universe: The Search for Laws of Self-Organization and Complexity* (Oxford University Press, New York, 1995); Wolfram, *A New Kind of Science*, chs 7–9.

요구한다. 정확한 수는, $n = 4$이고 세 올림수(carries)가 있는 다음의 예에서 예시되듯, 올림수가 몇 개인지에 달려 있다:

$$\begin{array}{cccc} 1 & 0 & 3 & 6 \\ 3_1 & 9_1 & 8_1 & 7 \\ \hline 5 & 0 & 2 & 3 \end{array}$$

이것은 일곱 자리 덧셈을 요구한다. 따라서 n이 커지는 데 따라 필요한 계산의 양은 $2n$에 의해 속박(bounded)되면서 n과 선형으로 증가한다. 이와 대조적으로, (도시들 사이의 거리가 주어졌을 때 n개의 도시를 각각 한 번씩 방문하는 최단 경로를 찾는) 여행 중인 세일즈맨 문제는 (비록 증명되지는 않았으나, 최소한 그러리라 믿어지듯) n에 지수적으로 증가하는 양의 계산을 요구한다. 이 '조합론적 폭발' 문제는 큰 n에 대해 (실제로는 대략 40보다 큰 n에 대해) 여행하는 세일즈맨 문제를 실행 불가능하게 만든다.[22]

이론적 컴퓨터과학에서 연구되는 다른 이슈들에는 (어떤 프로그램이 하고자 의도하는 바를 정확히 기술하는) 형식 명세(specification), 그리고 그것들을 이해하고 수정하는 일을 더 쉽고 더 안전하게 만들기를 의도하는 프로그램들의 모듈 또는 '구조화된 프로그래밍' 설계의 효과들이 포함된다. 또한 '*프로그램 검증*' 또는 컴퓨터 프로그램들의 정확성 증명이라는 학문분야가 있는데, 이에 대해서는 나중에 다루겠다.

인공지능(AI)은 보통 컴퓨터 과학에 포함된다. 인공지능의 핵심은 컴퓨터과학과 운영연구 테크닉들의 조합으로 이루어진다. 예를 들어, 컴퓨

22 H.S. Wilf, *Algorithms and Complexity* (Prentice Hall, Englewood Cliffs, NJ, 1986); L. Fortnow and S. Homer, A short history of complexity theory, in D. van Dalen, J. Dawson and A. Kanamori, eds, *Handbook of the History of Mathematical Logic, to appear*, available at http://people.cs.uchicago.edu/~fortnow/papers/history.pdf.

터로 체스를 두기 위해 우리는 주어진 상황에서 모든 가능한 수와 그에 대한 응수 공간을 지도받기 위해 검색을 한다. 복잡성 이론은 검색하기에는 *모든* 가능한 수들의 공간이 지나치게 크다는 것을 드러내 보여주고, 그래서 우리는 인간 경기자들이 '어림법', 즉 가능한 수들 가운데서 어느 것이 다음에 검색할 만한 가치가 가장 있는지를 결정할 프로그램 가능한 전략들을 추출하는 것을 본다.[23] 인공지능이 형식과학들 중 어느 것에도 철학적으로 흥미로운 바가 별로 없다는 주장과 모순된다고 여겨질지 모른다. 물론 심리철학이 인공지능에 많은 관심을 보여 왔다는 것은 참이다. 그것은 단지 보통 심적 작동의 모델로서로만 그러했다. 그와 반대로, 진짜 인공지능 연구자들은 종종 마음과의 연관에 의해 당혹하게 되고, 그들의 산물을 '전문가 시스템'이나 '적응적 정보처리'라는 새 이름으로 출시하고자 했다. 인공지능에 대한 컴퓨터과학의 선해가 가능성들의 트리의 지도받은 검색에 관심을 갖는 하나의 독립된 학문분야에 관한 것이고, 그것은 오직 인간의 마음을 모방하는 데 관한 성취될 수 없는 주장들에 의해 시장에서나 손상될 수 있다는 이유에서다.

모든 주제를 관통하여 적용 가능한 *컴퓨터 시뮬레이션* 또는 *수학적 모델링* 이론이 다소 있다: 예를 들어, 그것은 어떤 연속적인 상황을 모델링하는 데서 일어나는 정확성의 상실과 상이한 현상들의 모델들 간 공통점을 연구한다.[24] 같은 존재자를 다른 어떤 것의 시뮬레이션으로 만드는 컴퓨터 시뮬레이션에서 변수가 의미하는 바를 바꿀 수 있다. 제4장의 지나치게 단순한 예를 보면, 월당 1% 복리로 은행에 투자할 경우 t개월 후 적립금은

23 P. Frey, ed., *Chess Skill in Man and Machine* (2nd edn, Springer, New York, 1983); F.-H. Hsu, *Behind Deep Blue* (Princeton University Press, Princeton, NJ, 2002).

24 F. Giordano, W.P. Fox and S.B. Horton, *A First Course in Mathematical Modeling* (5th edn, Brooks/Cole, Pacific Grove, CA, 2014); B.P. Zeigler, H. Praehofer and T.G. Kim, *Theory of Modeling and Simulation* (2nd edn, Academic Press, San Diego, 2000).

$$P_t = P_{t-1} + (1/100)P_t - 1$$

에 의해 앞선 달의 적립금액 P_{t-1}와 관계된다. 이 등식은 국지적 구조, 연이은 달들의 적립금액 간의 관계를 표현한다. 은행의 컴퓨터는 원금에서 출발하고, 이 등식을 사용하여 (여러) 단계를 거쳐 t개월 후 적립금을 계산한다. 그 결과 얻은 전체 구조는 친숙하게 상승하는 기하습수적 성장 곡선에 의해 표상된다. 그러나 P_t는 한 점 t에서의 막대의 온도를, 그리고 t는 왼쪽 끝에서부터의 단들을 의미할 수도 있다. 어떤 단에서의 온도가 그 왼쪽 단의 온도보다 1% 높으면, 그 문제는 똑같은 국지적 구조, 똑같은 등식, 똑같은 그래프를 가지면서 온도가 왼쪽 끝에서의 값으로부터 기하급수적으로 상승하는 것을 보여준다. 그러므로 컴퓨터에 모형화되고 있는 것은 변화하는 양이 돈인지 온도인지와 독립적이고, 그 양들이 시간이나 공간에 대해 변화하는지와도 독립적이다. 어떤 수학과도 마찬가지로, 그것은 순수하게 구조적인 것을 다룬다.

마찬가지로, 예컨대 도시 성장의 컴퓨터 시뮬레이션은 그 부분들 산의 상호작용의 점진적 축적의 결과로서 설명가능한 현상들을 전시해주고, 세부사항은 예컨대 공장 터를 주거지역에 잡는 것이 그 지역의 중기 발전에 미치는 영향에 관한 가정들에 의존한다.25

수학적 모델링에 의한 실제 현상들의 연구가 순수하게 형식적인 작업뿐만 아니라 측정과 관찰을 포함한다는 것은 참이다. 그것은 마지막 섹션에서 논의될 것이다.

돌이켜볼 때, 이론 물리학의 특정 측면들은 형식과학과 상당히 닮은

25 P.M. Allen et al., *Models of Urban Settlement and Structure as Dynamic Self Organizing Systems* (U.S. Dept of Transportation, Washington, DC, 1981); I. Benenson and P.N. Torrens, *Geosimulation: Automata-Based Modelling of Urban Phenomena* (Wiley, Hoboken, NJ, 2004).

한 가지 특징을 지녔다. 맥스웰과 볼츠만까지 소급되는 *통계역학*은 압력과 온도 같은 가스의 거시적 속성이 어떻게 개별 입자들 운동의 전체적 평균치로 상승하는지를 본다. 강조점은 입자들 자체의 속성들에 관한 세부사항이 아니라 국지적 속성들로부터 전체적 속성들로의 전이에 놓여져 있다.[26] *유체역학*, 특히 난류에 관한 아주 난해한 연구에서 이는 마찬가지로 참이다. 유체 흐름을 소용돌이와 연기 반지로 조직하는 것은 분명히 개별적 원자들을 더 자세히 검사함으로써 설명될 일이 아니다.[27] *비선형 물리학*은 더 일반적으로 복잡한 전체적 구조들이 단순한 국지적 상호작용들로부터 생길 수 있는 방식들을 다룬다.[28]

형식과학은 태양 아래 거처를 찾는다

과학철학자들의 관심을 크게 끌지 못하면서도 그 많은 새로운 과학들이 등장했다는 것은 일견 이상하다. 그저 그것들에 새로운 점이 별로 없고, 아마도 회계 사무처럼 그것들에 관해 매우 철학적인 면은 전무하다고 논증할 수도 있을 것이다. 그러나 아무도 그것들의 핵심 공통분모를 분명하게 기술하지 못했기 때문에 철학 직종이 형식과학 일반의 내적 표상을 창안해내지 못했다는 편이 더 그럴 법하다.

이에 관해 부정확하게 뭔가 말하기는 쉽지만, 확정적이기는 더 어렵다. 수십 년 전 이 주제들 몇몇을 '일반 시스템 이론'이라는 이름 아래

26 J. von Plato, Probabilistic physics the classical way, in L. Krüger et al., eds, *The Probabilistic Revolution* (MIT Press, Cambridge, MA, 1987), vol. 2, 379–407; D.C. Mattis and R.H Swendsen, *Statistical Mechanics Made Simple* (2nd edn, World Scientific, NJ, 2008).

27 M. Lesieur, *Turbulence in Fluids* (4th edn, Springer, Dordrecht, 2008); J. Gleick, *Chaos* (Cardinal, London, 1988), 119–153; J.R. Dorfman, *An Introduction to Chaos in Nonequilibrium Statistical Mechanics* (Cambridge: Cambridge University Press, 2003).

28 R.Z. Sagdeev, D.A. Usikov and G.M. Zaslavsky, *Non-Linear Physics: From the Pendulum to Turbulence and Chaos*, trans. I.R. Sagdeev (Harwood, Chur, 1988); S.H. Strogatz, *Nonlinear Dynamics and Chaos: With Applications to Physics, Biology, Chemistry, and Engineering* (Addison-Wesley, Reading, MA, 1994).

한데 묶어 그것들에 관해 대단한 것들을 주장하려는 시도가 이루어졌다.29 그러나 그 시도는 대체로 어떤 것에 관해 빛을 던져주기에는 지나치게 공허한 것으로 간주되었고, 과학계나 철학계에 거의 인상을 남기지 못했다. 문제는 거의 어떤 것이든 하나의 '시스템'이어서 어떤 것이 '하나의 시스템으로서' 연구되어야 한다는 주장의 내용이 무엇인지 분명하지 않다는 것이었다.

따라서 형식과학들이 공통적으로 갖는 바가 무엇인지, 무엇이 형식과학을 다른 과학들로부터 구별짓는지를 더 정확하게 말하는 것은 가능한가? 공학 문제들의 어떤 사례들에 기원함에도 불구하고, 그것들은 순수과학의 체계들이다. 기하학이 원래 토지 측량과 연관하여 생각된 것이고 나중에 추상적으로 연구한 것과 마찬가지로 더 최근의 네트워크 흐름 분석은 유체의 흐름, 전화 통화와 공장 생산품을 연구하기 위해 발명되었지만 그 흐르는 것이 어떤 물질인지는 전혀 참고하지 않으면서 연구된다.

형식과학들은 응용수학으로 간주될 수 있는가?

형식과학들을 응용수학을 넘어서는 어떤 것으로 취급할 최소한 몇 가지 이유가 있다. 그것들은 확실히 이미 존재하는 순수수학 체계들의 응용이라는 의미에서의 응용수학이 아니다: 거의 모든 경우에서, 수학은 주제의 수요에 의해 던져진 문제들을 해결하기 위해 창안되어야만 했다. (그러나, 그렇다면, 그것은 전통적 응용수학의 어떤 부분들에 대해서도 똑같이 참이다.) 그 반면, 형식과학들이 응용수학이거나 그와 아주 가깝게 관련된 어떤 것이라는 점은 명백하다. (그렇다면 '수학적' '수리'라는 단어를 어떤 오래된 과학의 이름 앞에 붙임으로써 새로운 형식과

29 L. von Bertalanffy, *General System Theory* (Braziller, New York, 1969); L. Skyttner, *General Systems Theory: An Introduction* (Macmillan, Basingstoke, 1996); I.R. Hoos, *Systems Analysis in Public Policy: A Critique* (University of California Press, Berkeley, CA, 1972).

학을 만들어낼 수 있는가? '수리생태학'이라는 호칭은 여전히 마음 놓고 쓸 수 있다고 여겨진다. 그러나 이미 '양적 생태학'에 관한 책들이 나와 있으니[30] 서둘러야 할 필요가 있다. 아마도 '수리생태학'이라는 호칭이 더 나은 패일 것이다.) 형식과학들이 실제로 응용수학이라 불리고 응용수학과 안에 둥지를 틀지 않고 있는 것은 사실상 역사적 우연일지 모른다. 20세기 중엽 수학은 엄밀성과 일반성에 대한 강박증에 사로잡혀[31] 특별히 순수한 시기를 거쳤고, 새로운 응용 학문분야들에 대해 수용적이지 않았다. 지도적 수학자들 중 오직 폰 노이만과 노버트 위너만이 새로운 방향들을 진지하게 주목했다. 애초값으로 형식과학은 공학, 경제학과 비즈니스, 심리학과 한 귀퉁이, 아니면 그 누구든 그들을 거두는 데서 학술적 본거지를 찾아야 했다.

철학적으로 중요한 점은 아무것도 형식과학과 응용수학 사이에 원리적 차이가 있는지에 의존하지 않는다는 것이다. 여기서 형식과학이 수학자들이 간과해 온 하나의 새로운 '현자의 돌'을 발견했다고 주장하려는 것은 단연코 아니다. 형식과학들이 응용수학의 구조들과는 본질적으로 다른 실제로 예화된 구조들에 관해 확신할 수 있는 방법들을 발견했다는 것은 그럴 법하지 않다. 형식과학이 철학적으로 흥미로운 점은 그것들이 수학이 실제 세계에 관해 확실성을 제공한다는 주장에 맞서 철학자들이 진화시켜 온 옹호책들을 우회하게끔 보증해준다는 것이다. 잘 알려진 방어책들은 앞 장의 출발점이었던 아이슈타인의 격률 안에 잘 요약되어 있는 것들이다: '수학의 명제들이 실재에 관한 것인 한, 명제들은 확실하지 않다: 그리고 명제들이 확실한 한, 명제들은 실재에 관한 것이 아니다'. 그 사상의 변형들에는 수학이 '이상화들(idealizations)'이나 '추상들(abstractions)'에 관한 것이라거나 그것이 순수하게 (해석되지

30 P.W. Colgan, ed., *Quantitative Ethology* (Wiley, New York, 1978); D. McFarland and A. Houston, *Quantitative Ethology: The State-Space Approach* (Pitman, Boston, 1981).
31 J.D. Gray, The development of mathematics: a response to Monna, *Nieuw Archief voor Wiskunde* 3 (1985), 1–6; Gleick, Chaos, note 29, p. 52, p. 89.

않은) 공리들로부터 따라나오는 것들에 관한 것이라는 주장들이 포함된다. 아마도 이 방어책들은 다른 장들에서 논변되듯 극복될 수 있을 것이다. 그럼에도 불구하고, 진장을 그 표준적 방어책들이 그리 쉽게 전개될 수 없는 과학들로 이동함으로써 그것들을 우회하는 편이 더 쉬울 수 있다. 다음 절은 형식과학으로부터 가져온 몇 가지 예를 다룰 것이고, 그것은 수 또는 집합의 실재나 추상성 같은 문제를 지루하게 둘러볼 필요 없이 어떻게 형식과학의 예들이 플라톤주의자의 방어책들을 견뎌내는지를 보기 위해서이다.

형식과학들뿐만 아니라 순수 및 응용수학을 포괄하고, 그것들의 친족 관계와 차이를 설명해주는 하나의 통합 이론을 갖는 것이 바람직해 보인다. 응용수학의 철학적 지위가 어떤지에 관해 동의가 이루어지지 않았으므로, 이것은 철학적으로 아직까지 아무런 도움도 되지 않는다. 이후 제7장과 제14장에서 논증되듯, 20세기 수학철학의 플라톤주의 관점은 (순수)수학의 실제 세계와의 관계를 '…으로의 응용'과 '…로부터의 이상화'라는 검토되지 않은 쌍대적 관념들에 의해 포괄되도록 방치하여 응용수학이 직접적으로 고려되는 데 해를 끼쳤다. 위에서 이미 보았고, 제7장에서 더 논의하겠듯이, 레스닉, 셔피로, 필드, 헬먼, 비걸로와 매디 같은 저자들은 다양한 방식으로 수학이 어떤 의미에서 '구조의 과학'이라는 데 동의했고, 형식과학들 또는 복잡성의 과학들의 철학을 정합성을 지닌 수학철학으로 수렴시킬 희망을 주었다. 이 책의 관점에서는, 마치 그 일이 완수되고 나면 다른 모든 것이 분명해지는 양, 또한 이 저자들이 수학철학의 주된 요점이 수와 집합이 무엇인지 설명하는 데 있다고 동의하는 것은 불운한 일이다. 이는 올바르지 않다. 수들을 이해했다는 것은 대칭성이나 연속성이나 네트워크 위상수학이나 통계 역학 또한 이해했다고 전혀 보증해주지 않는다. 이것들은 수들로부터 만들어지지 않는다. 집합들로부터 만들어지지도 않는다—집합론에서 그들의 모델을 구성할 수 있음은 참이다. 그러나 제7장에서 논의되겠듯이, 그것은 어떤 이들이 생각해 온 바보다 중요성이 훨씬 덜한 사실이다.

수들을 구조적인 것으로 보는 견해를 존재하는 다른 많은 구조들 중 어떤 것들이 대칭성, 연속성, 그리고 네트워크 위상수학이라는 견해로 확장하기란 어렵지 않다. 그러나 우리가 수들로부터 출발해야 하고 대칭성과 연속성으로 '확장'해야 한다는 생각은 가장 우호적이지 않은 예부터 설명하기를 요구하는 까닭에 이미 구조주의 및 그와 유사한 이론들에 불공정한 불이익을 준다. 수와 집합은 구조주의의 홈그라운드가 아니다. 기수성은 단지 어떤 더미가 (어떤 단위를 만드는 속성에 의해) 분할 가능하다는 데서 나오므로 거의 퇴화된 구조이다. 셈에서 부분들 사이의 연관성이 있는 유일한 관계는 그것들의 상호구별성뿐이다. 대칭성, 연속성, 그리고 다른 그런 구조들이 생기고 구조주의적 수학관이 그 자신에게로 들어오는 것은 오직 부분들 간의 더 풍부한 상호연관성들이 고려될 때뿐이다. 또한 그때가 형식과학들이 시삭되는 때이기도 하다.

그렇다면 형식과학들에 대한 구조주의적 설명은 구조주의 수학철학 안에 이미 제시되어 있다. 최소한 '구조'가 플라톤주의가 아니라 아리스토텔레스주의의 의미로 해석된다면, 그러하다. 유일하게 추가되어야 할 것은 특정 학문분야들에 의해 정확히 어떤 구조들이 연구되고 있는지에 대한 설명이다. 그러나 그 설명은 수학적 문제이고, 답은 (항상 분명하게 표현되지는 않더라도) 각 학문분야의 공리들과 정의들 안에서 발견된다. 위상수학은 그 본성이 위상수학적 공간의 정의에 의해 포착되는 한 가지 종류의 구조를 연구한다; 정보이론은 또 다른 것을 연구한다. 역으로, 형식과학들에 대한 구조주의적 설명은 수학에서의 구조주의 철학이 유리한 이유이다. 형식과학들, 전통적 응용수학들, 그리고 순수수학 사이의 유사성을 인지하므로, 우리는 그들의 단일성을 증명해주는 수학철학을 선호해야만 한다.

진짜 확실성: 프로그램 검증

형식과학들이 지니는 가장 큰 철학적 흥미는 확실히 그것들이 그저 어떤 플라톤적이거나 추상적 이상화가 아니라 실제 세계에 관한 것인 동시에 필연적, 증명가능한 지식을 준다는 약속이다.

바로 이 문제에 관한 찬반토론이 철학적으로 상당히 세련된 수준에서 이루어진 형식과학이 꼭 하나 있다. 모든 형식과학에 공통되는 문제들을 거론하고 있으므로 그 논변들은 검토해볼 만한 가치가 있다. 쟁점은 컴퓨터 프로그램의 정확성 증명들의 지위이다. 1960년대 말은 버그가 없는 대형 프로그램 만들기가 생각보다 어렵다는 것을 깨달은 '소프트웨어 위기'의 시절이었다. 대부분 잘못이 프로그램들의 논리적 구조에서의 잘못들에 있다는 데는 동의가 이루어졌다: 다른 부분들 간의 알아차리지 못한 상호작용이나 커버되지 못한 가능한 사례들이 있었다. 제안된 한 가지 치유책은 컴퓨터 프로그램은 수학적 논증처럼 논리적 단계들의 열이므로 그것의 정확성을 증명할 수 있으리라는 것이었다. '프로그램 검증' 프로젝트는 주로 논리적 구조가 그 프로그램들의 정확성 증명들의 작성을 허락할 만큼 분명한 프로그램들의 작성을 격려함으로써 스포트웨어들의 오류를 없애는 데 어느 정도 성공을 거두었다. 이 활동에 엄청난 시간과 재화가 투자되었다. 그러나 문제는 그 증명이 컴퓨터에 투입되는 현실의 물리적인 프로그램의 정확성을 보증해주는가, 그렇지 않으면 단지 추상으로서의 프로그램에 대해서만 그러한가에 있다. 이 분야의 지도자 중 하나인 C. A. R. 호어(Hoare)는 강한 주장을 폈다:

> 컴퓨터 프로그래밍은 한 프로그램의 모든 속성들과 그 속성 실행의 모든 귀결들이 원리상 순수하게 연역적인 추리에 의해 프로그램의 텍스트 자체로부터 발견될 수 있다는 점에서 하나의 정밀과학이다.**32**

다른 몇몇 저자들은 이 아이디어를 즐겁게 설명한다:

32 C.A.R. Hoare, An axiomatic basis for computer programming, *Communications of the Association for Computing Machinery* 12 (1969), 576–580.

[하드웨어와는] 대조적으로 컴퓨터 프로그램은 행태가 추상적 규칙들에 의해 근사적으로 모델링되는 것이 아니라 정의되는 이상적 수학적 대상들로부터 구축된다. 만일-진술이 동안(while)-진술을 따라나오면, 그 만일-진술이 동안-진술로부터 힘을 끌어내고 그럼으로써 만일-진술의 산출물을 왜곡하는지 또는 그 만일-진술이 동안-진술을 지나치게 강조하고 동안-진술이 실패하게 만들 수 있는지를 연구할 필요가 없다.[33]

그러나 철학자인 제임스 페처(James H. Fetzer)[34]는 프로그램 검증 프로젝트가 원리상 불가능하다고 논변했다. 모호한 철학 저널이 아니라 유명한 학술지 *Communications of the Association for Computing Machinery*에 출판된 것으로서 그의 공격은 수천 명의 삶을 위협한다는 의심을 받으며 영향을 미쳤다. 페처의 논변은 전적으로 추상과 실재 사이의 간격에 의존한다:

> 이 한계들은 그 행태가 원리상 구체적인 종류의 수학적 증명들에 동반하는 확실성과 대조적으로 경험적 지식에 동반하며 불확실성을 가지고서만 알려질 수 있는 복잡한 인과적 시스템으로서의 컴퓨터들의 성격으로부터 나온다. 왜냐하면, 그에 따라 기술된 존재자들의 정의역이 순수하게 추상적인 존재자들로 이루어질 때 결론적인 절대적 검증들이 가능하기 때문이다: 그러나 그에 따라 기술된 존재자들의 정의역이 비추상적 물리적 존재자들로 이루어질 때 … 오직 결론적이지 않은 상대적 검증들만이 가능하다.[35]

33 R. Stallman and S. Garfinkle, Against software patents, *Communications of the Association for Computing Machinery* 35 (1992), 17–22 and 121, at 19.

34 J.H. Fetzer, Program verification: the very idea, *Communications of the Association for Computing Machinery* 31 (1988), 1048–1063.

35 J.H. Fetzer, Program verification reprise: the author's response, *Communications of the Association for Computing Machinery* 32 (1989), 377–381; further in J.H. Fetzer, Philosophy and computer science: reflections on the program verification debate, in T.W. Bynum, ed., *The Digital Phoenix* (Blackwell, Oxford, 1998), 253–273.

그 후 실물 컴퓨터에 실제 프로그램이 하는 일을 예측하기 위해 프로그램과 하드웨어뿐만 아니라 예를 들어 운영자의 기량을 포함하는 환경을 모형화할 필요가 있다고 지적되어 왔다.36 그리고 증명하는 시간과 운영하는 시간 동안 하드웨어와 환경이 변했을 수 있다.37 또한 그 프로그램은 버그를 포함한 것으로 알려진 복잡한 운영체제에서 작동한다. 명백히 그 문제들 어느 것에 대해서도 확실성을 얻을 수는 없다.

그러나 의심할 여지없이 참인 고려들과 주장 사이에 약간의 괴리가 있다. 숙고된 과대광고 안에서의 다소의 괴리와 별도로, 정확성 증명의 대변자들은 그런 증명들이 예컨대 오타들을 감지할 수 없었음을 시인해 왔다.38 또 검토 결과, 확실성을 지닌다고 호어(Hoare)가 주장해왔던 존재자들은 실재하기는 하지만 기계들과 사용자들을 포함하는 측량할 수 없는 시스템들이 아니라 작성된 프로그램들이었다.39 다시 말해, 그것들은 출판된 수학적 증명들과 똑같은 종류의 것들이다.

비교해보면: 만일 어떤 수학자가 그의 주장을 뒷받침하기 위해 "내 증명은 *Inventiones Mathematicae*의 Y권 X쪽에 출판되었다"고 말하면, 우리는 보통 "당신의 주장에는 불확실성이 동반되는데 왜냐하면 그 증명 안에 오타가 있을 수 있기 때문이다"라거나 "아마도 기만적인 악령이 내가 증명의 나중 단계를 읽어 내려가는 동안 앞 단계들을 잘못 기억하게 만들고 있다"라고 말하지 않으며, 심지어 철학자도 보통 그렇게 말하지 않는다.40 그 이유는 수학자가 제공하는 것은 우선 원리상의 절

36 J. Barwise, Mathematical proofs of computer system correctness, *Notices of the American Mathematical Society* 36 (1989), 844-851.
37 M.M. Lehman, Uncertainty in computer application, *Communications of the Association for Computing Machinery* 33 (1990), 584-586.
38 D. Gries, *The Science of Programming* (Springer, New York, 1981), 5
39 C.A.R. Hoare, Programs are predicates, in C.A.R. Hoare and J.C. Shepherdson, eds, *Mathematical Logic and Programming Languages* (Prentice Hall, Englewood Cliffs, NJ, 1985), 141-155.
40 그가 흄이 아니라면: *Treatise of Human Nature*, I.IV.i.

대적 확실성이 아니라 필연성이라는 데 있다. 이것이 수학자의 주장이 물리학자가 하는 주장과 어떻게 다른지를 보여준다. 한 증명은 전제들과 결론 사이의 필연적 연결을 제공한다. 우리는 정상적 감각 지각의 실용적 확실성을 전제로 하여 이로부터 실용적 확실성을 도출할 수 있지만, 이는 별개의 단계이다. 다시 말해, 수학에 의해 제공되는 확실성은 감각에 대한 보통의 반회의주의에 의존하지만, 그것은 증명을 통해 귀납적 추리와 이론화의 불확실성으로부터 야기되어 물리 과학과 사회과학에서 발견되는 불확실성의 또 다른 원천을 제거한다.41 한 특수 사례에 관한 물리학에서의 주장들은 두 가지 유형의 불확실성을 지닌다: 이론이 그 사례에 적용되는지를 체크하기 위해 필요한 측정과 관찰에서 생기는 불확실성과 물리적 실재의 비필연적 본성에서 나오는 이론 자체의 불확실성. 수학적 증명은 오직 전자만을 갖는다.

프로그램도 마찬가지다. 추리와 현실에서 실행된 컴퓨터 프로그램의 효과 사이에는 확실성에서 상당한 간격이 있는 반면, 호어가 고찰했던 실행되지 않은 프로그램에는 그런 간격이 전혀 없다. 하나의 증명은 (예컨대, 술어 논리학에서의) 논리식들 사이의 논리적 관계를 보여주는 일련의 단계이고, (충분히 짧으면) 인간이 체크 가능하다. 마찬가지로 하나의 컴퓨터 프로그램은 일련의 논리적 지령들, 즉 논리적 연관 관계들 가운데서 (지나치게 많지만 않으면) 인간이 체크 가능한 것들의 계열이다.

따라서 페처(Fetzer)의 논변들은 컴퓨터 프로그램들이 정확하게 증명될 수 없다는 것을 보여주는 데 실패한다. 컴퓨터 프로그램들은 수학적 증명들처럼 최대한으로 강한 의미에서의 증명가능성을 지닐 수 있다.

41 유사한 논증이 컴퓨터에 의해 지원된 정리들의 증명에 대해 T. Burge, Computer proof, a priori knowledge, and other minds, *Philosophical Perspectives* 12 (1998), 1-37, 제2절에서 제시된다.

이 답변에 비본질적인 프로그램의 한 가지 특색은 비본질적인 프로그램의 텍스트성이다. 그래서 페처의 반대자들이 취한 노선 하나는 프로그램들이 정확한 것으로 증명될 수 있을 뿐만 아니라 기계들 또한 마찬가지라는 것이었다. 또 지각이 잘못을 범할 이론적 가능성이 있음은 인정되었지만, 그것은 사소한 것으로 간주되었고, 예컨대 물리적으로 설치한 철도 신호 체계는 어떤 고장이 발생하더라도 두 기차가 같은 선로 위를 달리는 일을 결코 허용하지 않으리라는 증명들에 의해 보증될 수 있다는 의견이 제시되었다.[42]

> VIPER가 형식적 명세와 칩이 그것에 부합한다는 증명 양자 모두를 갖춘 최초의 상용화된 마이크로프로세서라는 광고는 속기 쉬운 대중들에게는 위험이 되지만 원리상 불가능하지는 않다고 전문가들은 느꼈다.[43]

앙심을 품은 한 구매자가 그 증명이 완전하지 않다는 근거로 법적 조치를 가했지만, 원고의 파산으로 인해 법정에서 이 흥미로운 철학적 논쟁이 벌어지지는 않았다.[44]

진짜 확실성: 다른 형식과학들

모든 형식과학들에서의 추리에서 프로그램 검증의 예가 갖는 다음과 같은 특징들이 나타난다:

42 H.M. Müller, letter in *Communications of the Association for Computing Machinery* 32 (1989), 506–508; cf. Hoare, Programs are predicates, note 56.

43 J. Dobson and B. Randell, Program verification: public image and private reality, *Communications of the Association for Computing Machinery* 32 (1989), 420–422; D. Mackenzie, The fangs of the VIPER, *Nature* 352 (1991), 467–468; 훗날의 발전에 대해서는 C. Kern and M.R. Greenstreet, Formal verification in hardware design: a survey, *ACM Transactions on Design Automation of Electronic Systems* 4 (1999), 123–193.

44 D. Mackenzie, Computers, formal proofs and the law courts, *Notices of the American Mathematical Society* 39 (1992), 1066–1069.

- 연구 중인 시스템의 부분들 간에는 연결고리가 있고, 그것은 순수하게 논리적인 용어로 사유될 수 있다.
- 그 복잡성은 소규모인 경우 측량이 가능하다. 다시 말해서, 국지적 구조의 직접적 관찰에 의해 실제적 확실성을 확보할 수 있다. 그 어떤 불확실성도 우리가 심지어 최고의 감각적 지식에 관해서나 갖는 단순한 이론적 불확실성에 한정된다.
- 따라서 부분들 간 연결에 있어서의 필연성은 시스템에 관한 실제적 확실성으로 번역된다.
- 컴퓨터 체킹은 그 실제적 확실성을 훨씬 더 대규모인 사례들로 확장될 수 있다.

다시 한번 네트워크 위상수학의 고전적 예인 쾨니히스베르크의 모든 다리들을 단 한 번만 건너기는 불가능하다는 오일러의 증명을 상기해 보자.

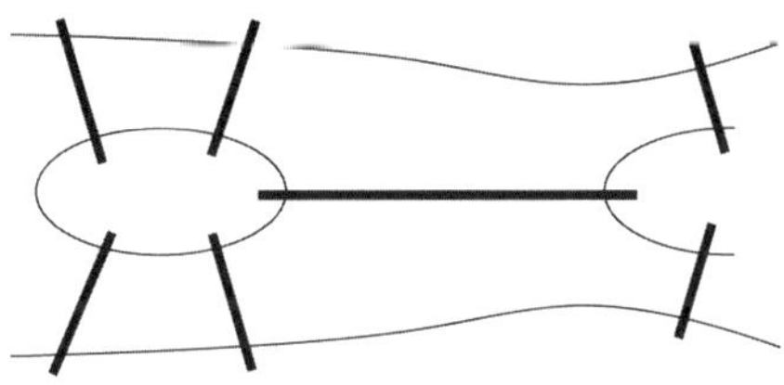

그림 6.1 다시 쾨니히스베르크의 다리들

앞의 논점들 중 처음 세 가지는 이 예로부터 명백하다: 우리는 모든 (유관한) 구조를 지각할 수 있고 그에 관해 형식적으로 추리할 수 있게끔 글로 쓸 수 있다. 단순히 컴퓨터로 모든 다리를 건너면서 어떤 다리도 두 번 건너지 않는 (확실히 천 가지는 되지 않는) 모든 가능한 경로를 체크해서 그 어떤 독창성도 필요 없이 문제를 풀 수 있다는 점에 주목함으로써 이 사례의 진가를 가장 잘 이해할 수 있다. 이는 더 추상적인 증명보다는 덜 흥미진진하지만 결과는 똑같다: 그 결과는 어떤 현실의 물리적 사물에 관해서도 사물의 구조로부터 초래되는 불가능성을 증명해준다. 수학적 결과를 얻기 위해 그 어떤 이상화도 필요하지 않다.

그런 결과를 단지 인식론적인 것으로 보려는 유혹이 있다. 그 견해에 따르면, 형이상학적 필연성의 개입이 전혀 없게 될 것인데, 왜냐하면 다리들이 어떻게 배열되는지는 우연적 사실이기 때문이다. 그 어떤 수학적 모델에나 그러하듯, 유일한 필연성은 그 모델에 의해 묘사된 실재 안에서가 아니라 그 모델 자체 안에 있을 것이다. 이 예들, 그리고 더 일반적으로 형식과학들이 흥미로운 점은 그렇다면 직접적 지각에 의해 그 모델이 실재에 적용되는지를 확정짓기가 아주 쉽다는 점에서 모델-실재 간격이 좁다는 데 있다. 그럴 경우, 적은 양의 데이터는 연역가능한 많은 사실들로 귀결될 것이고, 그중 몇몇은 놀라울 것이다. 형식과학들은 주로 그 간격의 협소함 덕에 흥미롭겠지만, 그렇다고 해서 형식과학이 실제 세계의 필연성들을 발견하는 그 어떤 '현자의 돌'을 찾았다는 주장은 잘못일 것이다.

여기서는 더 강한 형이상학적 독해가 옹호되고 있다. 더 엄격하게 수학적인 사례들에 관하여 앞 장에서 논증되었듯이, 그 다리들의 배열 방법이 우연적이라는 논거로 필연성 주장을 물리치는 데 있어서 난점은 그것이 너무 많은 것을 증명한다는 점이다. 실재의 측면들에 관한 그 어떤 필연성 주장도 그렇게 기각될 수 있을 것이다. '주홍색깔의 사물들은 빨간색일 것이 틀림없다'의 필연성은 (어떤 종류의 필연성이든지 간에) 어떤 사물이 주홍색인지 아닌지는 우연적 문제라는 관찰에 의해 뒤집혀지지 않는다. 그 필연성은 사물들이 주홍색이냐 빨간색이냐에 달린 것이 아니라 주홍색임과 빨간색임 사이의 필연적 연관에 달려 있다. 이는 다리들에서도 똑같다. 그 다리들이 어디에 건설되었는지는 물론 우연적 문제이다. 그 필연성은 배치된 바대로의 그 다리들과 다리를 통한 경로들의 속성들 사이의 연관에 달려 있다. 그리고 주홍색에서와 마찬가지로, 다리들의 배치와 경로들의 속성들은 추상적 모델들에서가 아니라 실제 체계들에서 찾을 수 있다.

다리들을 그 안에서 연역을 수행하기 위해 하나의 모델로 대치하려 애쓰는 동기는 다음과 같은 고찰들에 의해 더 환원될 수 있다. 경로 확인은 기호논리학에서의 (완전히 확장되고 순수하게 통사적인) 증명에서의 단계들을 체크하는 것과 같은 종류의 활동이다. 그것은 똑같은 이유에서 똑같은 종류의 확실성을 부여한다. 만일 누가 오일러의 증명이나 무차별 대입(brute force) 증명을 술어 계산의 (증명)단계들의 연쇄로 표현하는 데 성공했다고 해도 그가 더 큰 확실성이나 어떤 다른 종류의 확실성을 얻지는 않을 것이다. 기호들 중 어떤 것도 오해되거나 잘못 기억되지 않았다는 통상적 이해에 따라, 개별적 단계들 사이에는 확실성으로 귀결되는 똑같은 종류의 필연적 연결이 있을 것이나. 또한 집합들로부터 만들어지는 어떤 모델로 나아갈 수 있지만, 그 모델은 문자 그대로 실제 다리들의 체계와 같은 위상수학적 구조를 갖는다. 네트워크 구조에 관한 진리는 집합들을 통해 다리로 나아가는 것이 아니라 집합들에게 그러하듯 직접적으로 다리들에 적용된다.

모든 명제들의 격자에서 어떤 것들은 전건 긍정식이나 대우 같은 논리적 관계들에 의해 서로 서로 직접적으로 연결된다. 실로 우리는 기호논리학의 어떤 증명을 네트워크 이론 안 하나의 연습으로 볼 수 있는 것과 꼭 마찬가지로 그 역으로도 생각할 수 있다. 그 관계들은 순수하게 통사론적, 즉 기호들의 열을 직접 검사함으로써 확인 가능한 것이다. 우리는 하나의 증명, 즉 그 격자를 통해 전제에서 결론으로 나아가는 하나의 경로를 찾는다. 이것이 수학적 증명들과 컴퓨터 프로그램들이 논리적이거나 맥락적인 반면, 다리들은 돌과 철이고, 다른 형식과학들의 구조적 존재자들이 전자적, 생화학적, 심적, 별에 관한, 법적, 육체적, 어류 또는 가금류일 수 있다는 것이 아무런 상관이 없는 이유이다.

만일 여전히 물리적 물질들 안에서의 어떤 사례화도 추상적 체계와

(결함이 많을 수 있는) 메커니즘 사이의 간격을 만들 것이 틀림없다고 생각하는 경향이 있다면, 우리는 논리학에도 똑같은 간격이 있음을 기억해야만 한다. 폴란드인들이 … 하던 '사회주의'와 '현실적으로 존재하는 사회주의'의 구별은 논리학과 현실적으로 구현된 논리적 추론의 구별이라는 상대역을 갖는다. 형식체계들은 기호-유형의 체계들이지 기호-토큰들의 체계가 아니므로[45] 토큰들을 유형들로 분류하는 행위는 그 어떤 구현에서나 있으므로 두뇌 안에서 이산적 기호들의 통사적 기호 처리는 단지 기저 체계의 광학적 문자 재인 능력들에 의해 허용되는 신빙성만을 갖는다. 이것들은 원리상 한계가 있고, 교정해본 사람이면 누구나 알듯이 사실상 신뢰할 수 없다. 그리고 그것은 항상 두뇌가 통사적 기호 처리에 의해 연역을 구현한다고 가정한다: 만일, 다수의 실험들이 시사하듯, 인간들에서 연역이 현실적으로 모델이나 시뮬레이션에 의해 행해진다면,[46] 진짜 논리학은 심지어 더 명백히 다른 형식과학들과 마찬가지다.

오일러의 다이어그램을 염두에 두고 우리는 경험론자와 이성론자 사이의 오랜 전쟁에 형식과학들을 끼워맞추려 시도해야만 한다. 경험론자의 천국에서 과학은 대부분 관찰이고 관찰들을 전칭 진술들로 조직하기이다. '구별되는 실존자들 간의 필연적 연결'이란 전무하다. ['법칙적(nomic)' 필연성들은 있을지 모르지만, 최소한 논리적이거나 수학적으로 필연적 연결은 아니다.] 달랑베르[47]는 합리론자의 천국을 이렇게 묘사한다: 과학의 대부분은 특정의 극단적으로 단순한 사실들로부터의 수학적 연역으로 이루어진다. 이 사실들은, 최선의 경우, 분명한 선험적 대칭 원리들이고, 최악의 경우, 갈릴레오의 자유 낙체 법칙처럼 쉽게 측정 가능한 수적 관계들이다. 형식과학들에서의 발전은 아마도 우리가 믿었던 바

45 M. Tiles, *Mathematics and the Image of Reason* (Routledge, London, 1991), ch. 5.
46 P.N. Johnson-Laird and R. Byrne, *Deduction* (L. Erlbaum, Hove, 1991).
47 D'Alembert, article 'Expérimentale', in *Encyclopédie*, vol. 6 (Paris, 1756), reprinted in J. Lough, *The Encyclopédie of Diderot and D'Alembert* (Cambridge University Press, Cambridge, 1954), 68-81.

보다 이성론자의 천국에 더 가까이 있다고 시사해준다. 컴퓨터는 우리가 이성론자의 연옥에서의 체류, 틀림없이 가능하다는 것을 알면서도 복잡한 연역을 수행하지 못하는 좌절 상태를 대폭 줄여주었다.

광학과 천문학 명제들과 수학 명제들의 관계를 논의하면서 아리스토텔레스가 말했듯이, "왜냐하면 여기서 사실을 아는 것은 경험과학자의 몫이고, 이유를 아는 것은 수학자의 몫이기 때문이다: 왜냐하면 수학자는 설명들의 증명을 갖고 있기 때문이다."48

형식과학에 있어서의 실험

안락의자 작업에서의 진짜 확실성이란 확실히 형식과학에는 지나칠 만큼 장밋빛 그림이 아닐까? 그것이 옳다면, 아무 실험도 할 필요 없이 컴퓨터로 현실 세계에 대한 예측을 내놓기가 가능해야 마땅하니까. 응용수학에서 작업해 온 누구든지 그와 같은 경우는 희귀하다는 것을 안다. 실재론자의 수학적 모델을 실제 데이터에 맞추기가 일반적으로 어려움은 잘 알려져 있다. 때로는, 기상학과 거시경제학에서처럼, 신뢰할 수 있는 예측을 내놓기 위해 충분할 만큼 정확한 맞춤을 찾기란 거의 불가능하다.

언제 실험과 데이터에 맞추기가 필요한지를 설명하기 위해서는 페처가 주장했던 추상적 모델과 현실 세계 사이의 간격으로 되돌아가야 한다. 형식적 작업은, 모델 내에 머무는 한, 통상적인 수학의 필연성을 지니고서 진행될 수 있다는 데 모두가 동의한다. 중요한 점은 실제 세계가 모델에 의해 기술된 구조를 갖는지에 관한 확실성에 가변성이 아주 크다는 것이다. 모델-실재 간격은 넓을 수도 좁을 수도 있다. '모델'이라는 단어는 그들 가운데서 고르기 어려운 다수의 모델이 있을 수 있다는

48 Aristotle, *Posterior Analytics* 79a4–6; cf. *Metaphysics* 1078a14–17; H.G. Apostle, *Aristotle's Philosophy of Mathematics* (University of Chicago Press, Chicago, 1952), ch. 4.

함축된 시사에 의해 맞추기가 어려운 사례들로 주의를 환기한다. 극단적인 사례가 증권시장 예측인데, 거기서는 모델들이 많지만 그중 데이디에 부합하는 것이 있다 해도 어느 것이 그럴지에 관해 거의 완전한 불확실성이 존재한다. 기저 구조를 불충분한 데이터로부터 추론해야만 하는 그 어떤 사례도 사정이 다소간 그와 같을 것이다. 앞의 예들은 정반대의 극단에 가깝게, 심지어 전혀 간격이 없을 정도로 골랐다고 논변되었다. 브리지의 시스템이나 컴퓨터 프로그램이 어떤 구조를 갖는지는 지각적 검사 결과에 달려 있고, 그 검사는 방해받지 않은 감각 지각에 수반하는 실질적 확실성을 갖는다. 따라서 모든 힘든 일은 수학에 달렸고, 그 결과는 또 실질적 확실성을 지닌 채로 직접 응용 가능하다. 가스 통계역학 같은 예들은 그 중간 어딘가에 놓이지만, 여전히 형식적 극단(end)에 더 가깝다. 가스의 동역학 이론이 참인지는 우연적 사실이고 쉽게 확립되지 않는다. 그러나 그것은 사실상 참이고, 가스 입자의 무작위 운동으로부터 온도가 나오는 방식은 필연적이다. 사물들이 모델이 그 이론에 귀속시키는 속성들을 갖는지 결정하기가 비록 오일러의 다리들의 사례에서보다 더 어렵기는 하지만 그 속성들의 연관에는 진짜 필연성이 있다. 증명가능한 것으로서 그것은 법칙적 또는 크립키적 필연성보다 더 강한 필연성이다.

오일러의 다리들 같은 모델링에서 진정한 확실성의 사례들이 가능하기는 하지만 수학적 모델이나 컴퓨터 시뮬레이션은 전형적으로 그것이 모형화하는 실제 상황의 단순화 내지 이상화이기 때문에 희귀하고, 그에 따라 모델에 관해 증명된 그 어떤 확실성도 모형화된 상황에 관한 확실성으로 이전되지 않는다고 논해져 왔다. 그러나 현실적인 모델링 상황 대다수에서 개입된 모델들은 실제 시스템의 단순화된 추상들이고, 모델과 물리적 시스템 간의 엄격한 동형성을 확립하기는 불가능하다.[49]

49 K. de Laplante, Certainty and domain-independence in the sciences of complexity: a critique of James Franklin's account of formal science, *Studies in History and Philosophy of Science* 30 (1999), 513–533.

우리는 전형적으로 동전들의 모델링을 완벽한 유클리드적 원들에 의해, 그리고 그 모델을 동전의 면적을 계산하는 데 사용하면서 생각한다: 답은 정확히 참은 아닐 것이다.

이 추리에서의 잘못은 (제14장에서 설명되겠듯이) 현대의 수학적 모델들이 '구조적으로 안정적', 즉 (정성적 또는 근사적으로 정량적) 예측들이 작은 변화들에 둔감함을 올바로 이해하지 못한다는 데 있다. 약간 변형된 원은 원이 아니라는 점에서 원은 구조적으로 안정적이지 못하다. 그러나 쾨니히스베르크의 다리들은 섬들이 약간 침식되거나 강의 폭이 좁아지더라도 똑같은 위상수학적 구조를 유지한다. 전형적으로 혼돈스러운 동역학 모델들의 예측들의 경우도 유사하다: 모델의 정성적인 예측들은 입력 또는 매개변수들이 약간 변해도 전혀 변화하지 않는다—개별적인 궤적들은 변하지만 관찰가능한 장기적 평균 행태들은 변하지 않는다. 입력 또는 매개변수들의 측정 정확성은 예측들의 확실성을 위해 필요하지 않다는 결론이 따라나온다. 특수한 사례에서 모델이 현실적으로 변화에 얼마나 굳건한지를 알 필요가 있을 테지만, 그것은 그 모델에 관한 순순하게 수학적인 사실이고, 그것 자체는 증명의 확실성을 지닌 채로 알 수 있다.50

형식과학들에는 또 다른 종류의 실험이 있다: '수적 실험'. 그것은 또한 형식과학들 내에서의 불확실성에도 기여하지만, 모델 장착 작업과는 구별되어야만 한다. 그것은 순수하게 수학적인 연구의 일부이고, 수학적 모델이 해결하기('해결하기'는 일반적으로 글로벌한 구조를 국지적 구조로부터 도출하는 것을 의미한다) 어려울 때 사용된다. 보통의 경우, 문제는 이용가능한 수학적 방법들에게 모델이 지나치게 복잡하다는 것이지만, 카오스 이론에서처럼 아주 단순한 모델이 정상적인 방법들에

50 Further in J. Franklin, Structure and domain-independence in the formal sciences, *Studies in History and Philosophy of Science* 30 (1999), 721-723

의해서는 해를 허용하지 않을 수도 있다. 그런 경우, 우리는 아마도 매개변수 값을 다양하게 선택하여 그 모델을 컴퓨터에 돌리고, 결과로 나올 구조들을 이해하려 노력하는 가운데 결과를 그래프로 그린다. (훗날 증명이 발견되지 않는 한) 이 실험들에 기초한 그 어떤 추측들도 불확실할 것이다. 그렇지만 그런 종류의 불확실성은 제15장에서 기술되듯, 심지어 어떤 추측을 확증하기 위한 계산 실험이 있을 수 있는 순수수학에서도 발견된다. 그러므로 수적 실험들의 존재는 형식과학들이 종종 세계에 관한 수학적 확실성을 얻을 수 있다는 주장에 대한 하나의 반론이 되지 못한다. 그 대신 수적 실험들의 존재는 그것들의 순수수학과의 친화성을 확인해준다.

7 비교와 반론

프레게 이후 수학철학의 주류가 아리스토텔레스주의적 견해에 공감하지 않는 경로로 움직여 왔기 때문에 필자의 관점과 표준적 수학철학을 한데 모아 비교하는 것은 자연스럽다.

지난 백년 동안 가장 널리 읽혀진 수학철학자들의 저작이 오지 플라톤주의와 유명론만이 선택지라는 가정에 의해 손상되었다고 논변한다. 그 같은 논변은 제기된 질문들, 선택된 예들, 그리고 도달된 결론들을 편향시켰다. 그러한 편향은 수학철학에서의 아리스토텔레스주의 실재론, 그리고 수학철학과 수학자들이 하고 있는 일 사이에 성립해야 할 연결들 양자 모두에 유해물이 되어 왔다.

끝으로, 이 책의 이론은, 명시적으로 그렇게 불리는지 여부와 무관하게 아리스토텔레스주의 실재론에 보다 더 공감하는 수학철학에서의 희소한 표준들과 비교된다.

프레게의 제한된 선택지들

프레게는 본질적으로 플라톤주의적인 수학철학 내에서 논쟁의 틀을 짰다. 그의 언어는 집합들과 수들에 관해 플라톤주의적이고, 거의 모든 이후의 수학철학이 프레게의 견해를 문자 그대로 받아들이고, 그에 따라 플라톤주의를 포용하거나 (플라톤주의이든 아니든) 실재론 일반을 약화시키기 위해 광범위한 유명론적 전략의 전개를 시도했다.

현대의 수의 철학(philosophy of numbers)에서 플라톤주의를 향해 나아가는 결정적인 움직임은 수들이 물리적 사물들의 속성들이 아니라는 결론을 옹호하는 프레게의 논증에서 등장했다. 아리스토텔레스주의적 관점에서 보면, 프레게 논변의 핵심은 올바르지만 그의 플라톤주의적 결론은 따라 나오지 않는다. 프레게는 그의 저서 『산수의 기초(*Foundations of Arithmetic*)』 중 한 핵심적 구절에서 하나의 수를 사물들에 귀속시키는 것은 '초록' 같은 어떤 보통 속성을 귀속시키는 것과 아주 다르다고 논변한다:

> 내가 단순히 그것을 달리 생각함으로써 어떤 사물의 색깔이나 딱딱함을 추호라도 변화시킬 입장에 있지 않다는 것은 실로 참이지만, 나는 『일리아드』를 하나의 시로, 24권의 책으로, 또는 아주 큰 수의 구절들로 생각할 수 있다. 우리가 어떤 나무가 1000개의 잎사귀를 지닌다고 이야기하고 다시 초록색 잎을 갖는다고 이야기할 때 그것은 전적으로 다른 의미가 아닌가? 초록 색깔을 우리는 각각의 잎사귀에 귀속시키지만, 1000이라는 수를 그리 하지는 않는다. 만일 우리가 한 나무의 잎 모두를 합쳐서 그것의 잎이라 부른다면, 그 잎 또한 초록색이지만, 그것이 1000은 아니다. 그렇다면 1000이라는 속성은 어디에 속하는 것일까? 그것은 거의 어느 단일한 잎사귀 하나에 속하지도 않고 잎사귀들의 총체에 속하지도 않는 것처럼 보인다: 그것이 외적 세계의 사물들에 진실로 아예 속하지 않는다는 것이 가능한가?[1]

1 G. Frege, *The Foundations of Arithmetic,* 제22절(trans. J.L. Austin, 2nd revised edn, Blackwell, Oxford, 1980), p. 28.

이 구절에서 프레게의 머리말은 건전하고, '1000이라는 속성은 어디에 속하는 것일까?'이라는 그의 질문은 훌륭하다. 수는 외적 세계를 넘어서는 어떤 것에 틀림없다는 그의 결론에서 플라톤주의적 방향은 따라 나오지 않는데, 왜냐하면 그가 머리말의 질문을 해소하는 것들 중 아리스토텔레스주의의 선택지를 포함시키지 않았기 때문이다. 이 지점에서 취할 수 있는 세 가지 가능한 방향들이 있다:

1. 관념론자 또는 심리주의자 또는 유명론자의 방향, 이에 따르면 수는 어떻게 우리가 대상들에 관해 생각하거나 말하기를 선택하느냐에 상대적이다—프레게는 이 선택지를 택하는 것으로 버클리(Berkeley)를 인용하지만[2] 수학의 객관성을 이해하지 못하는 것으로 보아 그 자신은 그것에 확고하게 반대한다;
2. 플라톤주의자의 방향, 프레게와 그의 추종자들이 채택하듯, 이에 따르면 수는 그 자체로 자존적 존재자이거나 (그 용어의 프레게의 비(non)심리주의적 의미에서) 하나의 개념이나 한 개념의 외연(플라톤적으로 착상된 하나의 집합 또는 함수)같이 세계에 없는 어떤 것의 하나의 객관적 속성이다;[3]
3. 아리스토텔레스주의자의 방향은 프레게가 고려하지 않은 것으로, 이에 따르면, 1000은 단순히 잎의 속성이 아니라 잎과 '하나의 나뭇잎임'이라는 보편자 사이의 (실재적) 관계의 속성인 반면, 잎이 그토록 많은 잎들로 나뉘는 것은 초록색이 그런 것과 마찬가지로 '외적 세계에서의' 잎의 하나의 속성이다.

아리스토텔레스주의자의 선택지는 『일리아드』의 예에 관해 잠시만 더 성찰해봄으로써 시사되었어야 마땅하다. 내가 어떤 사물의 색깔과 단단함을 생각에 의해 바꿀 수 없다면, 『일리아드』 안의 책들의 권수 역시

2 Frege, *Foundations section* 25, p. 33.
3 이것들 간의 관계들은 특히 제72절, p. 85에서 설명된다.

바꿀 수 없다. 그것은 『일리아드』와 '책' 사이의 관계가 단단함만큼이나 객관적이기 때문이다. 어떤 관계도 '외적 세계의 사물들에 진실로 아예 속하지 않는다'라는 프레게의 결론은 관계의 실재성에 관한 맹목성의 고전적 예이다. 글렌 케슬러(Glenn Kessler)가 설명하듯, 진지하게 받아들일 경우, 그것은 더 광범한 불편한 귀결들을 가질 것이다:

> 다음 질문을 고찰하라: 샬롯스빌은 서쪽인가? 여기서도 또한 확정적인 답이 없다. 프레게의 전략을 좇아, 우리는 방향은 대상들에 적용되지 않는다고 결론짓는 편으로 마음이 기울지 모른다. 이것은 분명히 잘못된 결론이다. 앞의 질문은 확정적 답을 결여하고 있는데, 그것은 '서쪽'이 어떤 단순한 속성이 아니라 하나의 관계를 지칭하고 있기 때문이다. 확정성에 관한 문제는 '서쪽'을 대상들에 적용하는 데서가 아니라 '서쪽'을 하나의 관계적 술어가 아니라 하나의 일항 술어로 취급하는 데서 야기된다. 프레게의 상대성 논증은 수들에 관해 똑같은 논점을 확립하는 것으로 간주될 수 있다. '52는 이 카드 한 벌에 적용되는가?'라는 질문은 우리가 외적 대상에 한나의 수를 적용했기 때문이 아니라 우리가 하나의 관계를 단순한 속성으로 오해했기 때문에 확정적 답을 결여한다…어떤 집합체 x가 52장의 카드를 포함한다고 주장하는 데서 우리는 집합체 x와 한 장의 카드라는 속성 사이에 52라는 수적 관계가 성립한다고 주장하고 있다.[4]

실로, 프레게가 『산수의 기초』 나중 부분에서 그 쟁점을 다시 다룰 때, 그 스스로 똑같은 논점을 제시하는 데 가까이 나아가고, 최소한 플라톤주의자의 관점만큼이나 아리스토텔레스주의자의 관점에서 자연스럽게 해석이 가능한 언어를 사용한다:

> 수가 부여되는 개념은 일반적으로 확정적 방식으로 그것 아래 포

4 G. Kessler, Frege, Mill and the foundations of arithmetic, *Journal of Philosophy* 77 (1980), 65-79; 더 많은 논의는 다음 참조. A.D. Irvine, Frege on number properties, *Studia Logica* 96 (2010), 239-260.

섭되는 것을 분리한다. 'three라는 단어 안의 문자들'이라는 개념은 t를 h로부터, h를 r로부터 등으로. 'three라는 단어 안의 음절들'이라는 개념은 그 단어를 전체로서, 그리고 그것 안의 어떤 부분도 똑같은 개념 아래 더 이상 포섭되지 않는다는 의미에서 분할 불가능한 것으로 골라낸다. 모든 개념이 이 성질을 가지지는 않는다. 예를 들어, 우리는 '빨강'이라는 개념 아래 포섭되는 어떤 것을 다양한 방식으로 나눈다…그것 아래 확정적 방식으로 포섭되고, 그것을 자의적으로 부분들로 구분하는 것을 허용하지 않는 개념만이 하나의 유한한 수에 상대적으로 하나의 단위가 될 수 있다.[5]

아리스토텔레스주의의 관점에서 프레게는 여기서 올바르게 단위-만들기 보편자들을 다른 것들로부터 구별하고, 수가 하나의 더미와 그것을 부분들로 나누는 단위-만들기 보편자 사이의 하나의 관계라는 이해에 거의 도달했다. 실로, 그것들과 '빨강' 같은 간단한 물리적 속성 사이에 끌어 들인 평행선은 '개념'에 대한 그의 논증되지 않은 플라톤주의적 이해에 대한 친성이 아니라 반대할 이유이다. 만일 빨강의 동종이성체(homoiomerous; 부분들에 참인)임이 빨강의 물리적임과 양립가능하다면, 왜 동종이성체가-아님이 그 자체로 물리적임인 것과 양립불가능한지가 불분명하다. 큼은 큰 사물의 부분들이 모두 크지는 않다는 점에서 동종이성체가 아니지만, 그것은 크다는 속성이 비물리적임을 시사하지 않는다. 유사하게, 프레게가 제시하는 이유들은 1000이 나뭇잎과 하나의 나뭇잎임이라는 보편자 사이의 물리적 관계가 아니라는 것을 함축하지 않는다.

그가 형상들의 세상성을 강조하지 않고, 인식론에서 (신비로운 직관을 요구하기보다는) 지식의 수단으로써 수학적 증명을 수행하는 종류의 이성으로 만족하기 때문에, 프레게의 플라톤주의의 정도가 논쟁의

5 Frege, *Foundations*, 제54절, p. 66.

대상이 되어왔다.[6] 그러나 여기서의 우려는 프레게의 올바른 해석이라기보다는 플라톤주의에 관한 그의 힘이 있는 진술들이 그의 후기 저작들에 미친 결과에 관한 것이다. 프레게는 수학적 또는 다른 어떤 '추상적' 존재자들에 관하여 그 자신을 그런 식으로 표현하는 데 있어서 신경질을 부리거나 구차한 단서를 단 적이 없다. 한 주석가의 표현대로, [프레게의] 논리학의 형식화의 초창기에 그것의 존재가 당연시된 유일한 대상들은 두 진리치들, **참**과 **거짓**이었다.[7] 그것은 원천들의 결핍에 근거하여 소크라테스 이전 철학자들이 변명될 방식으로 지나치게 금언적이었다.

플라톤주의자/유명론자라는 거짓 이분법

수학과 논리학에서의 프레게의 플라톤주의는 후대의 분석적 논리철학, 언어철학, 그리고 수학철학의 안건들을 주도해왔다. 그것은 무엇이 그 분야들에서의 질문들에 대한 적절한 답으로 간주되는지에 관한 한 가지 특징적 견해로 인도되었는데, 그 견해를 아리스토텔레스주의자들은 (그리고 종종 다른 자연주의자들은) 부적절한 것으로 본다. 수학적이지 않은 예를 든다면, 믿음이 한 명의 믿는 자와 하나의 명제 사이의 관계라는 생각은 플라톤주의자들에 의해 분명한 것이라 간주되고, 아리스토텔레스주의자들에 의해서는 명제란 무엇인가에 대한 어떤 자연주의적 설명을 필요로 하는 처지로 간주된다.

아리스토텔레스주의자들은 플라톤주의자들과 유명론자들이 한 가지 검토되지 않고 논증되지도 않은—그리고 틀린—가정을 공유한다고 믿는다: 존재하는 모든 것이 특수자라는 것. (자연주의적) 유명론자는 모

6 E.H. Reck, Frege on numbers: beyond the Platonist picture, *Harvard Review of Philosophy* 13 (3) (2005), 25–40; W.P. Mendonça and P. Stekeler-Weithofer, Was Frege a Platonist?, *Ratio* 29 (1987), 96–110; T. Burge, Frege on knowing the third realm, *Mind* 101 (1992), 633–650; C. Wright, *Frege's Conception of Numbers as Objects* (Aberdeen University Press, Aberdeen, 1983), 특히 제1장, v절.

7 A. Kenny, *Frege* (Penguin, Harmondsworth, 1995), 161.

든 특수자들이 물리적이라고 믿고, 플라톤주의자들은 집합들과 수들 같은 '추상적' 특수자들을 추가한다. 플라톤주의자들과 유명론자들은 따라서 정의상 전장을 그들 사이에서 나누기를 희망한다. (플라톤주의: 추상적 대상들이 존재한다; 유명론: 존재하지 않는다.) 그러나 그것은 보편자들, 즉 모든 그것들의 사례들에 완전히 실현가능한 진정한 반복가능한 것들의 가능성을 고려하지 않는다. 제1장에서 논의되었듯이, 플라톤주의자-유명론자의 '추상적 대상' 개념은 속성들과 관계들의 사례에 잘 맞지 않는다: 색깔들이나 다른 속성들은 아리스토텔레스주의의 견해에 따를 때 추상적이건 그렇지 않건 간에 또 다른 종류의 (특수한) 대상이 아니다. 그것들은 대상들이 공유하는 것(또는 그것들이 서로 유사한 방식들)이다.

그 검토되지 않고 가정된 이분법은 아리스토텔레스주의 실재론이 20세기와 그 이후 수학철학에서 거의 눈에 띄지조차 않았다는 것을 의미해 왔다. 그것은 세기 초의 논리주의, 직관주의, 그리고 형식주의 사이의 논쟁에 전혀 등장하지 않았다.[8] 이들 가운데 논리주의와 직관주의는 수학이 대상을 갖는다는 것을 부인하는 반면, 형식주의는 한 가지 방식에서 수학을 언어로 환원하는 유명론자이지만 해석되지 않은 '기호들'로서 플라톤적 존재자들을 지닌 일종의 플라톤주의로 해석될 수 있다—우리는 언제 두 표지들이 똑같은 '기호'의 사례들인지를 식별하기 위해 모종의 광학적 문자 인식이 필요한지 여부를 물을 형편은 아니었다.[9]) 그리고 아리스토텔레스주의 실재론은 보통 신뢰할 만한『라우틀리지 철학 백과사전(*Routledge Encyclopedia of Philosophy*)』에 (심지어 '수학에서의 실재론: 반플라톤주의 실재론' 항목에서조차) 등장하지 않고,[10] 최근의 광범한 범위를 다룬『옥스퍼드 수학과 논리학의 철학 편람(*Oxford*

8 S. Körner, *The Philosophy of Mathematics: An Introduction* (Harper & Row, New York, 1962).

9 M. Tiles, *Mathematics and the Image of Reason* (Routledge, London, 1991), ch. 5.

10 P.A. Blanchette, Realism in the philosophy of mathematics, in E. Craig, ed., *Routledge Encyclopedia of Philosophy* (Routledge, London, 1998).

Handbook of Philosophy of Mathematics and Logic)』에도 (심지어 버저스와 로젠의 간략하게 언급된 반유명론적 '온건 실재론'에서도) 등장하지 않으며,[11] 『스탠퍼드 철학 백과사전(*Stanford Encyclopedia of Philosophy*)』의 '수학철학에서의 자연주의' 항목에서도 거의 언급되지 않는다.[12] 밸러거의 수학에서의 『플라톤주의와 반플라톤주의(*Platonism and Anti-Platonism in Mathematics*)』에서의 실재론적 수학철학의 광범한 분류는 오직 밀(Mill)만을 (비심성주의) '실재론적 반플라톤주의'의 사례로 들고 있다.[13] 『노스 홀랜드 과학철학 편람(The *North Holland Handbook of the Philosophy of Science*)』(시리즈)의 『수학철학(*Philosophy of Mathematics*)』 편은 "아리스토텔레스주의 실재론"이라는 제목의 장이 있지만, 그것은 이 책의 예고편이다.[14] 다음의 마지막 절에 보이듯이, 아리스토텔레스주의적 연구가 실제로 다소 있기는 했지만, 그것의 영향은 명백히 극미했다.

가정된 플라톤주의와 유명론의 이분법은 불운한 귀결들을 낳아 왔다. 아리스토텔레스주의자들에게 프레게에서 영감을 받은 실수들이거나 최소한 강조점에서 불운한 편견들로 여겨지는 지난 백년 동안의 수학철학의 특징적 특색은 다음과 같은 것들을 포함한다:

- 플라톤주의와 유명론을 '수들은 존재하는가?'라는 질문에 대한 망라적인 답으로 간주하고, 그에 따라 마치 그것들이 '추상적' 플라톤적

11 S. Shapiro, *The Oxford Handbook of Philosophy of Mathematics and Logic* (Oxford University Press, New York, 2005), 485-486.

12 A. Paseau, Naturalism in the philosophy of mathematics, *Stanford Encyclopedia of Philosophy* (2008, revised 2013), http://plato.stanford.edu/entries/naturalism-mathematics/.

13 M. Balaguer, *Platonism and Anti-Platonism in Mathematics* (Oxford University Press, New York, 1998), 11.

14 J. Franklin, Aristotelian realism, in A.D. Irvine, ed., *Handbook of the Philosophy of Science: Philosophy of Mathematics* (North Holland/Elsevier, Amsterdam, 2009), 103-155; 나아가서 J. Franklin, Aristotelianism in the philosophy of mathematics, *Studia Neoaristotelica* 8 (2011), 3-15.

특수자들로서 존재하거나 그렇지 않으면 아무것도 아닌 것처럼 수학적 존재들에 대해 근본주의자의 태도를 취하기;

- 만일 플라톤주의가 반박된다면 유명론이 확립되리라는 생각을 받아들이기;
- 만일 순수한 집합들 같은 어떤 단순한 플라톤적 존재자들로부터 구성되었다면 ('구조'나 '연속체' 같은) 어떤 수학적 개념이 설명된 것이라는 데 만족하기;
- 더 잘 이해된 존재자들에 의해 집합들이 무엇인지에 대한 설명을 구할 아무런 필요도 느끼지 않기;
- 무한들을 강조하기와 작은 유한 구조들과 작은 수들의 셈의 역할을 폄하하기;
- 양들의 비율들과 같은 그러한 물리적으로 실현된 수학적 보편자들을 무시하기, 그리고 따라서 측정에 중심적 역할을 부여하지 않기;
- '수학의 적용가능성' 또는 '수학의 필수불가결성'의 문제를 (수들과 함수들 같은) 어떤 플라톤적 존재자들과 물리적 세계의 관계에 관한 문제로 간주하기;
- 측정을 수들과 세계의 측정된 부분들 사이의 관계로 간주하기;
- 플라톤적 영역에의 접속을 요구하기 때문에 수학인식론을 신비스러운 것으로 취급하기.

이 쟁점들 중 어떤 것들이 최근 수십 년 동안 수학철학에서 가장 두드러진 저술들 안에서 논의되어왔는지 검토해보도록 하자.

유명론

플라톤주의자/유명론자의 이분법은 유명론자들이 어떤 개념을 수들이나 집합들을 명시적으로 지칭하지 않으면서 분석하는 데 성공할 경우 그들이 성공을 주장하기가 너무 쉽게 만든다. 버지스(Burgess)와 로젠(Rosen)이 그들의 유명론자의 전략 개관인 『대상이 없는 주제(*A Subject with No Object*)』의 첫 부분에서 무뚝뚝하게 썼듯이:

> 수들과 다른 수학적 대상들은 공간과 시간 내에 정위(location)를 갖지 않고 물리적 세계 내에 원인이나 결과를 갖지 않는다는 점에서 예외적이다. 이것이 다수의 철학자들이 추상적 존재자는 없다는 학설인 유명론을 포용하도록 이끌면서 수학적 지식의 가능성에 대한 설명을 어렵게 만든다.[15]

즉, *정의상* 만일 플라톤주의가 패배한다면, 유명론이 승리한다. 중간의 선택지들은 언급조차 되지 않는다.

유명론자들이 어떻게 모든 비플라톤주의의 영토를 잘못 주장하는지는 하트리 필드의 정당하게 유명해진 『수가 없는 과학(*Science Without Numbers*)』에서의 전략, 기초적 수리물리학을 '유명론화'하려는 시도에 의해 예시된다. 그의 전략 전형적인 것이 공간에서 연속적으로 변하는 양으로 고찰된 온도에 대한 그의 설명이다. 온도는 종종 수리물리학 교과서들에서 하나의 함수(즉, 하나의 플라톤주의적 수학적 존재자)로, 시공 점들로부터 실수들의 집합으로의 함수(즉, 각각의 점에 대해 그 점에서의 온도인 수를 주는 함수)로 기술된다. 필드는 우리가 함수나 수들을 언급하지 않으면서 온도에 관해 말할 필요가 있는 바들을 말할 수 있다는 올바른 논증한다. 그는 "y Temp-Bet xz로 직관적으로 y가 하나의 시-공 점이고 거기서의 온도가 (포괄적으로) 점들 x와 z의 온도들 사이에 있다는 것을 의미하는 [시－공 점들 사이의] 하나의 삼항 관계 Temp-Bet, 그리고 xy Temp-Cong zw로 x와 y라는 점들 사이의 온도차가 절댓값으로 z와 w라는 점들 사이의 온도차와 같다는 것을 직관적으로 의미하는 하나의 4항 관계 Temp-Cong를 가지고 시작한다"고 전한다. 그러고 나서 그는 Temp-Cong과 Temp-Bet을 위한 공리들을 제공하여 그것들이 합동과 사이에 있음이 마땅히 그래야 할 바대로 작용하도록 보증하고, 따라서

15 J.P. Burgess and G. Rosen, *A Subject with No Object: Strategies for Nominalistic Interpretation of Mathematics* (Clarendon, Oxford, 1997), abstract.

(a) 모든 x, y, z, y에 대해 Temp-Bet$_A$
$xz \leftrightarrow \psi(x) \le \psi(y) \le \psi(z)$ 또는
$\psi(z) \le \psi(y) \le \psi(x)$

(b) 모든 x, y, z, w에 대해 xy Temp-Cong$_A$
$zw \leftrightarrow |\psi(x) - \psi(y)| = |\psi(z) - \psi(w)|$[16]

인 A로부터 실수들의 구간으로의 함수 w가 존재하고, 그리고 오직 그럴 때만 하나의 구조 <A, Temp>Bet$_A$, Temp>Cong$_A$>가 그 공리들의 하나의 모델이라고 진술하는 '표상 정리'를 증명하는 것이 가능하다.

쌍화살표 오른쪽의 절이 수와 함수들을 지칭하는 반면 왼쪽의 항들은 그렇지 않으므로, 필드는 플라톤적으로 이해된 수들과 함수들을 필요 없게 만들었다고 정당하게 주장할 수 있다. 또한 그는 그것에 따르면 수학의 영역과 실재하는 세계 사이에 사상(寫像) 또는 동형성이 있다고 하는 수학의 세계로의 적용가능성에 대한 '사상(寫像)' 설명－명백히 플라톤주의를 총애하는 상황 해석—에 대한 설득력 있는 대안을 제공했다.[17]

그러나 그 결과가 유명론적인가? 마치 그것들이 원자적 술어들인 것처럼 Temp-Bet와 Temp-Cong을 쓰는 것은 매우 좋지만, 그러나 그것들은 그것들이 실제로 온도의 사이에-있음과 구간-동등성을 '직관적으로 의미'하고, 그리고 그 공리들이 그 관계들을 온도의 실제 속성들에 (최소한 근사적으로라도) 성립하는 것으로 기술해야, 온도에 관한 사실들을 표상하는 과제를 수행할 수 있다. 무엇 덕분에 Temp-Cong이 이행적인 것으로 취급되느냐고 아리스토텔레스주의자는 묻는다. 그것은 온도 구간들의 합동이 실제로 이행적이기 때문에 요구되는 것이 틀림

16 H. Field, *Science Without Numbers: A Defence of Nominalism* (Princeton University Press, Princeton, NJ, 1980), 56.
17 C. Pincock, A revealing flaw in Colyan's indispensability argument, *Philosophy of Science* 71 (2005), 61-79, 제3절의 구절에서.

없다.[18] 필드는 실재적인 연속적 양과 온도의 실재적인 구조적 속성들에 대한 지칭을 제거하는 방향으로 조금도 나아가지 못했다.

집합론에서의 구성

'연속체의 구성'의 사례가 집합들로부터의 구성을 통한 개념들의 분석에서 나오는 플라톤주의의 전략이 지니는 두 번째 문제를 잘 예시해준다. 플라톤주의자들에 따르면, 연속체나 '구조'나 자연언어의 문장들의 의미 같은 모호한 개념은 그 개념이 너무도 기본적이어서 더 이상의 설명이 필요 없는 것으로 취급되는 집합들이나 명제들 같은 어떤 더 단순한 플라톤주의적 존재자들로부터 구성될 때 적절하게 설명된다. 이 전략에 대한 아리스토텔레스주의 회의론은 두 가지 점들에 초점을 맞춘다: 첫째, 이 기본적 존재자들의 소위 자기-설명적임. 둘째, 집합들과 명제들 안에서 그 제안된 구성이 어떻게 우리가 해명하고자 애썼던 원래의 개념에 적합한지 아는가에 관하여—그렇지 않으면 차라리 (그 문제가 근본적으로 인식론적이지 않으므로) 그 구성을 적합한 설명으로 만들 것이 무엇인지에 관하여. 우리는 둘째 문제를 여기서 다루고, 첫째 문제는 다음 절에서 다룬다.

왜 저 특수한 집합들의 집합들의 집합이 … '연속체' 같은 피설명항의 유일한 (또는 하나의) 올바른 구성인지에 대해 어떤 설명이 주어져야 하는가? 우리는 연속적인 선으로서의 연속체에 대한 애초의 실재하는 공간 안에 실현될 수 있는 하나의 보편자라는 직관적 관념을 가지고 있다. (비록 실재하는 공간이 무한히 분할가능한지는 답이 현재 알려져 있지 않은 경험적 문제이지만.[19]) 코시 열과 유리수들 자체가 집합들로부

18 유사한 반론들이지만 점들의 실재성에 집중한 논의가 다음에 나옴. M.D. Resnik, How nominalist is Hartry Field's nominalism? *Philosophical Studies* 47 (1985), 163-181.

19 J. Franklin, Achievements and fallacies in Hume's account of infinite divisibility, *Hume Studies* 20 (1994), 85-101; P.E. Gibbs, The Small Scale Structure of Space-Time: A Bibliographical Review (1995), http://arxiv.org/abs/hep-th/9506171

터 복잡한 방식으로 구성될 때, 유리수들의 코시 열들의 동치 집합의 집합으로서의 '연속체'의 세련된 고전적 구성이 존재한다. 그 특수한 집합을 원래 연속체 관념의 하나의 분석으로 만드는 것은 무엇인가? 아리스토텔레스주의자는 그 질문에 답을 가지고 있다: 즉, 코시 열의 두 동치 집합들 사이의 정의 가능한 근접성의 관념이 원래 연속체 안 점들 사이의 근접성의 관념을 반영한다는 것. 여기서 '반영한다'는 보편자들의 동일성을 의미한다: 근접성은 그 두 사례에서 문자 그대로 동일한 하나의 보편자(이고 따라서 삼각형의 같지 않음 같은 똑같은 속성들을 만족한)다. 근접성이 두 사례 모두에서 똑같다는 진술은 수학적 증명에 회부되지 않는데, 왜냐하면 원래의 연속체는 하나의 형식화된 존재자가 아니기 때문이다. 그것은 오직 실재하는 세계의 한 부분이 어떤 공식에 의해 적절하게 모형화된다는, 예를 들어 어떤 철도 운송 체계가 마디들을 지닌 하나의 네트워크로 올바르게 기술된다는 그 어떤 진술과도 같은 종류의 이해에 회부할 수 있기 때문이다. 그러나 플라톤주의자는 왜 그 구성이 연속체를 모형화하는가를 묻는 질문에 대해 아무런 답도 갖고 있지 못하다; 그 플라톤주의자는 가능한 한 실재하는 공간에 대한 그 어떤 언급도 회피할 것이고, 단순히 그 집합론적 구성을 '연속체'라 부르는 수학자들의 전통에 의존할 것이다. 플라톤주의자는 현실의 역사를 들여다보고 칸토어가 정확히 아리스토텔레스에 의해 연속체에 부여된 속성들을 지닌 어떤 것을 구성했다는 데 주목하지 않는 편을 선호한다.[20]

집합들로부터 유사한 고찰들이 수학적 개념들의 많은 구성들 모두에 적용된다. 모든 또는 거의 모든 수학적 개념들이 그렇게 구성될 수 있고, 주로 그 개념들의 일관성(또는 더 정확하게는 집합론의 일관성에 비교한 그 개념들의 일관성)을 증명하는 연습에 다소간 수학적 요점이 있다. 그러나 그것들에는 아무런 철학적 요점도 없다. 아리스토텔레스주의

20 A.G.J. Newstead, Aristotle and modern mathematical theories of the continuum, in D. Sfendoni-Mentzou, ed, *Aristotle and Contemporary Science*(Lang, New York, 2000), vol. 2, 113-129.

자는 예를 들어, 순서쌍들의 집합으로 하나의 관계를 구성하는 데 감동하지 않는다. 그것을 관계들의 하나의 분석으로 보는 것은 한 속성을 그것의 외연과 동일시하는 것과 똑같은 잘못을 범하는 일이 될 것이다.[21] 파랑 사물들의 집합은 파랑이라는 속성이 아니고, 어떤 의미로든 파랑의 개념의 '분석'도 아니다. 선재하고 그 집합을 통합하는 (그리고 '만일 다른 어떤 것이 파란색이었더라면, 그것은 그 집합의 구성원일 것이다'라는 반사실적 조건문을 지지하는) 것은 파랑이라는 속성이다. 유사하게 순서쌍 (3, 4)은 '보다 작은' 관계의 외연의 한 구성원인데, 왜냐하면 3이 4보다 작고, 그 역은 성립하지 않기 때문이다.

그것은, 예를 들어, 결합법칙, 동일성과 역(逆; inverse) 법칙을 만족하는 하나의 이항 연산을 갖는 집합으로서의 군의 정의와 같고, 군은 현대 순수수학의 전형적인 예다. 그 법칙들을 만족하는 대칭성들의 군들과의 기존의 수학적 경험 때문에 그 정의가 요점을 지니고, 그 사례들로부터의 추상이 군의 추상적 정의를 올바르게 만든다. 확실히 만일 우리가 집합을 가지고 있다면 우리는 집합의 집합의 집합…을 수도 없이 만들 수 있다. 그러나 아리스토텔레스주의자는 왜 그런 구성이 대칭 군에 대한 적절한 분석이고, 다른 구성은 위상수학적 공간들에 대한 적절한 분석인지에 대한 답을 요구한다. 그 답은—분석으로 집합들을 사용하는 수학자들이 잘 알 듯이—한 구성이 대칭 군들과 공유하는 속성에 의해, 그리고 다른 구성이 위상수학과 공유하는 다른 속성에 의해 이루어질 것에 틀림없고, 그것이 전체 연습의 이유이다. 수학적 경험이 더 적은 철학자는 (아리스토텔레스의 언어에서) 형상인과 질료인을 혼동하는, 즉 그것이 무엇으로 만들어졌는지를 알 때 어떤 것이 설명되었다고 생각하는 잘못을 범할 개연성이 높다. 나무로부터 개념을 구성하는 능력이 그 개념을 목공술의 하나로 만들지 않을 것과 똑같은 이유에서, 집합들로

21 D.M. Armstrong, *Universals and Scientific Realism* (Cambridge University Press, Cambridge, 1978), vol. 1, ch. 4.

부터 어떤 구조나 개념을 구성하는 것은 그 구조 또는 개념이 집합에 관한 것이라는 사실을 의미하지 않는다.

군들의 경우는 더 일반적인 부르바키학파의 하나의 집합론적 구성으로서의 (대수적 또는 위상수학적) '구조' 관념의 한 사례이다.[22] 똑같은 아이디어들을 '구조' 자체를 정의하는 데 사용하려는 어떤 시도도—예컨대, 구조를 어떤 두드러진 관계들(그것들 자체가 집합들로 이해된)을 지닌 하나의 집합으로 정의함으로써—똑같은 문제에 직면할 것이다. 우리가 (말하자면) 군들을 집합들로부터 구성할 수 있을 뿐만 아니라 그것들을 (말하자면) 정육면체들의 운동들로부터 구성할 수 있다는 사실은 그 둘이 무엇을 공통적으로 갖는지 설명하는 데 실패하고, 똑같은 문제가 '구조'의 모든 사례들이 무엇을 공통적으로 갖는지 설명될 필요가 있을 때 야기된다. 구조들이 집합들로부터 만들어질 수 있다고 말하는 것은 그 질문에 답하는 데 아무런 진보도 이루지 못한다. 그러나 제4장에서 진술했듯이, 집합들로부터 구성 가능한 한 개념은 (집합들로부터 구성될 수 있는 것은 적은 존재론적 비용으로 부분-전체의 논리학에서 구성될 수 있다는 점이 기억되는 한) 그것이 순수하게 구조적인 개념임을 보여줄 것이다.

따라서 '테크닉상 그 어떤 수학적 연구의 대상도 하나의 집합으로 취급될 수 있으므로', 만일 수학철학이 집합들을 설명할 수 있다면, 그것은 수학 안의 어떤 것이든지 다 설명할 수 있다는 생각을 추천해줄 바는 전혀 없다.[23] 철학자들의 집합에 대한 집착은 수학자들이 표준적 수학철학을 그들의 관심사와 그토록 무관하다고 보는 한 가지 이유다. 만일 수학자들이 집합들 안에 구성될 수 있는 구조들을 연구하는 반면, 철학자들은 그 안에서 그것들이 구성되는 질료를 논의하고 있다면, 구체

22 N. Bourbaki, 1950, The architecture of mathematics, *American Mathematical Monthly* 57, 221-232; L. Corry, Nicolas Bourbaki and the concept of mathematical structure, *Synthese* 92 (1992), 315-348

23 P. Maddy, *Realism in Mathematics* (Clarendon, Oxford, 1992), 4.

적인 무수한 집합들의 전문가들이 스스로를 건축에 관한 권위자로 자처할 경우와 똑같은 관심사의 잘못된 만남이 이루어질 것이다.

문제 회피하기: 집합이란 무엇인가?

어쨌거나, 만일 어떤 개념이 집합들로부터 구성된다면, 그것은 플라톤주의자의 집합 개념이 분명할 경우 오직 플라톤주의에게만 철학적 진보일 것이다. 그렇지가 않다. 데이비드 루이스(David Lewis)는 『집합들의 부분들(*Parts of Classes*)』에서 칸토어에게서와 수학 교과서들에서 그 개념의 불명료성을 폭로한다:

> 칸토어는 하나의 집합이 하나의 '다이고, 하나로, 즉 어떤 법칙에 의해 하나의 전체로 결합될 수 있는 확정적 원소들의 총체로 생각될 수 있는 것'이라고 가르쳤다. 오늘까지, 어떤 학생이 처음 집합론에 입문할 때면, 그는 이와 비슷한 이야기를 듣게 마련이다. '하나의 집합은 대상들의 컬렉션이다…[그것은] 어떤 단일한 대상을 형성하기 위해 특정 대상들을 한 데 모음으로써 형성된다(쇤필드; Shoenfield)…그러나 시간이 흐르면, 그 학생은 어떤 집합들—단집합들—은 오직 하나의 단일한 구성원만을 갖는다는 이야기를 듣는다. 이전에는 어땠는지 몰라도, 여기서는 학생이 항의할 정당한 이유가 있다. 이번에 그는 아무 '다(多)'도 갖지 못했다…단집합들의 본성에 관해 아무것도 듣지 못했고, 단집합들이 그들의 원소들에 대해 갖는 관계의 본성에 관해서도 아무것도 듣지 못했다…[그리고] 집합들을 형성하는 데 있어서의 인간의 활동에 대한 그 모든 언급들은 엉터리 조언이다. 조만간 우리 학생은 무수한 집합들이 있고, 대부분이 무한하고 잡다해서 그중 대다수가 우리로부터의 절대적으로 아무런 주목이나 지원도 받지 못한 채로 어쨌거나 형성되었을 것에 틀림없다는 이야기를 듣게 될 것이다…[24]

24 D. Lewis, *Parts of Classes* (Blackwell, Oxford, 1991), 29-31; M. Black, The elu-

철학자들은 집합이 무엇인가라는 문제를 수학 교과서 저자들보다도 잘못 다뤄왔다고 루이스는 시사한다. 그들은 그것을 그저 무시해왔다. 스탠포드 철학백과사전의 기사는 그 문제는 답할 필요가 없다는 공식적 견해를 표명하고 있다: '집합들은 수학 안의 모든 다른 개념들을 정의하는 데 사용될 수 있는 근본적인 대상들인 만큼 더 근본적인 개념들을 가지고 정의되지 않는다. 오히려 집합들은 비형식적으로 도입되고 자명한 어떤 것으로 이해되거나 지금 현대 수학에서 표준적이듯이 공리적으로…'[25] 연구물의 제목들이 집합의 '설명'을 약속하는 것으로 보일 때, 그것들은 검토 결과 개체들의 집합들이 아무 문제가 없거 집합—원소됨이 원초적이라고 가정하고 큰 무한 집합들의 존재 같은 화제들을 논의하는 것으로 판명된다.[26]

그리고 아리스토텔레스주의자들이 하나의 답을 제공할 때—집합은 x가 어떤 단위-만들기 속성을 갖는 사태라는 테이빗 암스트롱의 제안 같은 어떤 환원론적 집합 설명이나,[27] 제3장에서 고려되었던 대안들—플

siveness of sets, *Review of Metaphysics* 24 (1971), 614–636에서도 유사하고; 복수적 논리학을 사용하여 '수집'을 이해하려 시도하는 한 반응이 A. Oliver and T. Smiley, What are sets and what are they for? *Philosophical Perspectives* 20 (1) (2006), 123–155에 등장한다.

25 T. Jech, Set Theory, *Stanford Encyclopedia of Philosophy* (2002) http://plato.stanford.edu/entries/set-theory/

26 예를 들어, G. Boolos, The iterative conception of set, *Journal of Philosophy* 68 (1971), 215–231; G. Boolos, Must we believe in set theory? in G. Sher and R.L. Tieszen, eds, *Between Logic and Intuition: Essays in Honor of Charles Parsons* (Cambridge University Press, Cambridge, 2000), 257–268; J. Burgess, E Pluribus Unum: Plural logic and set theory, *Philosophia Mathematica* 12 (2004), 193–221; C. Parsons, Sets and classes, Nous 8 (1974), 1–12; P. Maddy, Set theoretic naturalism, *Journal of Symbolic Logic*, 61 (1996), 490–514; P. Maddy, A theory of sets and classes, in Sher and Tieszen, *Between Logic and Intuition*, 299–316; K. Fine, Properties, propositions and sets, *Journal of Philosophical Logic* 6 (1977), 135–191; K.-D. Schindler, A dilemma in the philosophy of set theory, *Notre Dame Journal of Formal Logic* 35 (1994), 458–463; M.D. Potter, *Set Theory andIts Philosophy: A Critical Introduction* (Oxford University Press, Oxford, 2004), ch. 2.

27 D.M. Armstrong, Classes are states of affairs, *Mind* 100 (1991), 189–200.

라톤주의자들은 그들이 그것을 필요로 하지 않는다는 근거에서 그것을 무시해왔다. (사태들 같은) 비플라톤주의적인 어떤 것에 의한 기본적인 플라톤주의적 존재자들의 그 어떤 분석도 플라톤주의의 전망을 위협할 것이므로, 플라톤주의자들은 그들의 기본적인 기초 성분들이 완벽하게 분명하고 분석을 필요로 하지 않는 체 할 것이 틀림없다.

무한의 지나친 강조

플라톤주의자의 사고방식은 더 단순한 유한의 사례들—작은 수들의 셈, 적은 양들의 측정, 정육면체의 대칭성들, 시간표의 조합수학 등과 같은 사례들—에 관해 먼저 정확한 올바른 철학적 견해를 얻는 대신 고차적 무한들과 그것들과 연관된 전문성으로 돌진해 들어가는 편을 선호한다. 수학철학자들은 무한 점집합으로 이해된 연속체를 포함하여 전통적 실수 해석학의 존재론 전체를 물리학이 요구한다는 점을 재빨리 선뜻 받아들여 왔고, 따라서 그들의 과제가 본질적으로 무한들의 역할을 설명하기를 포함하는 것으로 상상해왔다. 그러나 그것은 일을 잘못된 순서로 하는 것이다. 첫째, 일반적으로 단순한 것이 먼저 설명되고 나서 더 복잡한 것으로 확장되어야 하고, 따라서 무한들에 관해 묻기에 앞서 우선 작은 수들과 셈의 이해를 구하는 것이 자연스럽다. 둘째, 다음 장에서 더 자세하게 보게 될 것으로, 실제 수학의 거대한 부분이 유한이다. 컴퓨터 시대는 어떻게 대부분의 수학을 유한한 수단을 가지고 할 수 있는지 보여주었다—하나의 컴퓨터는 유한한 기호 끈들에 관한 하나의 유한한 대상 연산이다. 오직 유한수들만을 허용하는, 최소한 어느 정도의 신빙성을 갖는 '극단적 유한주의' 철학을 전개하는 것이 가능하고, 그것은 철학적으로 설득력이 있지 않다면 우리가 필요로 하는 수학의 얼마나 많은 부분이 엄격하게 유한수들만 가지고 행해질 수 있는지를 상기시켜주기에 충분할 것이다. (공간과 시간을 포함하는) 우주가 유한하고 전통적인 실수 해석학 대신에 (비록 계산적으로는 철저하지만) 이산수학에 의해 적절하게 기술될 수 있다는 제안들은 또한 무한들이 응용수학에서 진실로 필요한지에 대해 의문을 제기할 수 있다.

무한들에 대한 지나친 강조가 수학철학에 말썽을 빚는 방식의 한 예는 산수가 'ω-열들' 또는 '수열들, 즉 페아노의 공리들을 만족하는 임의의 사물들의 일방적—무한 열에 관한 것이라는 베나세라프의 제안에 대해 나온 반응이다.28 그 제안은 한 수열이 자연스럽게 작대기들, 별들, 또는 다른 대상들의 무한 열에 의해 공유될 수 있는 하나의 보편자로 취급할 수 있다는 점에서 잠재적으로 아리스토텔레스주의적 풍미를 지니고 있다. 그러나 논의는 그 결론을 회피할 수 있었는데, 왜냐하면 그 예의 무한한 본성이 '우주가 유한하고 ω-연쇄들이 없다면 어떻게 되나?'라는 플라톤주의자가 지닌 의문이 문제들을 촉발하기 때문이다. 그것은 그 자체로 그 어떤 가능한 예화되지 않은 수학적 구조에 관해서도 공정하게 제기될 문제이지만, 만일 베나세라프가 한 ω-열의 첫 백 구성원들임' 같은 작은 유한 구조를 신대했다면 그리 자연스럽세 물을 수 있었을 문제가 아니다. 그러나 '2 + 2 = 4', '17은 소수다' 같은 가장 친숙한 산수의 진리들은 완전한 ω-열에서와 꼭 마찬가지로 그 구조 안에서 실현된다. '산수는 ω-열들의 이론이다'라는 제안이 참이지만, 그것은 만일 우주 안에 오직 유한한 수의 사물들이 있다면 '17은 소수이다'가 공허하거나 적용불가능하다는 것을 함축하지 않는다.

측정과 수학의 적용가능성

수학의 적용가능성 문제에 어떻게 접근하는지보다 아리스토텔레스주의와 플라톤주의의 입장 사이의 상이함을 더 명백하게 보여주는 것은 없다. 마치 그 문제가 '추상적' 수학적 존재자들과 그것들이 '적용되어' 구별되는 '세계' 안의 어떤 것 사이의 관계들에 관한 것처럼 보이게 하는 그 문제의 기술 자체가 플라톤주의의 편견을 갖고 있다. 아리스토텔레스주의 관점에서는 수학과 그것의 '적용들' 사이에 그런 분리가 애초에 없는데, 왜냐하면 순수수학이 연구하는 대칭성, 연속성 등은 무리적 세

28 P. Benacerraf, What numbers could not be, *Philosophical Review* 74 (1965), 47–73, part IIIC.

계에서 발견되는 똑같은 대칭성과 연속성이기 때문이다.

수학적 존재자들과 그것들의 '적용들' 사이의 바람직하지 못한, 가정된 분할은 측정에 대한 설명들에서 우선 명백하다. 수학과 수학의 대상 사이의 첫 접점으로서 측정의 근본적 중요성을 고려할 때, 수학철학의 표준적 문헌이 측정에 대해 거의 주목하지 않았다는 것은 놀랍다. 기존의 미미한 작업은 그 아래서 양이 수에 의해 표상될 수 있는 조건들을 기술하는 '표상 정리'에 집중하는 경향을 보였다.[29] 최근 한 저자의 표현대로, "측정 이론은 공식적으로 경험적 영역의 준동형(準同型; homomorphism)들을 그것의 주제인 수학적 체계들의 (의도된) 모델들로 취한다".[30] 이는 다시 마치 준동형이 수들과 세계의 부분들 사이의 연관에 관한 것인양 문제를 제기하는데, 그러한 제기는 그 문제에 관해서 플라톤주의적 관점으로 인도된다.

그러나 자세히 살펴보면 아리스토텔레스주의적 재해석이 시사된다. 측정된 세계의 양적 속성들의 무엇이 수들에게 준동형이 존재하도록 보장하는 것일까? (길이 측정의) 표준적 취급법은 동일한 자들의 연결적 속성들을 바라보고 그 속성들을 준동형이 존재한다는 것을 보여주기 위한 기반으로써 공리화하는 데서 시작한다.[31] 필드(Field)의 온도의 예에서와 꼭 마찬가지로, 양적 속성들은 준동형에 앞서 존재하고 양적 속성들은 준 동형의 존재 조건이다: 아리스토텔레스주의자들이 주장하듯, 예컨대 길이들의 비율 체계는 측정되는 물리적 사물들 안에 선재하고, 측정은 특정 사례에서 흥미로운 비율들을 식별하는 일로 이루어진다: 계산이 쉽도록 비율들을 디지털 숫자로 변환되도록 허락하는 단위의 임의

29 예를 들어, C.W. Savage and P. Ehrlich, *Philosophical and Foundational Issues in Measurement Theory* (Lawrence Erlbaum, Hillsdale, NJ, 1992).

30 J. Azzouni, *Deflating Existential Consequence: A Case for Nominalism* (Oxford University Press, Oxford, 2004), 161.

31 D.H. Krantz, R.D. Luce, P. Suppes and A. Tversky, *Foundations of Measurement*, vol. 1 (Academic Press, New York, 1971), ch. 1.

적 선택은 마지막 단계에서 일어나는 일이다.[32] 그것은 다시 측정에서 야기되는 실수들에 관한 아리스토텔레스주의 실재론자의 견해를 시사해 준다: 호주의 아리스토텔레스주의자 미셸(Michell)이 말하듯, 앞서 제3장에서 비율들에 대해 사용된 바와 유사한 언어로 측정가능한 속성들이 비율들을 유지한다는 확약은 그 이상의 함축, 즉 *실수들이 시공간적으로 정위된 관계들*이라는 함축을 갖는다. 그것은 우리가 수에 대해 실재론자의 견해에 연루되게 한다. 만일 스미스의 체중이 90킬로그램이라면, 이것은 실수 90이 일종의 관계, 즉 스미스의 체중과 표준 킬로그램의 무게 사이에 성립하는 일종의 관계라는 주장과 동치이다. 이 무게들이 실재적이고, 그 속성의 시공간적으로 정위된 사례들이므로, 그것들 사이에 성립하는 그 어떤 관계도 마찬가지로 실재적이고 시공간적으로 정위될 것이다. 이런 종류의 관계가 앞에서 비율이라고 칭해졌다. 따라서 측정에 관한 실재론자의 견해는 *실수들이 비율들임*을 함축한다. 대조적으로, 수학철학 내 표준적 견해는 수들이 일종의 추상적 존재자들, 측정의 경험적 맥락에 내재적이지 않고 인간의 규약에 의해 그 상황의 특색들과 외적으로 관계되는 존재자들이라는 것이다. 이는 측정에 대한 표상적 견해와 썩 잘 맞고, 그 표상적 견해는 20세기에 측정에 관한 철학적 사유를 주도해왔다. 그 표상적 견해는 수학철학 내에서 비실재론적 사고에 의해 강력하게 뒷받침되었다.[33]

필수불가결성 논증

논리학과 언어학적 항목에 관한 프레게적 플라톤주의는 수학에서의 플라톤주의를 위한 최고의 옹호 논증으로 널리 동의를 얻은 필수불가결성

32 Similar comments in J. Bigelow and R. Pargetter, *Science and Necessity* (Cambridge University Press, Cambridge, 1990), 60–61 and H.E. Kyburg, Quantities, magnitudes and numbers, *Philosophy of Science* 64 (1997), 377–410(헬름홀츠를 기반으로 함).

33 J. Michell, The logic of measurement: a realist overview, *Measurement* 38 (2005), 285–294; 유사하게 C. Swoyer, The metaphysics of measurement, in J. Forge, ed., *Measurement, Realism and Objectivity* (Reidel, Dordrecht, 1987), 235–290.

논증에 대한 왜곡된 견해에도 기여해왔다. *수학*(수학의 실제 활동, 이론들의 수학적 진술, 이론들로부터의 수학적 연역)이 과학에 필수불가결하다는 것은 명백하지만, 필수불가결성 논증은 (수들, 집합들과 함수들 같은) 수학적 존재자들을 지칭할 필수불가결성에 관한 더 구체적인 주장들로부터 나오고 그런 존재자들이 (어떤 플라톤주의적 의미에서) 존재한다고 결론짓는다. 콰인이 그 논증을 제시한 바에 따르면:

> 보통의 해석된 과학적 담론은 사과들과 다른 물체들에 그런 것만큼 거침없이 추상적 대상들에—국가들, 종(種)들, 수들, 함수들, 집합들—개입한다. 이 모든 것들은 세계에 대한 우리의 전체 체계 안에 변항들의 값으로 등장한다. 수들과 함수들은 가설적 입자들만큼이나 진정으로 물리학 이론에 기여한다.[34]

진술된 대로 (그리고 콰인과 퍼트넘에 의해 더 설명되었듯) 그 논증은 대단히 경건하고 대단히 근본주의적인 언어에 대한 한 가지 태도를 함축한다.[35] 그것은 오직 명제들과 지칭의 대상들 같은 존재자들에 관한 프레게의 플라톤주의의의 여파 속에서만 신뢰할 수 있는—그것을 신뢰할 수 있었던 때가 있기라도 했다면 그때였을 20세기 중반 언어적 철학의 전성기에—태도이다. 나중에 더 자연주의적인 관점들은 언어의 꼬리가 존재론적 개(犬)를 그런 식으로 흔들 수 있다는 것이 그럴 법하지 않다는 사실을 알게 되었다. 의심할 여지없이 이제는 우리가 '평균적 런던 시민은 평생 동안 15명의 자녀를 낳을 것이다' 같은 진술에서 '평균적 런던 시민'이란 지칭을 바꿔 쓰는 법을 이해하고, 그럼으로써 우리는 '평균적 런던 시민'이라는 존재에 개입할 필요가 없다; 그러나 우리의 언어가 더 제한적이 되면 (예를 들어, 평균적 같은 교묘한 지적 개념들

34 W.V. Quine, Success and limits of mathematization, in W.V. Quine, *Theories and Things* (Harvard University Press, Cambridge, MA, 1981), 148–155, at 149–150.
35 그런 근본주의적 태도들은 또한 M. Leng, *Mathematics and Reality* (Oxford University Press, Oxford, 2010), 9–10, 130–132에서 비판된다.

을 감당하지 못하는 iPod에 중독된 젊은 세대의 무능함을 통해) 어떻게 될까? 그 지칭을 더 이상 우리 언어에서 제거할 수 없게 되었다는 것만으로는 '평균적 런던 시민'이라는 플라톤적 존재자를 믿을 이유가 되지 못할 것이다. 존재론은 그런 식으로 언어의 변덕에 놀아나지 않는다.

콜리반(Colyvan)에 의한 필수불가결성 논증의 주의 깊은 옹호가 쉽게 버려지지 않는다는 것은 참이다. 그럼에도 불구하고 그의 취급법은 아리스토텔레스주의자들이 바람직하지 않다고 보는 주된 특색들, 즉 (바꿔 쓸 수 없다면) 존재자들에 대한 지칭 해석에서의 근본주의와 결론에서 가정된 플라톤주의를 보존하고 있다. 콜리반은 아리스토텔레스주의 실재론을 포함할 만큼 '플라톤주의'를 광의로 재정의함으로써 시작한다.36 그것은 훌륭한 아이디어가 아닌데, 왜냐하면 플라톤과 아리스토텔레스는 키케로와 툴리 사이와 같은 관계를 갖지 않고, '플라톤주의'라는 이름은 전통적으로 아리스토텔레스주의와 대조되는 실재론적 철학을 위해 보류되어왔기 때문이다. 그러나 어쨌거나 콜리반의 논의는 그 선택지에 대한 더 이상의 주목 없이 진행된다.37 실재론자를 위한 선택지들은 형상들의 신비로운 지각-같은 "직관"이거나 지각되지는 않으나 최고의 물리학 이론에 의해 존재한다고 상정되는 블랙홀과 전자들과 유사한 '설정들'로서의 수학적 대상들로의 추론이라고 콜리반은 말한다. 그리고 콜리반은 그가 믿기에 필수불가결성 논증이 그것으로 인도하는 플라톤주의가 '인과성이 존재의 표지'라는 '엘레아학파적 원리'를 부인한다는 것을 당연하게 받아들인다. 수들, 집합들 또는 필수불가결성 논증에 의해 그것들의 존재가 지지되는 다른 대상들은 색깔 같은 과학적 속성들

36 M. Colyvan, *The Indispensability of Mathematics* (Oxford University Press, Oxford, 2001), 4.

37 C. Pincock, A revealing flaw in Colyan's indispensability argument, *Philosophy of Science* 71 (2005), 61-79는 '실재론'으로 루이스나 헬먼처럼 플라톤주의와 거리가 먼 견해들까지 포괄하도록 허용하자는 콜리반의 제안은 그들의 견해에 의거할 때 그 어떤 진정한 수학적 존재자들도 없으므로 그의 결론들의 정신과 반대된다고 논증한다.

과 대조적이게 인과적으로 작용하지 않는다고 믿으며, 콜리반은 엘레아 학파의 원리가 거짓이라고 논변한다.[38]

그러나 셰인(Cheyne)과 픽던(Pigden)은 그 어떤 필수불가결성 논증도 원자들 같은 인과적 힘을 지닌 존재자들에 대해 결론을 내려야 한다고 논변한다: 원자들을 이론에 필수불가결하게 만드는 것은 그것들의 인과적 힘이다. "만일 우리가 진정으로 그 대상들을 세계가 어떠한지에 관한 우리의 최선의 이론 밖으로 내쳐버릴 수 없다면 … 그것들은 어떤 식으로든 세계가 있는 바대로의 방식에 책임이 있을 것에 틀림없다. 다시 말해서, 그것들의 필수불가결성은, 제 아무리 간접적일지라도, 그것들이 인과적으로 세계에 영향을 미친다는 사실에 의해 설명된다. 필수불가결성 논증은 아직 강력하지는 않을지 몰라도 인과적 힘을 지닌 존재자들의 존재에 대해서는 감탄하지 않을 수 없는 논증으로 여겨진다."[39] 최소한, 원자들의 존재는 그것들의 공준으로 인도된 관찰들을 인과적으로 설명해준다. 플라톤적 수학적 존재자들의 경우 무엇이 이에 대응하는지는 분명하지 않다.[40]

그러나 필수불가결성 논증에는 또 다른 문제가 있다. 확실히 수들을 원자들이나 유전자들 같은 추론된 숨은 존재자들로 생각하는 데는 뭔가 어리석은 면이 있다? 원자들의 존재는 명백하지 않다. 그것은 다만 순수 화학물질들이 결합하는 비율들에 관한 복잡한 고려들로부터, 그리고 유체 안에서의 부유 현상에 대한 정교한 관찰들로부터 추론될 뿐이다. 그 반면, 다섯 살 난 어린이도 왜 2 + 2 = 4인지 알아야 할 바를 다 이

38 Colyvan, *The Indispensability of Mathematics*, ch. 3.

39 C. Cheyne and C.R. Pigden, Pythagorean powers, *Australasian Journal of Philosophy*, 74 (1996) 639–645.

40 필수불가결성 논증에 대한 또 다른 아리스토텔레스주의적 해석으로 A. Newstead and J. Franklin, Indispensability without Platonism, in A. Bird, B. Ellis and H. Sankey, eds, *Properties, Powers and Structures* (Routledge, New York, 2012), 81–97 참조.

해한다. 파슨즈가 논평한 것처럼, 콰인주의적 견해는 '바로 그 초보수학의 명백함을 설명되지 않은 채로 남겨둔다'.[41] 우리가 셈 구조를 경험에 부과하기 때문에 우리가 셈을 철저하게 이해한다는 칸트의 견해는 지나치게 멀리 나아간 것일 수 있지만,[42] 우리가 셈을 완전히 이해한다고 믿은 점에서 그는 옳았다. 우리는 그러기 위해 숨은 존재자들로의 추론이나 과학 전체의 거미집에 관한 정보를 필요로 하지 않는다. 그것은 대칭성과 세계에 실현된 그 어떤 다른 수학적 구조에 있어서도 같다. 제4장에서 길게 설명했듯이, 그것은 한 단일한 사례에서 지각될 수 있고, 추론될 필요가 있는 어떤 세계 외적 형태의 대칭성 없이도 다른 사례에서 반복할 것으로 이해할 수 있다.

만일 플라톤주의자가 그때 그 문제가 어린이들에 의한 셈 같은 수들의 '적용'에 관한 것이 아니라 수들 자체에 관한 것이라고 주장한다면, 그는 플라톤과 아리스토텔레스에 의해 제3인간 논변으로 극화되었던 딜레마에 직면한다. 통합할 것으로 상정되는 개별적 인간들로부터 분리된 존재자로 이해되는 인간의 형상은 도대체 무슨 쓸모가 있느냐고 아리스토텔레스는 묻는다. 인간의 형상은 그것들을 통합하는 행위를 수행할 수 있게 해주는 인간들과 공통적으로 무엇을 갖는가? 인간의 형상은 인간의 형상과 개별적 인간들 양자를 통합하기 위해 하나의 '제3인간'을 요구하지 않을 것인가? 무한 퇴행의 위협이 있다.[43] 그 퇴행은 공간과 시간 밖에 있고 인과적 힘을 결여한 플라톤적 형상이 부과된 역할을 수행하지 못하는 무능함을 노출시킨다. 개별적 인간들이 이미 인간의 형상을 닮도록 만드는 어떤 것을 공통적으로 가졌고, 그럴 경우 형상이 필

41 C. Parsons, Mathematical intuition, *Proceedings of the Aristotelian Society* 80 (1979/80), 145–168, at 151.

42 J. Franklin, Artifice and the natural world: mathematics, logic, technology, in K. Haakonssen, ed., *Cambridge History of Eighteenth Century Philosophy* (Cambridge University Press, Cambridge, 2006), 817–853.

43 Plato, Parmenides 132a1–132b2l; G. Fine, *On Ideas: Aristotle's Criticism of Plato's Theory of Forms* (Clarendon, Oxford, 1993), ch. 15.

요하지 않게 되거나, 그렇지 않거나인데, 그럴 경우 형상은 그것들을 한데 묶어 비인간으로부터 구별지을 어떤 힘도 가지 못한다. 똑같은 추리가 (플라톤적 존재자들로 이해된) 수들과 집합들의 셈과 측정에 대한 관계에도 적용된다. 만일 네 살 난 어린이가 셈으로 한 무리의 앵무새가 앵무새-네-부분으로-나누어짐을 보고, 물어볼 경우 네 개의 사과를 세는 법을 마찬가지로 잘 안다면, 숨은 세상－외적 존재자들의 공준이 이미 완전한 그 어린이의 이해에 추가할 수 있는 바는 아무것도 없다. '사과임'이라는 보편자에 의해 사과 더미를 사과 부분들로 구분하는 것, 그리고 그 구분의 앵무새 더미의 앵무새 부분들로의 구분과의 평행성은 물리적 세계 안에서 성취된다: 설사 인과적 힘을 지닌다고 할지라도, 가정된 세계—외적 존재자들을 도입해서 작용하도록 할 필요가 전혀 없다. 셈과 측정은, 인식론적으로도 그것이 있을 수 있는 만큼이나 (자기-지식은 예외일 수 있지만) 우리에게 열려 있고, 다시금 한 더미가 사과-네-부분으로-나누어짐이라거나 한 그루의 나무 높이가 다른 나무의 두 배가량 된다는 우리의 지각에 세계－외적 존재자들이 개입할 필요도 없고 그럴 가능성도 없다.

양상 구조주의와 플라톤주의적 구조주의

'응용'에 관한 플라톤주의자들의 혼동은 또한 '구조의 과학'으로서 수학을 설명하려는 가장 흥미로운 두 가지 시도들인 헬먼의 '양상－구조' 이론과 셔피로와 레스닉의 플라톤주의적 구조 또는 패턴 이론을 감염시킨다.

헬먼은 수학이 한 가지 주제를 가진다고 논증한다: '구조적 가능성'이 그것이다.

> 보통의 수학적 진술들은 적당한 유형의 어떤 구조에서든 무엇이 성립할 것인지에 관한 가언적 진술들의 생략형으로 해석되고, 이것은 직접적으로 2차 논리학의 기호법으로 기술이 가능하다 … 수

학적 대상들에 대한 절대적 지칭은 전적으로 제거된다. 그 대신 번역 도식('가언적 요소')에 추가하여 적당한 유형의 구조들이 논리적으로 가능하게 되는 효과를 갖는 정언적 요소가 있다.[44]

예를 들어, 산수의 진술 S는 양상 존재 가정

X가 ω-열인 그런 X가 존재한다는 것은 가능하다.

와 함께

필연적으로 모든 X에 대해, 만일 X가 ω-열이면 S가 X 안에서 성립한다.

를 주장하는 것으로 해석된다.[45]

아리스토텔레스주의자의 관점에서 이 진술들은 참이고, 최근 문헌에서 널리 논의되는 수학철학자들 중에서는 헬먼의 저술이 이 책의 관점과 가장 가깝다. 반플라톤주의자라는 점에서, 그리고 플라톤주의적 존재들에 대한 지칭을 필연성과 가능성에 대한 이야기로 대치한 점에서 헬먼의 저술은 이 책과 일치한다.

헬먼의 이론에 대한 아리스토텔레스주의자의 첫 불평은 이론 안의 양상들이 근거가 없고 지나치게 가언적인 형식으로 표현되었다는 것이다. 만일 ω-열들이 있을 수 있는 것이라면, S라는 진술은 모든 현실적인 ω-열들에서 문자 그대로 참이어야 한다—그것이 '가능성'이 의미하는 바

44 G. Hellman, *Mathematics Without Numbers: Towards a modal-structural interpretation* (Clarendon, Oxford, 1989), 53; 요약에 해당하는 내용을 G. Hellman, Modalstructural mathematics, in A. Irvine, ed., *Physicalism in Mathematics* (Kluwer, Dordrecht, 1990), 307-330에서 볼 수 있음.

45 Hellman, *Mathematics Without Numbers*, 16-17.

이다. 그것이 사례화되는지 여부에 관해 우리의 지식이 결여된 ω-열들 같은 무한 구조를 선택하는 일은 논쟁을 편향시키지만, 헬먼의 이론은 완벽하게 일반적이고 오일러의 쾨니히스베르크의 다리들의 위상수학적 구조같이 사례화된 것을 우리가 아는 것들을 포함하여 모든 구조들에 적용되기를 의도한다. 순수하게 가언적인 것에서 피난처를 구하거나 플라톤주의적으로 이해된 양상 논리학이 현실적으로 존재하는 구조에서 발견된 필연성들의 구실을 하도록 강요할 필요가 전혀 없다. 헬먼의 설명은 사례화되지 않은 구조들에 대해 옳지만, 그 구조들이 실제로 사례화된 경우 무슨 일이 일어나는지에 관한 언급을 회피한다. 그럴 경우, 그의 이론의 양상적 진술들과 가언적 진술들은 현실성들에 근거지을 필요가 있다.

만일 어떤 이가 어떤 파랑의 음영이 사례화되지 않을 수 있다는 사실에 의해 너무도 불안해져서 색깔의 물리학이 색깔에 관한 것이 아니라 색깔 가능성들에 관한 것이라 여기면 어떤 일이 일어날 것인지와 비교해보라. 그것은 과잉반응일 것이다. 가능성들에 관한 지칭은 헛되다. 색채 물리학은 존재하는 것과 존재하지 않을 수 있는 어떤 것 양자 모두를 포함한 단순히 색깔들에 관한 것이다.

둘째, 심지어 무한 구조의 경우에도, 더 면밀하게 검토해보면 헬먼의 양상주의 이론은 필드가 시도했던 유명론에서와 얼추 똑같은 방식으로 실재론적으로 해석된 보편자들에 대한 은폐된 지칭을 드러낸다. 헬먼은 ω-열들을 특징짓기 위해서 우리가 수학적 귀납법의 2차 (논리학적) 진술을 필요로 한다고 옳게 말하고 있다:

$$\forall P[(P(0)\ \&\ \forall x \forall y(P(x)\ \&\ s(x)=y \supset P(y))) \supset \forall x P(x)]$$

이 식에서 P는 무엇인가? 즉, 어떤 종류의 존재자들을 첫 번째 보편 양화사는 치역으로 갖는가? 헬먼은 그것들이 집합들이라고 말하고, 따라서 그 진술은 "0을 포함하고 후속자 (함수) 아래 닫히는 그 어떤 집합도 모든 수를 포함한다(여기서 '수'는 그저 '한 ω-열의 구성원'을 의미한다)"를 의미한다.[46] 그러나 이 지점에서 헬먼은 어떤 현실적인 ω-열도 없을 가능성을 상상하고 있으므로 '집합'은 현실적 존재자들의 집합을 의미할 수 없다. 2차 논리학의 표준적 견해가 양화되는 속성들을 현실적인 집합들로 간주하는 반면,[47] 헬먼 자신도 논리적 양상들이 원초적이고 집합론적 개입을 피한다는 점을 강조한다.[48] 그는 가능자들(possibilia)의 집합들을 인정하지도 않는다. 2차 양상 논리학에 의존하려는 헬먼의 계획은 *P*들이 실제로 보편자—한 ω-열의 구성원들이 공유할 수 있는 어떤 속성—임을 시사한다. 똑같은 질문이 후속수 관계 s에 관해서 제기될 수 있다—만일 관계가 아니라면, ω-열들의 구성원들 간에 성립할 수 있는 반복 가능한 그것은 어떤 종류의 것인가? 실로, 헬먼은 정확히 그 방식으로 이야기한다: 우리는 힐베르트를 따라 그다음 표지를 생성하기 위해 구체적인 표지와 구성적 규칙 R을 고려하고 … 이것은 [항상 후속수 표지가 존재한다] 사실상 시제 세계에서 성립하지 않을 수 있지만, 나는 왜 그것이 논리적으로 가능하지 않아야 하는지 아무런 이유도 볼 수 없다.[49] 실재하는 관계, 표지들의 쌍들 사이에 성립하는 반복가능자가 아니라면 '규칙 R'은 무엇인가? 그 관계는 세계가 그 표지들이 무한으로 계속 나아가거나 소진되는지의 여부와 무관하게—미리 구체화되고 이해된—같은 종류의 것이다. 표지들 끄기가 원리상 무한정 계속될 수 있는 종류의 것인지 여부는 보편자, 표지들의 반복에 관한 사실이지 양상논리학에 관한 독립적 사실이 아니다. 따라서 헬먼이 그의 구조주의를 설명하기 위해 양상논리학에 호소하는 것은 양상들을 근거 없는 채로, 그리고 심지어 그것들이 적용되는 것을

46 Hellman, *Modal-structural mathematics*, at 311.
47 H.B. Enderton, Second-order and higher-order logic, *Stanford Encyclopedia of Philosophy* (revised 2009), http://plato.stanford.edu/entries/logic-higherorder/
48 G. Hellman, Structuralism without structures, *Philosophia Mathematica* 4 (1996), 100-123, at 103-104.
49 Hellman, *Modal-structural mathematics*, at 317.

설명하기 위해서라도 실재론적 보편자 이론을 필요로 하는 채로 남겨 두고 있다.

셋째, 그리고 마지막으로, 헬먼의 프로젝트는 논리주의에 대한 주된 장애물들 중 하나였던 한 문제로 인해 추락한다: 무한 공리의 비논리적 본성. 헬먼은 플라톤주의자의 존재자들을 양상논리학의 필연성들로 대치하기를 희망한다. 헬먼은 "우리가 원자들의 한 무한의 논리적 가능성을 우선 공준할 수 있다"고 쓴다[50] … 그러나 이 가능성이 어떤 의미에서든 논리학의 문제라는 것은 그럴 법하지 않다. (논리적 가능성들이 '공준'될 필요도 없다.) 다음 장에서 설명되겠듯이, 공리적 집합론에 관한 한 세기 동안의 연구의 교훈은 무한 공리가 순수하게 논리적 수단에 의해 더 단순한 어떤 것으로부터 도출될 수 없고, (비록 그것을 믿을 이류들이 있을 수는 있지만) 그것 스스로에 의해 받아들여져야만 한다는 것이다.

따라서 헬먼은 필드처럼 플라톤주의를 회피하면서 어떻게 수학을 할 수 있는지를 보여주는 데서 어느 정도의 성공을 거두었지만, 그러면서 자연스럽게 아리스토텔레스주의적 해석을 취하는 비유명론적 존재자들을 요구했다.

제4장에서 보았듯이, 셔피로와 레스닉은 다른 형태의 구조주의를 제시한다. 그들은 그들의 '구조들'과 '패턴들'을 집합들과 같은 어떤 것인 플라톤주의적 존재자들로 이해한다.[51]

아리스토텔레스주의자는 그때 어떻게 그런 플라톤주의적 존재자들이

50 Hellman, Structuralism without structures, 108에서.

51 수학적 대상들의 '불완전성'에 관한 다양한 특징적 난점들로 인도함: F. MacBride, Structuralism reconsidered, in S. Shapiro, ed., *Oxford Handbook of Philosophy of Mathematics and Logic* (Oxford University Press, New York, 2005), 563–589.

물리적 세계 내에 현실화된 구조들이나 패턴들과 관계되는지에 대한 설명을 그들에게 요구한다. 셔피로는 '야구경기 수비'의 예에 대한 충실한 설명을 가지고 그 문제에 대한 답변을 시도한다:

> 수학적 구조와 일상적 구조들 사이의 또 다른 중요한 차이는 그 구조들 안에서 자리를 차지할 수 있는 항목들의 종류에 관한 것이다. 야수들이 보통 서 있는 곳에 아홉 개의 돌 말뚝 또는 아홉 명의 유아들이 자리잡고 있는 야구장으로 이루어진 한 체계를 상상해보라. 또한 그 위에 야구 감독이 작전을 지시하고 토론하는 야구장 다이어그램 위의 분필 자국 시스템을 상상하라. 직관적으로, 이 시스템들 중 어느 것도 수비 구조를 예화하지 않는다. 한 시스템은 그것의 위치들이 야구경기를 할 차비를 갖춘 사람들로 채워지지 않는 한 야구경기 수비가 아니다. 돌 말뚝들, 유아들, 그리고 분필 자국들은 배제된다. 일견, 잠재적 수비 시스템들 안에서의 자리 임자에 대한 이런 요건들은 '구조적'이지 않다. 예를 들어, 자리 임자들이 야구할 준비가 된 사람들이어야 한다는 요건은 그 자리들과 자리 임자들 사이의 관계만으로는 기술되지 않는다. 돌 말뚝들의 시스템과 분필 자국들의 시스템은 아마도 야구경기–수비 구조를 모형화하거나 시뮬레이트한다고 말할 수는 있겠지만, 그것들은 그 자신을 예화하지는 않는다. …

대조적으로, 수학적 구조들은 자립적하다. 모든 자리는 어떻게 자리 임자가 그 구조의 다른 자리들의 임자들과 관계되는지에 의해 완전히 특징지어지고, 어떤 대상이나 그 자리들 중 어떤 것이든 차지할 수 있다. 예를 들어, 자연수 구조에서, 6의 자리를 차지하는 데에는 5 자리에 있는 it 항목의 후속수라는 것 이외에 더 요구되는 바가 없고, 또 그다음 차례로 5 자리를 차지하는 데는 4 자리에 있는 항목의 후속수라는 것 이외에 더 요구되는 바가 없다. *어떤 것이든.* 어떤 것이든 자연수 체계에서 6의 역할을 할 수 있다. 그 자리들을 차지하는 개별적 항목들에 대한 요건은

> 전무하다: 그 요건들은 오직 그 항목들 사이의 관계들에 관한 것이다. 이러한 특색의 하나의 귀결은 수학에서는 한 구조를 시뮬레이팅하는 것과 예화하는 것 사이에 아무런 차이도 없다는 것이다.[52]

아리스토텔레스주의자들은 이 예들이 (단지) 구조적인 특색들과 순수하게 구조적인 특색들을 올바르게 구별하고 있다고 본다—야구경기 수비임은 타탄 패턴임과 마찬가지로 순수하게 구조적이지 않은데, 왜냐하면 그것이 구성요소들의 특정 속성들을 요구하기 때문이다. 그러나 그들은 셔피로가 플라톤주의자로서 이것을 한 종류의 존재자, 추상적인 '수학적 구조들'과 또 다른 종류의 존재자, 야구경기 수비처럼 사례화된(?) '보통' 구조들 사이의 차이로 오해해왔다고 믿는다. 그리고 그는 그런 사례화된 구조들이 무엇인지에 대해서나 수학적 구조들과 사례화된 구조들 사이에 성립한다고 이야기하는 '모델링' 또는 '시뮬레이션'의 관계에 대한 폭넓은 설명을 제시하려는 시도조차 하지 않는다. 나중에 응용수학을 논의하면서 그는 '관찰 가능한 물리적 대상 간의 수학적 구조의 예화 발견하기'에 관해 이야기하지만,[53] 또다시 예화 관계의 플라톤주의적 본성이 강조되고, 그것에 대한 확정된 이론(예를 들어, 형상들의 세계와 물리적 세계 사이의 유사성에 관한 이론)은 전무하다.

아리스토텔레스주의자는 사례화가 그 관계의 올바른 선택이라고 주장한다: 만일 야구경기를 할 준비가 되어 있는 사람들에 의해 사례화되면 하나의 야구경기 수비인 순수하게 구조적인 관계가 있고, 그것이 야구경기 수비임에 있는 전부다.

52 S. Shapiro, *Philosophy of Mathematics: Structure and Ontology* (Oxford University Press, New York, 1997), 99-100.
53 Shapiro, *Philosophy of Mathematics,* 249.

인식론과 '접속'

셔피로는 플라톤주의가 유일한 실재론적 선택지로 취급될 때 수학에서의 인식론적 문제가 어떻게 보일지를 잘 설명한다:

> 존재론에서의 실재론 비판을 첨예화하기 위해, 인과적 지식론이 '자연화된 인식론'이라 불리고, 인간이라는 주체가 물리적 우주 안에 놓인 철저하게 자연적 존재라고 주장하는, 널리 퍼진 분야의 한 사례라는 점에 주목하라. 아는 자가 지녔고 지식의 추구 중에 호소할 수 있는 그 어떤 능력도 오직 보통의 과학적 감시에 따르는 자연적 과정들만을 포함해야 한다. 따라서 실재론자는 어떻게 한 물리적 우주 안에 자리잡은 한 물리적 존재가 수학적 대상들 같은 추상체들에 관하여 알 수 있는지에 대한 설명을 빚지고 있다. 존재론 안에서는 실재론 반박이 전혀 없을 수도 있지만, 그것에 대한 한 가지 심원한 도전이 있다. 어떻게 존재론에서의 실재론이 자연화된 인식론과 양립가능한지를 보여줄 부담은 실재론자에게 있다.54

만일 그 문제가 처음부터 비인과적인 *추상적*인 것들을 아는 문제로 제기된다면, 접속, 그리고 아예 해결될 법하지 않은 자연화된 인식론과의 양립불가능성 문제들이 생길 것이다.

실제로 플라톤주의자의 관점에서 그 문제에 관해 이루어진 진지한 공격이 한 차례 있었다. 브라운은 인과적 지식론이 더 이론적인 종류의 지식들 몇몇에 관해 정확하게 올바르지는 않다고 논증한다. 예를 들어, 귀납적으로 도달한 '백조는 희다'라는 지식은 모든 백조들에 의해 인과를 가지게 된 것이 아닌데, 왜냐하면 오직 그들 중 소수가 관찰되었기 때문이다; 그 대신, 그 지식은 감각적 지각으로부터 추론에 의해 나오고, 그것은 수학적 지식에도 마찬가지로 참일 수 있다.55 그의 저서 『수학철

54 Shapiro, *Philosophy of Mathematics,* 110.
55 J.R. Brown, π in the sky, in Irvine, *Physicalism in Mathematics*, 95-120.

학: 증명들과 그림들의 세계 입문(*Philosophy of Mathematics: An introduction to the world of proofs and pictures*)』에서 브라운은 플라톤주의적 지식에 대해 더 긍정적인 설명을 제시한다. 그는 수학적 정신이 물리적 세계에 그린 다이어그램들로 제안된 증명을 통해 진리를 파악하는 것으로 본다. 그는 "어떤 '그림들'"은 "실제로 그림들이 아니라 플라톤의 천국으로의 창문들"이라고 말한다.56 다이어그램들이 수학적 실재에 대한 일종의 비전인 이해를 유발한다는 이야기는 확실히 설득력이 있지만, 그 설명이 플라톤주의적이라는 주장에는 다소 역설이 있다. 우리가 수학적 진리들을 다이어그램으로 직접적으로 볼 수 있다고 브라운이 더 주장하면 할수록 그의 이론은 더 아리스토텔레스주의적이고 덜 플라톤주의적으로 보이는데, 왜냐하면 그것들의 모든 필연성을 지니면서 다이어그램들을 포함하는 실제 세계에서의 수학적 진리들의 실현가능성을 주장하는 것은 바로 아리스토텔레스주의이기 때문이다. 이것이 어떻게 작동하는지는 제11장에서 고찰될 것이다.

필수불가결성 논증과 관련하여 앞서 다뤄진 문제들은 계속 반복해서 등장한다. 테이블들의 대칭성 같은 사례화된 수학적 속성들에 대한 우리의 직접적 지각은, 설사 우리가 그런 것을 가졌던 적이 있었다고 하더라도, 비인과적 *추상체*들에 대한 우리가 가졌던 그 어떤 별도의 접속의 도움도 받지 않을 것이다. 아리스토텔레스주의 인식론은 자연화된 인식론의 한 형태이고 따라서 자연화된 인식론과의 양립불가능성 문제는 전혀 없다. 필수불가결성 논증은 어떻게 아리스토텔레스주의 인식론이 황금 산이 존재나 무한 기수의 존재 같은 실현되지 않은 가능성의 문제를 해명할 수 있을지와 관련하여 한 가지 도전을 남긴다. 그것은 수학 지식

56 J.R. Brown, *Philosophy of Mathematics: An Introduction to the World of Proofs and Pictures* (Routledge, London, 1999); 2nd edn, *Philosophy of Mathematics: A Contemporary Introduction to the World of Proofs and Pictures* (Routledge, New York, 2008), 40; 더 많은 예들은 R. Nelsen, *Proofs Without Words: Exercises in Visual Thinking* (Mathematical Association of America, Washington, DC, 1993) 참조.

에 고유한 도전은 아니고, 제2장에서 처음 거론하였고 이후의 장들에서 더 자세히 고찰할 것이다.

자연주의: 비플라톤주의 실재론

플라톤주의자들이 수학에서 실재론의 전 분야를 완전히 장악하고 있지는 않다. 여기서 우리는 옹호되고 있는 아리스토텔레스주의에 그 정신에서 더 가까운 실재론적 수학철학들을 간략히 살펴보면서, 그것들이 어떻게 비교되고 우리 이론이 그것들에 비해 어떤 이점을 지니는지를 설명한다.

아리스토텔레스는 비플라톤주의적 실재론의 일반적인 형이상학적 틀을 제공했을 뿐만 아니라 수락에 특수한 몇 가지 주제를 정립했다. 수학은 그에게 단지 사고 안에서만 물리적 사물들로부터 추상된 물리적 사물들의 속성들의 연구였다:

> 명백히 물리적 물체들은 표면, 체적, 선과 점을 포함하고, 이것들은 수학의 주제이다 … 수학자는 지적된 속성들을 무리적 물체들의 속성들로 고려하지 않는다. … 그것이 그가 속성들을 분리하는 이유인데, 왜냐하면 생각 속에서 거것들은 운동으로부터 분리가능하기 때문이다. … [더 물리적인 수학의 분과인] 기하학이 물리적 길이들을 연구하지만 물리적인 것으로서 그리하는 것은 아닌 반면, 광학은 수학적 길이들을 연구하지만 물리적인 것으로서 그리하지 않는다.[57]

이 실재론과 플라톤주의의 대조는 명확하다: '수학적 대상들은 존재하고, 그것들에 대해 이야기되는 바대로 있'지만, 그것들은 분리된 별개의 대상

57 Aristotle, *Physics*, bk 2, ch. 2, 193b23–194a11, J. Lear, Aristotle's philosophy of mathematics, *Philosophical Review* 91 (1982), 161–192에서 논의됨; H. Mendell, Aristotle and mathematics, *Stanford Encyclopedia of Philosophy*(2004), http://plato.stanford.edu/entries/aristotle-mathematics/.

들이 아니다. '남성으로나 여성으로서 동물들에게 특유한 속성들이 있다. (그러나 동물들로부터 분리된 남성이나 여성은 없다.) 따라서 단지 길이들로서나 평면들로서 사물들에 참으로 성립하는 속성들이 있다.[58]

또한 아리스토텔레스는 이산적 양과 연속적 양의 기본적 구별을 부분들로의 분할가능성을 거론하는 그 양들 사이의 유사성과 함께 펼쳐 놓았다:

> '양'은 각각이 본성상 하나의 '하나'이고, 하나의 '하나의 양'은 셀 수 있으면 복수성이고, 측정가능하면 하나의 크기다. '복수성'은 잠재적으로 불연속적인 부분들로 분할가능한 것을 의미하고, '크기'는 연속적인 부분들로 분할가능한 것을 의미한다.[59]

그리고 이산적 양에 관하여 비판적일지라도, 그는 단위를 만드는 보편자를 통한 수의 사례화 가능성을 강조했다:

> '하나'는 어떤 복수성의 척도이고, '수'는 측정된 복수성과 척도들의 복수성을 의미한다 … 척도는 언제나 측정하는 모든 사물들의 술어가 될 수 있는 어떤 동일한 것이어야 한다. 예를 들어, 만일 그 사물들이 말이면, 척도는 '말'이고, 만일 그것들이 인간이면, '인간'이다. 만일 그것들이 하나의 사람, 한 마리의 말, 하나의 신이면, 척도는 아마도 '살아 있는 존재'이고 그것들의 수는 살아 있는 존재들의 수일 것이다.[60]

58 Aristotle, *Metaphysics*, bk 13, ch. 3, 1077b18–1078a9.
59 Aristotle, *Metaphysics*, bk 5, ch. 13, 1020a7–12.
60 Aristotle, *Metaphysics*, bk 14, ch. 1, 1088a4–11, further in H.G. Apostle, *Aristotle's Philosophy of Mathematics* (University of Chicago Press, Chicago, 1952); V.E. Smith, *St Thomas on the Object of Geometry* (Marquette University Press, Milwaukee, 1954); D. Bostock, Aristotle's philosophy of mathematics, in C.J. Shields, ed, *Oxford Handbook of Aristotle* (Oxford University Press, Oxford, 2012), 제18장.

17세기와 18세기에 이르러서는 이산적 양과 연속적 양 양자 모두를 아우르는 양의 실재론적 과학으로서의 아리스토텔레스주의 수학 이론의 한 판본이 표준적이 되었다.[61] 뉴턴은 그 특유의 대가적 스타일로 연속적 양에 대해 이렇게 썼다. '수로 우리는 단일성의 크기가 아니라 어떤 양의 똑같은 종류의, 우리가 단일성으로 취급하는 또 다른 양에 대한 추상된 비율로 이해한다'.[62] 실재론적 양 이론은 명백히 헛소리로 사장됐다. 그것은 후대에 공격받지도 않았고 옹호되지도 않았다.

존 스튜어트 밀(John Stuart Mill)은 오늘날도 여전히 가장 잘 알려진 자연주의적 수학철학을 제시했다. 그의 이론은 수학을 '집합체들(aggregates)'의 양의 귀납적 과학으로서 화학 같은 다른 과학들과 단지 주제의 일반성에서만 다른 것으로 표상했다. 프레게에 의해 충분히 학대받고, 다른 거의 모든 철학자들에 의해 가망없이 소박한 것으로 간주되었지만, 후대의 저자들이 무시하기로 결정했음에도 불구하고, 그것은 지금까지 훌륭한 문제로 남아 있는 특정 문제들을 제기했고, 그에 답하고자 시도했다. 밀은 이렇게 쓰고 있다:

> 그 과학[산수]의 근본적인 진리들은 모두 감각의 증거 위에 근거한다; 그 근본적 진리들은 우리의 눈과 손가락에, 예컨대 열 개의 공 같은, 어떤 주어진 수의 대상들도 분리와 재배열에 의해 우리 감각들에게 그것의 합이 10과 같은 수들의 모든 다른 집합들을

61 예를 들어, I. Barrow, *The Usefulness of Mathematical Learning Explained and Demonstrated* (London, 1734, repr. London, 1970), 10-15; *Encyclopaedia Britannica* (1st edn Edinburgh, 1771), article 'Mathematics', 제III권, 30-31; P. Mancosu, *Philosophy of Mathematics and Mathematical Practice in the Seventeenth Century* (Oxford University Press, New York, 1996), 16, 35-37, 56, 88.

62 I. Newton, *Arithmetica Univeralis* (1728), 2; 유사하게 L. Euler, *Elements of Algebra* (3rd edn, London, 1822); 양자 모두 J. Bigelow and R. Pargetter, *Science and Necessity* (Cambridge University Press, Cambridge, 1990), 60-61에서 논의됨; D.M. Jesseph, *Berkeley's Philosophy of Mathematics* (Chicago University Press, Chicago, 1993), ch. 1.

전시해줄 수 있다는 것을 보여줌으로써 증명된다. 모든 어린이들에게 산수를 가르치는 모든 개선된 방법은 이 사실에 대한 지식에 근거하여 진행된다.[63]

그는 그럼으로써 어떻게 수들이 물리적 대상들과 관계되는지, 그리고 어떻게 우리가 이산적인 물리적 대상들 주위를 움직이는 일이 우리 안에 산수적 진리들의 지식을 귀납할 수 있는지를 설명할 수 있는 수학철학의 필요성이 절박하게 문제로 제기했다. 그의 (문제 제기는) '[산수와 기하를] 일상적인 사물들의 속성들로, 그리고 우리의 수학적 지식을 물리적 세계와의 지각적 상호작용 안에 근거지어진 것으로 이해하려는 진지한 시도이다[64] '조작에 대한 밀의 강조는 대상들이 못박히지 않아 다행이고 어떻게 시계 위의 막대기들을 셀 수 있는지가 미스터리라는 프레게의 빈정거림에 노출된다'.[65] 그러나 그러고 나서 그것은 여전히 프레게와 그의 추종자들은 조작들, 움직임들, 그리고 지각들이 명백히 그러하듯 수학적 학습과 연관성을 어떻게 지니는지에 대해 아무런 설명도 하지 않은 채로 남겨둔다.

프레게는 밀의 생각처럼 수가 사물들의 속성일 수가 없다고 논증했는데 왜냐하면 (책들로, 단어들로, 문자들로 등) 세는 방법을 어떻게 선택하느냐에 따라 다수의 다른 수들이 한 주어진 무리에 적용되기 때문이다. 그러나 밀이 그것을 아예 몰랐던 것은 아니다. 수의 본성에 관한 그의 실제 진술은 다음과 같다:

63 J.S. Mill, *A System of Logic*, bk II, ch. Vi, section 2 (5th edn, Parker, London, 1862, I, 290).

64 P. Kitcher, Mill, mathematics and the naturalist tradition, in J. Skorupski, ed., *The Cambridge Companion to Mill* (Cambridge University Press, Cambridge, 1998), ch. 2; D. Bostock, *Philosophy of Mathematics: An Introduction* (Wiley, Malden, MA, 2009), ch. 3.

65 G. Frege, *The Foundations of Arithmetic*, trans. J.L. Austin (Blackwell, Oxford, 1950), 9.

> [수는] … 우리가 그 이름으로 부르는 사물들의 덩어리에 속하는 어떤 속성; 그리고 그 속성은 그 덩어리가 만들어지고 부분들로 분리될 수 있는 특징적 방식이다 … 우리가 대상들의 하나의 컬렉션을 둘, 셋, 넷이라 부를 때 그것들은 추상적인 둘, 셋, 넷이 아니라 어떤 특수한 종류의 둘, 셋, 넷의 사물들이다: 조약돌들, 말들, 인치들, … 66

밀은 따라서 제3장에서 옹호된, 이산적 수가 하나의 더미(만일 '덩어리'가 부분-전체론의 논리적 합으로 해석될 수 있다면) 사이의 하나의 관계이고 그것을 구조화하는 하나의 단위-만들기 속성('특징적 방식')이라는 이론에 가까이 나아간다.67 그는 아마도 수학적 진리들이 과학적 진리들처럼 필연적이지 않다고 논증하는 데는 덜 성공적이었을 것이다.

그러고 나서 수학철학은 전혀 다른 방향으로 움직여갔다. 프레게의 플라톤주의의 뒤를 이어 '수학기초론'에 관한 러셀, 힐베르트, 그리고 괴델의 수학적 결과들을 놓고 흥분된 반세기가 흘러갔다. 수학 세계의 관계에 관한 어떤 곤란한 문제도 치워 버리고 서로 상대방의 약점을 노출시키며 싸우다 논리주의, 형식주의, 그리고 직관주의라는 고전적 학파들은 결국 정체기를 맞는다. 그 분야가 실재로 소환된 것은 1960년 출판된 쾨르너의 책 『수학철학(*The Philosophy of Mathematics*)』이었는데, 그 책은 고전적 학파들과 그들의 문제점을 재검토하고 응용수학을 진지하게 취급할 필요성을 지적하면서, 밀과 비슷하게, "사과 하나와 사과 하나는 사과 두 개가 된다"는 경험적 본성을 지니는 것으로 "1 + 1 = 2"와 달리 실험에 의해 확증되거나 반박될 수 있다고 논변했다.68 그

66 J.S. Mill, *System of Logic*, bk III, ch. xxiv, section 5.

67 G. Kessler, Frege, Mill and the foundations of arithmetic, *Journal of Philosophy* 77 (1980), 65 79에서 논증됨.

68 S. Körner, *The Philosophy of Mathematics: An Introductory Essay* (Hutchinson, London, 1960), 179.

메시지는 물리학자 위그너의 매우 널리 읽힌 논문 「자연과학에서 수학의 불합리한 유효성」에 의해 강화되었다.[69]

그러고 나서 수학철학은 베나세라프의 영향력 있는 논문 「What numbers could not be」에 의해 방향이 바뀌었다.[70] 앞서 보았듯이, 그는 아리스토텔레스적 방식으로 자연스레 해석할 수 있을 언어를 사용했지만, 그 논문을 독해하는 일반적 방식이 아니었다. 그 대신, 코인의 필수불가결성 논증으로부터 왔든, 셔피로와 레스닉의 구조주의로부터 왔든, 플라톤적 형상들의 직접적 시각화 가능성에 관한 브라운의 생각으로부터 왔든, 플라톤주의가 이 분야를 주도하게 되었다.[71] 플라톤주의가 지배하는 동안 왕좌를 가장한 것은 필드의 유명론 같은 유명론이지만 대안이 될 만한 후보자로 거의 인정받지 못했다.

최소한 정수에 관해 좀 더 자연주의적인 실재론자의 접근법의 한 갈래가 키처, 어바인, 그리고 매디에 의해 주장되었다. 키처의 『수학적 지식의 본성(*The Nature of Mathematical Knowledge*)』(1983)은 어린이들이 어떻게 일상적 감각－지각과 대상들을 조작하는 능력을 사용하여 단순한 산술적 진리들을 배우는지와 수학적 인식론이 연결되어야만 한다고 논증하면서 수학적 진리와 그에 대한 지식에 관한 밀의 경험론을 되살렸다. 그는 이렇게 쓰고 있다:

> 한 어린이가 마룻바닥 위에서 집짓기 조각들을 섞고 있다. 그의 집짓기 조각들의 그룹은 분리되고 조사되고, 그리고는 앞서 자세히 조사된 세 조각들의 그룹과 합쳐진다. 그 사건은 실재의 수학적 구조의 아주 작은 일부분을 전시해 보여준다 … 그와 같은 경

69 E. Wigner, The unreasonable effectiveness of mathematics in the natural sciences, *Communications on Pure and Applied Mathematics* 13 (1960), 1-14.

70 P. Benacerraf, What numbers could not be, *Philosophical Review* 74 (1965), 47-73.

71 J.R. Brown, *Philosophy of Mathematics: An Introduction to the World of Proofs and Pictures* (Routledge, London, 1999).

험들을 통해 … 우리는, 예를 들어, 만일 우리가 '둘 만들기'라 불리는 집합적 작업을 수행하고, 그러고 나서는 다른 대상들을 가지고 '셋 만들기'라 불리는 집합적 작업을 수행하고, 그러고 나서 결합이라는 집합적 작업을 수행하면, 그 전체 작업은 '다섯 만들기' 작업이다 … 라는 것이 내 주장을 그것의 실재론적 성격을 드러내는 한 가지 방식으로 제시한다는 것을 인식하면, 우리는 산수를 우리가 세계에 대해 할 수 있는 것이 아니라 오히려 세계가 우리가 할 수 있도록 허락하는 것 덕분에 참인 것으로 고려해 볼 만하다. 밀주의적 표현을 해본다면, 산수는 '조작의 영원한 가능성들'에 관한 것이다. 더 솔직하게는, 산수가 있는 덕에 우리가 대상들을 분리하고 재결합할 수 있는, 세계의 그 구조적 특색들을 기술한다.[72]

그 논평들은 어디서 실재론적 수학 인식론이 시작될 만한지에 관해 시사적이다. 그러나 그 접근법 그대로는 부적절한 점을 지니고 있는데, 그 접근법은 기본적 수적 지식을 아동의 활동들로 설명하려는 대부분의 시도들과 공유하는 것들이다. 수가 움직일 수 있는 대상들과 움직일 수 없는 대상들에 다르게 적용된다고 믿을 아무런 이유가 없을지라도, 그것은 음표들 같은 조작이 가능하지 않은 대상들의 가산성(可算性; countability)을 이해하기 어렵게 만든다. 그리고 어쨌거나 모종의 조작을 분리하고 재결합하거나 수행한다는 관념은 어떻게 그것이 수와 부분-전체의 논리와 관계되는지 불분명하다: 주위의 어떤 대상을 움직이는 일은 그 대상의 수도 그 대상의 부분-전체론적 합도 변화시키지 않으며 다만 그것들을 하나의 군 또는 여러 부분군들로 보는 우리의 지각적 경향만을 변화시킨다; 따라서 어떻게 운동이 '세 개를 만들'거나 달리는 수와 연관되는지를 설명하지 않은 채로 남겨둔다. 마지막으로 그 접근법은

72 P. Kitcher, *The Nature of Mathematical Knowledge* (Oxford University Press, New York, 1983), 107-108; 이것이 자연주의적이기에는 지나치게 구성주의적이라는 반론들은 J.W. Roland, Kitcher, mathematics and naturalism, *Australasian Journal of Philosophy* 86 (2008), 481-497 참조.

그 더미가 독특하게 (지각적으로 두드러진) 대상들로 나누어진다는 가정으로부터 시작하는데, 그것은 우리가 제3장에서 보았듯이 정확히 수의 창조에 있어서의 결정적인 점이다

매디의 『수학에서의 실재론(*Realism in Mathematics*)』(1990)은 특별히 집합들과 집합들의 수들과의 관계을 다루었다. 집합들에 관한 그녀의 견해를 플라톤주의라고 부름에도 불구하고, 그녀는 그대로 따를 경우 물리적 대상들의 작은 집합들이 직접적으로 지각될 수 있는 견해를 옹호했다; 예를 들어, 달걀-질량이 세 개의 달걀로 나뉘어진 덕에 달걀한 꾸러미 안에 달걀 세 개가 든 집합을 지각할 수 있다.[73] 그뿐만 아니라, 그녀는 자신의 견해를 지각 심리학, 그리고 어느 정도는 유아 발달 연구의 발견들과 밀접하게 연관지었고, 따라서 이 책에서 수학 일반에 대해 취한 접근법과 다소의 유사성을 집합에 대한 그녀의 접근법에 부여했다. 그녀의 후기 저작은, 비록 자연주의라 불린다고 하더라도, 비트겐슈타인의 반철학의 배음(倍音)을 발하면서 고차적 집합론에의 플라톤주의적 접근법에 집중했다.[74]

방금 언급된 저자들 중 여럿이 어바인이 편집한 논문집 『수학에서의 물리주의(*Physicalism in Mathematics*)』(1990)에 기고했다. 어바인은 전통적 플라톤주의와 유명론 사이에 '내재적 수학적 실재론(물리주의자에

73 P. Maddy, *Realism in Mathematics* (Clarendon, Oxford, 1990), 58–63; defended from an Aristotelian perspective in D. Gillies, Review of C.S. Chihara, Constructibility and Mathematical Existence, *British Journal for the Philosophy of Science* 43 (1992), 263–278, section 3, and D. Gillies, An empiricist philosophy of mathematics and its implications for the history of mathematics, 하나의 경험주의 수학철학과 그것이 수학사에 대해 지니는 함축은 다음을 참조. E. Grosholz and H. Berger, eds, *The Growth of Mathematical Knowledge* (Kluwer, Dordrecht, 2000), 41–57; M. Kremer, Set-theoretic realism and arithmetic, *Philosophical Studies* 64 (1991), 253–271; 반론들의 개관과 그에 대한 답변이 A. Levine, Conjoining mathematical empiricism with mathematical realism: Maddy's account of set perception revisited, *Synthese* 145 (2005), 425–448, 제3절에서 이루어짐.

74 P. Maddy, *Naturalism in Mathematics* (Clarendon, Oxford, 1997).

게 받아들여질 만한 실재론)'이 놓일 여지를 보았다.[75] 그러한 방향으로 연구가 진행되기를 바라는 그의 희망이 전적으로 실현된 것은 아니지만, 이 책의 이론은 그 전통에 속한다.

윌홀트(Wilholt)의 『수와 실재(*Number and Reality*)』는 스턴트맨 콜트의 예를 가지고 수학의 적용가능성을 설명하면서 유명론과 플라톤주의 양자 모두의 난점들을 드라마틱하게 보여준다. 협곡을 가로질러 가는 운전이 안전할지 알고 싶어서 콜트는 한 물리학자의 자문을 구했는데, 그는 만일 어떤 구간에 $f(r)=0$이게끔 하는 실수 r이 없으면 협곡 가로지르기가 안전하도록 하는 함수 f를 계산한다. 그다음으로 콜트는 아마추어 형이상학자이자 유명론자인 그의 조교에게 조언을 구하는데, 그는 실수란 전혀 존재하지 않고, 따라서 운전해도 안전하다고 그에게 말한다. 그리고 만일 유명론이 그 예에 대해 문제가 있다면, 플라톤주의도 마찬가지이고, 그것은 둘 사이에 물리적 연관성이 결여된 마당에 어떻게 추상적 대상의 속성이 협곡을 가로질러 운전하는 데 함축을 지닐 수 있는지를 설명해야만 한다—이것은 필수불가결성 논증에 의해 거론되지 않은 문제다. 그의 '제한된 실재론' 제안은 정수를 집합체의 속성으로 그리고 실수를 물리적으로 사례화될 수 있는 비율로 간주하는 점에서 이 책의 제안과 닮았지만, 인과성에 결정적인 역할을 부여한다. 이 책의 제안과는 달리, 추상 대수학 같은 고등수학에 관한 그의 견해는 형식주의이다.[76]

75 A.D. Irvine, Nominalism, realism and physicalism in mathematics, in A.D. Irvine, ed., *Physicalism in Mathematics* (Kluwer, Dordrecht, 1990), ix-xxvi; 또한 A.D. Irvine, Mathematical truth and scientific realism, PhD thesis, University of Sydney, 1986.

76 T. Wilholt, *Zahl und Wirklichkeit: Eine philosophische Untersuchung über die Anwendbarkeit der Mathematik* [*Number and Reality: A philosophical investigation of the applicability of mathematics*] (Mentis, Paderborn, 2004), 서평으로 C. Pincock in *Philosophia Mathematica* 13 (2005), 329-337이 있음; G. Oliveri, *A Realist Philosophy of Mathematics* (College Publications, London, 2007)는 그 제목에도 불구하고 윌홀트보다도 더 광범한 범위에서 구성주의적임.

그것들이 단위-만들기 속성들과 그것들이 구조화하는 더미들 사이의 관계들이라는 이 책에서 제시된 정수 이론은 1980년대에 케슬러에 의해 제안되었고, (비록 방금 보았듯이 아리스토텔레스의 말과 아주 닮았지만) 호주인인 포레스트와 암스트롱에 의해 발전되었다.77 아리스토텔레스주의적 양의 형이상학에서의 후속 발전들 또한 대부분 호주인들에 의해 이루어졌다:

•

비글로의 실재론적 수론,78 비글로와 파게터의 실재론적인 연속적 양이론, 암스트롱의 사태로서의 집합론,79 엘리스와 미첼의 측정과 양 사이의 결정적인 연관성에 관한 연구80 그리고 '계량적 실재론'과 집합들 대신 부분-전체론을 가지고 하는 기하학에 관한 모어텐슨(Mortensen)의 연구.81

77 G. Kessler, Frege, Mill and the foundations of arithmetic, *Journal of Philosophy* 77 (1980), 65-79; P. Forrest and D.M. Armstrong, The nature of number, *Philosophical Papers* 16 (1987), 165-186.

78 J. Bigelow, *The Reality of Numbers: A Physicalist's Philosophy of Mathematics* (Clarendon, Oxford, 1988); J. Bigelow and R. Pargetter, *Science and Necessity* (Cambridge University Press, Cambridge, 1990), ch. 2; J. Forge, Bigelow and Pargetter on quantities, *Australasian Journal of Philosophy* 73 (1995), 594-605.

79 D.M. Armstrong, Classes are states of affairs, *Mind* 100 (1991), 189-200; D.M. Armstrong, *Truth and Truthmakers* (Cambridge University Press, Cambridge, 2004), 제9장.

80 B.D. Ellis, *Basic Concepts of Measurement* (Cambridge University Press, Cambridge, 1966); 그에 관해서는 J. Forge, On Ellis's theory of quantities, in J. Forge, ed., *Measurement, Realism and Objectivity* (Reidel, Dordrecht, 1987), 291-310, with reply by D.M. Armstrong; J. Michell, Numbers as quantitative relations and the traditional theory of measurement, *British Journal for thePhilosophy of Science* 45 (1994), 389-406의 답변; J. Michell, The logic of measurement: a realist overview, *Measurement* 38 (2005), 285-294; 유사한 미국 학자들의 연구로 B. Mundy, Extensive measurement and ratio functions, *Synthese* 75 (1988), 1-23; B. Mundy, The metaphysics of quantity, *Philosophical Studies* 51 (1987), 29-54.

81 C. Mortensen, On the possibility of science without numbers, *AustralasianJournal of Philosophy* 76 (1998) 182-197; C. Mortensen and G. Nerlich, Physical topology, *Journal of Philosophical Logic* 7 (1978), 209-223; P. Forrest, From ontology to topology in the theory of regions, *Monist* 79 (1996), 34-50; 유사한 미국인의 저작으로 B. Mundy, On quantitative relationist theories, *Philosophy of Science* 56 (1989), 582-60가 있음.

『수의 실재성: 한 물리주의자의 수학철학(*The Reality of Numbers: A Physicalist's Philosophy of Mathematics*)』(1988)과 『과학과 필연성(*Science and Necessity*)』(1990)에서 이루어진 비글로의 연구가 아마도 이 책에 가장 가깝게 완전히 발전된 수학철학일 것이다. 일반적으로 구조주의적 관점을 찬성하고 있지만, 그것은 인식론을 거의 다루지 않고, 구조에 관해서도 별로 많이 논의하지 않는다. 그러나 그것은 (비록 그것을 물리주의자, 플라톤주의자, 피타고라스주의자로 부르는 것을 선호하기는 하지만) 이산적 양과 연속적 양 양자 모두에 관한 상당히 발전된 아리스토텔레스주의적 견해를 담고 있다. 비글로의 정수 이론은 수 n이 대상들 사이의 n-겹 상호 판명성(distinctness)의 관계라는 것이다. 따라서 A와 B가 둘이라는 것은 그저 A가 B와 같지 않다는 사실이다.[82] 그것은 우리의 이론과 양립불가능하다기보다는 추상성의 어떤 더 고차적 또는 후속 수준에서 작동하는 것이다. 제3장에서 수들이 하나의 더미와 하나의 단위-만들기 보편자 사이의 관계로 취급되었던 것을 기억하라; 그러나 일단 단위들이 식별되고 나면, 우리는 그때 어느 단위-만들기 보편자가 그것들을 만들었고 한 집합에 도달했는지를 떼어낼 수 있을 것이다. 비글로의 수론은 대상들과 그것들의 관계들을 애당초 그것들을 (특정 종류의) 대상들로 구성하는 단위-만들기 보편자들을 암시하지 않으면서 다룬다는 점에서 암스트롱의 집합론과 같은 수준에 있다.

비글로는 길이 같은 양들 사이의 비례 관계들의 실재성을 인정하지만, 그 대신 일종의 관계들 사이의 관계인 (유리; rational) 비율들을 강조한다: 두 배라는 관계는 조부모임과 부모임 사이에 성립하는 반면, 3:2라는 비율은 증조부모임과 조부모임 사이에 성립한다. 예컨대 길이들 같은 어떤 무리(irrational) 비율은 길이를 갖는 대상들 사이에 성립하는 비례(proportion) 관계들 간의 유리 비율로써 알 수 있다.[83] 이는 작

82 Bigelow, *Reality of Numbers*, ch. 6.
83 Bigelow, *Reality of Numbers*, chs 11-12; Bigelow and Pargetter, *Science and Necessity*, section 8.3.

동가능한 접근법이지만, 단위들에 관한 그 어떤 문제들에 우선하는 길이들 사이에 성립하는 비례 관계들의 단순성을 모호하게 하는 경향이 있다. 원둘레의 반지름에 대한 비례는 유리정식, 유리 또는 다른 어떤 것이든 간에 다른 어떤 비례와 마찬가지로 단순한 관계이고, 확실히 모든 그런 관계들에 대해서는 같은 종류의 설명이 주어져야 한다.[84]

비글로는 벡터와 복소수 같은 어떤 다른 종류의 양들을 흥미롭게 취급하며, 이는 여기서 시도된 바를 넘어선다.[85]

그 저술들은 수학 존재론을 다룬다. 인식론에 관해, 그것은 대체로 플라톤주의-유명론 이분법에 의해 '추상적' 존재자와의 '접속' 문제란 함정에 빠져 있다. 최근 주목할 만한 2개의 예외가 있었는데, 양자 모두 통상적인 철학적 전제로부터 해방되어 수학적 지식의 사례들을 직접 관찰한 데 기반을 두고 있다. 하나는 앞서 언급한 브라운의 『수학철학(*Philosophy of Mathematics: An introduction to the world of proofs and pictures*)』이다. 다른 하나는 지아퀸토(Giaquinto)의 『수학에서의 시각적 사고(*Visual Thinking in Mathematics*)』인데,[86] 그것은 수학에서의 구조와 일반화의 인지를 이해하기 위해 인지과학의 성과들에 진지한 관심을 쏟았다. 시각화에 대해 다루는 제11장에 인지과학으로부터 취한 여러 예들이 있다.

수학 인식론에서는 드앤(Dehaene)의 유명한 『수 감각(*The Number Sense*)』 같은 수학발달심리학에서의 유관한 연구[87]와 조기 학습에 관한

84 Other difficulties in D.M. Armstrong, Are quantities relations? A reply to Bigelow and Pargetter, *Philosophical Studies* 54 (1988), 305–316.

85 Bigelow, *Reality of Numbers*, 제13~14장; Bigelow and Pargetter, *Science and Necessity*, 제2.6절.

86 M. Giaquinto, *Visual Thinking in Mathematics: An Epistemological Study* (Oxford University Press, Oxford, 2007).

87 S. Dehaene, *The Number Sense: How the Mind Creates Mathematics* (Oxford University Press, New York, 1997).

교육학자들의 연구에[88] 더 주목할 수 있었을 것이다. 왜냐하면 이 분야 양자 모두 플라톤주의자가 아니면서 실재론자가 될 자연스러운 경향을 지녔기 때문이다. 그런 일은 일어나지 않았다.[89]

88 E.g. Z.P. Dienes, *Building Up Mathematics* (Hutchinson, London, 1961), esp. ch. 2; A. Baroody, M.-L. Lai and K.S. Mix, The development of young children's early number and operation sense and its implications for early childhood education, in B. Spodek and O.N. Saracho, eds, *Handbook of Research on the Education of Young Children* (2nd edn, Lawrence Erlbaum, Mahwah, NJ, 2006), ch. 11.

89 An exception in M. Cappelletti and V. Giardino, The cognitive basis of mathematical knowledge, in M. Leng, A. Paseau and M.D. Potter, eds, *Mathematical Knowledge* (Oxford University Press, Oxford, 2007), 74–83.

8 무한

표준적 (공리적) 집합론의 체르멜로-프렝켈 공리들[Zermelo-Fraenkel (ZF) axioms]은 집합들의 동일성 조건들을 세운 다음 기존의 집합들로부터 새 집합들을 형성하는 방법들—합집합, 멱집합 등—을 배치한다. 그 방법들에 유한 집합들을 주면 유한 집합들을 낳고, 무한 집합들을 주면 무한 집합들을 낳는다(낳을 수 있다). 그러나 유한하게 다수인 유한 집합들로부터 무한 집합을 건설하는 방법은 없다. ZF 공리들은 '무한 집합이 있다'고 진술하는 꾸밈없는 '무한 공리'를 추가함으로써 그 한계에 대처한다.

ZF 체계들은 집합들, 수들, 그리고 공리화에 관한 상당히 풍부한 경험을 요약한다. 무한 공리의 완고함은 한 가지 중요한 발견의 요약이다: 유한과 무한 사이의 간극은 그저 논리학을 사용하면서 그 어떤 유한 편에서의 자원에 의해서도 채워질 수가 없다. 무한은—필요하다면—그저 통째로 삼켜버려야 한다.

수학철학이 답해야만 할 무한에 관한 문제들에는 다음과 같은 것들이 포함된다:

- 우리는 무한을 필요로 하는가? 만일 유한한 존재자들과 방법들에 우리 자신을 제한한다면, 수학(순수 및 응용)을 얼마나 가질 수 있을 것인가?
- 무한에 어떤 역설적인 것이 있는가?
- '잠재적 무한' 관념에는 하나의 대안으로서 또는 유한과 현실적 무한 사이의 중간으로서 뭔가가 있는가?
- 우리의 유한한 정신은 무한을 파악할 수 없으므로 그 개념에 뭔가 잘못된 점이 있다고 하는 '구성주의자'와 그와 유사한 철학자들의 여러 세기에 걸친 불평들을 우리는 어떻게 받아들여야 하는가?
- 어떻게 우리는 무한에 관해 알 수 있는가? 우리가 그것을 필요로 하든 하지 않든 간에, 무한은 실재인가? 그리고 우리에게 주어진 한계 속에서 우리가 어떻게 아는가? 자연수들이 소진되지 않는다는 것을 우리가 어떻게 아는가?

또한 무한은 수학적 속성들의 실재성을 강조하는 아리스토텔레스주의 철학에 대한 결정적 테스트 사례이다. 세계는 유한할 수 있으므로, 사례화되지 않을 수 있는 무한들에 대한 아리스토텔레스주의자의 설명은 무엇인가?

무한, 누가 필요로 하는가?

만일 무한이 제거된다면, 진지한 수학은 얼마나 많이 남을까? 감당할 수 있나?[1]

우리는 그 질문에 대한 답을 아는데, 왜냐하면 우리가 수학을 컴퓨터

1 얼마만큼의 수학이 실제로 과학을 하기 위해 필수불가결인지를 수학철학이 고려해야 할 필요가 있다는 논증은 다음을 참조. S. Feferman, Why a little goes a long way: logical foundations of scientifically applicable mathematics, in D. Hull, M. Forbes and K. Okruhlik, eds, *Philosophy of Science Association* 1992 (Philosophy of Science Association, East Lansing, MI, 1992), vol. 2, 442-455.

에게 수십 년 동안 가르쳐왔기 때문이다. 컴퓨터들이 수학을 하게 되었을 때, 무한은 제거되었는데, 왜냐하면 컴퓨터들은 유한한 대상들이기 때문이다. 그것들은 고정된 최대 크기의 정수들을 다룬다. 실수들 대신에 그것들은 제한된 정확성을 지닌 '부동(浮動) 소수점식의 수들'에 국한된다.2 컴퓨터 그래픽스 꾸러미들은 크지만 유한한 점들의 격자 위에서 기하학을 한다. *Mathematica*와 *Maple* 같은 기호 조작 패키지들은 유한한 공식들을 다루고 미적분 문제를 풀 수 있고, 그래프를 그리고, 대부분의 수학도들보다 더 확실하게 수학 시험을 통과할 수 있다.3 정리-증명 검색과 특히 정리-발견 소프트웨어가 훨씬 덜 성공적이었지만, 약간의 가치 있는 진보도 있었다.4 최종 결과는 유한한 자원을 지닌 유한한 기계들은 어떤 개별적 인간보다도 우월한 양과 질을 가지고서 인간들에게 수학처럼 읽히는 산물을 출력해낼 수 있다는 것이었다.

수학을 하는 데(또는 수학이 정신적 과정의 산물이어야만 한다고 고집한다면, 그것을 모방하는 데) 있어서 컴퓨터의 성공은 두 가지 사실에 의존한다. 첫째는 우리가 필요로 하는 수학의 상당히 많은 부분이 유한이다. 둘째는 서로서로 모방하기 위한 이산적 수학적 구조와 연속적 수학적 구조의 능력들에 관한 순수하게 수학적인 사실이다.

첫째, 수학에서 우리가 실제로 할 필요가 있는 일 중 많은 부분은 유한이고, 무한에 대한 언급은 심지어 멀찌감치라도 전혀 요구하지 않는다. 2 × 3 = 3 × 2라는 진리는 순수하게 유한이다. 이것이 하나의 사례

2 D. Goldberg, What every computer scientist should know about floatingpoint arithmetic, *ACM Computing Surveys* (CSUR) 23 (1) (1991), 5-48; P.R. Turner, Will the 'real' real arithmetic please stand up? *American Mathematical Society Notices* 38 (1991), 298-304.

3 E.g. M.L. Abell and J.P. Braselton, *Maple by Example* (3rd edn, Elsevier, Boston, 2005).

4 D. Mackenzie, The automation of proof: a historical and sociological exploration, *IEEE Annals of the History of Computing* 17 (3) (1995), 7-29; S. Colton, Computational discovery in pure mathematics, in Computational Discovery of Scientific Knowledge, *Springer Lecture Notes in Computer Science* vol. 4660 (2007), 175-201.

일 수 있는 어떤 일반화들과도 무관하게 자립적이다. 우리는 이를 수들의 무한 체계를 지칭하는 페아노의 산수 공리들로부터 도출하기로 선택할 수도 있겠지만, 그렇다고 그것이 그 진리 자체를 무한을 지칭으로 갖는 것으로 만들지는 않는다—그 도출가능성은 그저 하나의 유한한 구조가 어떤 무한 구조 안에 포함될 수 있다는 명백한 사실의 하나의 귀결일뿐이다. 표준적 전자계산기에 의해 출력될 수 있는 모든 (유한하게 많은) 산술적 사실들은 유한하고, 그런 사실들은 일반적으로 그것과 짝꿍 분야인 회계학과 데이터 분석에서의 수학의 응용들을 위해 충분하다. 케미니(J. G. Kemeny)의 고전적인 1957년 유한 수학 교과서 이래,[5] 논리학, 조합수학, 매트릭스, 네트워크 그리고 그것들의 사무와 사회과학들에의 응용 같은 주제들을 포함하여 '유한' 수학과 '이산' 수학에 관한 매우 많은 책과 강좌들이 나왔다. 오일러의 다리와 여섯-점 별 증명같이 앞 장들에서 살펴본 예들은 심지어 아주 작은 유한 구조들을 연구하는 데서도 다수의 흥미롭고 현묘한 증명들이 포함되어 있음을 예시해준다.

그런 상황은 기하학에서 그리고 물리학과 공학에서의 시간과 질량 같은 그런 (아마도) 연속적인 양들의 측정에서 덜 분명하다. 첫째, 현실적인 공간과 시간이 무한하게 분할될 수 있는지의 여부는 알려지지 않았다. 공간이 무한분할이 가능한지의 여부는 경험적 문제라고 주장한 점에서, 흄의 시대의 수학자들과 반대로, 그가 옳았다.[6] 비유클리드 기하학의 발견의 교훈은 우리가 그 안에서 살고 있는 공간의 형태—즉, 수학적으로 가능한 기하학적 구조들 중 어느 것을 사례화하는지—는 선험적으로 부과되는 것이 아니라 측정에 의해 발견해야 한다는 것이다.[7] 그 교훈은 곡률과 차원 같은 스케일이 큰 속성들에서만큼이나 공간의 지극

5 J.G. Kemeny, J.L. Snell and G.L. Thompson, *Introduction to Finite Mathematics* (Prentice-Hall, Englewood Cliffs, NJ, 1957).

6 J. Franklin, Achievements and fallacies in Hume's account of infinite divisibility, *Hume Studies* 20 (1994), 85-101.

7 G. Nerlich, *The Shape of Space* (2nd edn, Cambridge University Press, Cambridge, 1994), ch. 3.

히 작은 구조에도 적용된다. (제9장에서 더 많은 논의가 다뤄진다.)

그 문제들에 대한 현대 물리학의 평결은 지금까지 애매하다. 표준적인 현대의 이론들인 상대성 이론과 양자역학은 연속적인 시간과 공간으로 표현되지만 직접적으로 그렇다는 것을 확증해줄 관찰이 결여되어 있다—아마도 가능한 관찰들이 없을 것이다. 에르빈 슈뢰딩거(Erwin Schrödinger)는 아주 작은 것들을 다루는 다수의 물리학자들처럼 연속체의 구조가 얼마나 정교하고 그 전체가 실재하는 공간에 사례화되어 있다고 가정하기 위한 관찰적 지지가 희소한지에 큰 인상을 받았다. 양자역학에 기초한 관찰들은 이산적이며, 슈뢰딩거는 "관찰된 사실들은 공간과 시간 내에서의 한 연속적인 기술과 조화될 수 없다"고 하였다.[8] 그러나 양자역학의 정통은 그 기술을 *관찰*에 관한 하나의 사실로 취급해왔고, 그 이론을 (관찰불가능한) 파동함수 위에 세웠는데, 이는 한 체계의 기술을 보통의 연속적 공간과 시간의 함수로 제시한다. 그렇다면 이산성은 오직 '파동함수의 붕괴' 안에서만 다시 등장하고, 그것은 이산적 관찰들을 산출하지만 공간과 시간의 연속성에 의심을 제기하지 않는다.[9] 어떤 덜 표준적인 후대의 물리학 이론들이 우리의 명백히 연속적인 공간과 시간을 더 기본적이고 이산적일 수 있는 어떤 것으로부터 도출하기 위한 다수의 제안을 제시했지만, 그 어떤 이론도 확립되지는 못했다(반면 그 접근법이 완전히 배제되지도 않았다).[10] 그러한 상황에서, 우주가 그 전체에서 디지털이고 모든 물리학을 하기 위해 하나의 이산적 수학을 제공한다는 사변이 가능하다.[11] 그러나 그 순간에 최소한 논증의 목적을 위해서라도 공간과 시간이 실제로 연속적이라고 가정하는

8 E. Schrödinger, *Science and Humanism: Physics in Our Time* (Cambridge University Press, Cambridge, 1951), 40.

9 D.J. Griffiths, *Introduction to Quantum Mechanics* (2nd edn, Pearson Prentice Hall, Upper Saddle River, NJ, 2005), 제1장.

10 D. Meschini, M. Lehto and J Piilonen, Geometry, pregeometry and beyond, *Studies in History and Philosophy of Modern Physics* 36 (2005), 435-464, 제4절.

11 S. Wolfram, *A New Kind of Science* (Wolfram Media, Champaign, IL, 2002), 제9장과 p. 1027의 이산적 공간에 관한 역사적 설명 참조.

편이 더 안전할 것이다.

심지어 그렇다고 해도, 연속체의 표준적 수학이 응용수학 연구를 위해 필요한지는 분명하지 않다. 인간들이 가장 자연스럽게 공간, 시간, 질량과 다른 그런 양들을 연속적인 것으로 생각하는 반면, 지각들과 측정들은 유한한 정확성을 갖고, 따라서 물리학과 공학의 그 어떤 실제적 수학적 과제도 유한-정확성 산수로 성취될 수 있기를 온당하게 희망할 수 있다. 그러나 그 희망이 현실적인지는 명백하지 않다: 직접적인 측정이 단지 측정 장치의 한계들만큼만 정확한 수들을 필요로 할 수 있다고 하더라도, 예를 들어, 계산 안에서 공간과 시간이 이산적 접근에 제한된다면, 어떤 파동의 진행을 계산하는 일은 불가능한 것으로 판명될 수도 있다.

디지털 컴퓨터의 발전은 연속적인 과정들이 이산적 근사들을 통해 계산될 수 있는지 여부를 이해하려는 노력에 박차를 가했다. 실로, 그것이야말로 컴퓨터들이 발명된 이유다. 워드프로세서, 스프레드시트와 데이터베이스가 나오기 오래전에 컴퓨터는 탄도표를 계산하고 날씨 시뮬레이션을 하기 위해, 즉 연속적인 동역학에 대한 이산적 근사치를 계산하기 위해 건설되었다.12 평결은 이러했다: 이산적 시뮬레이션들은 전반적으로 잘 작동하지만, 프로그램 만들기가 무척 어렵고, 이산적 판본들이 시뮬레이션하고 있는 연속적 과정을 올바르게 따라가는지 확인하는 데 많은 함정이 있다. 카오스 이론은 시간적으로 얼마나 앞서서 이산적 시뮬레이션과 연속적 과정이 가까이 머물 것인지에 관한 특정 사례들에 근본적 한계가 있음을 보여준다. 그럼에도 불구하고, 원리상 유한한 대상들에 대한 계산은 그 어떤 요구되는 정확도로도 어떤 연속적 과정을 모방할 수 있다.

12 H.H. Goldstine, *The Computer: From Pascal to von Neumann* (Princeton University Press, Princeton, NJ, 1972), 제II부.

이 사실의 본성은 철학적이라기보다는 수학적이다. 이산적 함수들은 수학적 구조의 한 종류이고, 연속 함수들은 또 다른 종류이다. 어떻게 하나의 행태가 다른 하나의 행태를 모방할 수 있는지는 통상적 방법으로, 정리들과 보조정리들과 따름정리들로써 수학적으로 연구해야 할 화제다.13 딱딱한 수학적 분석의 필요는 이산적인 것에 의한 연속적인 것의 근사치로의 순진하거나 손 흔들기 접근이 잘못된 답을 주는 단순한 예에 의해 예시된다. 우리가 아주 작은 수평과 수직의 단계들의 경로에 의해 1 × 1 정사각형의 대각선에 '접근'한다고 가정하자. 따라서:

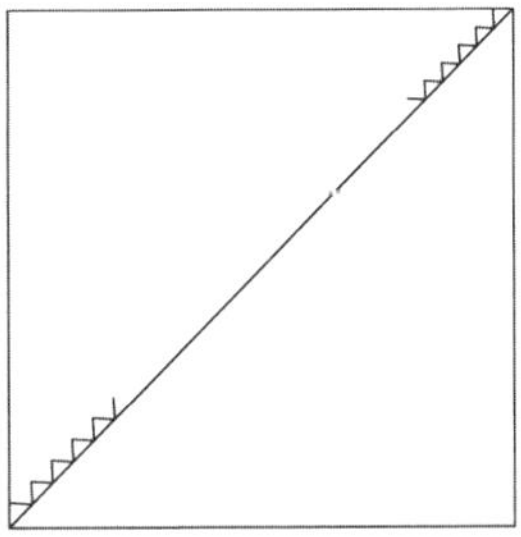

그림 8.1 여러 단계의 경로에 의한 대각선의 '근사'

그렇다면 그 지그재그 경로는 한 가지 의미에서 대각선에 대한 가까운 접근이다. 그것은 대각선과 아주 가까이 머물고 멀리서 보면 그것과 구별이 불가능하다. 그러나 그것의 길이는 대각선의 길이에 대한 훌륭한 근사치가 못된다. 제아무리 그 단계들을 작게 만들어도, 수평적 단계들은 합쳐서 1에 이르고, 수직적 단계들은 합쳐서 1에 접근하므로, 그 경로의 길이는 2인 반면, 대각선의 길이는 $\sqrt{2}$다.

연속적인 것과 이산적인 것을 접근시키려는 시도들은 수학적 조심성과 적합한 증명들을 필요로 한다. 예를 들어, 그림에 보이듯, 외접한 다

13 이 종류의 가장 잘 알려진 주제는 아마도 리만 적분(실제로는 코시 적분) 이론으로, 이산적 리만 합의 한 연속함수의 참 적분 값에의 근사치의 훌륭함에 관한 다수의 정리들로 가득 차 있다.

각형과 내접한 다각형들을 가지고 연속적인 근사치들에 의해 원둘레를 계산하려는 아르키메데스의 프로젝트는 외접한 다각형들의 감소하는 길이들이 내접한 다각형들의 증가하는 길이들과 똑같은 극한으로 수렴한다는 증명에 지원을 요구한다. 그렇다면 그 극한은 원둘레 길이의 하나의 온당한 정의로 취급할 수 있다.

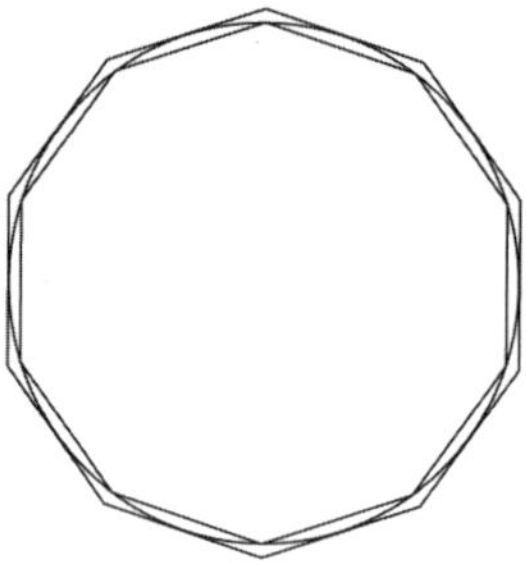

그림 8.2 내접하는 정다각형과 외접하는 정다각형에 의해 원주로 접근하기

비록 서로서로 모방하는 이산적인 것과 연속적인 것들의 능력은 수학적 사실이라 할지라도, 우리가 어떤 수학적 존재자들이 물리 과학에서 사용되는 수학에 필수불가결한지에 관해 콰인주의적 본성의 논증들을 고찰할 때 그것은 어떤 철학적 귀결들을 갖는다. 기하학과 수학적 해석학은 공간의 연속성 가정 아래서 하는 것이 물론 더 쉽다: 예를 들어, 그 가정 아래 우리는 중간점이 거기 있어야 할 한 공간의 원자가 실종되지는 않았는지 걱정할 필요 없이 언제나 두 점들 사이의 중간점을 찾을 수 있다. 따라서 자연스럽게 전통적 기하학과 해석학은 연속성의 가정들을 자유롭게 쓰면서 스스로를 도왔다. 그러나 서로서로 모방하는 연속적인 것과 이산적인 것의 수학적 능력은 그것이 단순히 하나의 편의에 불과하고, 우리가 원한다면 완전히 유한 수학의 고통스럽지만 정직한 길을 택할 수도 있음을 시사해준다. 실제로 우리는 컴퓨터들이 유한-정확 수들을 가지고 작업하도록 허용하기 위해 그 길을 멀리 따라가게끔 강요되어 왔고, 또 다른 방향에서 '구성주의' 해석학자들은 무한

해석학의 전통적 정리들 다수를 모방하는 데서 괄목할 만한 성공을 거두어왔다.14

대개 수학에서 무한은 사치다. 부드러운 함수는 부드러운 초콜릿처럼 우리가 선호하는 바이지만, 우리는 필요하다면 껄끄러운 것도 감내할 수 있다.

무한의 역설?

무한 개념의 단순성에도 불구하고, 그 정합성은 의심되어 왔다. 그것들은 무한의 소위 역설성이나 소위 불가지성으로부터 제기된다.

무한이 역설들을 포함한다는 많은 의혹이 있었지만, 그 의혹 중 정밀 검사를 견뎌낸 것은 없다.

제논의 아킬레스와 거북이 '역설'은 끝없이 논의되어 왔다. 짝수들과 짝지어진 정수들처럼 한 무한 집합을 그 자신의 진부분집합과 짝지음 가능성으로부터 제기되는 역설도 마찬가지다.15 모순적이라는 의미에서, 엄격히 역설적인 것은 어느 경우에서든 등장하지 않았다. 그 두 '역설들'은 무한이 어떤 방식으로 유한과 다르게 행동한다는 것을 보여주고, 그 결론은 불안보다는 호기심을 불러일으켜야 마땅하다. 또한 두 역설은 아리스토텔레스주의 실재론이 심지어 무한에 관한 문제들을 진술하는 것까지도 어째서 필연적인지를 보여준다: 아킬레스 역설은 '절반임'이라는 하나의 반복가능한 관계가 아킬레스가 가로지르는 연속적 길이들에 성립할 것을 요구하는 반면, 정수들과 짝수들의 쌍을 만들기는 한

14 D. Zeilberger, 'Real' analysis is a degenerate case of discrete analysis, 2001, http://www.math.rutgers.edu/~zeilberg/mamarim/mamarimhtml/real.html;E. Bishop and D. Bridges, *Constructive Analysis* (Springer, New York, 1985).

15 A.W. Moore, *The Infinite* (Routledge, London, 1990), introduction; M. Friend, *Introducing Philosophy of Mathematics* (Acumen, Stocksfield, 2007), 제1장.

정수와 그것의 배수 사이에 성립할 하나의 '두 배임'(관계)을 요구한다. 만일 우리가 그 관계들의 실재성에 의존할 수 없다면, 우리는 그 문제의 진술들에 포함되는 '그리고 계속해서 등'을 이해할 수 없고, 어떻게 공간을 분할하는 '규칙'이나 한 정수를 그것의 배수와 연관짓는 규칙을 계속(적용)할 수 있는지에 관한 비트겐슈타인적 회의론 안에서 곤경에 빠진 우리 자신을 발견할 것이다.

무한에 관한 우려가 생기는 좀 더 진정한 원인은 칸토어의 프로그램과 러셀의 역설에 의해 던져졌다. 그것들은 우려이지만 역설들에 관한 것은 아니거나 역설들이지만 무한에 관한 것은 아니라고 판명되었다.

(실선 위의) 점들의 집합의 기수성과 집합들의 길이 사이의 관계 안에는 무언가 이상한 것이 확실히 있다. 칸토어의 대각선 증명의 요지는 점들의 집합으로 고려된 연속체의 기수성이 엄격히 $\aleph_0$, 즉 자연수들의 기수성보다 크다는 것이었다. 연속체 내의 $\aleph_0$ 점들의 그 어떤 집합도 (측정 이론에서 정의된 대로) 전체 길이 0이다. 0-길이 점들의 무한—가장 낮은 무한—을 취하는 것은 0의 전체 길이를 주지만, 더 많은 0-길이 점들을 취하는 것은 0이 아닌 전체 길이를 줄 수 있다는 결과는 확실히 이상하다. 나아가서, 연속체–다수의 점들을 취하고 (예컨대, 칸토어의 삼등분–중간 '먼지' 집합[middle-third 'dust' set]에서처럼) 여전히 전체 길이 0을 가질 수 있다. 그 결과들은 직관에 부담이지만, 역설적이지는 않다. 그것들은 단순히 길이가 기수성으로 환원될 수 없다는 것, 따라서 측정 이론은 집합론과 별개의 주제라는 것, 그리고 그 주제는 그것의 고유한 공리들과 후속 발전들 자체가 있을 수 있는 모순으로 인해 검토될 필요가 있다는 것을 보여준다. 측정 이론과의 한 세기 동안의 경험은 아무것도 찾지 못했다.

두 번째 우려는 연속체 가설로부터 발생된다. 정수들의 크기와 연속체의 크기 사이에 하나의 기수성이 있는지 없는지를 집합론의 통상적인 공리들로부터 증명하기란 불가능하다. 다시 말해서, 그 공리들로부터 자연수들과 짝지을 수도 없고 전체 연속체와도 짝지을 수 없는 연속체의 부분집합이 존재한다거나 존재하지 않는다는 것을 증명하기는 불가능하다. 그것은 그런 집합이 존재하는지에 관한 사실이란 없다고 믿는 이유로 취급되어 왔고, 그 결론은 무한 집합들에 대한 실재론적 견해에 문제거리일 것이다. 그러나 그 결과에 대한 이런 반실재론적 해석은 정당화되지 않는다. 증명불가능성 결과는 그 해석이 주장한 바이다: 특정의 단순한 공리들로부터 무엇이 따라 나오는지(그렇지 않으면 따라 나오지 않는지)에 관한 진리. 연속체 같은 어떤 복잡한 무한 구조에 관한 모든 진리들이 단순한 공리들로부터 따라 나와야 한다고 믿을 이유는 전혀 없다. 우리는 괴델의 불완전성 정리로부터 모든 진리들이 단순한 공리들로부터 따라 나오지 않는다는 것—그것들에 관한 진리들은 어떤 단순한 공리화라도 피한다—을 알고 있다. 수론에서의 더 많은 경험이 (괴델의 독창적인 인공적 자기-지칭 스타일의 예와 대조적으로) 표준적 공리들로부터 따라나오지 않는 다수의 완벽하게 '정상적'인 수론의 진술들이 있음을 보여주었다.[16] 연속체 가설은 집합론의 표준적 공리들에 대해 그런 진술들과 같은 위치에 있다. 연속체 가설이 표준적 공리들로부터 따라나오는 데 실패한다는 것은 그 자체로 그 가설이 아무런 확정적 진리치를 갖지 않는다고 생각할 이유가 되지 못한다. 괴델의 표현대로, '왜냐하면 이 [집합론적 우주의] 실재에서 칸토어의 추측[연속체 가설]은 참이거나 거짓이어야만 하고, 오늘날 알려진 바대로 표준적 공리들로부터의 칸토어 추측의 결정불가능성은 단지 이 공리들이 이 실재의 완전한 기술을 포함하지 못하다는 것을 의미할 뿐이기 때문이다'.[17] 어떻게 우리가 연속체 가설이 참이라고 알 수 있는지를 신비로 남겨두리

16 J. Paris and L. Harrington, A mathematical incompleteness in Peano arithmetic, in J. Barwise, ed., *Handbook for Mathematical Logic* (North Holland, Amsterdam, 1977), 1133-1142; 그 중요성은 G. Kolata, Does Gödel's theorem matter to mathematics?, *Science* 218 (1982), 779-780에서 설명되고 있다.

17 K. Gödel, What is Cantor's Continuum Problem?, *American Mathematical Monthly* 54 (1947), 515-525, p. 520에서.

라는 것은 참이지만, 인식론적 문제들은 그 가설에 어떤 역설적인 점이 있는지에 관한 논증 안에서 아무런 자리도 갖고 있지 못하다.

러셀의 역설과 부랄리-포르티 역설(Burali-Forti Paradox) 같은 동류의 역설들은 진짜 역설들이다. 그러나 그 역설들 안에서 언급된 집합들이(또는 그 역설들 안에서 소위 언급된 것들이) 어쩌다가 무한(또는 존재한다면 무한일 것)이라 할지라도, 그것들은 정확히 무한의 역설들은 아니다. 주장되는 '자신의 원소가 아닌 모든 집합들의 집합'의 문제는 그 집합이 무한하다는 것이 아니라 그것이 포괄의 제한되지 않은 사용을 포함한다는 것, 즉 그 어떤 술어에 대해서도 그 술어에 대응하는 하나의 집합의 형성을 허용한다는 것이다. 그러나 집합들과 무한에 대한 실재론자의 견해에 의하면, 집합들과 무한은 술어화 또는 언어적인 어떤 것과도 아무런 본질적 연관성을 갖지 않는다—집합들의 우주는 그 구조가 어떻든지 간에 그것을 이름하려는 그 어떤 인간의 시도에도 앞서서 존재한다. 한 세기 동안 쌓인 집합론 공리화 경험은 역설들의 생성을 피하도록 술어화를 제한함으로써 어떻게 무한 집합들을 안전하게 다룰 수 있는지를 보여주었다. 그러므로 술어화의 역설들은 역설을 포함하는 무한, 그리고 심지어 고차적 질서의 무한을 고려할 아무런 이유도 제공하지 않는다.

'잠재적' 무한?

아리스토텔레스로부터 시작해서 엄격한 유한주의와 현실적 무한들에 대한 믿음 사이의 (중간) 입장을 찾으려 애쓰는 한 전통이 있다. 만일 유한이 지나치게 제한적이고 실무한들은 받아들이기에 너무 크다면, '잠재적 무한'은 이 매력적이지 않은 극단들을 피할 수 있을까?[18]

18 W. Charlton, Aristotle's potential infinities, in L. Judson, ed., *Aristotle'sPhysics: A Collection of Essays* (Oxford University Press, Oxford, 1991), 129-149; J. Lear, Aristotelian infinity, *Proceedings of the Aristotelian Society*80 (1979), 187-210; J. Hintikka, Aristotelian infinity, *Philosophical Review* 75 (1966), 197-218.

어떤 의미로든 유한과 현실적 무한 사이에서 잠재적 무한 찾기는 '나에게 참'이나 '우리 문화에서 참' 같은 참과 거짓 사이의 중간을 추구하는 것과 마찬가지로 실패할 운명이라고 논증할 것이다. 그리고 거의 같은 이유에서—상호 배타적인 절대적 대안들 사이에는 상대적인 어떤 것(우리에게, 구성에, 우리 정신의 능력들에, 역사에 상대적으로 등)이 놓일 자리가 없다.

잠재적 무한 담론의 동기들은 분명하고 그것들 자체로 온당하다. 그저 유한과 현실적 무한 사이의 중간으로 이해된 '잠재적 무한'이 제기된 진짜 문제들에 대한 답이 아니라는 것뿐이다.

때때로 잠재적 무한이라는 이름표를 달고 무한성의 복제가능성에 관한 담론의 기초를 형성하는 두 가지 현상이 있다. 첫째는 단순히 하나의 아리스토텔레스주의적 보편자의 반복가능성으로, 보편자를 하나의 보편자로 만드는 것이 바로 그것이다. '파랑' 같은 하나의 보편자는 다수의 개체들에 사례화될 수 있고, '짝수인 소수'처럼 그 보편자에 특별한 어떤 것이 없는 한, 그 자체에는 보편자가 무한정으로 종종 사례화되는 데 아무런 장애물도 없다. 그 한계의 결여를 '잠재적으로 무한한' 복제가능성이라 부르는 것이 가능하고 또 아마도 자연스러울 것이다. 그런 의미에서의 '잠재적 무한'은 가산적−보편자의 속성인 반면, 유한성이나 현실적 무한은 (주어진 사례가 어떤 것이든지) 그 보편자의 외연의 속성이다: '사과'는 무한정 복제가능하지만, 유한하거나 현실적으로 무한인 것은 사과들의 집합이다. 따라서 이런 추리 노선에서 어떤 의미에서든지 '잠재적 무한'을 유한과 현실적 무한 사이의 중간으로 고려할 아무런 동기도 없다.

이제 양화사들의 순서를 이용하여 만드는 구별들에 대해서도 똑같은 것이 참이다.

> 우리로부터 무한히 먼 점들이 있다.

라는 진술은

> 모든 자연수 n에 대하여 그 점은 우리로부터 n미터 더 멀리 떨어져 있는 그런 하나의 점이 있다.

를 의미하거나

> 모든 자연수 n에 대하여, 우리로부터 n미터보다 더 멀리 떨어져 있는 하나의 점이 있다.

를 의미할 수 있다.[19]

이 구별은 미적분의 기초에 관한 코시(Canchy)와 리만(Rieman)의 고전적 연구에서 어떻게 한 (현실적) 무한에서 어떤 함수에 값을 줄 필요 없이 '무한에서의' 극한에 관한 담론을 인출할 수 있는지를 설명하기 위해 사용되었다. 우리는 또한, 앞의 진술들 중 첫째 진술은 현실적으로 무한한 거리에 있는 한 점의 존재를 주장하는 반면, 어떤 점이든지 한 유한한 거리에 있지만 어떤 주어진 유한한 거리도 초과할 잠재성이 있다는 점에서 단지 잠재적 무한을 주장할 따름이라고 말함으로써, 현실적/잠재적 무한 구별을 사용하여 이 결과들을 표현할 수 있다.

이것이 도움이 되는 언어이든 아니든 간에, 그것은 유한과 현실적 무한 사이에 잠재적 무한 같은 것이 있다고 시사하지 않는다. 그 반대로, 그 예는 현실적 무한들에 개입하지 않으면서 무한정 크기의 가능성이라는 의미에서 잠재적 무한에 개입이 불가능함을 시사한다. 그에 대해 양화할 자연수들의 현실적 무한과 무한정으로 큰 거리들의 가능성의 진리 생성자(truth-maker)로서 작용할 점들의 현실적 무한 양자 모두가 없이

19 G.R. Oppy, *Philosophical Perspectives on Infinity* (Cambridge University Press, Cambridge, 2006), 232; 그 구별의 중세 판본들은 Moore, *The Infinite*, 51에서 논의됨.

어떻게

> 모든 자연수 n에 대하여, 우리로부터 n미터 이상 더 멀리에 하나의 점이 있다.

는 진술이 참이라는 것이 가능할 수 있는가? 만일 점들의 현실적 무한 '밖에' 없었다면, 유한한 수의 점들이 없어지고, 그에 따라 그중 하나가 최대의 유한한 거리에 없어질 것인가? 그 문제는 콰인의 존재론적 개입의 기준에 의해 지적되었는데, 그에 따르면 우리는 우리가 양화하는 것의 존재에 개입하게 된다. 그럴 경우, '모든 자연수 n에 대하여 …'는 이미 자연수들의 (그리고 대응하는 점들의) 현실적 무한에 대한 개입을 함축한다. 그러나 우리는 수들과 점들이 현실적 무한보다 작다면 어떻게 세계가

> 모든 자연수 n에 대하여, 우리로부터 n미터보다 더 멀리 떨어진 한 점이 있다.

라는 진술이 참일 수 있는지에 관하여 놀라기 위해 패를 쥔 콰인주의자가 될 필요가 없다.

이런 종류의 추리를 회피하려는 한 가지 널리 보급된 시도는 잠재적 무한들을 수들에(그리고 공간같이 무엇이건 잠재적으로 무한인 것들에) 대한 직관주의자와 구성주의자의 견해들과 연결시키는 것이었다.[20] 그 견해에 따르면, 수들과 집합들 같은 모든 다른 수학적 개념들처럼 무한도 시간 안의 인간의 정신이 구성한 것이다. 유한한 것으로서 인간의 정신은 오직 현실적으로 유한한 수들만을 구성하지만 '잠재적으로' 언제나 더 많이 구성할 수 있다. 따라서 '잠재적 무한'이 존재하는 유일한

20 Oppy, 245-246.

종류의 무한이고, 그것은 인간의 정신적 구성들의 속성이다—그러나 그럴 경우 다른 모든 수들도 그렇다. 구성주의자에게는 어떤 의미에서 '현실적 무한'이 없는 것과 마찬가지로 '현실적인 4'도 없다: 오직 정신의 계속적으로 1들로부터 4를 만들어내기만이 있다.

앞의 장들에서 왜 우리가 수학에 대해 구성주의가 아니라 실재론적 견해를 취해야만 하는지가 설명되었다. 예를 들어, 실재론적 수학철학은 어떻게 4가 앵무새 무리와 하나의-앵무새-임이라는 보편자와의 관계에서 발견되는지에 주의를 환기하고, 이는 앵무새의 수를 세는 어떤 인간의 행위보다도 앞서 존재하는 관계다. 그 실재론적 철학은 수학을—어떤 다른 부분만큼이나 무한의 수학을—시간 내의 인간의 구성들에 기초하려는 어떤 동기도 훼손해야 한다. 그러나 무한이라는 주제는 구성주의의 접근법의 결함들이 특별히 명백한 곳이다.

따라서 무어(A. W. Moore)는 칸토어의 집합들의 위계에 대한 '반복적' 개념을 생각하는 한 가지 자연스러운 방법을 기술한다. 어떤 그런 개념은 역설들의 발견에 의해 집합론에 강요되었는데, 그것들은 집합들을 더 단순하고 더 안전한 것들로부터 합집합과 멱집합들을 취하는 것처럼 그런 안전한 과정들에 의해 '건설'되는 집합들에만 한정함으로써 회피될 수 있다. 만일 우리가 '과정들', '건설', 그리고 '취하는'을 문자 그대로 해석하기 시작하면, 우리는 구성주의자처럼 이야기하게 될 것이다. 무어의 기술대로:

> 집합들이 'V'-형의 위계를 형성한다는 것을 우리는 이해한다. 토대에 Ø가 있고, 모든 다른 집합들은 더 위의 어딘가에 놓여서 아래로부터 취한 집합들의 모음을 구성한다. 그 위계는 꼭대기가 없다. 봉쇄하려는 어떤 시도도 집합 구성의 끝없음의 아이디어 자체를 포기하는 것이 될 것이다. 이것은 반복적 개념 기저에 놓여 있는 깊은 시간적 메타포와 연결된다. (그것의 이름을 증언하

> 고, 또한 '집합 구성'의 용어로 담론하는 일이 너무도 자연스럽다는 사실을 증언한다.) 그 메타포에 따르면, 한 집합의 구성원들은 그 집합 자체보다 앞서서 존재해야만 하고, 함께 모일 태세를 갖추고 있어야 하고, 집합들이 그것에 의해 구성되는 다른 단계들은 시간 안에서의 다른 단계들이기 때문에 한 시간축은 위계의 중간까지 달린다고 생각될 수 있다: 집합 구성이 끝이 없다고 말하는 것은 그것이 결코 (시간 내의 어떤 단계에서도) 완전할 수 없다고 말하는 것이다. 따라서 집합의 위계는 잠재적이고, 결코 현실적이지 않다. 그것은 끝없는 시간 위로 펼쳐져 있다 … 21

존재론적 우선성에 관한 은유로서 집합의 성장은 무해할지 모르지만, 문자 그대로 받아들일 경우 그것은 정합적이지 않다. 집합의 성장은 공집합이 존재했지만 자신의 유일한 구성원이 공집합인 집합은 존재하지 않았던 때가 있었음에 틀림없다는 의미를 함축할 것이다. 그게 언제였는가? 어쩌면 스콜라철학자들이 존재론을 부풀리는 테크닉을 처음 마스터했던 1325년 즈음일까? 그렇지 않으면 칸토어 자신이 그 위계의 바닥층위들을 창조했을까? 만일 그렇다면, 얼마나 많이 있었는가, 그가 죽고 나서는 그것들이 여전히 거기 있었는가, 아니면 우리가 그것들을 다시 구성할 필요가 있는가? 구성주의자들이 주장하는 것처럼, 만일 집합들이 시간 안에서 구성된다면(물론 집합들은 서로서로 무한히 빠르게 생산할 수 있지 않는 한에서 그렇겠지만, 그러나 그럴 경우 우리도 전체 위계를 단번에 구성해볼 만하므로 그 메타포의 요점이 사라질 것이다), 이 모든 질문들은 답을 지닐 것이다. 그러나 명백히 이 질문들은 답을 지니지 않는다. 그것들은 구성에 대한 근본주의적 태도의 인공물들이다. 그러나 '잠재적 무한'에 대한 정합적인 의미를 부여하려는 시도의 불가피한 결과이다.

현실적 무한에 개입하지 않는 동시에 시간 안에서의 구성을 포함하는

21 Moore, *The Infinite*, 149.

것으로 고려된 일종의 잠재적 무한의 불가능성에 대한 옹호를 드라마틱하게 제시한 중세 스콜라적 논변이 있다. ('얼마나 많은 천사들이 바늘 끝 위에서 춤출 수 있는가?'라는 문제처럼 그것은 어느 특정 인물에 귀속시킬 수 없고, 스콜라 철학자들 일반에 귀속된다고 여긴다.[22]) 논증은 다음과 같다:

> 잠재적 무한의 개념이 정합성을 갖는다고 가정하자. 그럴 경우, 세계가 가능적 무한의 과거 나날 동안 존재해 왔을 수 있다. 그 각각의 날에 한 천사가 모래알 하나를 내려놓았다고 가정하자. 지금 얼마나 많은 모래알들이 있는가? 하나의 현실적 무한이 있음에 틀림없다. 그러므로 잠재적 무한은 현실적 무한을 함축한다.

이런 추리의 노선은 시간과 인간의 정신을 무한에 관한 논의에 끌어들이려는 시도에서 무엇이 잘못인지를 보여준다. 퍼짐이 상상된 천사처럼 하나에서 다른 것으로 투사될 수 있으므로, 시간 안에 퍼짐은 공간 안에 퍼짐이나 어떤 다른 방법과 본질적으로 다르지 않다.

'잠재적' 무한?

무한의 가지성에 대한 반론을 반박하는 것은, 우리가 유한에 한계지어진 한, 어떻게 그것이 현실적으로 알려질 수 있는지를 보여주려는 것이 아니다. 하나의 무한 구조의 아이디어가 순수하게 지각적 경험으로부터 도출될 수 없다는 것은 명백하다—그렇지 않으면 설사 무한이 단지 유한의 논리적 부정이고 따라서 어떤 의미에서 이해할 수 있다고 하더라도, 유한한 수단에 의해 현실적 또는 가능적 무한에 관해 학습하는 일은 불가능해 보인다. 우리의 지각적 경험은 그 성격상 유한하다. 확실히 단

22 그러나 연속체의 맥락에서 그 결론을 지지하는 논증이 리미니의 그레고리(Gregory of Rimini)의 『명제론 주해(Commentary on the Sentences)』, 2.2.2.1에 나온다. (R. Cross, Infinity, continuity and composition: the contribution of Gregory of Rimini, *Medieval Philosophy and Theology* 7 (1998), 89–110, at 100).

일한 지각적 행위의 그 어떤 유한한 양의 반복도 우리에게 하나의 무한한 대상을 구성해주지 않을 것이다. 그렇지 않으면 우리를 어떤 현실적인 무한과 만나게 해줄 것인가?

그것은 좋은 질문이다. 그것은 고차적 수학적 구조들에 관해 다룰 제12장에서 다시 거론될 것이다.

9 기하학 : 수학인가, 경험과학인가?

기하학은 언제나 수학의 본질적인 한 부분이었다. 고전적 개념에서, 산수와 기하는 수학의 주된 분과였고, 양자 모두 동등하게 실재에 관한 필연적 진리들의 체계로 취급되었다. 공간—우리가 그 안에서 살고 있는 실제 공간—은 명백히 그리고 필연적으로 정확히 유클리드의 공리들에 의해 기술되는 바대로라고 생각되었다.

비유클리드 기하학들의 발견은 그 모두를 바꿔놓았다. 유클리드 기하학의 표준적 대안들인 쌍곡선 기하학과 타원 기하학은 유클리드 기하학과 마찬가지로 수학적으로 건전하고, 따라서 공간이 유클리드적이라는 것은 수학적으로 필연적인 사실일 수 없다. 숙고해보면, 우연적인 것으로 보이는 현실적 공간의 기하학의 여러 가지 다른 특징들이 있다. 작은 규모에서 공간이 원자적이라는 데는 아무런 불가능성도 없다고 주장한 점에서 흄은 옳았다.[1] 그리고 우리가 그 안에서 살고 있는 공간이 그것이 갖고 있는 차원, 즉 3차원을 가지는 것이 필연적이라고는 믿기 어렵다.[2]

1 J. Franklin, Achievements and fallacies in Hume's account of infinite divisibility, *Hume Studies* 20 (1994), 85-101과 인용된 논문들; P. Forrest, Is space-time discrete or continuous?—an empirical question, *Synthese* 103 (1995), 327-354에서 이루어진 현대적 논의 참조.

자연스러운 결론은 기하학이 물리학의 일부인 하나의 경험과학이라는 것이다. 우리가 그 안에서 살고 있는 공간의 속성들을—공간의 차원, 다양한 지점에서의 곡률, 작은 규모에서 공간이 연속적인지 아니면 이산적인지, 공간의 시-공과 중력에 대한 관계 등—발견하기 위해서는 관찰과 측정이 필요하다. 실로, 물리학에는 바로 그런 일을 하는 프로젝트들이 있다: 나는 나중에 그들이 발견한 바를 개관할 것이다.

대안적 기하학들의 존재로부터 널리 끌어내지는 또 다른 결론은 수학철학에서의 '만일-이면주의(if-thenism)'에 찬성한다: 만일 응용 기하학이 물리적 공간에 관한 것이라면, '순수 기하학', 그리고 더 확장해서 순수수학의 다른 부분들도 틀림없이 단지 해석되지 않은 공리체계들로부터 결론들을 끌어내는 데 관한 것에 불과하다. 헴펠(Hempel)의 표현대로:

> 하나의 정리—예를 들어, 삼각형의 내각의 합에 관한 명제—의 엄밀한 증명이 확립하는 것은 문제의 명제의 참이 아니라 차라리 공준들이 참인 한에서 그 명제가 확실히 차이라는 결과에 대한 조건적 통찰이다; 다시 말해서, 한 수학적 명제의 증명은 그것이 문제의 이론의 공준들에 의해 논리적으로 함축된다는 사실을 확립한다 … 이 다른 유형의 기하학들이 현대 수학에서 개발되어 왔다는 사실은 분명히 수학이 어떤 특정의 기하학적 공준들의 집합의 참도 주장한다고 말할 수 없음을 보여준다; 순수수학이 관심을 갖는 모든 것, 그리고 그것이 확립할 수 있는 전부는 주어진 공준들의 집합들의 연역적 귀결들이고, 따라서 고려

2 G.J. Whitrow, Why physical space has three dimensions, *British Journal for the Philosophy of Science* 6 (1955), 13-31의 3차원성을 증명하려는 시도들에 대한 논의 참조; C. Callender, Answers in search of a question: 'proofs' of the tri-dimensionality of space, *Studies in History and Philosophy of Science B*, 36 (2005), 113-136. [현재적 판본들은 보통 인류(anthropic) 원리에 의존하고, 따라서 3차원성의 절대적 증명의 시도들이 아니다.]

되고 있는 공준들에 상대적으로 따라나오는 정리들의 필연적 참
이다.[3]

셋째로 자연스러운 결론은 기하학이 산수와 아주 다르다는 것이다. 대안적 기하학들이 있는 것과 똑같은 의미에서 대안적 산수란 아예 없는 것으로 여겨진다. 사원수들처럼 실로 수들과 어떤 유사성을 지니는 다수의 대수적 체계들이 있지만, 그것들은 쌍곡선 공간이 유클리드적 방식의 공간 됨에 대한 진정한 대안인 것과 같은 방식으로, 예컨대 셈을 세는 가능한 다른 방식들로서의 대안들로 간주되지 않는다.

그러나 그 결론들이 사정을 과장해 왔다고 생각할 이유들이 있다. 기하학은 계속해서 수학의 일부였다. 비유클리드 기하학의 발견은 수학자들에게 확신을 주어 그 분야 연구를 그만두고 물리학자들과 측량사들에게 넘기기는커녕 그들을 격려하여 그 분야를 더 확장하여 그 기하학들뿐만 아니라 고차원 기하학들, 리만 기하학들, 이산 기하학들, 유한 기하학들과 다른 나중에 이루어진 발견들까지 포함시키게 했다. 가능한 기하학들 중 어느 것을 우주가 현실적으로 가졌는지 결정하는 것은 물리학자들의 일이겠지만 모든 기하학들 자체의 연구는 그들의 분야라고 수학자들은 논증하거나 당연하게 취급했다. 물리학자들이 임의의 공리들을 가지고 논 것 또한 아니다. 그 대신 그들은 기존의 기하학들의 구조에 대해 통찰을 준 일반화와 수정을 추구했다.

따라서 현대 수학, 즉 순수수학과 응용수학 양자 모두에서 중요한 한 부분이 여전히 기하학이라 불리고 있다. 공학자, 데이터 분석가 등이 될 학생들은 R^2와 R^3의 '벡터 기하학'과 실재하는 공간뿐만 아니라 힘, 속도 등의 '벡터 공간'에도 적용 가능한 것으로 취급되는 결과들을 철저하게 공부하게 된다. 일견 R^2와 R^3는 (그에 대해 어떤 설명이 주어지든)

3 C.G. Hempel, Geometry and empirical science, *American Mathematical Monthly* 52 (1945), 7-17.

연속체 R과 같은 종류의 추상적 존재자이다. 그것에 대한 설명이 다소 요구된다. 따라서 자연스럽게 '기하학적 구조'라고 불리는 어떤 수학적 존재자는 실제 공간이 아닌 다른 어떤 것 안에 사례화될 수 있는 것으로 보인다. 그에 대한 설명이 요구된다.

이런 상황은 수학에 의해 연구되는 기하학이 무엇인지를 신비의 영역으로 남겨둔다. 기하학은 '공간 같은' 특정의 수학적 구조들인가, 그리고 만일 그렇다면, 그것은 무엇을 의미하고, 어느 수학적 구조들이 그렇게 간주될 수 있는가?

사례화되지 않는 보편자들을 허용하는 아리스토텔레스주의 수학철학은 이 문제들을 논의할 자연스러운 틀을 제공한다. 그 틀은 실제 공간이 어떤 수학적 구조를 사례화하도록 허용하지만, 그 구조를 공간으로부터 구별한다. 또한 그 구조가 사례화되지 않을 수 있는 유사한 구조들과 비교되는 것을 허용한다. 따라서 공간의 형태에 관해 말할 자연스러운 방식에 대한 문자적 해석을 허용한다: 공간에 대한 다수의 가능한 수학적 기하학들이 있고, 그것들 중 꼭 하나만을 현실적으로 갖는다(또는 사례화한다). 또한 그것은 구조가 비공간적 항목들 안에 사례화되는 것을 허용한다.

이 문제들을 논의하기 위해 우리는 한 수학적 구조가 하나의 기하학으로 간주되려면 어떤 특성들을 반드시 지녀야 하는지 물음으로써 먼저 순수하게 수학적인 기하학들을 고찰한다. 그러고 나서 우리는 시간과 색깔들의 공간같이 그런 구조를 갖지 않는 실재 내의 어떤 비공간적 '공간들'을 검토한다; 그렇게 하는 것은 기하학적인 것(어떤 특정한 종류의 수학적 구조)과 공간적인 것(우리가 그 안에서 살고 있는 실제 공간에 관련되는) 사이의 구별을 명료하게 해줄 것이다.

기하학이란 무엇인가? 플랜 A: 다차원적 양

기하학으로 취급되어야만 할 수학적 구조들을 식별하는 데는 두 가지 접근법이 가능하다. 첫째는 제4장에서 연구된 양의 1차원적 구조와 더불어 출발하고 나서 고차원들로 일반화한다. 둘째는 어떤 공간의 가능한 형태들이 있을 수 있는지를 물으면서 우리 공간의 유클리드적 구조라는 패러다임격 예에서부터 점차적으로 일반화해 나간다. 양자 모두 정당한 프로젝트들이다. 그 두 과정의 결과들은 정확히 일치하지는 않는다.

어떤 수학적 구조가 '기하학'으로 간주되어야 하는지에 관한 첫 번째 아이디어는 제3장의 '양'을 고차원으로 일반화함으로써 나온다. 그 결과는 공간에 관한 어떤 사실들이나 직관들로부터 독립적인 고차원의 양적 구조의 이론이다. 이것이 리만과 버트런드 러셀의 접근법이었다. 리만은 이렇게 썼다:

> 나는 … 크기(magnitude)의 일반 관념으로부터 다중으로 확장된 크기의 관념을 구성하는 과제를 나 자신에게 부과했다. 이로부터 … 공간은 단지 삼중으로 확장된 크기의 특수한 사례이고 … 공간을 다른 상상할 수 있는 한 삼중으로 확장된 크기들로부터 구별짓는 속성들은 오직 경험으로부터 연역될 따름이라는 결론이 따라나올 것이다.[4]

러셀에 따르면, '기하학은 2차원 또는 그 이상의 차원들의 계열(series)의 연구'이고,[5] 거기서 하나의 (1차원적) 계열은 임의의 전순서(totally ordered) 집합을 의미한다.

4 B. Riemann, *Über die Hypothesen welche der Geometrie zu gründe liegen* (1854), *Abhandlungen der Königlichen Gesellschaft der Wissenschaften zu Göttingen* 13 (1867), 133-152; W.K. Clifford의 영역, On the hypotheses which lie at the bases of geometry, *Nature* 8 (1873), 14-17, 36-37.

5 B. Russell, *The Principles of Mathematics* (Cambridge University Press, Cambridge, 1903), 제352절.

양과 공간의 본질적 차이는 1차원에서 분명하다. 제3장에서 보았듯이, 그것들이 한계 없이 확장되는 것이 비율들의 본성이다. 설사 길이를 두 배로 늘리는 것이 어떤 대상의 길이로 실현되지 못하더라도, 어떤 길이의 두 배도 길이다. 실로, 공간은 (만일 공간이 크기에서 유한하면) 길이의 두 배에 맞지 않을 수 있다. 만일 우리가 공간 내의 한 선을 무한정 연장한다면, 우리는 출발점으로 되돌아올 수 있다. 그러나 우리는 길이(또는 부치 또는 힘)를 계속 두 배로 늘리고 결국 영에 도달할 수는 없다. 길이는 단지 '적성상 상황적(aptitudinally situal)'[수아레즈(Suárez)의 시사적 표현에서]이다[6]—1미터의 길이는 공간의 조각들 안에 맞춰질 수 있지만, 오직 논의 중인 공간이 그것을 허락할 때만 그러하다(예를 들어, 최소한 반지름이 1미터인 전체 공간에 의해).

R의 모두가 '기하학적 연속체'나 모든 비율들의 체계라는 수학적 구조 안에 포함되어야 한다는 것을 받아들이기 위한 논증은 단순히 연속체를 구성하는 보통의 방법에 대한 실재론자의 해석이다:

1. (제3장에서 논의되었듯이) 양들의 비율은 다양한 크기일 수 있다.
2. 비율들은 무한정으로 정확할 수 있다.
3. 모든 양의 유리수에 대해 하나의 비율이 있는데, 왜냐하면 어떤 자연수들 m과 n에 대해서든지 어떤 양의 m개의 복제물의 n개의 복제물에 대한 하나의 비율이 있기 때문이다.
4. 비율들은 유리수와 무리수의 구분을 존중하지 않는다: 한 정사각형의 대각선의 한 변에 대한 비율은 정확한 비율 2에 대한 것과 동등한 지위를 갖는다.
5. 따라서 (4)에서 호소된 대칭성에 의해, 비율들의 체계 내에는 간극이 전혀 없다: 비율들을 더 크거나 더 작은 절반으로 나누는 그 어떤 방

6 Francisco Suárez, *Metaphysical Disputations* 40, D.P. Lang, Aquinas and Suarez on the essence of continuous physical quantity, *Laval théologique et philosophique* 58 (3) (2002), 565-595에서 논의됨.

식도 중간에 하나의 비율을 갖는다.

6. 그러므로 그 어떤 (양의) 실수에 대해서도 하나의 비율이 있다.
7. 이것은 길이라고 하는 특수한 양에 적용된다.
8. 모든 (양과 음의) 길이들의 체계는 연속체이다.[7]

따라서 표준적 실수 연속체 R은 길이들의 공간—모든 가능한 공간들 안에서의 모든 가능한 길이들의 공간—의 하나의 올바른 수학적 모델이다. 그것은 자연스러운 영, 무한 연장과 무한 분할가능성을 갖는다. 그것은 어떤 특수한 물리적 공간의 모델링과는 아무런 연관성도 없다. 만일 실재하는 공간이 유클리드적이라면, 그것 안의 한 선은 사실상 (하나의 임의의 영을 도입한 다음) 똑같은 구조를 가질 것이다; 그러나 그것은 우연적 사실의 문제일 것이다.

리만과 러셀의 이해에서 '기하학'은 단지 1차원뿐만 아니라 다차원에서 연장된 양을 포함한다. 왜냐하면 이것이 정합적이기 위해서는 '차원'이 순수하게 구주적 또는 (공간적이라기보다는) 주제 중립적으로 설명되어야만 하기 때문이다. 그것은 다양한 추상적인 방식들로 행해질 수 있지만,[8] 러셀의 논법에서 철학적 직관이 더 분명하다.[9] (R이나 자연수들 같은) 하나의 전순서 집합으로부터 시작하라. 그 집합들 각각은 원래의 배열된 집합의 하나의 복제물이다. 그 집합의 각각의 구성원에서 그것이 하나의 구성원인 또 다른 배열된 집합이 있다고 가정하라: 가장 자연스럽게, 그 집합들 각각이 원래의 배열된 집합의 복제이다. 2차원에서 배열된 집합을 얻기 위해서는 그것으로 충분하다:

7 0의 경우는 어떤가? 이것은 미묘한 논점이고, 제14장에서 논의될 것이다.

8 예를 들어, A.R. Pears, *Dimension Theory of Abstract Spaces* (Cambridge University Press, Cambridge, 1975); 차원 이론은 위상수학적 공간에 적용되고, 제4장에서 설명한 것처럼 위상수학적 공간들은 순수하게 구조적으로 정의될 수 있다.

9 Russell, *The Principles of Mathematics*, section 354.

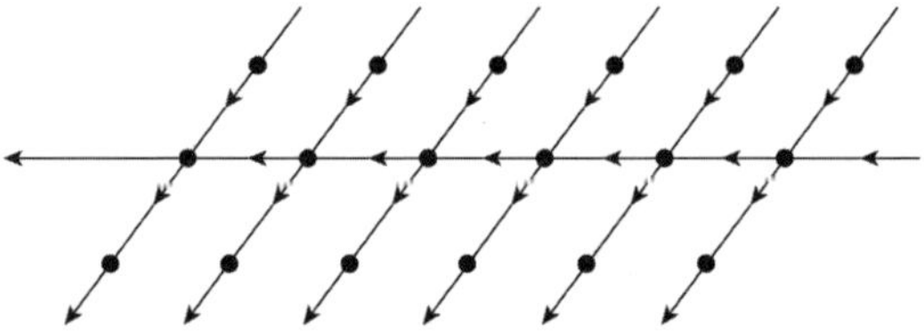

그림 9.1 2차원에서의 배열된 집합

또한 보통 우리는 다른 '수직적' 집합들의 구성원들 사이의 비교가능성을 갖고, 그에 따라 두 배열된 집합들의 R × R 같은 외적(cross product)의 표준적 구성에 도달할 수 있다:

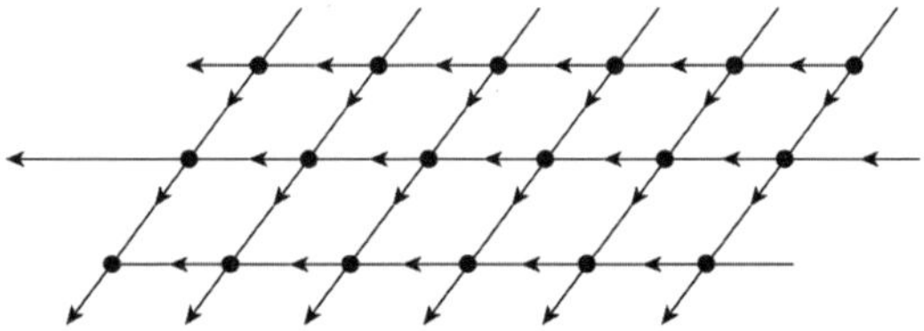

그림 9.2 자연적 2차원 순서를 갖는 전순서 집합의 그 자신과의 외적

2차원 이상으로의 일반화는 명백하다. 공간이 3차원 이상을 가질 수 있는지에 관한 의심은 순서지어진 양의 고차원들로의 일반화와 무관하다.

R^2와 R^3는 따라서 패러다임격인 수학적 기하학들이다. 그것들은 실제 공간에 관한 그 어떤 경험적 주장(또는, 실로, 실제 공간에 대한 그 어떤 언급)도 없는 '유클리드 기하학' 자체다. 집합론의 주제－중립적 내용에서의 그것들의 구성가능성에 의해 보여진 대로(각각 실수의 쌍 또는 세 쌍의 집합들로서), 그것들은 제4장의 의미에서 순수수학적 구조다. 이 공간들이 비유클리드적이라는 문제는 전혀 없다는 점에 주목하라. 정수들이 소진되지 않는다는 것을 우리가 아는 것과 꼭 마찬가지로 우리는 비율들이 소진되지 않는다는 것과 R^2의 2차원적 배열이

무한정으로 양방향 모두로 확장된다는 것을 안다. 물리적 공간 안의 어떤 것이 그 구조들을 사례화하는지의 여부는 경험적 문제이지만, 그것은 그저 그런 구조들과 공간과 관계있는 어떤 것 사이의 구별을 강조할 뿐이다.

기하학이란 무엇인가? 플랜 B: 가능한 공간들의 형태

어떤 수학적 구조들이 기하학으로 간주되어야 하는지에 관한 아주 다른 두 번째 아이디어는 현실적인 공간의 명백히 유클리드적 형태로부터 시작해서 일반화된다. 기하학으로 간주하기 위해서 하나의 수학적 구조는, 그것들이 무엇이든 간에, 유클리드 기하학의 중요한 특색들 중 충분할 만큼 다수를 공유해야만 한다.

우리는 두 가지 별개의 목적에서 유클리드 기하학으로부터 일반화하기를 원할 수 있고, 또 그 결과들은 일치하지 않는다:

> 플랜 B1: 공간이 유클리드적이지 않을 수도 있다고 할 때, 어떤 것이 공간의 가능한 형태들(또는 가능한 공간의 형태들)인가?
> 플랜 B2: '기하학적'이라 옳게 불릴 수 있는 유클리드 공간의 독특한 속성들은 무엇인가? (그리고 어떤 다른 수학적 구조들이 부분적으로 그것들을 공유할 만한가?)

이것들은 양자 모두 유클리드 기하학의 개념적 구조를 '분해'하고 가능한 변화들에 관한 일종의 직관을 이용하여 확장해야만 한다는 점에서 연관된 프로젝트들이다. 그러나 그것들은 다른 일들에 관한 것이다. 첫째 플랜은 세계 내의 실재적 존재자인 공간의 철학에 관한 것이고, 다른 가능세계들 안에서의 공간에 관해 묻는다; 그것은 아마도 물리학으로부터 정보를 얻은, 형이상학적 가능성에 관한 것이다. 둘째는 수학에 더 내적인 것이고, 어떤 속성들을 수학자들이 기하학적인 것으로 간주하고, 왜 그러는지에 대한 합리적인 설명을 구하고 있다.

벨롯(Belot)이 첫째 문제를 제기하듯:

> 어떤 수학적 구조들을 우리는 형이상학적으로 가능한 세계들의 공간적 구조를 표상하는 것으로 생각해야 하는가? 간략히 말해서: 무엇이 공간의 가능한 구조들인가? … 나는 유클리드적 세-공간(three-space)이 공간의 가능한 구조와 대응하는 것은 명백하다고 간주한다. 그리고 나는 가능한 공간적 기하학들을 표상하는 수학적 공간들의 집합이 유클리드 기하학의 어떤 적당한 자연스러운 일반화에 대응한다고 가정하는 일이 온당하다고 생각한다.[10]

이 문제에 대한 답들에 관해 논의해온 이유는 우리가 공간(우리의 공간이나 다른 가능한 공간들)이 유클리드성으로부터 최소한 작은 방식들로 다를 수 있음을 잘 알고 있는 것으로 여겨진다는 데 있다. 예를 들어, 쌍곡선 기하학의 논리적 일관성과 유클리드 공간으로부터 하나의 큰 쌍곡선 공간의 작은 규모에서의 거의 식별 불가능함이 우리들 자신의 공간이 다소간 쌍곡선적일 수 있다고 믿을 이유다; 그리고 이를 상쇄하는 이유는 아무것도 없다. 아주 작은 규모에서 우리 공간에 관해 아는 바가 거의 없으므로, 그 규모에서 그것이 이산적일 인식적 가능성이 있다; 그리고 또다시 현재로서는 이를 상쇄할 아무런 강력한 이유가 없다. 따라서 논리적 일관성, 이산적 공간의 수학적 기술 가능성과 인식적 가능성이 결합하여 그것의 형이상학적 가능성을 시사해준다.[11] 일반 상대성의 토대론적 구조로서의 리만 기하학의 성공은 공간이 리만 기하학을 가지는—대략적으로, 국지적으로는 유클리드적이지만 다른 점들에서 곡률이 다를 수 있는 어떤 형태, 그리고 공간을 통하는 경로들의 길이에 의해 결정되는 거리를 가지고서—것이 가능함을 긍정적으로 시사해준다.[12]

10 G. Belot, *Geometric Possibility* (Oxford University Press, Oxford, 2011), 8–9.

11 철학적 개관은 다음 자료 참고 J.-P. Van Bendegem, Finitism in geometry, *Stanford Encyclopedia of Philosophy*, (2002, revised 2010). http://stanford.library.usyd.edu.au/archives/fall2006/entries/geometry-finitism/

12 더 많은 논의는 Belot, *Geometric Possibility*, 20–21.

우리가 유클리드주의성으로부터 더 멀리 움직여 나갈수록 공간의 한 형태로서 무엇이 가능한지를 덜 이해하게 된다는 것은 참이다. 벨롯은 모든 거리(metric)공간들(정합성 있는 점들 사이의 거리의 관념을 지닌 공간들)은 공간의 가능한 형태들로 간주될 수 있다고 시사하지만, 무한 차원의 힐베르트 공간들이나 단지 1미터 떨어진 두 점만으로 이루어지는 하나의 공간같이 더 이상한 어떤 거리공간들의 가능성을 우리의 직관이 설득력 있게 선언할 수는 없다는 점을 시인한다.

플랜 B2는 어떤 속성들이 수학자들에 의해 기하학적인 것으로 취급되는지를 묻는다. 기하학의 철학은 기하학의 수행자들의 선언을 진지하게 받아들여야 하고 그것들에 대한 설명을 제시해야 한다—특히, 그 선언들이 액면 그대로 유클리드 기하학의 표준적 연구에서 명백하지 않있던 깊고 일반적인 속성들을 발견했다는 주장들을 포함할 때 그러하다. 그러나 그 플랜에 관심을 가질 또 다른 철학적 이유가 있다: 나중에 보게 될 것으로, 이 더 깊은 속성들은 공간에 대한 실재론을 지지하는 논증들에서 특별한 역할을 한다.

어디에 '기하학들'의 한계가 놓여 있는지를 확정적으로 결정해줄 정확한 가족유사성이 있어야 한다고는 기대하지 말아야 한다. 아마도 어떤 지점에서 유클리드 공간으로 되돌아가는 유사성들의 연쇄가 어떤 구조가 기하학적인지에 대해 온당한 판단을 유지하기에는 지나치게 길어질 것이다. 그러나 어떤 특색들이 특별히 중요한 것으로 간주되는지를 말하는 것은 가능해야만 한다.

거리가 기하학에 무엇이 본질적인지에 관한 이야기의 전부가 못된다고 생각하는 주된 이유는 분명히 기하학적이지만 거리를 포함하지 않고 한 가지 명백한 의미에서 그것에 선행하는 특정 속성들의 발견에 달려 있다. 한 가지 종류가 고대의 파푸스(Pappus)의 정리로부터 나온다:

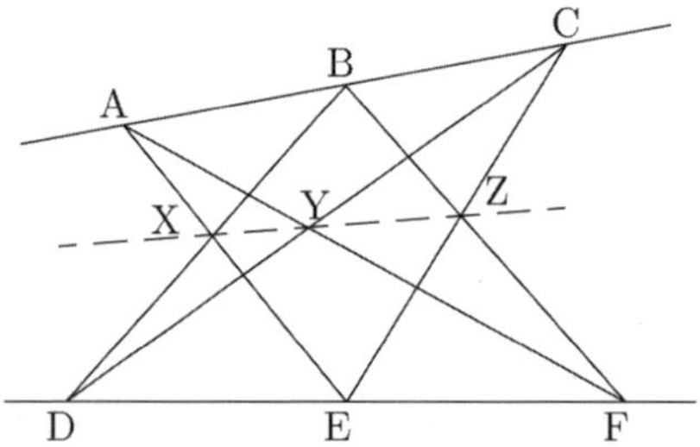

그림 9.3 파푸스의 정리

(출처: http://mathworld.wolfram.com/PappussHexagonTheorem.html 월프럼 수학세계 지침에 따라 재수록됨.)

그 정리는 만일 우리가 두 선 각각의 위에서 세 점을 취하면 (그림에서처럼, 한 선 위에 A, B, C, 그리고 다른 선 위에 D, E, F) 세 교차점들 X = AE ∩ BD, Y = AF ∩ CD와 Z = BF ∩ CE는 동일선상에 놓인다고 진술한다.[13] 그 정리는 거리들이나 각들을 언급하지 않는다; 그것은 단지 선들과 점들의 '투사 구조'—점들의 선들과의 투사—만을 언급하고, 점들과 선들의 투사 구조는 점들, 선들, 각들, 그리고 거리들을 포함하는 유클리드의 정리들 전체에 의해 전제된다. 파푸스의 정리와 데자르그의 정리 같은 '사영기하학'의 다른 정리들은 기하학의 일종의 개념적 골격, 유클리드 기하학의 완전한 구조의 일부이자 그 기저에 놓여 있는 구조를 기술한다. 사영 속성들은 분명히 기하학적이다.

그것을 식별하고 나서 우리는 두 가지 방향으로 나아갈 수 있다. 우리는 사영기하학에 또한 분명히 기하학적이지만 여전히 거리를 포함하지 않는 개념들을 추가하거나 더 많은 것들을 공제하려 애쓰는 철학적 흥미가 더 큰 방향으로 나아갈 수 있다. 첫째 방향에 대해서는 간략히 언급하는 것으로 충분할 것이다: 선들의 사이임을 연구하는 파슈의 '정

13 교차 선들 중 어떤 것들은 평행할 수 있는데, 그럴 경우 그것들의 접점들은 '무한에서의 점들'로 (그렇지 않으면 그 정리는 평행선들을 갖거나 갖지 않는 경우로 나누어지는 것으로) 해석될 필요가 있다.

렬된 기하학', 그리고 직진도와 평행을 연구하는 아파인 기하학들. 양자 모두 거리에 대한 아무런 언급 없이 공리화될 수 있고, 그 기하학적 속성들에 대해 정리들이 개발될 수 있다.[14]

반대 방향에서, 만일 사영기하학이 비록 거리는 포함하지 않더라도 분명히 기하학적 속성들을 다룬다면, 우리는 심지어 더 기본적인 기하학적 속성들을 발굴하는 데로 더 나아갈 수 있는지를 물을 수 있을 것이다. 비록 어느 자점에서 기하학적이라고 온당하게 불리는 것이 꼬리를 벗고 조합수학으로 넘어가더라도, 그것은 실제로 가능하다.

제4장에서 보았듯이, 오일러는 그가 쾨니히스베르크의 다리들에 관한 연구에서 하나의 새로운 형식의 기하학, 순수 '위치의 기하학' 또는 오늘날 우리가 부르듯 네트워크 위상수학을 발견했다고 믿었다. 그러나 본질적으로 똑같은 정리, 그리고 다리들과 육지 주역들에 관한 셈 논증을 포함하는 오일러의 추리는 보통 조합수학으로 간주되는 순수 그래프 이론에서 발견되므로, 그 자료를 전-기하학적인 것으로 간주할 직관적인 사례가 있다. 그러나 위상수학은 일반적으로 기하학의 일부로 이해되었다: 그 안에서 한 입방체의 표면들과 하나의 구체가 위상학적으로 동일하지만 하나의 원환체(torus; 圓環體)와 다른 방식은 형태의 문제이고, 따라서 기하학적이다.[15]

14 V. Pambuccian, The axiomatics of ordered geometry: I. Ordered incidence spaces, *Expositiones Mathematicae* 29 (2011), 24–66; M.K. Bennett, *Affine and Projective Geometry* (Wiley, New York, 1995); W.A. Coppell, *Foundations of Convex Geometry* (Cambridge University Press, Cambridge, 1998), 제1, 3, 6장; R. Torretti, *Philosophy of Geometry from Riemann to Poincaré* (Reidel, Dordrecht, 1978), 제3.2절의 19세기의 발전에 관한 철학적 논의 참조.

15 철학자들의 위상수학 무시에 관해서는 다음을 참조. T. Mormann, Topology as an issue for history of philosophy of science, in Thomas Uebel, ed., *The Philosophy of the Sciences That Received Philosophy of Science Neglected. Historical Perspectives*, Springer, to appear, http://philpapers.org/archive/MORTAA7.2.pdf; Topology for Philosophers, ed B. Smith and W. Zelaniec, *The Monist* special issue, 79 (1) (1996).

전통적으로 '기하학'이라 불리던 것의 극단은 아마도 일곱-점 평면 또는 파노 평면이라 불리는 조합론적 존재자에 의해 도달될 것이다. 그것은 일곱 점들과 각각의 선의 쌍들이 한 점에서 교차하고 각각의 점들의 쌍이 하나의 선 위에 놓여 있는 일곱 개의 '선'을 갖는다:

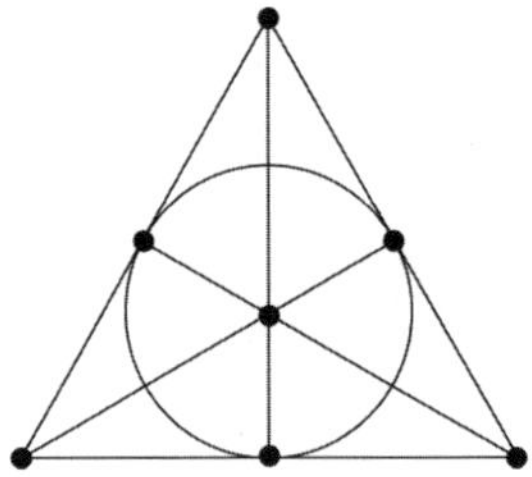

그림 9.4 일곱-점 평면

(출처: http://en.wikipedia.org/wiki/File:Fano_plane.svg)

그것의 기하학적 본성 주장은 아마도 오직 유클리드 공간으로의 연속적인 변화를 포함하는 역사적 단계들에 기인할 것이다.16

이 계획 B2의 B1와의 차이는 오직 사영, 아파인 또는 위상학적 속성들만을 갖는 하나의 가능한 공간이 있을 수 있느냐고 물음으로써 보여진다. 속성들이 그것들 자신을 지지하기 위해 어떤 매체—위상학적 또는 다른 속성들을 갖지만 (거리 같은) 다른 속성들도 마찬가지로 갖는 어떤 기체(基體; substrate)나 점들의 집합—을 필요로 하는 것으로 보이므로 그것은 그럴 법하지 않다고 여겨진다. 따라서 공간의 가능한 형태에 관한 문제들은 어떤 속성들이 기하학적인가에 관한 문제들과는 종류가 아주 다르다.

16 즉, 유클리드 평면을 R^2로 조정한 다음, 사영 평면을 얻기 위해 무한에서 선을 추가하고, 그러고 나서 두 원소를 지닌 체(field)로 체 R을 대치하기. 또 다른 가능한 예는 비가환적 대수기하학으로, 기하학과의 연관성은 미약하다.

모래알-또는-덩어리 논쟁: 공간은 점들로 이루어지는가?

앞 절들에서, 우리는 표준적인 (우리의 공간의 가능한 형태로 고려된) 유클리드 기하학과 R^2 및 R^3의 동일시에 의존하지도 않았고 그렇다고 그에 도전하지도 않았다. 그 동일시는 2차원적 유클리드 공간이 점들의 집합으로, 그리고 그것은 다시 실수들의 쌍들과 일대일로 대응하는 것으로 취급됨을 의미한다. 실수들 자체는 다양한 가능한 방식으로 구체화될 수 있지만, 어떤 경우에도 연속체－다수인 실수들을 가지고 유리수들을 왼쪽 절반과 오른쪽 절반으로 절단하는 각각의 가능한 방식에 대해 하나씩 대응시킬 수 있다.

그러나 공간의 문제로 오게 되면, 그 대응이 과도한 양의 수학적 장치라고 논변할 수 있다. 아마도 공간의 수학적 구조는 상당히 더 단순할 것이다. 공간을 실제로 연속체 내의 방대한 수의 점들로, 그리고 심지어 더 방대한 수의 점들의 부분집합들로 이루어지지는 않는다고 간주하는 몇 가지 이유들이 제시되어왔다. 또한 공간의 더 단순한 구조들이 어떤 것일 수 있는지에 관해 모래알(grit; 이산적 공간, 그것 자신이 다양한 가능성들을 갖는)과 덩어리(gunk; 점들이 없는 영역들), 그리고 작은 스케일에서의 부정확성을 포함하여 여러 가지 가능성이 있다. 아주 작은 스케일에서의 공간에 대한 우리의 심오한 지식의 결여를 감안할 때, 이 논증들 중 어느 것도 절대적으로 설득력을 지니리라 기대해서는 안 된다. 그럼에도 불구하고, 그것들의 고찰은 공간 철학에서의 가능성들에 대해 감이 생기게 할 것이다.

이 이유들 중 어떤 것들은 R이 공간적 선의 올바른 모델인지 여부의 문제를 다루면서 1차원에서 적용가능한 반면, 어떤 것들은 더 고차원들을 포함한다.

첫째, 만일 공간이 유클리드가 기술한 바대로일 수 있다면—모든 방향으로 무한한 연장, 무한 분할가능, 그리고 평탄한—그것은 여전히 공간이 연속체-다수의 점들로 이루어진다는 데 대한 적극적인 논증을 필요로 한다. 유클리드는 그런 방대한 점들의 배열에 관해 알지 못했고, 사용하지도 못했다. 그는 단지 작도가 그것을 요구할 때나나, 예컨대 한 원이 선 하나와 교차할 때, 선 위에 점 하나를 스스로에게 허락했을 뿐이다. 그것은 그가 더 단순한 어떤 것을 염두에 두었으리라는 추정을 낳는다. 실로, 만일 그가 '연속적인 어떤 것이 분할이 불가능한 것들로부터 구성되는 것, 예를 들어 점들로부터 선이 구성되는 것은 불가능하다'는 아리스토텔레스의 견해를 추종했다면, 그는 더 단순한 어떤 것을 마음에 품었을 것이다.[17] 유클리드의 어떤 것도 아리스토텔레스의 견해와 모순되지 않고, 그의 정의 6('한 표면의 가장자리는 선이다')과 정의 13('한 경계선은 어떤 것의 끝이다')의 언어는 고차원의 것들을 저차원의 것들의 집합으로 보는 현대의 견해가 아니라 저차원의 존재자들을 고차원의 것들로부터 창조되는 것으로 보는 아리스토텔레스주의의 관점을 시사한다.

그러나 그것은 하나의 추정에 지나지 않는데, 왜냐하면 원하는 곳마다 점 하나를 구성할 수 있다면 선택된 점이 있는 곳에 간극이 있을 가능성이 없도록 하기 위해 점들 모두 거기서 기다리고 있어야만 할 것이라고 논증될 수 있기 때문이다. 그리고 그런 일이 일어나기 위해서는 R의 모두에 대응하는 점들이 있어야만 하는데 왜냐하면 R은 정수를 포함하는 유일 완비(즉, 간극이 없는) 순서체(ordered field)이기 때문이라고 논증될 것이다. 만일 점들이 모두 거기 있지 않다면, 하나의 간극이 있어야만 하고, 그것은 우리가 정확히 거기서 공간을 분할하고자 시도할 때 나타날 것이다. (이 논증은 앞 장에서 본 아리스토텔레스의 '잠재적 무한' 관념에 대한 반론과 평행한다: 실로, 그것은 무한히 큰 것 대신

17 Aristotle, Physics 231a24-26, M.J. White, On continuity: Aristotle versus topology? *History and Philosophy of Logic* 9 (1988), 1-12에서 논의됨; 기하학의 대상들에 관한 아리스토텔레스의 실재론의 세부사항들은 R. Pettigrew Aristotle on the subject matter of geometry, *Phronesis* 54 (2009), 239-260 참조; 아리스토텔레스의 공간 존재론의 현대적 재구성은 P. Roeper, The Aristotelian continuum: a formal characterization, *Notre Dame Journal of Formal Logic* 47 (2006), 211-232 참조.

무한소에 적용된 똑같은 논변이다.)

그뿐만 아니라, 만일 우리가 2차원 유클리드 기하학인 수학적 구조로서의 R^2와 R^3에 대한 대안을 보여줄 것을 요구한다면, 진정으로 다른 하나를 전시하기가 어렵다. 표준적인 독립적 형식화들은 힐베르트의 『기하학의 기초(*Grundlagen der Geometrie*)』(1899)와 타르스키의 공리들의 형식화인데, 그것들은 유클리드의 논의 (그것은 주지하듯 때로는 선들과 원들이 교차된다는 정당화되지 않은 가정들을 포함했다)의 결함들에서 해방된 유클리드 기하학의 공리화를 제공하는 것을 목표로 했었다.[18] 그것들 모두 어떤 완전성 공리를 포함했는데, 그것은 결과적으로 실수 선의 완전성을 복제한다. R^2와 R^3를 가능한 유클리드적 공간의 형태의 모델로 사용하는 데 반대하는 더 진지한 논증은 그것이 단순히 필연적이지 않은 복합체가 아니라 역설들, 특히 바나흐-타르스키 역설을 낳는다는 것이다.

바나흐-타르스키 정리(Banach-Tarski Thcorem)는 3차원 공간에서 한 고체인 공은 R^3 안의 점들의 집합으로 간주될 때 여러 부분집합들로 분해될 수 있고, 그것들은 (휘어지지 않는 운동들에 의해) 원물과 같은 크기의 두 구체로 재조립될 수 있다고 진술한다. 확실하게 말하자면: E_1, E_2, E_3, E_4, E_5라는 집합들이 있고, 그것들의 합집합은 하나의 고체의 공이고, E_1, E_2, E_3는 움직여져서 원래 것과 같은 크기의 공으로, 그리고 E_4와 E_5는 움직여져서 역시 원래 것과 같은 크기의 세 번째 공으로 재조립될 수 있다.

그 결과는 역설적인 것으로 밝혀졌다. 실로, 만일 우리가 R^3의 부분집합들을 공간의 영역들로 생각한다면, 부분들로 쪼개지고 더 큰 영역들로 재조립되는 영역들을 발견한다는 것은 아주 이상하다. 철학적 스핀이 담긴 한 입문용 설명의 표현대로. "기하학의 '이상적' 대상들을 우

18 D. Hilbert, *The Foundations of Geometry* (2nd edn, Open Court, Chicago, 1980); A. Tarski and S. Givant, Tarski's system of geometry, *Bulletin of Symbolic Logic* 5 (1999), 175-214.

리 주위 세상의 '실재적' 대상들과 혼동하는 어리석은 관행에 굴복한다면, 이것은 명백히 거짓이라고 여겨진다".[19]

그러나 그 역설에 대한 또 다른 해소책이 있다. 우리는 모든 R^3의 부분집합들이 '영역들'이라고 바르게 불린다는 것을 부인할 수 있다. 포레스트는 이렇게 주장한다: "나는 한 영역의 근본적인 특성은 그 영역의 양이라고 말하고, 나는 양을 영역의 부피라 부른다."[20] 그럴 경우, 우리는 어떤 부피(양, 크기 또는 분량)가 부여될 수 있는 공간의 부분들에 제한하여 주목하기를 요구하고 있는 것이다. 그러나 R^3의 모든 집합들이 측정 가능한 것은 아니다. 점들의 집합들은 부피가 부여되기에는 공간 안에서 지나치게 잘게 흩어질 수 있다; 그것이 앞의 E_1, …, E_5의 경우에 바로 그러하다. 그러므로 그것들은 '영역들'을 형성하지 못한 그저 점들의 집합이다. 그러나 만일 영역의 아이디어 배후의 직관이 그것들이 공간의 '완전한' 부분들이어야 한다는 것이면, 한 영역이 너무나 혼합된 부분들이 개별적으로 하나의 부피를 부여받을 수 없는 점들의 집합들인 부분들을 지녀야만 한다는 것은 놀랍지 않다.

따라서 우리는 두 테제를 주장할 수 있다. 첫째, 공간은, 만일 그것이 유클리드적이면, 그것의 점들로 이루어질 수 있다—R^3는 유클리드 공간의 완벽한 모델이다. 둘째, 비록 점들의 모든 집합이 공간의 일부라 해도, 오직 어떤 점들의 집합들만이 영역을 형성한다 직관적으로, 영역을 형성하는 것들은 어떤 점들도 무한소적 '구멍들'로서 남겨지는 일 없이 점들로 가득찬 것들이다.[21] 요약하면: 위치와 거리를 모형화하는 것은

19 K. Stromberg, The Banach-Tarski paradox, *American Mathematical Monthly* 86 (1979), 151-161.

20 P. Forrest, Grit or gunk: implications of the Banach-Tarski Paradox, *Monist* 87 (2004), 351-370, 361에서의 논의 참조.

21 Forrest, Grit or gunk, 370, n. 15는 '최대' 열린 집합들을 시사한다: U를 포함하는 어떤 열린 집합 V에 대해서든지 V—U가 양의 르벡 측도를 갖도록 하는 열린 집합들 U; 또는 우리가 정규 열린 집합들을 취할 수도 있다: 그것들의 폐포(closure)의 내부인 것들.

영역들을 모형화하는 것과 다른 문제이다. R^3는 공간 안에서의 위치와 길이에 대한 하나의 올바른 모델이다: R^3의 부분집합 일반은 영역들에 올바르지 않지만, 적당히 제한된 종류의 부분집합들은 영역들의 올바른 모델을 형성한다.

그것은 여전히 필연적으로 공간이 점들로 이루어진다고 주장하는 것이 아니다. 우리는 공간이 무한한 정확성을 허용하지만 그것의 부분들은 모두 영역들이라고 주장할 수 있다. 공간은 '모래 같기'보다는 '덩어리 같다'. 아른체니우스(아르제니우스, Arntzenius)가 설명하듯:

> 대안은 공간과 시간과 물질이 '무디다' 또는 '덩어리 같다'는 것이다. 여기서의 아이디어는 공간과 시간과 물질이 가장 작은 유한 크기의 조각들이라는 것, 공간과 시간과 물질이 '덩어리지다'는 것이 아니다. 오히려 그 아이디어는 공간과 시간과 물질의 모든 분분은 0이 아니고, 유한한 크기이지만 모든 그런 부분은 그 작은 부분들로 다시 분할될 수 있다는 것이다 … 한 영역의 공간적 또는 시간적 해체는 궁극적 수준에서 마무리(bottom out)될 수 없다.[22]

철학적 관점에서, 이 제안의 한 가지 난점은 점들이 영역들로부터 구성될 수 있어서 우리가 단순한 어떤 것도 얻지 못했다고 논변될 가능성이 있다는 것이다. 비록 점들이 '덩어리진' 공간에 존재하지 않을 수 있다

22 F. Arntzenius, Gunk, topology and measure, in D. Zimmerman, ed., *Oxford Studies in Metaphysics*, vol. 4, (Oxford University Press, Oxford, 2008), ch. 10; earlier in D.W. Zimmerman, Could extended objects be made out of simple parts? an argument for 'atomless gunk', *Philosophy and Phenomenological Research* 56 (1996), 1–29; D. Bostock, Whitehead and Russell on points, *Philosophia Mathematica* 18 (2010), 1–52에서 화이트헤드와 러셀의 유사한 계획이 논의됨; 점들에 대한 다른 반론들은 G. Fowler, The nature and structure of space (PhD, University of Rochester, 2009) 참조; The pointfree mathematics of 'locales' surveyed in S. Mac Lane, Mathematical models of space, *American Scientist* 68 (1980), 184–191; 측도와 거리를 정의하는 데 있어서의 영역들이 점들보다 유리한 점들에 관한 논의는 C. Mortensen and G. Nerlich, Physical topology, *Journal of Philosophical Logic* 7 (1978), 209–233 참조.

고 하더라도, 무한하게 더 작아지는 공들의 보금자리는 실제로 존재한다: 비록 한 점 x는 존재하지 않는다고 하더라도, x에 관해 반지름 ε의 모든 공들이 (엄격히, x가 어디에 있을지에 관해) 실제로 존재한다 (ε가 얼마나 작든지 간에). 그리고 그것들의 교점이 취해지는 것을 막기는 힘들다—또는 설사 그것이 허용되지 않더라도, ε가 0에 접근함에 따라 연루된 무한 정확성은 0에 접근하고 점들에게 필요한 모든 것을 의미하는 것으로 보인다, 정확한[23] 영역들의 집합에 반영되지 않는 점들의 공간의 복잡성은 없는 것으로 보인다.

그에 대한 올바른 견해가 무엇이든 간에, 또다시 기하학의 철학과 공간의 철학의 구별이 유용하다. 이는 공간에 관한 진정한 문제로 공간이 점들을 갖는지 여부에 관한 것이다. 만일 갖는다면, R^3는 (점들과 그 점들의 측정가능하지 않은 집합들 같은 R^3의 다른 특색들이 공간 내의 어떤 것과 대응한다고 주장하는 일 없이) R^3의 특정 부분들이 공간의 영역들과 정확히 대응한다는 점에서 공간의 훌륭한 모델이 될 수 있다.

(점을 지니든 그렇지 않든) 무한한 정확성의 난점들에 비추어, 무한한 정확성은 유클리드 공간의 구조 대부분을 모형화하는 데 본질적이지 않다고 주장할 수 있을 것이다. 만일 공간이, 비록 이산적이지는 않더라도, 위치에서 무한한 정확성을 허용하지 않는다는 것이 가능하다면, 그것은 퍼지 거리공간일 것이다.[24] 즉, 거리들은 퍼지 양들이다: 그것들은

23 영역들로부터 점들을 구성하는 데 관한 상세한 내용은 P. Roeper, Regionbased topology, *Journal of Philosophical Logic*, 26 (1997), 25-309와 P. Forrest, Mereotopology without mereology, *Journal of Philosophical Logic* 39 (2010), 229-254 참조; 이 저자들은 점들의 구성 가능성을 하나의 유리한 점으로, 오류라기보다는 하나의 특징으로 간주한다.

24 I. Kramosil and J. Michálek, Fuzzy metrics and statistical metric spaces, Kybernetika 11 (1975), 336-344; J.J. Buckley and E. Eslami, Fuzzy plane geometry I: points and lines, *Fuzzy Sets and Systems* 86 (1997), 179-187; G. Gerla, Pointless metric spaces and fuzzy spaces, in S.E. Rodabaugh et al., eds, *Applications of Category Theory to Fuzzy Subsets* (Kluwer, Dordrecht, 1992, Theory and Decision Library, series B, vol. 14, part III), 235-244.

그저 어떤 특정의 정도를 넘어서서 정확하지 않다. 그런 양들은 직관적으로 아주 친숙한데, 왜냐하면 실제 측정들이 이런 본성을 갖는 것들이기 때문이다. 만일 우리가 소수점 여덟 자리까지 측정하는 측량을 한다면, 우리는 직관적으로 하나의 퍼지 거리공간을 운영하고 있는 것이다. 그럼에도 불구하고, 그 선택지는 철학 문헌에서 그다지 진지하게 취급되어 오지 않았다.

기하학적 구조를 지닌, 실재하는 비공간적 '공간'

이제 우리는 어떤 실재하는 공간과 기하학적 구조를 갖는 '공간'을 살펴본다. 이 연습의 요점은 오직 하나의 공간 안에서의 삶으로부터 나오는 시야 협착[터널시(視); tunnel vision]에서 해방된 기하학적 구조가 무엇과 같을지를 예를 통해 이해하려는 데 있다.

가장 잘 알려진 비공간적 '공간'은 시간이다. 아리스토텔레스의 간략한 힌트에서 '시간은 선에서와 똑같은 방식으로 분할되거나 분할되지 않는다'.[25] 제4장에서 그린 그래프들처럼 시간은 상례적으로 하나의 선으로 표상되는데, 그것은 1차원적 구조의(물론 국지적 구조를 의미하는데, 왜냐하면 우리는 시간이 시작과 끝을 지니는지 알지 못하기 때문이다) 공통성 때문이다.[26] 그러나 시간철학의 거대하고 잘 알려진 난점들을 감안하여, 나는 이 사례를 더 전개하지 않고자 한다. 같은 이유로, 시간의 기하학적 구조가 시간의 연구의 중심부에 있음에도 불구하고, 나는 시-공을 논의하지 않을 것이다.[27]

25 Aristotle, De Anima 430b.
26 W.H. Newton-Smith, *The Structure of Time* (Routledge & Kegan Paul, 1980).
27 (멀리 떨어진 점들이 0 '거리'를 지니므로) *ds2 = dx2 + dy2 + dz2—c2dt2*에 의해 정의되는 '의사-리만적 메트릭'을 하나의 거리로 보는 일의 불가능성과 시-공 점들이 얼마나 멀리 떨어져 있는지를 측정할 어떤 비-프레임-상대적 대안을 찾기의 어색함으로 인해 더 어려워짐.

색깔들의 공간

색깔들의 공간은 흥미로운데, 왜냐하면 그것이 알아차릴 수 있을 만큼 기하학적이고 다차원의 구조를 갖는 반면 명백히 비공간적이기 때문이다.28 따라서 우리는 존재론적으로 공간과 유사하지 않은 기하학의 한 예와 아주 친숙하다. 그러므로 색깔의 공간과의 비교는 우리의 기하학적 직관과 철학적 추리를 공간의 특수 사례에 대한 과잉-의존으로부터 해방시켜줄 것이다.

여기서 의미된 것은 지각된 색깔들의 공간이지 색깔들의 원인인 표면들의 물리적 속성들이 아니다. 우리는 실로 그 둘을 비교하려는 시도를 할 수 있고 아마도 동일시할 수 있지만, 애초에 흥미로운 대상은 지각된 색깔에 있어서의 변화다. 따라서 인간의 색깔 공간은 개들의 색깔 공간과 다를 수 있고, 적녹색 맹인의 공간은 완전한 색깔 시각을 지닌 사람의 공간보다 단순할 수 있다.

내성과 통제된 심리학 실험들 양자 모두 색깔 지각이 공간과 유사한 방식으로 구조화된다는 것을 밝혀준다. 빨간색과 노랑색 사이에 진빨간

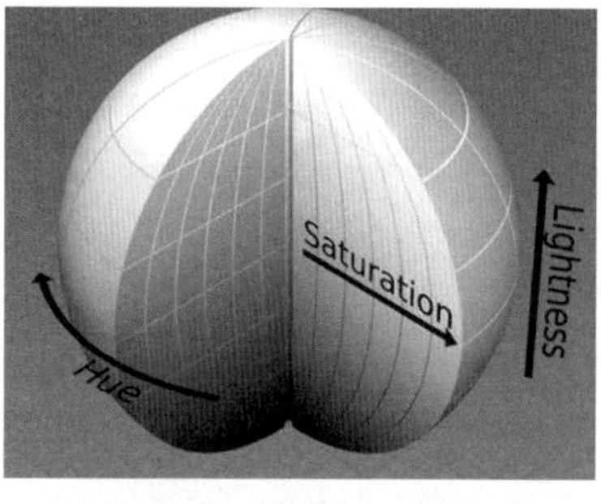

그림 9.5 먼셀 판본의 색깔 구체

(출처: In colour at http://en.wikipedia.org/wiki/File:HSL_color_solid_sphere_munsell.png)

28 리만은 오직 두 가지 쉽게 지각되는 다차원적 연속적 공간들이 있다고 중장한다: 위치와 색깔.

색으로부터 오렌지색을 거쳐 진노랑색에 이르는 선형적 범위에서 지각되는 것들이 있다. 그 범위는 아무런 간극도 없다는 의미에서 연속적인 것으로 보인다. 임의의 두 색깔 사이에서도 똑같은 것이 참이다. 모든 지각된 색깔들의 범위는 (여러 가지 다른 방식으로) '색깔 고체'에서 종종 구체로 묘사되면서 배열될 수 있다. 색상들(다른 순수한 '무지개' 색깔들)은 하나의 원으로 배열된다; 근의 차원은 더 약한 색깔이 안쪽에, 회색이 중심에, 그리고 수직적 차원은 밝고 어둡게, 북극점에 하양, 남극점에 검정을 가지면서 포화(saturation) 또는 '화려함(colorfulness)'를 표상한다.

따라서 색깔 공간을 표상한다는 것은 그것이 유클리드 공간에서 한 구체의 모든 속성을 공유한다는 의미를 함축하지 않는다; 예를 들어, 정확한 거리들이나 정확한 구형의 형태가 의미 있다고 주장되지 않는다. 그러나 그 표상은 유용한데, 왜냐하면 색깔들은 실제로 문제 그대로 특정의 기하학적 속성들, 특히 사이에-있음과 차원성을 갖기 때문이다. 구체 안의 두 점을 잇는 직선은 그것들 사이의 색깔 스펙트럼으로 이루어진다; 하양과 검정은 극단의 반대되는 점들이다: 한 특수한 색깔과 가까운 색깔들은 실제로 3차원에서 변화한다.

색깔들의 공간은 표면의 반사율들의 공간에 대한 관계를 포함하여 몇 가지 어려운 쟁점들을 제기한다.[29] 신경생리학적 반응에서의 변화들에 대한 관계; 혼합되지 않은 또는 '일차적'으로 보이는 어떤 색깔들(빨강, 파랑, 노랑, 초록)과 그 색깔들의 혼합으로 보이는 다른 것들의 현상의 설명;[30] 그리고 색깔 지각의 (주위의 색깔들과 그림자들 같은) 맥락에 대한

29 두 공간들 사이의 유사상이 D.R. Hilbert, *Color and Color Perception: A Study in Anthropocentric Realism* (CSLI, Stanford, 1987)에서 강조되고, E. Thompson, *Colour Vision: A Study in Cognitive Science and the Philosophy of Perception* (Routledge, London, 1995), 제3장에서 폄하되고 있다.

30 J. Cohen, On the structural properties of the colours, *Australasian Journal of Philosophy* 81 (2003), 78–95.

감수성;[31] 그리고 더 일반적으로 색깔들이 '마음속에' 또는 '사물들 속에' 있다고 말해야만 하는지의 쟁점.[32] 그 쟁점들은 공간적이지 않은 한 기하학적 구조의 한 예로서의 색깔 공간의 중요성에 영향을 미치지 않는다.

색깔들의 공간에 관해서는 모래알-또는-덩어리 논쟁이 전혀 없다는 데 주목하라. 우리는 지각된 색깔들의 공간을 다루고 있고, 지각은 무한히 정확하지 않으므로 (실로, 지각의 한계는 측정가능하니까), 연속체 – 다수의 점들이나 무한정으로 정확한 영역들로 이루어지지 않는다. (실험적 증거가 그에 대해 말해줄 바가 있다고 하더라도) 지각은 전혀 점들로 이루어진 것으로 보이지 않는다. 일견, 그것은 퍼지 공간이다.

벡터들의 공간

공간과 시간 내에서 한 점에서의 힘이나 한 점에서의 속도 같은 특정의 양들은 벡터들이다.[33] 그것들은 크기와 시간 양자 모두를 갖고, 같은 종류의 벡터들은 더해질 수 있다. 따라서 같은 점에 작용하는 동쪽으로의 5 뉴턴의 힘과 북쪽으로의 5 뉴턴의 힘은 더해져서 북동쪽 $5\sqrt{2}$의 힘을 낳을 수 있다.[34]

31 R. Jagnow, Shadow-experiences and the phenomenal structure of colors, *Dialectica* 64 (2010), 187–212.

32 B. Maund, *Colours: Their Nature and Representation* (Cambridge University Press, Cambridge, 1995).

33 Bigelow and Pargetter, *Science and Necessity*, section 2.6; Bigelow, *Reality of Numbers*, part II(c)에서의 논의들 참조; S. Leuenberger and P. Keller, Introduction: the philosophy of vectors, *Dialectica* 63 (4) (2009), 369–380과 같은 특집 호의 다른 논문들 참조; 이 양들, 특히 속도들 중 어떤 것들이 엄격하게 한 점'에' 있는지 그렇지 않으면 어떤 영역 내에 있는지에 관한 논쟁은 (e.g. J. Butterfield, Against pointillisme in mechanics, *British Journal for the Philosophy of Science* 57 (2006), 709–753) 현재의 쟁점과 연관성이 없다.

34 힘들의 실재성에 대한 옹호는 예컨대 J. Bigelow, B. Ellis and R. Pargetter, Forces, *Philosophy of Science* 55 (1988), 614–630 참조; O. Massin, The metaphysics of forces, *Dialectica* 63 (2009), 555–589; 요소인 힘들이 관찰된 합성체 안에 여전히 존재한다고 이야기되어야 하는지 여부에 관한 논쟁은 J. Wilson, The causal argument against component forces, *Dialectica* 63 (2009), 525–554 참조.

크기는 제3장에서 고찰된 길이 같은 양들과 같은 방식으로 1차원에서 변화한다. 길이와 마찬가지로, 마치 어떤 충분히 큰 힘의 곱이 0으로 판명될 수 있다는 듯이, 전체적 위상수학의 이상한 전망은 전혀 없다. 설사 현실적 우주가 엄청난 길이나 힘들에 맞추기에는 지나치게 작을지라도, 가능한 힘들의 공간은 가능한 길이들의 공간처럼 무한하다.

그러나 한 점에서의 어떤 힘이나 속도에 대해 가능한 방향들이 그 점이 있는 공간에 의해 제한되므로, 벡터들의 방향들은—그 점이 있는 공간 내에서 가능한 방향들은—더 공간적이다. (따라서 앞서 기술했듯이, 벡터들은 리만과 러셀에 의해 고찰되었던 1차원 이상에서의 양들의 추상적 변화와 똑같은 것은 아니다; 그것들은 진정으로 공간적인 측면들을 지녔다.) 한 점에서의(또는 그 점으로부터의 무한소적 경로들의) 방향들의 '공간'과 그 점에서의 접선 공간(크기들에 의한-방향들의-공간)은 전체 공간 자체보다 더 단순한 기하학적 존재자들인데, 왜냐하면 그것들은 순수하게 국지적이고, 따라서 공간의 전체적 위상수학에 의해 그리고 곡률에 의해 영향을 받지 않기 때문이다. 따라서 2차원 공간들에서 '다양체'라 불리며 국지적으로 유클리드적인 모든 공간(구체의 표면, 안장, 쌍곡선 기하학 등)을 포함하는 방대한 공간들의 배열(array)은 똑같은 접선 공간, 즉 R^2를 갖는다.[35] 따라서 접선 공간은 심지어 굽은 공간들에 대해서도 유클리드적이고, 따라서 힘과 속도 같은 벡터의 공간은 또한 필연적으로 유클리드적이다. 똑같은 것이 3차원에서도 적용된다: 심지어 굽은 공간에서도 접선 공간은 유클리드적 공간 R^3이다. 따라서 유클리드 기하학은, 물리적 우주가 유클리드적인 것으로 판명되든지 그렇지 않든지의 여부와 무관하게 양들의 큰 집합의 기하학으로 남아 있다.

국지적 존재자들로서의 (접선, 힘 등의) 벡터 공간들을 이해해야 할 필요는 같은 공간 안에서 다른 점들에서의 접선 공간들을 가로지르는

35 표준적 설명은 예컨대 C.J. Isham, *Modern Differential Geometry for Physicists* (2nd edn, World Scientific, Singapore, 1999), 제2장 참조.

개별적 벡터들(또는 방향들을)의 식별 불가능성에 의해 입증된다. 예를 들어, 구체 위 적도에서의 한 접선 공간은 자연스럽게 북극에서의 접선 공간이 있는 방향으로 식별된 방향일 수가 없다; 만일 우리가 적도에서 접선 벡터를 취하고, 그것을 '평행 수송'에 의해 구체를 가로질러 움직여서 북극에서의 접선 벡터를 산출한다면, 수송의 다른 경로들이 다른 답들을 준다.36

엄격하게 유클리드적이지 않은 접선 공간을 찾기 위해서는 한 다양체보다 국지적으로 더 유클리드 공간 같지 않은 기저 공간으로부터 출발할 필요가 있다. 예를 들어, 한 이산적 공간은 한 점에서 연속된 공간보다 더 적은 방향들을 갖는다. 만일 한 점에서의 방향들이 특정의 거리 이내에 있는 것들로 식별되는 '인근의' 점들로의 방향들로 취급되면, 그 거리 내에 오직 유한하게 다수인 점들이 있고, 따라서 한 점에서 오직 유한하게 다수의 방향들만이 있다. 방향의 다른 정의들도(예를 들어, 공간 내의 모든 점들로의 방향) 고려될 수 있지만, 결과는 여전히 정확하게 유클리드적이지는 않다.37

우리가 그 안에서 사는 실제 공간

이제 현실적인 공간으로 되돌아가자.

첫째, 공간이 진정한 기하학적 속성들이나 하나의 '공간'을 갖는지를 확립할 필요가 있다. 다양한 기하학들 중에서, 우리가 그 안에서 사는 현실적인 공간은 (최소한 관찰의 범위 안에 있는 영역들의) 관찰과 측정에 의해 발견될 수 있는 확정적인 것을 갖는가?

36 T. Maudlin, *The Metaphysics Within Physics* (Oxford University Press, 2007), 제3장 참조; 그리고 반론은 P. Forrest, Vectors on curved space, *Dialectica* 63 (2009), 491-501 참조.

37 이산 공간들의 기하학적 속성들을 설명하는 데서 아직 해결되지 않은 다수의 쟁점들이 있다. 예를 들어, 그것들을 위해 차원, 곡률, 그리고 방향을 올바르게 정의하는 일; e.g. A.V. Evako, Dimension on discrete spaces, *International Journal of Theoretical Physics* 33 (1994), 1553-1568. 현재의 목적을 위해서는 우리가 Zn처럼 Rn의 부분집합들인 이산 공간들에 주의력을 한정해도 좋을 것이다.

우리는 널리히(Nerlich)의 『공간의 형태(*The Shape of Space*)』의 공간의 기하학에 관한 실재론 옹호 논증들을 받아들인다. 널리히는 "공간은 우리 존재론 안에서 실재하는 살아 있는 것이다. 그것은 우아하고 강력하게 우리가 세계를 이해하는 데서 필수불가결하고 결실이 풍부한 역할을 하는 형태와 구조를 지닌 하나의 구체적 사물이다"라고 쓴다.38 또는 뉴턴의 고압적인 언어로 다음과 같이 이야기되었다. "절대 공간은 다른 어떤 외적인 것과 관계 없이 그것 자신의 본성에서 언제나 유사하고 부동의 것으로 남는다".39 실재론 또는 '실체주의'는 (거리 관계들이 원초적이고 그것들을 지탱할 기저의 공간을 필요로 하지 않는다고 주장하는) 관계주의와 (거리 관계들은 다른 측정의 규약들을 채택함으로써 변화할 수 있다고 주장하는) 규약주의 양자 모두와 대조된다.

공간의 실재성을 믿는 한 가지 근본적인 이유는 거리 관계의 '조정'이다: 만일 두 점이 서로 어떤 거리에 있다면, 그것들 사이에 하나의 경로, 즉, (물질에 의해 점유되었을 수도 있고 그렇지 않을 수도 있는) 한 점에서 다른 점으로 뻗어나가는 공간의 일부가 있는 것으로 여겨진다.40 이 '여겨짐'은 그 둘 사이 중간이나 어느 한쪽 끝에 가까운 곳의 점들을 현실적으로 찾을 가능성과 한 점에서 다른 점에 이르는 미리 알려진 길이의 (하나의 사다리 같은) 물질적 경로를 구성할 가능성에 근거가 된다. 그 발견과 구성은 중간의 공간 안에 물질을 위치시키는 일을 포함하지만, 그 공간은 그 물질을 기다리고 있고 오직 그것만큼만을 받아들일 수 있는 것으로 보인다.

38 G. Nerlich, *The Shape of Space* (2nd edn, Cambridge University Press, Cambridge, 1994), 10.

39 I. Newton, Scholium to the Definitions in *Philosophiae Naturalis Principia Mathematica*, bk 1 (1689), trans. A. Motte (London, 1729), 9.

40 Nerlich, *Shape of Space*, 19; 인과적 영향들을 전파하기 위해, 그리고 물체들을 가속하기 위해 어떤 것의 필요성에 관한 더 많은 논증들은 D. Meschini and M. Lehto, Is empty spacetime a physical thing? *Foundations of Physics* 36 (2006), 1193-1216 참조.

어떻게 이 논증이 두 점 사이에 아무런 매개 공간도 없는 어떤 이산적 공간 내 가까운 점들의 사례와 관계되는지를 물어볼 만하다. (그리고 우리 자신의 공간은, 우리 모두 잘 알 듯이, 이산적일 수 있다.) 그 경우, 어떻게 아무런 개입 경로도 없을 수 있는가? 만일 원래 논증이 두 점 사이에 중간점을 찾을 수 있기를 요구한다면, 그리고 이것은 한 이산적 공간 내 인접한 두 원자 사이에서 가능하지 않은 만큼, 이것이 하나의 반례가 아닌가?

그 사례는 원래 논증의 본성을 명료화해준다. 어떤 공간에서든 임의의 두 점 사이에 하나의 경로가 있을 것임에 틀림없다고 주장되지 않았다. 문제는 우리가 살고 있는 공간에 관한 것이며, 다른 가능한 공간에 관한 것이 아니다. 우리의 공간에서, 인간의 스케일에서, 임의의 두 점을 연결하는 연속적인 직선 경로(즉, 측정의 한계 아래 있는 연속적인 직선 경로)가 있다. 우리 공간의 실재성 옹호 논증은 모든 가능한 기하학들에 관한 그 어떤 주장에도 의존하지 않는다.

널리히에 의해 전개된 공간에 관한 둘째 실재론 옹호 논변은 (위상수학 같은) 공간의 더 기초적이고, 깊거나 일반적인 속성들을 먼저 다루고 (정확한 거리 같은) 더 자세한 것들은 마지막에 다루는 전략에 의존한다. 속성이 더 깊을수록 그것이 규약적이라는 것을 논증하기가 더 어려워진다. 초기 칸트에 의해 전개된, 왼손과 오른손 같은 3차원 공간 내의 거울상 이형(enantiomorphs)을 예로 들어 보자. 만일 내가 공간의 한 조각으로부터 내 오른손을 끄집어내고 내 왼손을 똑같은 공간 조각에 맞춰 넣으려 애쓴다면, 그것은 불가능하다. 어떤 손들의 강체(rigid) 운동도 그것을 성취할 수 없다. 그것은 공간이[41] (예를 들어, 2차원에서의

41 '공간'은 여기서 국지적으로, 그 안에서 내가 손들을 움직일 수 있는 내 주위의 영역으로 취급되어야 한다. 전체 공간의 위상수학을 고려할 수도 있겠지만, 그것은 우리가 극단적으로 먼 거리에 있는 공간을 관찰할 수 없고, 따라서 우주의 전체 위상수학에 관해 확신을 가질 수 없다는 불리한 점을 지닌다.

뫼비우스의 띠와는 달리) 방향성이라는 위상수학적 속성을 갖고 있기 때문이다. 따라서 방향성으로 인해 공간에서 무엇이 행해질 수 있는지를 결정하므로, 방향성이 공간의 하나의 실재적 속성이다.42

널리히는 미분가능한 구조(예를 들어, 곡선과 표면의 매끄러움) 같은 다른 기하학적 속성들이 추가되고 실재적인 것이라고 논증될 수 있다고 논변한다. 예를 들어, 곡률은 인과적 효과를 갖는다: 만일 공간이 한 가지 방식으로 휘어지면, 힘이 주어지지 않은 자유로운 물체들은 서로 접근할 것이다; 만일 공간이 또 다른 방식으로 휘어지면, 그것들은 서로 떨어질 것이다.43 만일 우리가 '인과성이 존재의 표지'라는 엘레아학파의 원리를 받아들이면, 공간의 곡률은 실재이다: 따라서 곡률이 그것의 하나의 속성인 공간도 마찬가지로 실재적이다. 거리 측정이 규약적이라는 것을 보여주려는 시도들 또한 반론의 대상이지만,44 우리는 여기서 그 논증들을 개관하지 않을 것이다. (물론, 거리를 측정하기 위한 단위의 선택은 규약적이다; 규약적이지 않은 것은 측정된 거리들 사이의 비율의 체계이다.)

실체주의(substantivalism)에 대한 관계주의적 대안들은 벨롯에 의해 보수적인 것과 양상적인 것의 두 종류로 나뉘어진다. 보수적 관계주의자들은 공간이 현실적인 물질적 대상들의 거리 관계에 의해 구성된다고 주장하는 반면, 양상 관계주의자들은 공간이—가능한 대상들 사이나 움직여질 경우 현실적인 것들 사이의—단지 가능할 뿐인 거리 관계들에 의해 구성된다고 주장한다.

42 Nerlich, *Shape of Space*, 제2장; G. Nerlich, Incongruent counterparts and the reality of space, *Philosophy Compass* 4 (2009), 598–613; 위상수학의 규약성에 대한 라이헨바하의 옹호 논증에 대한 답변은 Nerlich, Shape ofSpace, 제8장 참조.

43 G. Nerlich, What can geometry explain? *British Journal for the Philosophy of Science* 30 (1979), 69–83, 제3절.

44 Nerlich, *Shape of Space*, 제9장.

(아리스토텔레스와 데카르트를 포함하는) 보수적 관계주의자들은 한 가지 난해한 과제를 지니는데, 왜냐하면 그것들이 공간 안에 포함될 경우 있을 모든 공간적 관계들을 구성하기에는 지나치게 적은 대상들과 현실적인 거리들이 있기(또는 있을 수 있기) 때문이다. 벨롯은 물질적으로 존재하는 모든 것의 반지름이 한계 없이 늘어나는 하나의 확장 중인 구체인 경우를 고려한다.**45** 한 주어진 시간에 그 시간의 우주의 반지름보다 더 큰 거리는 없다. 보수적 관계주의자는 진실로 기하학이 시간-의존적이라는 의미로 주장을 펴는 것인가? '그것은 가능한 입장이지만, 아무런 동기도 지니지 못한 것이라고 벨롯은 말한다. 물질이 성길 때 공간의 구조가 오직 물질의 운동들을 통한 시간의 경로 안에서만 드러날 수 있다고 생각하는 편이 더 자연스럽다고 여겨진다'. 보수적 관계주의자는, 실제로 아리스토텔레스가 그랬듯이, 더 급진적인 선택지를 취해 답변할 수 있다. 그 선택지에 따르면, 공간적 관계들은 표면들의 접촉 같은 물질의 관계들에 의해 현실적으로 인과지어진다. 그 선택지에 따르면, 한 시간-의존적 공간은 동기를 지니고, 실제로 놀랍지 않을 것인데, 왜냐하면 공간은 인과지우는 물질적 대상들과 더불어 확장해야 하기 때문이다.**46** 공간이 거기서 대상들의 운동들이 그 구조를 드러내기를 기다리고 있다는 벨롯의 견해는 공간을 그 안에서 대상들이 헤엄치는 선재적(pre-existing) 컨테이너로 생각하는 것을 (그것은 이미 실체주의자의 견해로 기우는 경향을 보인다) 포함한다. 그것 바로 정확히 물질에-의한-공간의-창조 견해에 의해 부인되는 바이다. 일반 상대성이 최소한 공간의 곡률이 물질에 의해 영향을 받을 수 있다고 시사하므로, 모든 기하학적 속성들이 물질에 의해 존재를 갖는다는 선택지는 논외로 여겨지

45 G. Belot, *Geometric Possibility* (Oxford University Press, Oxford, 2010), 39–40.

46 그것은 유클리드의 무한한 공간과 항성들의 천구에서 끝나는 아리스토텔레스의 공간 사이의 갈등을 낳는다. '하늘은 하나의 전체로서 어디에도 없고, 그 어떤 장소에도 없다.' (Aristotle, *Physics* 212b8–10); 중세의 우주 밖의 공허한 공간의 부인에 관해서는 E. Grant, *Much Ado About Nothing: Theories of Space and Vacuum from the Middle Ages to the Scientific Revolution* (Cambridge University Press, Cambridge, 1981), 제5~6장 참조.

지는 않는다. 일견, 물질이 공간을 창조하는지는 물질의 힘들에 관한 문제이므로 철학에서가 아니라 물리학이 결정할 문제이다.

벨롯(Belot)이 선호하는 선택지는 '양상 관계주의'인데, 그것은 공간의 기하학이 물질적 대상들의 가능한 거리 관계들에 의해 이루어진다고 주장한다. 벨롯이 인식하듯이, 그리고 아리스토텔레스주의적 관점에서 특별히 절박한 쟁점은, 만일 공간 자체가 존재하지 않는다면, 이 가능성들이 어떤 것에 근거지어질 수 있는지의 여부이다. 실체주의자는 딱부러지는 답을 가지고 있다: A에서 B로 움직이는 것이 가능한데, 왜냐하면 A와 B를 연결하는 공간 내의 경로가 있기 때문이다. 그 원천이 없다면 왜 그것이 가능한지에 대한 양상 관계주의자의 이야기는 도대체 무엇인가? 벨롯은 조심스럽게 몇 가지 선택지와 난점들을 고려한다. 그는 기하학이 현실적인 거리들에 '양립가능성 관계들'이 더해진 것에 기하학이 근거한다는 이론을 선호한다. 이것들의 한 예가 각각 하나의 단일한 점 질량을 갖는 두 우주들 사이의 차이를 설명하려는 것으로, 첫째가 유클리드 공간이고, 둘째가 구상 공간이다. 그 두 사례들은 만일 사실과는 달리 공간의 나머지 부분이 물질로 채워지면 무슨 일이 일어날 수 있는지를 의미하는 그것들의 '양립가능성'에서 다르다, (점 질량들은 그때 다른 질량들과 다른 거리 관계들을 가질 것이다: 예를 들어, 전자의 경우 상한 없이 그리고 후자의 경우 상한을 지니면서).[47] 이 이론의 난점은 또다시 양립가능성들의 근거짓기에 있다: 어떤 반사실적 조건문도 어떤 종류의 진리생성자를 필요로 하고, 이 경우 문제는 거울상 이상의 문제와 유사하다: 전자의 경우 거리들이 한계 없이 증가하는 것을 허용하고, 후자의 경우에는 허용하지 않는 공간에 대해서는 어떠한가?

(논의의) 완결성을 위해 (물론 우리 스케일의 공간이 거의 유클리드적이라는 것을 보여주는 방대한 수의 측정들은 차치하고) 우리 공간의

47 Belot, *Geometric Possibility*, 119–120.

형태에 관한 차라리 희소한 경험적인 과학적 결과들을 언급해야 한다. 일반 상대성에 따르면, 질량은 그 주위의 공간을 변형할 수 있다: 그 변형은 태양에 대해 가장 쉽게 측정가능하다.[48] 그러나 아주 큰 은하계 스케일에서, 나사(NASA)의 WMAP 우주선으로부터의 결과는 (비록 그 극한들이 아주 정확하지는 않지만) 관찰의 극한에 이르기까지 공간은 편평하다는 것을 보여준다.[49] 작은 스케일에서, 공간은 관찰의 극한까지 연속적이고, 끝까지 연속적일 수 있다. 그러나 그것이 이산적이리라 예측하는 몇 가지 비표준적 물리학 이론들이 있어 왔고, 그중 어떤 것들은 이산성이 그리 멀지 않은 미래에 관찰가능하리라고 예측한다.[50]

비유클리드 기하학: 수학에서의 '확실성의 상실'?

공간과 기하학의 철학 개관에 비추어 다시 그 주제 안의 큰 문제들을 논의하도록 하자.

비유클리드 기하학의 발견은 수학의 확실성에 대한 공격이 있을 때 언제나 주된 전시품이 되어왔다. 비유클라드 기하학은 한때 '인문학을 위한 수학' 과목들에서 아주 인기가 좋았던 책인 모리스 클라인(Morris Kline)의 『수학: 확실성의 상실(*Mathematics: The loss of certainty*)』에 핵심이었는데, 1830~1930년 동안의 수학을 위기에서 위기로 기우는 학문분야로 표상한다.[51] 그리고 또다시 최근 수십 년 동안의 가장 극단적인 주요 반객관주의적 수학철학인 폴 어니스트(Paul Ernest)의 책 『수학

48 J.D. Anderson and E.L. Lau, Measurements of space curvature by solar mass, in I. Ciufolini and R.A. Matzner, eds, *General Relativity* and John Archibald Wheeler, *Astrophysics and Space* Science Library 367 (2010), 95–108.

49 http://map.gsfc.nasa.gov/universe/unI_shape.html.

50 E.g. L. Smolin, Atoms of space and time, *Scientific American* 290 (1) (January 2004), 66–75; P.E. Gibbs, The small scale structure of space-time: a bibliographical review, 1996, arXiv:hep-th/9506171v2; A. Meesen, Space-time quantization, *Revista Portuguesa de Filosofia* 61 (2005), 39–59.

51 M. Kline, *Mathematics: The Loss of Certainty* (Oxford University Press, New York, 1980), 제4장, 'The first debacle: the withering of truth', 특히 78–88.

철학으로서의 사회 구성주의(*Social Constructivism as a Philosophy of Mathematics*)』(1998)의 핵심이 되었다. 이는 새로운 현상이 아니다. 버트런드 러셀은 청년시절에 대해 이렇게 기술했다: "나는 유클리드 기하학에 추가하여 다양한 비유클리드 기하학들이 있고 그중 어느 것이 옳은지는 아무도 모른다는 것을 발견했다. 만일 수학이 의심스럽다면, 윤리학은 그 얼마나 더 의심스러워야 마땅한가!"[52] 이 사례의 높은 인지도를 감안할 때, 기하학의 철학은 그 쟁점을 논의해야만 하고, 어떤 결론들이 정당화되고 어떤 것들은 과장된 것인지를 결정해야만 한다.

어니스트는 어느 정도 정당화될 만큼 수학철학에서의 몇몇 전통적 선택지들의 약점들에 주목한다. 그러나 객관성에 대한 그의 주된 반론은 직관과 증명이 그 본성상 신뢰할 수 없다는 것이다. 그 논증은 전적으로 다음의 두 단락에 포함되어 있는데, 널리 퍼져 있지만 수학자들의 명성에 주눅이 들어 종종 사람들 마음속에 숨어 있는 의심들을 공개적으로 표현한다:

> 다시 한번 어떤 수학적 가정들이 자명하다는, 그것들이 직관이나 알려진 (수학적) 대상들에의 어떤 형태의 직접적 접속에 의해 주어진다는 견해를 언급할만한 가치가 있다. 앞서 언급된 주관성의 문제들에 추가하여 … 또한 문화적 상대주의의 문제들이 있다. 즉, 수학자들의 커뮤니티가 한 분야에서 자명한 것으로 간주하는 가정들은 종종 또 다른 분야에서 집중적 검사와 의심의 초점이 된다는 것이다(예컨대, 칸트 이전과 이후의 기하학의 공리들, 그리고 페아노 이전과 이후의 산수의 공리들). 자명성은 수학적 지식의 전반적 토대는 고사하고 연루된 명제들을 정당화하기 위한 실행가능한 기반도 제공하지 못하는 것으로 여겨진다.

52 B. Russell, A turning point in my life, in L. Russell, ed., *The Saturday Book* (vol. 8, Hutchinson, London, 1948), 142-146.

> 그러므로 증명 이외에는 수학적 지식을 위한 타당한 논증이 전혀 없으므로, 수학적 지식은 가정들에 의존하는 것이 틀림없다. 이 가정들은 지식이 아니라 도전 또는 의심에 열린 채로 남아 있는 그리고 영원히 교정할 수 있는 믿음의 지위를 지닐 것이 틀림없다는 결론이 따라 나온다:
>
> 이것은 수학에서의 확실한 지식의 가능성에 대한 중심적인 반론이다 … **53**

이 단락에는 두 개의 논증이 있다. 둘째 단락은 이성의 퇴행이 공리들이나 기본 명제들에서 끝나므로 그 기본 명제들은 의심스러울 게 틀림없다는 것이다. 그러나 공리들을 '가정들'로 꼬리표를 붙인다고 기본 명제들을 의심스러운 것으로 만들지는 못한다. 어니스트는 2 × 3 = 3 × 2라는 그의 직관이 제 아무리 강할지라도 그는 그것이 다른 어떤 곳으로부터 따라 나오지 않는다는 유일한 근거에서 그것을 의심스럽다고 간주하겠다는 것이다. 이는 참으로 영웅적이고, 과격한-데카르트주의적인 회의의 수준이다.

한 시대에서 다음 시대로 나아가면서 공리들에 있어서의 소위 변화들에 관한 첫째 논증은 사실들이 올바르고 공리들이 한 시대에서 다음 시대로 이행하면서 진실로 변화한다면 진지한 논증이게 될 것이다. 그런데 그렇지가 않다. 그 안에서 2 × 3 = 3 × 2가 부인되거나 의심된 시대나 문화는 없다. 수학자들은 때때로 우리의 수 체계와 비슷하지만 어떤 방식으로 그것과 다른 체계들을 고찰한다. 하지만 그 체계들 안에서 무슨 일이 일어나든 간에 그것은 2와 3에 관한 진리들과 무관한데, 왜냐하면 그것들은 다른 체계들이고 따라서 2와 3은 진리들 안에 있지 않기 때문이다. 제안된 칸트와 페아노의 예들은 잘못되었다: 어떤 기존의

53 P. Ernest, *Social Constructivism as a Philosophy of Mathematics* (SUNY Press, Albany, NY, 1998), 26.

수학적 진리들을 부인하거나 의심하는 것과는 거리가 멀게, 칸트와 페아노는 이전에 믿어온 대로 기하학과 산수에 관한 모든 똑같은 진리들을 산출할 원리들을 세우고자 날카롭고 추가된 명료성을 지니고 그렇게 했다.

이전의 공리들에 관한 의심들의 한 가지 중요한 예, 즉 비유클리드 기하학의 발견이 있다는 것은 참이다. 유클리드는 공리들의 집합을 하나 세웠고, 19세기 수학자들이 대안들을 발견했다. 그러나 그 예는 매우 많이 조심스러운 접근이 필요하다. 우선 비유클리드기하학의 예는 그와 같은 종류의 유일한 예다. 가우스가 기록했듯이, 비유클리드 기하학들의 가능성을 이해한 후 기하학은 다르다: '아마도 다른 생에 우리는 지금은 성취할 수 없는 공간의 본성에 대한 통찰을 얻을 수 있을지 모른다. 그 때까지는 우리는 기하학을 순수하게 선험적인 산수가 아니라 역학과 같은 부류 안에 자리하게 해야 한다.'[54]

한 가지 중요한 잘못이 범해졌지만, 그 잘못의 본성은 조심스러운 분석을 필요로 한다.

유클리드 기하학에서 한때 공간에 대해 필연적으로 참이라고 생각되었다는 것은 참이고, 수학적으로 가능한 대안들의 존재가 공간의 형태가 순수하게 수학적인 것이 아니라 경험적 문제라는 것을 보여주었다. 그러나 그것은 그 잘못이 공간의 물리학, 공간의 철학, 그리고 수학적 모델링에 관한 것이었음을 의미한다: 공간의 본성 때문에 유클리드 공간의 수학적 모델은 현실 공간에 정확히 맞지 않을 수도 있다. 이는 하나의 끔찍한 실수이지만, 정확하게 수학적인 잘못은 아니다. 그것은 바퀴들과 동전들이 완벽하게 원형이라고, 그리고 이를 측정함으로써 파이

54 Gauss, letter to Olbers, 1817, in Gauss, *Werke* (Göttingen, 1880), VIII, 177, Kline, *Loss of Certainty*, 87에서 인용되고, J. Gray, Gauss and nonEuclidean geometry, *Mathematics and Its Applications* 581 (2006), 61–80에서 논의됨.

가 무한한 정확성을 가짐을 발견할 수 있다고 잘못 가정하는 것과 더 비슷하다; 그것은 원들의 수학에 관한 잘못이라기보다는 얼마나 정확하게 어떤 특정 수학적 구조가 물리적 실재의 한 부분에 실현되는지에 관한 잘못이다. 유클리드의 정리들은 모두 추상적 구조인 유클리드 기하학에 대해 여전히 참이다. 그 구조는 우리 스케일에서 아주 가까운 근사로, 그러나 정확하게가 아니라 어쩌면 우리 공간 안에 실현된다.

우리는 이제 기하학이 몇 가지 수학적 구조들을 연구한다는 것을 이해한다. 수학은 그것들 모두를 연구하고, 물리학은 어느 것이 적용되는지를 측정한다; 이는 산수가 모든 수를 연구하고 인구조사과가 무엇이 인구에 적용되는지를 결정하는 일과 조금도 다르지 않다.

또한 한 가지 잘못이 인식론에 관하여 범해졌는데, 자명성과 관련해서다. 일단 물리적인 것으로서의 공간의 본성이 이해되고 나면, 공간의 형태에 관해 아무런 진정한 자명성도 있을 수 없다는 점은 분명하다. 공간이 무한하게 확장되어야 한다거나 무한하게 분할가능하다는 것은 필연적일 수 없고, 따라서 자명성이 그 명제들로 확장되어야 한다는 것은 불가능하다. 유클리드의 제5공준의 자명성에 대해서는 실로 오랜 의심들이 있었다: 무한정으로 먼 공간에 대한 지칭을 의도적으로 경시하는 방식으로 이루어진 유클리드 자신의 의심의 표현으로부터 또 다른 가정들 없이는 어떤 것들이 유클리드의 공리들로부터 따라 나오지 않는다는 시돈의 제논의 관찰들[55]과 그리고 '유클리드를 모든 점(spot)으로부터 해방'시키려는 사케리(Saccheri)의 18세기 프로젝트에 이르기까지.[56] 그 반면, 이산적 공간의 가능성은 슈발리에 드 메레[Chevalier de Méré; 그의 원자적 공간에 대한 믿음은 파스칼(Pascal)에 의해 그의 수학에서의

55 Proclus, *Commentary on the First Book of Euclid's Elements*, trans. G. Morrow (2nd edn, Princeton University Press, Princeton, NJ, 1992), 156, 169–171.

56 G. Saccheri, *Euclides ab omni naevo vindicatus* (Milan, 1733); M.J. Greenberg, *Euclidean and Non-Euclidean Geometries: Development and History* (4th edn, Freeman, New York, 2007), ch. 5.

무능의 증거로 취급되었다][57] 같은 '속세의 인물'과 흄 같은 급진적 철학자를 예외로 하고서는 거의 고려되지 않았다. 그것은 확실히 하나의 중대한 잘못이고, 특히 유클리드 기하학이 자명성의 모델로 주장되므로 그러하다. 그러나 다시 그 잘못의 본성은 철학적인 것이지 수학적인 것이 아니다. 그것은 유클리드 기하학이 우리의 영역과 우리의 스케일에서 우리 공간의 구조에 대한 아주 정확한 모델이라는 것이 쉽게 지각가능하고 측정가능하다는 다른 주된 인식론적 사실에 의문을 제기하지도 않는다. 따라서 유클리드 기하학의 수학적 결과들은 모두 (그 스케일에서) 우리 공간에 관해 직접적으로 참이다.

따라서 수학에서의 '확실성의 상실' 주장은 아주 많이 과장되었다. 유클리드 안의 모든 수론은 여전히 전과 다름없이 참이다. 만일 물리적 공간에 관한 필연적이고 정확히 참인 진술들의 체계가 아니라 다차원적 양에 관한 것으로 해석된다면, 기하학도 그러하다.

57 *Pascal to Fermat*, 29 July 1654, in D.E. Smith, *A Source Book in Mathematics* (Dover, New York, 1959), II, 552.

제 2 부
수학적 실재 알기

10 수학 알기 : 양과 구조의 패턴 인식과 지각

아리스토텔레스주의의 관점에서 수학의 인식론의 얼마간은 원리상 쉬워야만 한다. 만일 수학이 대칭성과 연속성 같은 실재하는 사물들의 속성에 관한 것이라면, 사물들 안의 그 속성을 관찰하는 일이 가능해야만 하고, 따라서 수학의 인식론은 색깔의 인식론만큼이나 아무 문제가 없어야 한다. 아리스토텔레스주의의 관점은 수학이 실재하는 사물들의 속성을 직접적으로 다룬다는 것을 보여줌으로써 수학의 적용 가능성 문제를 해결하는 동시에 인식론 문제를 해결해야만 한다.[1]

명백히 그 계획에는 다소의 난점이 있다. 무한 차원의 힐베르트 공간처럼 더 크고 더 비의적인 수학적 구조들 중 어떤 지식은 설명하기 어려울 수 있다. 그것들은 그 어떤 관찰 가능한 것에도 사례화되지 않는다. 심지어 100개의 변을 지닌 다각형처럼 사례화될 수는 있지만 감각기관들을 혼동시키기에 충분할 만큼 복잡한 개념들에 있어서도 문제가 될 것이다. 그럼에도 불구하고, 설사 모든 구조에서는 아닐지언정 만일 그 계획이 어떤 단순한 수학적 구조들에서 먹힌다면, 인상적일 것이다.

1 L. Lehrer Dive, An epistemic structuralist account of mathematical knowledge, PhD thesis, University of Sydney, 2003, 제3장.

만일 수학의 인식론이 다음과 같은 요구사항을 만족시킬 수 있다면 바람직할 것이다:

- 무인과적인 '추상적 대상들'의 세계와의 접촉을 포함하는 플라톤주의의 그럴 법하지 않음과 수학적 지식을 사소하게 만드는 논리주의 양자 모두를 피하라;
- 낮은 수준의 지각 심리학에서 패턴 재인과 양의 판단에 관해 알려진 지식과 연속적이도록 하고, 동물들과 아기들에 대한 내용이 풍부한 수학적 지식을 설명하라;
- 네 개의 사과를 보는 것 같은 기본적 수학 지식의 간단한 인과적 이론으로부터 고급 수학적 진리들이 어떻게 추론되는지에 관한 이론으로 부드럽게 이행하라;
- 개별적인 수학적 개념들을 '스스로' 전달하는 '추상'의 심적 작용을 설명하라;
- 높은 수준에서 어떻게 지각되지 않고, 사례화되지 않을 수 있는 구조들에 대한 지식이 가능한지 설명하라;
- 수학에서의 확실성을 전달하는 데 있어서 시각화와 증명의 역할을 설명하라.

만일 이 요건들을 만족할 수 있다면, 플라톤주의의 형상 직관 또는 추상적 존재자들로의 추론을 공준하거나 (플라톤주의의 직관이나 추론을 공준할 필요가 없도록) 수학을 동어반복적인 또는 사소한 것으로 표상하려 애쓸 동기가 거의 남아 있지 않게 될 것이다.

그 요구사항들은 만족될 수 있다—그러나 양과 구조의 간단한 지각적 지식으로부터 더 지적인, 엄격하게 수학이라 불리는 지식으로의 이행에는 여전히 어느 정도 미스터리가 포함되어 있다.

수학적 지식은 지각, 상상, 지성이라는 고전적 구별에 대응하여 세 단계로 나온다. 현실적으로 사례화된, 충분히 단순한 양과 구조는 인간과 동물 양자 모두에게 똑바로 지각될 수 있다. 그런 종류의 수학적 지식이 이 장의 주제이다. 다음 장에서 우리는 어떻게 상상, 브랜드가 변경된 시각화가 현실적으로 지각된 바를 넘어 지식의 범위를 사례화되지 않거나 사례화되지만 지각되지 않는 속성들로 확장될 수 있는지를 볼 것이다. 그러나 상상력은 그 한계를 갖고 있고, 증명에 의해 도움을 받는 지성은 상상될 수 있는 바를 넘어 훨씬 더 멀리 수학적 지식의 범위를 확장할 수 있다.

아리스토텔레스주의 인식론(최소한 단순한 지각적 지식을 다루는 그 초기 단계들)은 플라톤주의나 유명론적 인식론과 아주 다른 성격을 갖고 있다. 그것은 훨씬 더 자연화되어 있고 인지과학과 가깝다. 플라톤주의자는 직관이나 추론에 의해 추상적 존재자들에 대한 지식을 설명해야만 한다. 유명론자는 수학적 지식이 논리적 또는 언어적 수단에 의해서나 형식적 기호 조작에 의해 얻어질 수 있음을 보여주어야 한다. 구성주의자들이나 칸트주의자들은 어떻게 인간 정신의 자원들이 수학을 창조하는지를 보여주어야만 한다. 그 접근법들 중 어느 것도 자연스럽게 인지과학이나 지각심리학과 어울리지 않는다. 그 반면, 아리스토텔레스주의자들은 기본적 수학적 지식을 물리적 세계의 수학적 속성들의 지각으로부터 나오는 것으로 간주한다. 따라서 아리스토텔레스주의자의 관점에서, (이 낮은 수준에서) 인식론은 그저 인지심리학의 본질적 요소들이다. 일단 양, 구조, 공간에 관한 지식이 현실적으로 인간들에서 나오는지에 관한 심리학의 발견들이 재검토되면, 지각가능한 속성들의 인식론은 완료된다.

아마도 더 흥미로울 고등수학의 지식에 관한 문제들로 나아가기에 앞서 원리상 훑어볼 수 있으리라는 희망에서 지각 심리학을 개관하는 동안 조바심이 나기 쉬울 것이다. 이는 수학 교육에서 흔한 학생들이 기호가 표상하는 바를 적절하게 파악하기 전에 기호 조작 규칙들을 훈련시키는 잘못과 유사한 잘못일 것이다. 어떤 수학적 지식이 지각적으로 쓸

모 있는지에 대한 철저한 이해는 고차적 능력들이 감당할 수 있는 과제로 어떤 것이 남아 있는지 탐구되기 이전에 반드시 필요하다.

측정 장치들과 인공지능에 의한 수학적 속성들의 등록

확실히 우리는 우선 사물들의 수학적 속성들에 대한 감수성의 가장 단순한 사례들을 이해하려는 희망을 지니고 뇌, 유아, 동물들로부터 연구를 출발해야 한다. 성인의 수학적 지식은 이 인식주체가 배울 수 있었던 지식 위에 사물의 수학적 속성을 가정하고서 건설된다. 따라서 우리는 먼저 뇌, 유아, 동물들이 무엇을 아는지부터 확립해야 한다.

양과 구조는 세계의 속성들 중 가장 기본적이고 때로는 가장 단순한 것에 속한다. 따라서 수학 인식론은 아주 일찍 출발한다. 지식의 가능한 가장 단순한 모델인 온도계 모델에는 어떤 수학적 지식이 있는가.[2] 한 온도계는 주변 온도를 등록하고, 주변 상태의 연속물은 주변 온도의 연속물을 거울처럼 반영한다. 만일 온도계가 주변 상태를 종이 위에 그래프로 출력하면, 그 그래프의 공간적 구조는 주변 온도의 시간 구조와 문자 그대로 동일하다—양자 모두, 예컨대 정현파(sinusoidal)임 직하다.

심지어 이 아주 단순한 모델도 계속 등장할 한 가지 주제를 도입해준다: 구조는 주제-중립적이기 때문에 물리적인 것과 정신적인 것 사이에서 문자 그대로 공유될 수 있다는 것. 빨강에 대한 생각은 빨간색일 수 없지만, 원리상 어떤 구조화된 것에 대한 생각은 문자 그대로 똑같은 구조를 소유할 수 있다. 이 경우, 주위 온도와 내적 그래프는 똑같은 구조를 정확히 또는 근사적으로 공유할 수 있다.

온도계가 그 동일성에 대해 아무런 지식도 갖지 않는다는 것은 주변 상태의 연속이 외부 온도의 변화와 닮았다는 사실의 내적 표상이라는 의

2 D.M. Armstrong, *Belief, Truth and Knowledge* (Cambridge University Press, London, 1973), 166-171.

미에서 참이다. 최소한, 만일 이러한 점이 인간 지식의 모델로 고려된다면, 그것은 온도계 모델의 하나의 한계다. 그러나 만일 그 온도계가 실내 온도를 조절하는 과제를 수행하는 온도조절장치의 일부분이라면, 요구되는 것은 그에 대한 지식이 아니라 구조 자체의 동일성이다. 만일 실내 온도가 25°C 이상일 때 냉방 장치가 활성화된다면, 오직 온도, 온도계 내의 온도 등록 그리고 통제 기제 사이의 인과적 연관성들만을 요구한다.

단순한 지식의 실재론적 모델을 향한 그다음 단계는 인공지능의 실험들을 포함한다. 자연 지능은 언제나 이해하기 힘들고, 그래서 정교한 심리학적 실험들이 필요하다. 인공지능의 경우, 최소한 우리는 시스템이 무엇을 하는지를 아는데, 왜냐하면 우리가 프로그램했기 때문이다(인공지능이 학습하도록 프로그램되지 않았다면, 그 경우에 우리는 생각보다 인공지능이 무엇을 해왔는지에 대한 정보를 덜 가질 것이다). 따라서 인공지능은 지각과 지성이 어떻게 작동할 수 있는지에 대한 한 가지 포괄적 모델을 제공하고, 인식론적 주장들의 시험대가 된다. 또한 인공지능은 시스템이 의도되었던 과제를 수행하는지를 점검하는 유용한 학문분야를 강요한다: 만일 한 컴퓨터 시스템이 어떤 과제를 수행하도록 의도된 어떤 방법을 가지고 올바르게 프로그램되었는데 그 과제가 수행되지 않는다면, 그 방법은 그 과제에 부적합하다고 결론지을 수 있다.

인공지능의 두 가지 기본 스타일로 연결주의 스타일과 기호 스타일이 있다. 그것들은 지식의 다른 측면들을 모형화하고, 인간의 수학적 지식을 포함하는 인간 지식에 대한 상이하지만 상호보충적인 통찰을 제공한다.

연결주의 또는 '신경망' 설계는 훈련 세트과 더불어 (여러 차례) 주어지는 훈련 가능한 '블랙박스'로 구성된다. 훈련용 세트는 다수의 입력들과 각각의 입력에 대한 올바른 딱지나 원하는 출력으로 이루어진다. 올바른 딱지 또는 데이터는 갓 깨어난 병아리 이미지들의 큰 집합일 수 있고, 병아리 감별사의 결정으로 '남자'와 '여자'의 딱지가 붙는다. 신경망은 이 분류들의 모방을 시도하는데, 처음에는 무작위로 하지만 점차 내부를 적응시켜 실행, 즉 그 이미지들을 남자 또는 여자로 분류하는 데 정확성을 개선하도록 한다. 훈련 세트에 대한 정확성이 충분히 높으면, 새로운 이미지들을 가지고 테스트하고 분류하도록 청해진다. 전형적으로 신경망은 훈련 세트에 대해서만큼 잘 하지는 못하지만 테스트 세트에는 상당히 잘 수행하는 것으로 밝혀졌다. 입력과 출력 사이를 매개하는 상자 내부의 본성은 지나치게 단순하지 않는 한 별로 문제되지 않는다. 그 블랙박스는 결과적으로 (예를 들어, 병아리 이미지들의 픽셀 발기 패턴들의 함수로서의 섹스처럼 입력값으로부터 출력을 구하는) 다수의 적응 가능한 매개변수를 지닌 하나의 공식이다. 목표는 훈련 세트에 대해 (희망하건대 테스트 세트에 대해서도) 최고의 수행 성과를 내는 매개변수들의 선택을 찾는 것이다. 많은 학습 방법들, 즉 이 목적을 성취하기 위해 매개변수들을 조정하는 방법들이 있다. 비록 계산상 비실제적이기는 하지만, 개념적으로 가장 단순한 것이 매개변수들의 공간 안에서의 무작위 검색, 즉 그중 하나가 훈련용 데이터를 잘 분류한다고 판명될 때까지 단순히 방대한 분량의 내부 세팅을 시도하는 것이다. 그런 시스템들은 얼굴 인식과 재정 데이터에서 위조 탐지 같은 낮은 수준의 패턴 재인 과제들에서 놀라운 능력들을 지닌 것으로 판명되었다.[3]

신경망이 셈을 배울 수 있을까? 그것은 신경망에 가장 자연스러운 과제는 아니지만, 어떤 수들의 구별을 수행할 수 있다. 그 수행 능력은 동물이나 유아와 같다. 동물이나 유아처럼 신경망은 더 큰 수들에 대해 수행에서 점차적 하락을 보여준다.[4]

3 J. Garson, Connectionism, *Stanford Encyclopedia of Philosophy* (1997, revised 2010), http://plato.stanford.edu/entries/connectionism/.

4 T. Verguts and W. Fias, Representation of number in animals and humans: a neural model, *Journal of Cognitive Neuroscience* 16 (2004), 1493-1504; S. Dehaene, *The Number Sense: How the Mind Creates Mathematics* (Oxford University Press, New York, 1997), 31-35, 66-77; D. Domijan, A neural model of quantity discrimination, *NeuroReport* 15 (2004), 2077-2081.

신경망들은 어떤 의미에서 내부의 장치들이 지식의 온도계 모델보다 한 단계 위다—한 순수하게 인과적인 감각—세계의 내적 표상을 형성하기를 배운다. 그 결과, 신경망들은 일반화의 한 형태를 성취하고, 예를 들어 병아리 이미지들을 정확하게 분류할 수 있다. 일반화는 신비로운 능력이고, 어떻게 한 신경망처럼 하나의 단순한 모델 안에서 일반화가 가능한지를 이해하는 일은 선(先; pre)-인간 인식론에서 본질적이다. 그 일은 가장 단순한 사례인 '숨겨진 단위들 없는 하나의 입력−하나의 출력 선형 신경망'을 살펴봄으로써 신비를 걷어낼 수 있다.

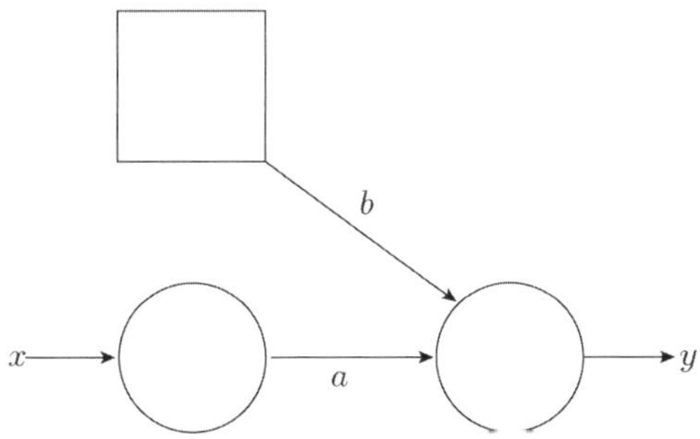

그림 10.1 x로부터 y를 예측하는 단순 신경망

아주 큰 수의 쌍들 (x, y), 예컨대 다수의 어린 나무들의 나이 x와 높이 y가 주어진다. 목표는 어린 나무들의 나이로부터 그 높이를 예측하는 것이다. 신경망은 어떤 값 x를 입력으로 받아들이고, 그것을 한 상수 a로 곱하고, 그 결과를 또 다른 상수 b에 더하고, 결과인 $ax+b$를 그것의 y 예측으로 출력한다. 상수 a와 b는 평균적으로 y의 최선의 예측을 제공하도록 선택된다. 따라서 학습 단계에서 그 시스템은 그것이 훈련 세트 과제를 잘 수행할 때까지 a와 b를 점차적으로 적응시킨다. 새 나이들 x가 입력되고, 신경망이 사용되어 대응하는 높이 y를 예측한다.

이 문제는 그저 표준적인 동계석 회귀이거나, 한 데이터의 집합에 가장 잘 맞는 선을 찾기이다:

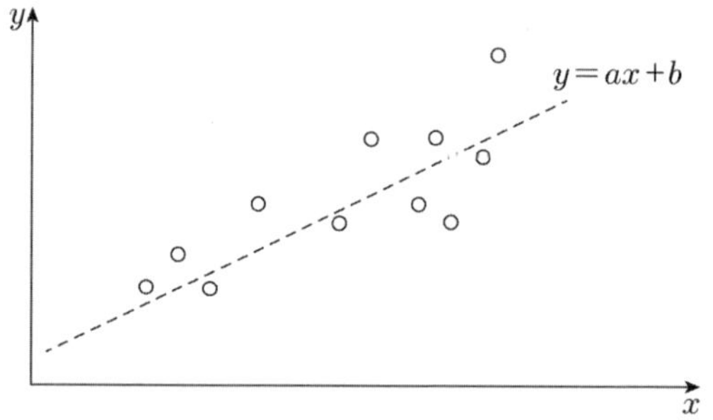

그림 10.2 점들의 집합에 가장 잘 맞는 선

상수 a는 최적의 선 기울기이고, b는 그것의 y-절편이다. 따라서 데이터의 어떤 속성들을 내적 세들이 표상하는지를 이해하기가 가능하다: a는, 이 예에서, 나이와 더불어 어린 나무의 키가 얼마나 빨리 자라는지이다. 단일한 내적 양 a는 수학적 존재자인 외적 세계 내의 어떤 비율을 명시적으로 표상하는데, 이는 그 시스템의 데이터 안에서 입증되고 추출되는 양이다. 이제 어떻게 일반화가 가능한지를 이해할 수 있다—왜 $ax + b$라는 공식을 x라는 새 데이터에 사용하는 것이 높이에 대한 훌륭한 예측을 주는지를. 그 이유는 외적 세계에서 나이는 실제로 키의 훌륭한 예측자라는 것이다(즉, 나이와 신장은 고도로 상호 연관되어 일직선에 가까운 부합도를 보인다). 반드시 그럴 필요는 없지만 그렇다는 전제 하에, 신경망은 최고의 예측자인 그 직선을 발견할 위치에 있다. 그렇다면 신경망의 내적 세팅 속 특수자들인 a와 b라는 양들은 외적 세계에서 일반적인 어떤 것, 어린 나무의 나이와 무게라는 두 보편자 사이의 관계(의 속성들)를 표상한다.

그러나 한 표준적 신경망은 a와 b 같은 내적 양들을 마치 기호들인 것처럼, 예를 들어, 나중 용도를 위해 저장하거나 규칙들 안에 결합함으로써 조작하는 어떤 방법도 갖고 있지 못하다.[5] 따라서 만일 그 데이터

5 J. Fodor and Z. Pylyshyn, Connectionism and cognitive architecture: a critical analysis, *Cognition* 28 (1988), 3–71에서처럼 모방적 인지의 일반 프로그램으로서의 신경망에 대한 반론들의 원천.

의 특징이 변화하면, 신경망은 새 매개변수들을 배울 수 있지만, 옛것들을 기억할 수 없다. 그러므로 한 신경망은 기호들을 포함하지 않는 인간 지식의 만족스러운 모델이 아니다.

기호적 인공지능은 그 대신 기호논리학에 의해 영감받은 스타일로, 인간이 이해 가능한 프로그래밍 언어에서 프로그램된 규칙에 따른 순수한 기호 조작에 의해 인공지능을 만드는 것을 목표로 한다. 그 성공은 체스 두기와 같은 이산적으로 구조화된 영역에서 이루어졌다.[6] 체스의 규칙들 통합하는 많은 규칙들, 다양한 체스판 위의 배치에 적용될 전략들, 그리고 허용되는 수들과 가능한 반격수들의 연쇄를 통해 여러 수 앞서 검색하는 루틴들이 인간 수준 또는 그보다 더 우월한 수준의 체스 두기루 귀결될 수 있다. 기호들의 의미는 프로그래머에 의해 외부로부터 부과되고 어떤 의미로도 그 시스템에 '알려지지' 않는다(심지어 신경망의 순수하게 인과적인 의미에서조차도 알려지지 않는다); 따라서 만일 다른 영역이 체스와 정확히 똑같은 수학적 구조를 가졌다면, 체스 두는 프로그램은 재프로그래밍할 필요 없이 단지 그 기호들과 인간의 단어들(또는 행동들) 사이의 다른 번역 사전을 사용하기만 하면 체스 두기에 적용될 것이다. 그 프로그램이 체스 두기에 유용한 이유는 그 규칙들과 그 규칙들이 산출하는 컴퓨터-생성 출력이 진짜 체스와 구조적 특색들을 공유한다는 데 있다.

이는 어떻게 기호들이 두뇌 안에서 작동하는지에 대한 적절한 분석이 수학적 지식, 특히 이산적인 것들에 대한 지식에 빛을 던져줄 것이라는 점을 시사한다. 불운하게도, 그 과정은 대체로 미스터리로 남아 있다. 동물과 인간의 뇌는 기호적 방법과 연결주의적 방법들을 결합을 잘 다루고, 인간의 정신은 최소한 그 결과들에 관해 자기-의식적으로 생각할

6 P. McCorduck, *Machines Who Think* (2nd edn, A.K. Peters, Natick, Mass, 2004), chs. 6 and 11; J. Haugeland, *Artificial Intelligence: The Very Idea* (MIT Press, Cambridge, Mass., 1985), ch. 2.

수 있다. 이 기술 중 어느 것도 모방하기가 거의 불가능한 것으로 판명되었다. 한 가지 근본적인 장애물은 아주 이른 단계에서 발생한다. 어떻게 지각적 정보의 방대하고 연속적인 흐름을 기호들의 적용에 적당한 이산적인 큰 덩어리들로 '쪼갤' 수 있을까? 한 어린이가 고양이들의 경험을 '고양이'라는 소리를 듣는 일과 연결지으리라고 예상하는 것은 아주 좋지만, 그것은 그가 이미 한 고양이를 배경과 대조되는 하나의 단일한 (그러나 시간 속에서 연속적인 것으로) 대상으로 알아차리고 그 연속적인 소리 흐름을 올바르게 나누어 소리 유형 '고양이'를 분리하는 능력을 갖고 있을 것을 요구한다. 이산적 기호들은 그 능력들을 가지고 작업하기가 쉽지만, 우리는 그 능력들에 연속적 경험의 부분들과 올바르게 연결하는 '기호 근거 지우기(grounding) 문제'를 어떻게 해결할 수 있는가?[7] 신경망들은 그런 일을 전혀 하지 않고, 어떤 자연스러운 방식으로 기호들을 '결합'할 수 있는지에 대한 아이디어는 거의 없거나—또는 최소한 실제로 성공을 거둔 아이디어는 거의 없다.[8] 낮은 수준의 지각과 높은 수준의 대상 인지 사이의 과정들은 신비로 남아 있다. 그 신비는 지각의 흐름 속에서 이산적 대상들을 집어내는 우리 능력 위에 건설된 (이산적) 수에 관한 우리의 지식을 이해하는 데 특히 문제점이 많다.

그러나 철학적 수준에서 지각으로부터 지식으로의 통로에 대한 이해에 있어서 다소 흐릿함은 심각한 손실이 아니다. 만일 우리가 어떻게 그 과제가 해결되는지 아직 모른다면, 최소한 그것을 해결하려는 노력(과 실패의 분석)은 그 과제의 사양을 훨씬 더 분명하게 만들어주었다. 그 과제는 경험을 옳게 분할하고, 이산적인 대상들을 식별하고, 식별한 대

7 S. Harnad, The symbol grounding problem, *Physica* D 42 (1990), 335–346; M. Taddeo and L. Floridi, Solving the symbol grounding problem: a critical review of fifteen years of research, *Journal of Experimental & Theoretical Artificial Intelligence* 17 (2005), 419–445.

8 J. Franklin, How a neural nets grows symbols, *Proceedings of the Seventh Australian Conference on Neural Networks*, Canberra, 1996, 91–96; V. Honavar and L. Uhr, eds, *Artificial Intelligence and Neural Networks: Steps Toward Principled Integration* (Academic, Boston, 1994), chs IX–X, XIX–XXI.

상들을 세고, 그것들을 이산적 종류들로 분류하고, 대상들과 종류들을 기호화하고, 기호들을 조작하여 추론하고 결과들을 전달하는 것이다. 어떻게 이 모두는 고사하고 이 중 어느 것이라도 할 것인지에 대한 우리의 이해는 초보적이지만, 자연주의적으로 행해질 수 없다고 믿을 훌륭한 이유 또한 전혀 없다.

아기와 동물: 가장 단순한 수학적 지각

인간의 지식은 온도계나 연결주의적 '지식'과 여러 가지 주된 측면에서 다르다. 인간 지식에는 다음과 같은 것들이 포함된다:

- 지각과 통제 사이에 인간의 지식은 언어로 표현 가능한 이산적 기호 처리의 층위를 삽입한다.
- 인간의 지식은 인식주체에게 인과적으로 현전하지 않는 대상들을 다루는 기억, 상상, 허구 창작과 추론의 능력들을 갖고 있다.
- 인간의 지식은 다른 특수자들이(보통명사들, 형용사들, 그리고 전치사들에 의해 언어 안에 표상되는) 하나의 공통적 특징을 갖는다는 점을 인지하면서 명시적으로 추상하고 일반화한다.
- 인간의 지식은 감각질, 믿음, 감정, 놀람, 그리고 이해의 의식적 경험과 동반된다.

전통 철학의 인간중심적 인식론은 이런 특색들을 단일한 인간의 능력—언어로 표현된 명시적인 합리적 사고의 온갖 측면들로 보는 경향을 지녀왔다. 동물들, 아기 그리고 인공지능에 대한 면밀한 주목은 진리는 더 복잡하고 이들 인간 지식의 특징 중 어떤 것들은 다른 것들을 빼고 지닐 수 있음을 보여준다. 어떤 수학적 지식을 동물, 아기, 로봇이 지니는지 발견하는 일은 인간의 수학 학습 초기 수준들을 이해하기 위해 필수적이다. 그런 이해 없이는 인간의 수학적 지식에 대한 설명들은 항상 형상들과의 직접적 친교를 갖는 순수한 기호 조작적 정신과 더불어 플라톤주의로 되돌아가 전락하는 경향을 가질 것이다.

우리는 제3장과 제4장에서 각각 논의된 수학 대상의 두 종류인 양과 구조에 따라 분야를 나눈다. 동물과 아동 발달심리학으로부터 온 경험적 결과들의 개관에 시간을 바쳐야만 하는데, 왜냐하면 수학적 속성들의 지각에 관한 광범위한 연구는 수학철학자들의 주목을 거의 받아오지 못했기 때문이다. 왜냐하면 플라톤주의자나 유명론자의 관점에서 그런 연구는 연관성이 있을 법하지 않기 때문인데, 수학인식론은 다른 어떤 것(각각 플라톤적 형상이나 논리적/언어적 항목들)에 관한 것이어야만 하기 때문이다. 그러나 아리스토텔레스주의자의 관점에서는 그것이 주된 게임이다. 그저 수학적 지각이 (생의 이른 시기에) 얼마나 광범위하고 깊은지를 확립하기에 충분한 예들을 검토해보도록 하자.

동물과 유아의 양에 대한 지식

동물과 유아의 인지는 우리가 기대하는 만큼 잘 이해되지 못하고 있는데, 왜냐하면 실험이 힘들고 관찰된 행동으로부터의 추론에 문제가 많기 때문이다. 동물과 유아들은 직접적인 질문에 말로 답할 수가 없다. 비록 그들이 언어를 결여하고 있지만, 동물과 아기들이 높은 수준의 일반화, 기억, 추론, 그리고 내적 경험을 갖는다는 것은 일반적으로 분명하다. 특히 아기들과 동물들은, 1980년대와 1990년대에 이루어진 주의 깊은 실험들을 통해 분명해졌듯이, 수적 감각을 공유한다.

(단지 더미의 크기를 판단하는 것에 대조되는) 어떤 수적 능력을 갖기 위해서는 한 아기나 동물은 세 가지 일을 성취해야만 한다:

- 배경으로부터 대상들을 인지하기—즉, 이산적 대상들을 시각적 배경으로부터 (또는 이산적 소리들을 소리의 흐름으로부터) 잘라내기;[9]

9 G. Huntley-Fenner, S. Carey and A. Solimando, Objects are individuals but stuff doesn't count: perceived rigidity and cohesiveness influence infants representations of small groups of discrete entities, *Cognition* 85 (2002), 203-221.

- 대상들을 같은 종류의 것(예를 들어, 식품 뭉치들, 점들, 경적 소리)으로 식별하기;
- 식별된 대상들의 수를 산정하기(이 표현은 수들이나 가리키는 절차에 대한 지칭, 그리고 답의 정확성을 포함하는 것이 가능할 수 있을 '셈'의 내포들을 회피하도록 의도됨).

인간의 아기들은 이 모든 일들을 날 때부터 할 수 있다. 칭얼대다가 말도 안 되는 세 음절 '단어'들을 듣는 신생아는 곧 지루해지지만, 소리가 갑자기 두 음절 단어들로 바뀌면 머리를 치켜든다.[10] 원숭이, 쥐, 새 그리고 다른 많은 고등 동물이 더 큰 먹이 세트를 선택하고, 자신의 그룹보다 수가 훨씬 더 많은 그룹으로 도망가고, 훈련으로 먹이를 얻기 위해 대략 올바른(작은) 횟수로 버튼을 누를 수 있다. 아기와 동물들은 수 판단에서 두 가지 별개의 본유적 능력을 갖고 있다: 하나, 둘, 그리고 세 개의 항목들의 정확한 즉각적인 지각['하위화(subitization)'라 불리는] 그리고 내재적으로 퍼지한 더 큰 집합들의 산정—열 개와 스무 개 항목들 사이의 차이 말하기는 그들에게 쉽지만, 열 개와 열두 개 사이의 차이 말하기는 그렇지 않다. 그 두 능력은 내적 표상의 다른 스타일에 의존한다. 하위화는, 예를 들어, 세 개의 크래커 집합과 두 개의 크래커 집합의 직접 비교를 허용하면서, 다른 대상들을 위한 내적 기호들에 의존한다. 다양한 실험들, 특히 판단에 도달하는 데 든 시간에 관한 실험들은 대상들의 크기의 근사적 비율에 의한 집합들의 판단이 일종의 '퍼지 수선'인 수의 내적 아날로그 표상에 의존한다는 것을 보여 준다; 성인들에게 이 표상의 지속성은 숫자들의 쌍을 마주한 주체들이 7이 5보다 크다고 판단하는 데서 7이 2보다 크다고 판단 내리기보다 더 느리다는 것 같은 사실에 의해 보여진다. 이 판단들 중 어느 것도 항목

10 R. Bijeljac-Babic, J. Bertoncini and J. Mehler, How do four-day-old infants categorize multisyllabic utterances? *Developmental Psychology* 29 (1993), 711–721; S.E. Antell and D.P. Keating, Perception of numerical invariance in neonates, *Child Development* 54 (1983), 695–701에서 시각적 평행 사례들 참조.

들을 자릿수 또는 숫자들과 짝을 짓는다는 의미에서의 명시적인 셈을 포함하지 않는다.11

지각 체계의 이 능력들은 우리가 직접적으로 (그저 더미들이나 집합체인 것들과 대조적으로) 집합들을 지각할 수 있다는 매디의 견해에 대해 수학철학에서 제기된 한 가지 반론이 어떤 점에서 잘못인지를 보여준다. 매디는, 만일 내가 달걀 마분지 용기을 열고 그 안에 세 개의 달걀이 있는 것을 본다면 나는 달걀-더미의 창백한 곡선의 표면과 그것이 '하나의 달걀임'에 의해 각각이 달걀인 세 부분으로 구조화되었다는 것 양자 모두를 지각하고, 그리고 그것은 내가 세 달걀의 집합을 지각하기 위해 충분하다고 주장한다.12 밸러거(Balaguer)는 반대로 논증한다:

> 그 집합과 그 집합체가 똑같은 물질로 이루어져 있으므로 양자 모두 똑같은 망막에의 자극으로 인도된다; 마디 스스로 이것을 인정한다. 그러나 만일 우리가 오직 하나의 망막 자극을 받는다면, 그 집합에 관한 지각적 데이터는 그 집합체에 관한 지각적 데이터와 동일하다. 따라서 우리는 그 집합체와 그 집합 사이의 차이를 지각할 수 없다. 그러나 우리가 그 집합체를 지각할 수 있다는 것은 아주 명백하므로, 그리고 그 집합체와 그 집합 사이에는

11 Reviews in S. Dehaene, *The Number Sense* (Oxford University Press, New York, 1997), chs 1-2, M. Cappelletti and V. Giardino, The cognitive basis of mathematical knowledge, in M. Leng, A. Paseau and M.D. Potter, eds, *Mathematical Knowledge* (Oxford University Press, Oxford, 2007), 74-83; S. Carey, Where our number concepts come from, *Journal of Philosophy* 106 (2009), 220-254; 드앤에 관한 업데이트. A. Nieder, Counting on neurons: the neurobiology of numerical competence, Nature Reviews: *Neuroscience* 6 (2005), 177-190; F. Xu, E.S. Spelke and S. Goddard, Number sense in human infants, *DevelopmentalScience* 8 (2005), 88-101; B. Butterworth, The development of arithmetical abilities, *Journal of Child Psychology and Psychiatry* 46 (2005), 3-18; W. Mack, Numerosity discrimination: Infants discriminate small from large numerosities, *European Journal of Developmental Psychology* 3 (2006), 31-47.

12 P. Maddy, *Realism in Mathematics* (Clarendon, Oxford, 1990), 58-67.

차이가 있으므로, 우리가 집합을 지각할 수 없다는 결론이 따라 나온다.13

그러나 지각은 지각이 시사하는 바보다 그 입력을 조직하는 데서 훨씬 더 능동적이다. 지각은 앞에 있는 것을 그저 등록하기만 하는 게 아니다—지각은 앞에 있는 것을 이것과 저것으로 보고, 그렇게 하도록 하는 훈련(예를 들어, 생물학 학생들이 애초에 현미경으로 볼 때 엉켜진 덩어리인 것을 다른 유형의 세포들의 배열로 볼 수 있게 받는 훈련)을 필요로 할 수 있다. 특히, 은폐위장을 꿰뚫어 보는 사례가 분명하게 해주듯이, 어떤 것을 획일적인 것으로 지각하는 것과 그것을 덤불 안에 숨어 있는 네 반점이 있는 새들로 지각하는 것 사이에는 분명한 차이가 있다. 망막에의 입력은 변하지 않았을 수 있지만, 지각된 것은 다르고, 그 새로운 지각은 수적인 어떤 것에 관한 것이다. 제3장에서 설명되었듯이, 그러한 지각은 어떻게 그 더미가 한 보편자-만들기 속성에 의해 나뉘는지의 지각이다; 그리고 그러한 지각이 하나의 집합임에 있는 전부이다.

사실상, 어떻게 수의 지각이 어떤 더미의 크기와 밀도의 지각으로부터 소위 압축되는지에 관한 피아제의 고전적 실험들 이래, 집합들과 수들의 초보적 지각이 어려운 과제임이 분명해졌다. 작은 집합들 사이의 구별을 요구하는 과제들에 관해 말하자면, 아주 어린 유아들은 집합들의 시각적 범위에서의 변화들, 예를 들어 그것들을 펼쳐 놓음이 원인이 된 변화들에 의해 쉽게 혼돈에 빠진다. 그러한 혼돈은 그들이 수만큼이나 어떤 더미의 면적과 윤곽을 사용하고 있다는 것, 그리고 그 동반하는 특색들로부터 수를 추상하기는 어렵다는 점을 시사한다.14 그러나 그것

13 M. Balaguer, Against (Maddian) naturalized Platonism, *Philosophia Mathematica* 2 (1994), 97-108, at 104에서 논의됨.

14 M.W. Clearfield and K.S. Mix, Amount versus number: Infants' use of area and contour length to discriminate small sets, *Journal of Cognition and Development* 2 (2001), 243-260.

은 가능하고, 또 어떤 언어의 도움을 받은 개념화에 앞서서 가능하다. 전체 표면적 같은 다른 변수들을 통제하는 실험들에서, 유아들(그리고 원숭이들)은 다른 작은 수들의 집합들을 구별할 수 있다.[15]

만일 동물들이 가장 작은 수들을 넘어서서는 셈에 서툴다면, 동물들은 어떤 다른 상관빈도의 근사적 이동 평균의 유지를 요구하는 수학적 속성들을 지각하는 데는 탁월하다. 동물들의 생존을 위한 결정적으로 가장 중요한 정보 가운데 자연 기호들과 동물들이 원하는 바 사이의 (정확하거나 근사적인) 공변(共變; covariation)이 있다. 예를 들어, (인간 세계에서) 신호등 색깔과 직진 운전해서 운전자가 생존할 안전한 시간들 사이에 (거의 정확한) 공변이 있고, (새들의 세계에서) 일광의 길이와 새들이 번식해서 새끼들이 생존하도록 허락할 번식 시간 사이에 공변이 있다. 전형적으로, 정보가 바로 이런 종류의 공변이다.[16] 그러나 공변은 본질적으로 수를 포함한다—비록 정확한 집계는 필요하지 않지만, 얼마나 종종 기호와 의미된 바 (기의)가 함께 가는지와 얼마나 종종 그것들이 그렇지 않은지 사이에 유지되는 다소 이동 균형이 있을 필요가 있다.

예를 들어, 쥐는 그 행동 결과들의 빈도에 있어서 작은 변화들에 심하게 민감한 방식으로 행동할 수 있다.[17] 자연스럽게 그리 되는데, 왜냐하면 동물들의 삶은 위험이나 죽음에 적절하게 대처하는 데의 한결같은 균형 유지이기 때문이다. 채집, 싸움 그리고 도주는 그 빈도에 대한 동

15 E.M. Brannon and H.S. Terrace, Ordering of the numerosities 1 to 9 by monkeys, *Science* 282 (1998), 746–749, Carey, Where our number concepts come from.

16 R.K. Templeton and J. Franklin, Adaptive information and animal behaviour, *Evolutionary Theory* 10 (1992), 145–155; F.I. Dretske, *Knowledge and the Flow of Information* (MIT Press, Cambridge, Mass., 1981), 제6장.

17 Review in J. Holland, K. Holyoak, R. Nisbett and P. Thagard, *Induction* (MIT Press, Cambridge, Mass, 1986), section 5.2; 진화의 초기 단계에 관하여 A. Bisazza, L. Piffer, G. Serena and C. Agrillo, Ontogeny of numerical abilities in fish, *PLoS ONE* 5 (11) (2010), e15516. doi:10.1371/journal.pone.0015516 참조.

물의 평가가 특히 명백한 활동들이다.[18] 그 능력들은 어떤 적당히 큰 데이터 집합 안에서 (물론, 모집단과 특성을 식별한 다음) 하나의 특성의 대략적 상관빈도를 추산하는 데 어떤 형태의 셈을 요구한다.

연속적 양들의 지각에 관해서는 연구가 더 적었다. 그러나 6개월도 지나지 않은 유아들도 나란히 있는 유사한 사물들의 같고 다른 키들을 구별할 수 있고, (비록 어떤 기억된 표준에 견주어 양들을 판단하는 데는 서툴더라도) 만일 어떤 용기에 따른 액체의 최종 높이가 크게 잘못되면 놀랄 수 있다.[19] 공간, 시간과 수 어느 것이라도 표상할 수 있는 뇌 안의 '공통 크기 체계'에 대한 다소의 증거가 있다(즉, 연속적인 '수선' 위에 이산적 수를 표상하는).[20] 네 살배기들은 지도를 읽기 위해 필요한 비율의 크기 조정을 이해할 수 있다.[21]

그것에 따를 경우 공간에 관한 진리들은 부분적으로 수학적이고 부분적으로 물리적인, 제9장에서 전개된 기하학의 철학을 볼 때, 기하학의

18 S. Lima and L. Dill, Behavioral decisions made under the risk of predation: a review and conspectus, *Canadian Journal of Zoology* 68 (1990), 619–640; M. Lawes and M. Perrin, Risk sensitive foraging behaviour of the round-eared elephant shrew, *Behavioral Ecology and Sociobiology* 37 (1995), 31–37.

19 J. Huttenlocher, S. Duffy and S. Levine, Infants and toddlers discriminate amount: are they measuring?, *Psychological Science* 13 (2002), 244–249; K. van Marle and K. Wynn, Six-month-old infants use analog magnitudes to represent duration, *Developmental Science* 9 (5) (2006), F41–F49; 다른 참고문헌들은 다음을 참조. N.S. Newcombe, The nativist–empiricist controversy in the context of recent research on spatial and quantitative development, *Psychological Science* 13 (2002), 395–401.

20 V. Walsh, A theory of magnitude: common cortical metrics of time, space and quantity, *Trends in Cognitive Sciences* 7 (2003), 483–488; L. Feigenson, The equality of quantity, *Trends in Cognitive Sciences* 11 (2007), 185–187.

21 D. Stea, D.D. Kirkman, M.F. Pinon, N.N. Middlebrook and J.L. Rice, Preschoolers use maps to find a hidden object outdoors, *Journal of Environmental Psychology* 24 (2004), 341–345; M.Vasilyeva and J. Huttenlocher, Early development of scaling ability, *Developmental Psychology* 40 (2004), 682–690; cf. C. Sophian, Perceptions of proportionality in young children: matching spatial ratios, *Cognition* 75 (2000), 145–170.

인식론은 여기서 덜 직접적인 관심사이다. 그러나 물론 이른 시기의 공간적 지식은 잘 연구되고, 수와 비율에 관한 것들에 유사한 결과들을 갖는다.[22]

인식론적 요점은 물리적 사물들의 더 단순한 양적 속성들의 지각이 색깔과 딱딱함의 지각만큼 직접적이고 간단하다는 것이다.[23] 지각 일반은 그것의 철학적 미스터리를 가릴 수 있는 반면, 그 미스터리들 중 어느 것도 수학에 특유한 것임을 시사하지 않는다.

양의 지각을 다른 종류의 지각으로 수렴시키는 일이 한 가지 철학적 문제를 남긴다는 것은 참이다. 양의 지각이 덜 특별할수록 양에 대한 지식이 '2 + 2 = 4'의 의심할 수 없음 같은 단순한 수학에 특징적인 확실성을 지녀야만 한다는 것은 더 이해할 수 없게 된다. 그것이 밀의 수학에 관한 경험론이 수학적 진리들의 확실성을 설명할 수 없다고 느껴진 이유였다. 나는 다음 두 장에서 이해의 확실성을 검토할 것이다.

22 E.g. N.S. Newcombe and J. Huttenlocher, *Making Space: The Development of Spatial Representation and Reasoning* (MIT Press, Cambridge, Mass., 2000); L. Nadel, Varieties of spatial cognition: psychological considerations, in A. Diamond, ed., *The Development and Neural Basis of Higher Cognitive Functions* (New York Academy of Sciences, New York, 1990), 613–636; S. Dehaene, V. Izard, P. Pica and E. Spelke, Core knowledge of geometry in an Amazonian indigene group, *Science* 311 (2006), 381–384; O. Keller, *Aux origines de la géométrie: Le paléolithique, le monde des chasseurs-cueilleurs* (Vuibert, Paris, 2004).

23 아주니는 하위화와 아날로그 수 표상에서 지각이 '작은 집합들의 수적 속성들에 직접적으로 민감하지 않다'고 논증한다. (J. Azzouni, *Talking About Nothing: Numbers, Hallucinations and Fictions*, Oxford University Press, Oxford, 2010, 31–32). 그러나 그의 이유는 관련된 수적 개념들이 지각 안에 명시적으로 표상되지 않는다는 것으로 보인다: 그러나 그것은 색깔들, 그리고 다른 모든 지각된 특색들에 대해서도 참이다: 지각은 명시적 표상 없이도 그것들에 민감할 수 있다.

패턴과 구조의 지각적 지식

우리는 이제 양적인 속성들에 대조되는 것으로서 더 순수하게 구조적인 속성들의 지각으로 눈길을 돌린다.

후각과 미각은 가능한 후각들과 미각들의 '공간들'이 대체로 구조를 결여한다는 점에서 아주 구조적인 감각들은 아니다: 그것들 각각이 구성요소들을 결여하는 것으로 여겨지는 그저 다른 후각들과 다른 미각들이 있을 뿐이다. 촉각, 청각, 그리고 시각에 대해서는 정반대가 참인데, 그것들은 모두 예를 들어, 브라유 점자, 텍스트, 교향곡들, 풍경 같은 고도로 패턴지어진 자극들을 지각한다. 지각 능력들의 구조 추출이 음표들의 더미를 하나의 멜로디로, 그리고 일련의 획들을 달필로 지각하도록 허락하는 것이다.

유아들은 이른 시기에 패턴에 눈뜬다. 신생아들은 굵은(bold) 줄무늬를 바라보기를 좋아하는데, 그것들은 가장 단순하고 패턴들 중 가장 명백한 것인 교대를 전시한다.[24] 줄무늬를 보는 능력은 생후 48시간 후 시각 테스트들에서 사용될 수 있다.[25] 유아들은 시간이 흐르며 교대되는 것, 즉 리듬을 알아차리는 데도 마찬가지로 능하다.[26] 그들의 높은 피치와 느린 템포의 리듬 애호는 자장가들에 적응하게 했다.[27] 교대는 단지 가장 단순한 예에 불과하다: 시각과 청각 입력물에서 다수의 더 정

24 D.Y. Teller, First glances: the vision of infants, Investigative *Ophthalmology and Visual Science* 38 (1997), 2183-2203, R.L. Fantz, Pattern vision in newborn infants, *Science* 140 (1963), 296-297 같은 오래된 연구에 기초해 있음.

25 D. Ricci et al., Early assessment of visual function in full term newborns, *Early Human Development* 84 (2008), 107-113

26 L. Demany, B. McKenzie and E. Vurpillot, Rhythm perception in early infancy, *Nature* 266 (1977), 718-719; S.E. Trehub, D. Bull and L.A. Thorpe, Infants' perception of melodies: the role of melodic contour, *Child Development* 55 (1984), 821-830; J.F. Werker and A. Vouloumanos, Who's got rhythm? *Science* 288 (14 April 2000), 280-281.

27 S.E. Trehub, Musical predispositions in infancy, *Annals of the New York Academy of Sciences* 930 (2001), 1-16.

교한 패턴들이 아주 이른 시기에 지각된다.[28]

대칭성은, 우리가 제4장에서 보았듯이, 수학에 의해 연구되는 구조의 패러다임격이다. 대칭성을 지각하는 일의 용이함이 장식에서 널리 사용되는 원인이다. 대칭성은 유아의 지각에서 중요하다: 네 살배기들은 비대칭적이거나 수평적으로 대칭적인 것들보다 수직적으로 대칭적인 패턴들을 더 빨리 처리한다.[29] 인간의 대칭 지각은 오묘하고, 이해하거나 모방하기가 쉽지 않다.[30] 대칭 지각은 원숭이들, 돌고래들, 그리고 새들에서도 증명되어왔다; 대칭적이거나 비대칭적인 패턴들을 선호하도록 벌들을 훈련시키는 일은 가능하지만, 대칭에 대한 선호가 벌들에게 더 자연스럽게 나타난다.[31]

대칭성 지각의 깊은 자동적인 본성은 아기들에서의 이른 시기의 발전뿐만 아니라 어떻게 대칭성이 형태 지각에 영향을 미치는지에 관한 실험들에 의해서도 보여진다. 환경적인 수평축과 수직축에 대한 대칭성들의 다른 관계들 때문에, 한 정사각형은 마름모꼴과 합동일지라도 다른 형태로서 지각된다; 그러나 그것은 그림 10.3에서처럼 새로운 시각적 맥락을 추가함으로써 재정의될 수 있다:[32]

28 D.W. Muir, D.E. Humphrey and G.K. Humphrey, Pattern and space perception in young infants, *Spatial Vision* 8 (1994), 141–165에서 논평 참조.
29 M.H. Bornstein, K. Ferdinandsen and C.G. Gross, Perception of symmetry in infancy, *Developmental Psychology* 17 (1981), 82–86.
30 C.W. Tyler, ed., *Human Symmetry Perception and its Computational Analysis* (VSP, Utrecht, 1996).
31 M. Giurfa, B. Eichmann and R. Menzel, Symmetry perception in an insect, *Nature* l382 (1996), 458–461.
32 S. Palmer, The role of symmetry in shape perception, *Acta Psychologica* 59 (1985), 67–90, discussed in M. Giaquinto, *Visual Thinking in Mathematics: An Epistemological Study* (Oxford University Press, Oxford, 2007), 15–20.

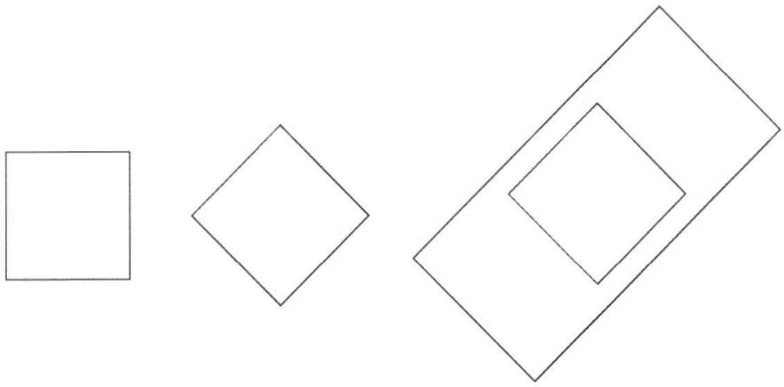

그림 10.3 정사각형, 마름모꼴, 정사각형을 시사하는 맥락에서의 '마름모꼴'
(출처: After Palmer, The role of symmetry (제10장, 주 32), 그림 1 참고)

또한 어떻게 동물들과 인간들의 낮은 수준의 지각 체계들이 지각에 의해 제공(afforded)된 세계의 구조적 특색으로부터 정보를 추출하는지에 관해 배울 바가 많다; 예를 들어, 표면의 곡률, 깊이, 군집 분류(clustering), 차단과 대상 인지의 추론을 허락하기 위해 어떤 알고리즘들이 시각 체계 안에서 실행되는지. 시각적 환상들, 고양이의 시각, 망막 모델들 등에 관한 수십 년에 걸친 연구가 시각 체계는 시각의 가공하지 않은 자료로부터 구조를 추출하는 데 있어서—때로는 구조를 부과하면서—아주 능동적임을 보여주었지만, 어떻게 그것이 행해지는지(그리고 어떻게 그것이 모방될 수 있는지)의 전체 그림은 아직 출현하지 않았다.[33]

시각적으로 쉽게 지각될 수 있는 구조의 한 가지 분명한 예가 지아퀸토(Giaquinto)의 『수학 안의 시각적 사고(*Visual Thinking in Mathematics*)』에서 나온다. "각각이 두 어린이를 지닌, 두 어린이를 지닌 출발 결절점(node)으로 이루어진 나무"의 개념은 순수 그래프 이론에서 정의될 수 있으므로 순수하게 구조적이다. 그 사례는 그림 10.4처럼 그런 실현들로부터 시각적으로 쉽게 골라낼 수 있다. (그리고 만일 다이어그램의 부분들이

33 하나의 고전적 시도가 D. Marr, *Vision: A Computational Investigation into the Human Representation and Processing of Visual Information* (Freeman, San Francisco, 1982).

옆길들로 그려지거나 위아래를 뒤집어 그려진다면 똑같은 것이 참일 것이다.) 시각 체계는—그것이 대칭성을 직접적으로 지각하듯이—동형성을 직접적으로 지각한다.

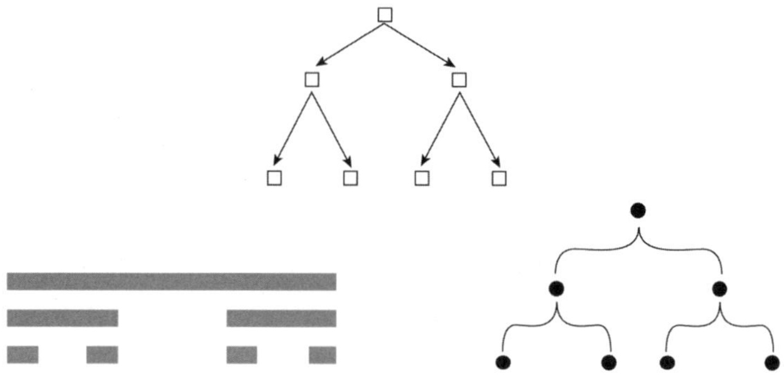

그림 10.4 똑같은 나무 구조의 세 가지 실현

(출처: Giaquinto, *Visual Thinking in Mathematics*, figure 11.4, p. 220. 옥스포드대학교 출판부의 허락을 얻어 수록함)

그리고 구조는 개별적으로 감각에 의해서만 지각되는 것이 아니다. 최근에 공변이 아기가 가장 기초적 수준에서, 예컨대 연속되는 대상들을 식별에서, 그의 세계를 이해하도록 허락하는 강력한 학습 알고리즘에서 결정적인 역할을 한다는 것이 분명해졌다. 유아들은 특히 '양상 간의(intermodal) 정보'—튕겨 오르는 것이 보여진 공과 '보잉, 보잉, 보잉' 소리 사이의 공변같이 다른 감각들에 입력된 것들 사이의 구조적 유사성—에 주의를 기울인다. (유아들이 대상들의 색깔과 형태의 변화들을 무시하는 경향이 있는 반면) 그 공변은 유아에게 공과 사건에 실재성을 귀속시키도록 격려한다.34 양상 간의 정보는 구조주의자의 관점에서 특

34 L.E. Bahrick, R. Lickliter and R. Flom, Intersensory redundancy guides the development of selective attention, perception, and cognition in infancy, *Current Directions in Psychological Science* 13 (2004), 99-102; M.A. Schmuckler, Visual-proprioceptive intermodal perception in infancy, *Infant Behavior and Development* 19 (1996), 221-232

히 중요한데, 왜냐하면 그것이 하나 이상의 감각에 접속하게끔 만드는 것이 바로 그 정보의 구조적 본성이기 때문이다. 대체로 (공변 같은) 양상 간의 정보는 구조적일 것인 반면—예컨대 모든 감각들이 똑같은 시간을 등록하고, 시간은 순수하게 구조적이지 않으므로, 비록 그에 대해 예외가 있기는 하지만—(색깔 같은) 단일 감각적 정보는 그렇지 않을 것이다.

그렇다면 성인은 공변, 수와 양적 비교와 변화 같은 구조적 속성들의 세련된 지각을 물려받는다. 그런 종류의 속성들이 수학의 대상들 중에 있다고 앞의 장들에서 논증되었다. 따라서 수학 인식론은 그 속성들의 직접적 지각에 두드러진 자리를 주어야 한다.

또다시, 그런 속성들의 지각은 원리상 색깔 지각과 다른 것으로 여겨지지 않는다. 우리가 우리 감각들에 인과적으로 영향을 미치는 단순 지각을 이해하는 한에서, 우리는 바로 그 정도로 수학 인식론의 근본 수준을 이해한다. 그 수준에서 수학에 관하여 특별한 것은 전혀 없다.

11 수학 알기 : 시각화와 이해

앞 장은 동물들과 유아들의 인지적 기량을 지닌 수학적 지식의 길에서 가능한 바의 극한에 도달했다. 전통적 수학을 하는 데 이르러 명백히 그 능력들은 아주 제한적이다. 우리는 침팬지들과 유전자의 98%를 공유하지만, 침팬지들은 그 사실로 놀라지 않는다.[1] 그들은 그에 놀랄 수가 없는데, 왜냐하면 침팬지들은 그 사실을 이해할 수 없기 때문이다. 그들은 유관한 인지적 능력들—다이어그램 읽기, 시각화, 수학적 기호 사용하기, 증명들을 이해하기에 필요한 똑같은 지적 인지 능력들을 결여하고 있다.

상상력과 사례화되지 않은 것

지금 여기를 넘어 지식을 지탱하는 인간의 능력은 두 가지 상당히 다른 능력을 포함한다. 그것들은 전통적 능력 심리학에서 상상력과 지성 각각에 귀속시켰던 것들이다. 그 능력들은 최근 수학철학에서의 시각화와 증명의 역할들에 관한 논쟁에 대응한다.

1 피터 반 인와겐에 의해 관찰됨. P. van Inwagen, *The Problem of Evil* (Oxford University Press, Oxford, 2006), 126.

중세 심리학 이론에 공명하는 윌리엄 제임스(William James)의 표현에 따르면: '판타지 또는 상상력은 일단 느껴진 원본들의 복사본을 재생산하는 능력이다. 상상력은 그 복사본들이 원본에 충실할 때 "재생산적"이라 불리고, 다른 원본들로부터의 요소들이 새로운 전체를 만들기 위해 재결합될 때 "생산적"이라 불린다'.2 황금과 산이라는 속성들의 지각이 주어지면, 지각되는 하나의 황금 산을 전혀 필요로 하지 않으면서 상상력은 그 지각들을 황금 산의 심상으로 결합할 수 있다. 한 묘판 안의 식물 더미에 대한 지각이 주어지면, 우리는 집 뜰 안에서 옮겨 심어진다면 그것들이 어떻게 보일지를 상상(시각화)할 수 있다. 미래를 위해 계획을 세우고 반사실적 상황들을 생각할 보편적인 인간의 필요에 비춰 볼 때 상상력은 아주 유용한 능력이다.3

상상력은 어떻게 사례화되지 않은 속성들에 대한 지식이 가능한지에 대한 원리적 답변을 공급한다. 본질적인 쟁점은 흄에 의해 그의 빠진 파란색 음영의 논의에서 제기되었다. 그는 이렇게 썼다:

> 가정하라 … 삼십 년 동안 밝은 시력을 지녔던 사람이고, 온갖 종류의 색깔에 완벽하게 친숙했다고. 딱 하나 예외가 있었으니, 예컨대, 그가 만날 행운을 얻지 못한 특정의 파란색 음영이었다.

2 W. James, *The Principles of Psychology* (Holt, New York, 1890), 제18장.

3 전통적 구별의 개관은 다음 참조. E.R. Harvey, *The Inward Wits: Psychological Theory in the Middle Ages and the Renaissance* (Warburg Institute, London, 1975); E.P. Mahoney, Sense, intellect and imagination in Albert, Thomas and Siger, in N. Kretzmann et al., eds, *The Cambridge History of Later Medieval Philosophy* (Cambridge University Press, Cambridge, 1982), ch. 30; J. Franklin, Diagrammatic reasoning and modelling in the imagination: the secret weapons of the Scientific Revolution, in *1543 and All That: Image and Word, Change and Continuity in the Proto-Scientific Revolution*, ed. G. Freeland and A. Corones (Kluwer, Dordrecht, 2000), 53-115; 현대의 관점들은 다음 참조. R.M.J. Byrne, *The Rational Imagination: How People Create Alternatives to Reality* (MIT Press, Cambridge, MA, 2005); K.D. Markman, W.M.P. Klein and J.A. Suhr, eds, *Handbook of Imagination and Mental Simulation* (Psychology Press, New York, 2009).

> 그 한 가지를 예외로 하고서 그 색깔의 모든 다른 음영들을 그 앞에 늘어놓으라. 가장 짙은 것으로부터 점차적으로 가장 옅은 것까지; 명백히, 그는 그 음영이 빠진 빈틈을 지각할 것이다. 그리고 연속적인 색깔들 사이 바로 그 자리에 다른 어디에서보다 더 큰 거리가 있다는 것을 감각할 수 있을 것이다. 이제 내가 묻는다. 감각에 의해 그에게 전달된 적이 전혀 없음에도 불구하고 그가 그 자신의 상상력으로부터 이 결함을 채우고 그 스스로에게 그 특수한 음영의 관념을 제시할 수 있는가? 그가 그럴 수 있다는 의견을 가질 사람은 거의 없으리라고 나는 믿는다.[4]

이 사례에서 상상력에 귀속된 능력이 황금 산의 예에서와 같은 재결합이 아니라는 점을 주목하시라. 지각—보통의 참인 지각—은 우선 파랑 음영들의 배열에서 '빈칸을 지각'할 필요가 있다. 그렇게 하기 위해서는 사례화된 색깔들의 스펙트럼을 지각하고, 그것들의 유사성 정도들을 지각하고, 두 밀접한 음영 사이의 불연속성을 지각할 필요가 있다. 그것들은 내용이 풍부한 과제지만, 알려진 인간의 지각 능력 내에 곧잘 속하는 것으로 여겨진다. 그러고 나서 상상력은 두 밀접한 음영의 일종의 평균 구하기나 평평하게 하기를 행할 필요가 있다. 심지어 상상력이 어떻게 작동하는지에 관한 확실한 이론의 부재 상태에서도 그것 또한 알려진 인간 정신의 능력에 곧잘 속하는 것으로 여겨진다.

우리는, 원리상, 인간 정신이 최소한 다소 작은 정도라도 직접적으로 지각되는 것을 넘어 움직이며, 지각된 적이 없고 사례화된 적이 없을 수도 있는 속성들에 관해 아는, 잘 인식되고 상당히 잘 이해된 능력을 지

4 D. Hume, *Treatise of Human Nature*, I.i.1, ed. Selby-Bigge, revised by P.H. Nidditch (Clarendon, Oxford, 1978), 6, discussed in R.J. Fogelin, Hume and the missing shade of blue, *Philosophy and Phenomenological Research* 45 (1984), 263-271 and J.O. Nelson, Hume's missing shade of bluc re-viewed, *Hume Studies* 15 (1989), 353-364. 흄과 주석가들의 주된 우려는 이것을 그의 단순 인상들과 관념들의 이론과 조화시키는 데 있어서의 난점인데, 그것은 여기서 우리의 관심사가 아니다.

니고 있다고 결론지어도 좋을 것이다. 실제로 수학적 속성들의 분야에서 그 능력의 범위와 한계가 어떤지를 이해하기 위해서는 수학적 시각화를 검토할 필요가 있다.

구조의 이해를 위한 시각화

영어에서 '상상'이라는 단어는 과학자들보다는 시인들이나 예술가들과 연관지어졌고, 그 용어의 과학적 사용은 대체로 '시각화'라는 단어로 대치되었다. 최근 몇 년 동안 수학에서의 시각화가 뜨거운 화제가 되었다. 여러 수학자들, 특히 실제 수학 활동에 관심 있는 이들은 수학을 알기 위해 증명에 대조되는 한 가지 방법으로서 이해된 시각에 더 주목해야 한다고 논변해 왔다. 다수의 수학 교육자들 또한 그 논변에 우호적이었다. 그들의 탄원은 수학철학과 전문적 수학 자체 양자 모두의 주류에서 대체로 쇠귀에 경 읽기로 전락했다. 그것은 시각화의 지지자들이 어떻게 시각화가 수학철학의 표준적인 존재론적 문제들이나 인식론적 문제들과 잘 부합되는지 혹은 수학에서의 형식적 증명의 표준적 스타일로 맞춰지는지를 보여줄 만한 방식으로 시각화가 무엇인지에 대한 분명한 설명을 제시하지 못했기 때문이다.

아리스토텔레스주의 실재론적 수학철학은 시각화가 수학적 지식을 위해 정확히 무엇을 하는지를 설명함으로써 이 문제를 해결한다. 앞 장에서 보았듯이, 시각 체계는 (다른 속성들에 앞서) 양과 구조를 직접적으로 지각하도록 설계되었다. 그러므로 시각화의 발표는 지각으로부터 학습된 개념들을 재결합하고 확장함으로써 수학적 이해의 과정들로 직접 공급될 수 있다. 그 일이 어떻게 일어나는지를 이해하기 위해 두 예들을 살펴보자.

만일 우리가 2 × 3 = 3 × 2라는 지식을 기계적 암기법에 의해서가 아니라 그림을 이해함으로써 획득한다면,

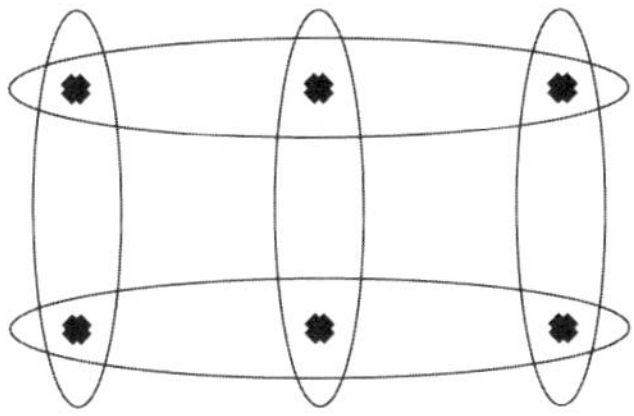

그림 11.1 왜 2 × 3 = 3 × 2

우리는 왜 사물들이 반드시 그러해야 하는지의 이유를 이해함으로써 완전하고 확실한 지식이라는 아리스토텔레스주의적 이념을 충족시킨 것이다. 우리는 또한 왜 수들의 크기가 연관성이 없는지를 이해할 수 있고, 우리는 똑같은 증명을 더 많은 열과 행을 가지고 수행하여 임의의 정수들 m과 n에 대해 $m \times n = n \times m$이라는 결론으로 인도될 수 있다. 그 통찰은 현실적이거나 가능한 감각 경험의 범위를 넘어서는 진리에 대한 지식을 허용하는데, 그것은 또다시 하위화(subitization) 같은 감각적 지식과 지성적 이해 사이의 종류에 있어 첨예한 차이의 증거이다.

명백히, 그 시각화는 페아노의 공리들로부터 시각화를 연역하는 일련의 단계들이 그럴 것과 아주 다른 동등성의 이해를 준다. 이제 정확히 어떻게 그것이 작동하는지를 설명할 수 있다.

전시된 그 두드러진 X들은 전시된 여섯 항목들의 같음을 시사한다—동등성의 목적을 위해 그 X들의 어떤 두드러진 특색도 무시해야 한다. 달걀 모양이 시각 체계를 인도하여 전체 여섯을 두 가지 다른 방식으로 부분들로 나눈다: 수평적 달걀 모양들은 셋으로 이루어진 두 집합들로 분할을 제안하고, 수직적 달걀 모양들은 둘로 이루어진 세 집합으로의 분할을 제안한다. 그 동등성은 그 두 분할이 똑같이 여섯 대상으로 이루어져 있다는 것을 인지하는 데서 온다. 다이어그램의 유리한 점은 그것이 문자 그대로 그 동등성의 구조를 사례화한다는 점—두 셋과 세 둘—그리고 시각 체계가 그 구조를 혼란 없이 보게끔 인도하도록 설계되었다는 점이다. (그것이 다이어그램이 사진과 그토록 다른 이유이다: 다이어그램의 설계자는 매끄럽지 않은 배경 같은 연관성이 없는 구조를 제거할 기회를 가지고, 따라서 시각 체계가 보통 굵은 윤곽선 같은 테크닉에 의해 강조된 연관성 있는 구조에 집중하도록 허락한다.)

만일 우리가 다이어그램으로부터 나오는 이해에 집중한다면, 시각적 체계의 유리한 점이 어떤 구조의 전체 또는 '한눈의' 지각을 획득하는 그 능력에 달려있다는 점은 분명하다. (그것은 데이터의 그래프에 그림표보다 유리한 점을 제공하는 것과 똑같은 능력이다.)

시각체계는 특별히 총체적 구조,5 특히 대칭적 구조를 찾기 위해 조직된다.6 나아가서 시각 체계는 공간의 부분들을 전체적으로 제시할 수 있는 반면—청각이나 촉각 같은—다른 감각적 양상들은 항목들을 선형적인 연쇄적 방식으로 시간 내에서 하나하나 펼치면서 제시한다. 이 특색이 시각이 환경의 공간적 배치 관념을 우리에게 주기에 특별히 적합한 이유다; 시지각의 결여를 보상하기 위한 다른 양상들의 사용은 시각만큼 효과적으로나 즉각적으로 공간적 배치의 개념을 전하지 못한다.7 대상의 공간적 배열 지각하기와 기하학적 개념 형성하기 사이의 긴밀한 (그러나 필연적이지는 않은) 연관성 아래서, 기하학의 학습과 이해에서의 시각 체계의 중심적 역할은 더욱 더 이해할 만해진다. 왜 기하학의 순수하게 형식주의적이고 전적으로 비시각적인 공리적 취급법들이 교육적으로 거의 호소력이 없는지 또한 분명해진다.

5 D. Navon, Forest before trees: the precedence of global features in visual perception, *Cognitive Psychology* 9 (1977), 353–383.

6 S.E. Palmer, Goodness, Gestalt, groups, and Garner: local symmetry subgroups as a theory of figural goodness, in *The Perception of Structure: Essays in Honor of Wendell R. Garner*, ed. G.R. Lockhead and J.R. Pomerantz (American Psychological Association, Washington, DC, 1991), 23–39.

7 S. Ungar, Cognitive mapping without visual experience, in R. Kitchin and S. Freundschuh, eds, *Cognitive Mapping: Past Present and Future* (Routledge, London, 2000).

이 고찰들은 특별한 흥미를 지닌 한 예에서8 확증되는데, 왜냐하면 그 다이어그램이 심적 시각화 설비 안에서 그려지고 어떻게 심적 다이어그램의 창안이 우리 (외적) 구조의 지각을 재배열하는지를 우리가 즉각적으로 느낄 수 있기 때문이다. $n \times n$ 층의 수들을 고려하라. 그 안에서 (왼쪽 위에서부터 세어) i, j 자리에 있는 것이 i와 j 중 더 작은 것이고, 따라서:

표 11.1 min(i, j)와 같은 i, j째 엔트리의 배열

1	1	1	1	…	1
1	2	2	2	…	2
1	2	3	3	…	3
1	2	3	4	…	4
…	…	…	…		…
1	2	3	4	…	n

왜 표 안 모든 수들의 합이 $1^2 + 2^2 + 3^2 + \cdots + n^2$인가? 그 결과는 결코 명백하지 않다. 대수적 진행 방식들이 있지만, 그 결과에 대해 많은 통찰을 주지는 않는다. 그러나 그 결과는 이 심적 다이어그램을 그림으로써 명백하게 될 수 있다: 각각의 칸 위에 (페이지로부터 나오는) 칸 안의 수와 같은 수의 공들의 탑을 상상하라. 이제 (페이지와 평행하는) 수평 층을 고려하라. 맨 밑의 층 위에 $n \times n$개의 공이 있다; 2층에는 $(n-1) \times (n-1)$, … 그리고 맨 꼭대기 층에는 오직 오른쪽 아래 구석의 공 하나만이 있다. 따라서 전부 $n^2 + \cdots + 3^2 + 2^2 + 1^2$개의 공들이 있다.

8 From E. Barbeau, *Power Play* (Mathematical Association of America, Washington, DC, 1997), 18, A. Arcavi, The role of visual representations in the learning of mathematics, *Educational Studies in Mathematics* 52 (2003), 215–241, 225에서 논의됨.

이 절차의 본질은 공들의 배열을 수평적 층들로의 재분할하는 지시를 정신적으로 시행함으로써 재구조화하는 것이다. 어떤 부분과 부분들의 집합에 초점을 맞춰 주목하는 상상력이 구조의 전체적 이해를 허락한다. 그뿐만 아니라 이 예에서 시각화와 상상에 의해 얻어진 구조의 전체적 이해는 (우리에게) 시각화의 도움 없이 논리적 단계들의 연쇄를 따름으로써 얻어질 이해보다 훨씬 더 즉각적이고 직접적인 것으로 보인다. 따라서 시각화와 상상은 그런 수학의 학습과 이해의 특별히 매력적인 방법으로 여겨진다.9

시각화의 귀환과 그 귀환의 무시

한 세기 넘도록 일종의 연옥에 갇혀 있던 시각화가 최근 되돌아왔다. 그 연옥 상태에서 시각화는 수업에서는 빈번하게 언급되었지만 '진짜' 수학에서는 당혹스러운 일로 고려되었다. 수학(최소한 비형식적 수학과 수학교육)과 전산학에서 시각화는 전면에 나섰다. 인공지능이 일찍이 약속한 바 중 하나가 컴퓨터에 의한, 즉 순수하게 기호적 수단에 의한, 흥미로운 정리를 발견하기 50년 전 "디지털 컴퓨터가 십 년 이내에 중요한 새 수학적 정리를 발견하고 증명할 것"이라는 유명한 예측이 나왔다. 그런 일은 스케줄대로 일어나지 않았다.10 (그 후에도 그런 일은 일어나지 않았다.) 그 대신, 컴퓨터의 힘은 정리들과 수학적 구조들에 대한 통찰을 줌으로써 수학자들과 수학도들을 지원하는 데 사용되어왔다. 예를 들어, 그래픽스 계산기들과 인기 있는 수학 패키지인 Mathematica, Maple 그리고 Matlab의 그래프 그리는 설비는 연구자들과 교사들 양자 모두에 의해 아주 많이 사용되고 있다.11 월프럼 증명 프로젝트(Wolfram

9 어떻게 시각화가 수학적 이해를 증진시키는지에 관한 더 많은 단순한 예들이 다음에서 발견될 수 있다. C. Alsina and R.B. Nelsen, *Math Made Visual: Creating Images for Understanding Mathematics* (Mathematical Association of America, Washington, DC, 2006).

10 T.C. Hales, Formal proof, *Notices of the American Mathematical Society* 55 (2008), 1370-1380.

11 E.g D. Schwalbe and S. Wagon, *VisualDSolve: Visualizing Differential Equations with Mathematica* (Springer, New York, 1997).

Demonstrations Project) 같은 교육용 웹사이트들은 광범한 범위의 수학적 대상들의 이해를 지원해주는 다수의 동영상들을 포함하고 있다.12 수학교육 연구에서 시각화 연구는 1980년대 이후 크게 확대되었다. 교육가들은 어느 정도 정당하게 시각화가 '진짜 수학'이 아니라는 수학자들의 철학적 견해들이 교실에서의 이해를 방해한다고 불평한다.13

수학에서의 이런 발전들은 극히 최근에 와서야 수학철학에서 어느 정도 성찰되었다. 여러 최근의 저자들이 가치 있는 사례연구들로 기여했고 시각화에 대해 더 많이 주목하기를 촉구했지만14 수학철학에서의 활동 방향에는 지금까지 제한된 인상을 남겼을 뿐이다.

왜 시각하는 수학철학에서 불청객(*persona non grata*)이 되어 왔는가?

학문적 엄밀성이라는 명분 아래 발견, 구성, 그리고 이해에 대조되는 것으로서 정당화와 증명의 강조는 수학 인식론에서 시각화의 역할을 모호하게 만들어왔다. 시각화와 수학철학과 형식적 수학 양자 모두의 단절에는 관련된 네 가지 원인이 있다. 그 원인들은 시각화를 받아들여 수학 안으로 통합에 실패한 데 대한 해명들을 설명해주기는 하지만 정당화하

12 http://demonstrations.wolfram.com/

13 A. Arcavi, The role of visual representations in the learning of mathematics, *Educational Studies in Mathematics* 52 (2003), 215-241, 235에서.

14 예. S. Feferman, Mathematical intuition vs mathematical monsters, *Synthese* 125 (2000), 317-332; P. Mancosu, Visualization in logic and mathematics, in P. Mancosu, K.F. Jørgensen and S.A. Pedersen, eds, *Visualization, Explanation and Reasoning Styles in Mathematics* (Dordrecht, Springer, 2005), 13-30; K. Bråting and J. Pejlare, Visualizations in mathematics, *Erkenntnis* 68 (2008), 345-358; J. Carter, Diagrams and proofs in analysis, *International Studies in the Philosophy of Science* 24 (2010), 1-14; V. Giardino, Intuition and visualization in mathematical problem solving, *Topoi* 29 (2010), 29-39; A. Newstead and J. Franklin, The epistemology of geometry I: the problem of exactness, in W. Christensen, E. Schier, and J. Sutton, eds, *ASCS09: Proceedings of the 9th Conference of the Australasian Society for Cognitive Science* (Macquarie Centre for Cognitive Science, Sydney, 2010), 254-260.

지는 못한다. 첫째 원인은 다른 수학적 활동들(계산, 모델링, 이해, 추측하기, 컴퓨터 검색하기, 강의, 연구비 수주 정당화, 다이어그램 그리기와 구성 등)에 대조되는 것으로서 증명에 대한 출판된 수학의 지대한 강조이고, 그 강조는 수학철학에 의해 노예처럼 추종되었다. 둘째 원인은, 가류주의가 다른 모든 인식론의 분야들에서 준정통이 되었음에도 불구하고, 수학 인식론에서는 확실성에 초점이 주어진다는 것이다. 셋째 원인은 수학에서 존재론과 인식론의 혼동의 결과, 증명은 일차적으로 존재론일 때도 인식론으로 생각되고 있다. 넷째 원인은 수학철학에서의 잘못된 플라톤주의-유명론 이분법으로, 그것은 여기서 또 다른 해로운 결과를 낳고 있다. 이 원인들이 모두 강력한 만큼 시각화의 무시는 과잉결정된다. 우리는 이 원인들을 차례로 간략히 고찰한다.

수학 학술지들이 보통 오직 완성된 (준)형식적 *증명*들만을 출판 가능한 것으로 간주한다는 것과, 그것이 증명 구성 배후의 과정들과 어림법들을 이해하기를 소망하는 수학도들에게 어려움을 준다는 것은 진부한 의견이다. 그것이 일반적으로 시간의 테스트를 견뎌낸 증명들로 인도되어왔고, 수학적 진리들을 최종적으로 확립했으며, 한 가지 방식으로 후대의 훈련된 수학자들에 의해 개관이 가능하다는 점에서 왜 최전선의 수학이 이 완벽주의를 고집해야만 하는지에 대해서는 훌륭한 이유들이 있다. 그러나 최종적 증명을 산출해온 정신적 활동들의 상부구조를 걷어차 버리는 데서—애초의 추측들과 계산들로부터 비형식적인 휴게실 토론들과 다이어그램들에 이르기까지—직업 전문? 수학은 수학이라는 기업의 본성에 관해 어느 정도 수학철학자들을 포함하여 외부의 관찰자들을 오도했다. 실제 수학 활동에 대한 더 면밀한 주목이 되풀이하여 요구되었음에도 불구하고,[15] 주류 수학철학은 그에 관한 진리의 공리화와 증명의 프리즘을 통해 나타난 수들 및 다른 추상적 존재자들의 본성에

15 I. Lakatos, *Proofs and Refutations* (Cambridge, Cambridge University Press, 1976); P. Mancosu, ed., *The Philosophy of Mathematical Practice* (Oxford, Oxford University Press, 2008).

초점을 맞추는 경향을 보여 왔다. 공식을 넘어 공식이 기술하는 실재들을 보기를 제안하는 아리스토텔레스주의 실재론은 지각과 시각화같이 그 실재들에 대한 더 직접적인 앎의 양태들에 보다 더 공감할 것이다.

둘째, 증명에 대한 과도한 강조는 훌륭한 이유들로 인해 인식론 일반에서 인기를 끌고 있는 지식에 관한 일반적 가류주의와 엇박자를 내는 확실성에의 헌신과 손에 손을 잡고 나아간다. 수학의 정당화 절차들이 다른 곳에서보다 더 확실하다는 데 자부심을 갖는 일은 정당하지만, 그것이 수학적 추측들을 확증하는 덜 확실한 방법들의 가능성을 무시할 이유가 되지는 못한다. 그런 방법들은 (제15장에 기술되듯이) 다수의 사례들의 컴퓨터 체킹에 의한 추측들의 귀납적 지지와 그 귀결들의 참임을 확립함으로써 추측들의 확증을 포함할 만하다. 특히, 만일 시각화(그래프 그리기, 다이어그램 그리기 등)가 기호적 증명 같은 어떤 다른 방법보다 수학적 지식을 확립하는 덜 확실한 방법으로 보인다면, 그 자체로는 폄하할 이유가 되지 못하고, 특히 만일 (예컨대, 시각화가 수학적 진리들을 *발견하는 데* 증명보다 더 유용하다는 것같이) 어떤 보상적인 유리한 점을 지닌다면 더욱 그러하다.

셋째, 영원히 중요한 철학적 구별인 존재론과 인식론의 구별에 관해 분명히 해두는 것이 중요하다. 증명과 확실성의 밀접한 연관성은 증명이 본질적으로 인식론의 문제라는—독자의 마음에 확실성을 유발하는 장치라는—그릇된 인상을 준다. 그러나 하나의 증명은 (비록 그것이 인식론적 목적에 봉사하기는 하지만) 그것 자체로는 수학적 존재론의 하나의 항목, 즉 그것들 사이의 논리적으로 필연적인 연관성을 지닌 명제들의 연쇄다. (비교해보라: 머나 먼 은하계의 사진은, 비록 그것을 『천체물리학 저널(*Journal of Astrophysics*)』에 게재, 출판하는 목적이 인식론적이라 해도, 하나의 존재론적 항목이다.) 일단 우리가 증명들을 수들과 공리들과 더불어 수학적 존재론으로 분류하고 나면, 우리는 자유롭게 참된 수학 인식론, 즉—패턴 지각, 셈, 계산, 사례들의 외삽, 귀결들의 체킹과 시각화를 포함하는—수학적 믿음들, 지식과 이해로 인도하는, 다양한 신빙성을 지닌 정신적이고 신체적 활동들을 맑은 눈으로 볼 수 있다,

다이어그램들도 물론 존재론이기도 하다. 우리는 존재론적 항목과—일련의 증명 단계들과 종이나 스크린 위의 다이어그램 각각을—그 항목에 대한 고민으로부터 나오는 심적 구조나 행위들과 구별해야만 한다.

그리고 마지막으로 넷째, 수학철학에서의 플라톤주의와 유명론의 주도는 시각화로부터 관심이 비껴가게 했다. 유명론자들은 언어적, 기호적, 또는 논리적 항목들에 관심이 있고, 그것들은 이미지와는 아주 다르다. 그리고 이미지는 (우리가 그 안에서 수학의 진리들이 실현된 구조들을 보는 것으로 여겨지므로) 수학이 어떤 것에 관한 것이라고 시사하는 경향이 있을 수 있는데, 이미지는 유명론자들이 피하기를 소망하는 테제이다. 그 반면, 플라톤주의자들은 수들과 집합들 같은 추상적인 것들의 세계에 관심이 있는데, 문자 그대로 시각화될 수 있는 종류가 아니다. (하나의 예외가 시각화는 우리가 형상들의 세계를 보도록 허락한다는 제임스 브라운의 비표준적 플라톤주의적 견해다.[16] 오직 아리스토텔레스주의자만이 우선 수학적 구조를 지각하고 다음에 상상력 안에서 구성요소들을 섞고 조화시킴으로써 지각되지 않는 구조들을 이해하는 것이 자연스럽다고 여긴다.

정신과 구조적 속성: 이해의 신비로움

'이해'는 앞서 무(자)의식적인 방식에서 우리가 예들을 볼 때 의식에 명백한 어떤 것으로 사용되었다. 그러한 한에서 정확하지만, '이해'는 주목할 만한 현상이고, 명시적으로 논의되어야만 한다.

16 J.R. Brown, *Philosophy of Mathematics: A contemporary Introduction to the World of Proofs and Pictures* (2nd edn, Routledge, New York, 2008); J.R. Brown, Peeking into Plato's heaven, *Philosophy of Science* 71 (2004), 1126-1138.

인식론에서의 이해에 대한 주목의 결여는 일반적으로 지적으로 비난되어 왔다.[17] 이해는 확립되고 채택된 지식과 이론의 체계들에 관심을 두고, 따라서 인식론에서 지식에 대한 위협에의 몰두는 이해의 이론(또는 심지어 사례연구) 발전을 지연시키는 경향이 있다. 존재하는 바대로의, 그리고 전승되는 바대로의 수학적 지식에 대한 해명의 제공을 목표로 하는 비회의주의적 인식론은 이해에 자랑스러운 자리를 부여할 것이다.

수학은 이해의 홈그라운드다—우리는 맹목적이고 경험적으로 도출된 사실들과 뒤섞이지 않은 순수한 이해의 예들을 찾기 위해 수학으로 나아간다. 그렇게 해야 한다. 그러나 수학철학이 이해를 전면에 내세운 경우는 거의 없다. 그래야 하는데 말이다.

전통적 아리스토텔레스주의에 따르면, 인간 지성은 동물들과 종류가 완전히 다른 능력을 소유하며, 보편자들을 추상해내고 보편자들의 관계를 이해하는 능력이다. 그 능력은 수학적 통찰과 증명에서 가장 명백한 것으로 생각되었다. 지구－달 체계의 기하학은 일식에서의 상례성(regularity)을 규칙성들을 기술할 뿐만 아니라 그것이 일어날 때 왜 그리고 어떻게 반드시 일어나야만 하는지를 증명해준다고 아리스토텔레스는 말한다.[18] 그 증명은 본질적으로 하나의 다이어그램 안에 지구－해－달 체계와 지구가 달을 그림자로 가리거나 달이 지구를 그림자로 가리는 가능한 방식들을 보여주는 것으로 이루어진다. 다이어그램으로 우리는 왜 그것이 반드시 그래야 하는지를 파악한다.

17 L. Zagzebski, Recovering understanding, in M. Steup, ed., *Knowledge, Truth and Duty: Essays on Epistemic Justification, Responsibility and Virtue* (Oxford University Press, New York, 2001), 235–258; 더 완전한 취급은 다음 참조. V.G. Potter, *On Understanding Understanding: A Philosophy of Knowledge* (Fordham University Press, New York, 1994).

18 Aristotle, *Posterior Analytics*, 제2권, 제8장.

불행하게도 그 이야기에는 빈틈이 있다. 정신이 보편자들과 그것들의 연관성을 '파악'한다는 조야한 은유로 표현되는 정신과 보편자들 사이의 관계는 정확히 어떤 것인가? 이해란 정확히 무엇인가? '통찰'(또는 '유레카 순간')은 그 '파악'의 심리 또는 직관적인 내적 느낌을 표현하지만, 그 메타포 배후의 철학은 무엇인가? 그 질문에 대해 답하지 않으면, 그 이야기는 완성이 요원하다. 물론 정신과 보편자들 사이의 관계는 원리상 인식론 일반의 난해한 문제다. 그러나 수학은 언제나 확실성을 지닌 통찰의 홈그라운드로 간주되어 왔으므로, 수학 인식론 안에서 그 문제에 도전하는 것이 자연스럽다.

그 문제에 대해서는 심지어 한 가지 가능한 답조차 생각해내기가 쉽지 않다. 그 사실은 이상함에도 불구하고 우리를 전통적 아리스토텔레스주의의 답을 더 기꺼이 공감하며 청취하게 만들어야 마땅하다. '영혼은 한 가지 방식에서 만물이다'라는 아리스토텔레스의 격률에 기초하여,[19] 스콜라 철학자들은 아는 정신과 정신이 아는 보편자 사이의 관계가 가장 단순한 것이라고 주장했다: 동일성. 영혼은 현실적으로 뜨거워짐으로써 열을 안다고(물론 '질료적으로'가 아니라 '형상적으로'. 질료적으로 그러하다면 두뇌가 과열될 테니까) 그들은 말했다.

스콜라 철학자들의 많은 주목할 만한 테제들 중 가장 놀라운 것일 수도 있는 그 이론은 그럴 법하다거나 심지어 이해할 수 있다고 말하기 어렵다. '형상적으로 뜨거움'이 무엇을 의미할 수 있을까? 그럼에도 불구하고, 그 이론은 열과 질량 같은 물리적 보편자들에 대해서보다 수학의 구조적 보편자들에 대해 훨씬 더 큰 힘을 지니고 있다. 그 이유는 구조가 '주제-중립적' 또는 제4장에서 설명되었듯이 오직 부분-전체 논리와 논리학만을 사용하여 정의 가능하다는 데 있다. 한 정신은, 그것이 무엇이든지 간에, 그런 속성들을 가질 수 있을 것이고, 따라서 구조적

19 Aristotle, *De Anima*, 제3권, 제8장, 431b21-431b22.

속성들은 원리상 심적 존재자들과 물리적 존재자들 사이에서 공유될 수 있을 것이다. 열의 생각의 뜨거움에 극복할 수 없는 장애물들이 있다고 여겨지는 반면, (무엇이 그것을 네 생각들 대신에 4의 생각으로 만드는지를 우리가 여전히 물을 것이 틀림없을지라도) 4의 생각의 네 부분임에 대해서는 전혀 그런 문제가 없다.

사실상 (어떤) 수학적 지식의 단순한 모델들에 따르면, 구조의 동일성 이론은 그저 참이다. 지식의 온도계 모델에 따르면, 주위 온도(예컨대 정현파)의 시간 패턴과 온도계 읽기나 출력된 그래프의 패턴 사이에는 문자 그대로의 동일성이 있을 수 있다. 또는 만일 어떤 컴퓨터가 날씨 시뮬레이션을 한다면, 날씨를 시뮬레이션으로 만드는 것은 내적 모델과 물리적 날씨 사이의 구조의 동일성이다. 그 모델은 실제 날씨의 시공적 부분들에 대응하는 부분들을 갖고, 대기의 인과적 흐름에 대응하는 부분들 간의 관계들을 갖는다. (그 대응은 아날로그 컴퓨터에서는 아주 가시적이지만, 디지털 컴퓨터에서도 일단 우리가 전자적으로 실행된 비트 끈들과 시공적 점들 사이의 제법 복잡한 대응을 통해 부면 마찬가지루 현전한다.) 그것은 물론 정신/컴퓨터 모델과 세계 사이의 구조적 유사성이 지식에 있는 모든 것임을 함축하지 않는다—그것은 온도계 추적을 지식의 완전한 설명으로 받아들이는 격이 될 것이다. 날씨 모델의 경우, 예를 들어 이틀 뒤에 한랭전선이 형성될 것이라는 예보를 내는 데 있어서, 최소한 생성해야 할 코드가 있고, 모델을 가동해야 하고, 모델의 결과를 해석할 더 많은 코드가 있어야 할 것이다. 그럼에도 불구하고, 아는 자와 알려진 것 사이의 구조적 유형–유형 동일성들이 지식의 하나의 본질적 구성요소인 것이 완벽하게 온당하다는 것, 그리고 그 테제가 정신의 본성에 관해 그 어떤 비교적(秘教的)인 견해도 요구하지 않는다는 것은 분명하다.

심적 존재자들의 구조와 지식에서의 특히 현전하지 않는 사물들에 대한 지식에서의 그 구조의 역할은 심상들을 저장하고 재결합하는 '상상력'의 고전적 이론 안에서 세련되어졌다.[20] 프로클로스는 유일하게 발전한 고대 수학철학에서 상상력이 기하학이 행해지는 곳이라고 주장했다. 그는, 플라톤주의적 이유에서, 불완전한 물리적 다이어그램들은 부적합한 반면, 순수 이해력은 기하학을 할 수도 없는데 왜냐하면 그 개념들이 '포장'되었고 각각에서 오직 하나만이 있기 (그래서 오직 하나의 원의 형상이 있으므로 우리가 다른 크기의 원들이나 교차하는 원들을 가질 수 없기) 때문이라고 주장한다. 그래서 이해력은 심상들을 '판명하게 개별적으로 상상력의 스크린에' 투사하고, 상상력은 심상들을 위해 일종의 '가지적 질료'를 제공한다.[21] 확실히, 수학적 구조에 관해 추리하기 위해 우리가 부분들을 지닌 심적 모델을 필요로 한다는 점에서, 최소한 프로클로스의 이론의 핵심은 옳다. 그것은 유아의 수와 양의 지식 기저의 심적 모델에 관한 최근의 심리학의 연구에 의해,[22] 그리고 상상력의 사용에 관한 "사고에서 요소들로 봉사하는 것으로 여겨지는 심령학적 존재자들은 '자발적으로' 재생산되고 재결합될 수 있는 특정의 기호들과 다소간 분명한 이미지들"이라고 한 아인슈타인의 증언 같은 유명한 수학자들의 일화에 의해서도 확증된다.[23] 표 11.1을 좇아 앞의 추리를 다시 읽는 동안 내성해보기를 원할 수도 있겠고, 그렇지 않으면 어떤 물리적 다이어그램을 그리지 않으면서 다음 질문에 답해볼 수도 있겠다.[24]

20 앞의 각주 2에 주어진 참고문헌들.

21 Proclus, *Commentary on the First Book of Euclid's Elements*, trans. G.R. Morrow (Princeton University Press, Princeton, NJ, 1970), 41-45; cf. J.F. Jones, Intelligible matter and geometry in Aristotle, *Apeiron* 17 (1983), 94-102.

22 Deheane, *The Number Sense*, 73-76, 150-151; L. Feigenson, S. Carey and M. Hauser, The representations underlying infants' choice of more: object files versus analog magnitudes, *Psychological Science* 13 (2002), 150-156.

23 Einstein, quoted in J. Hadamard, *The Psychology of Invention in the Mathematical Field* (Princeton University Press, Princeton, NJ, 1945), 142-143; 다수의 예들이 다음에 나옴. A.I. Miller, *Imagery in Scientific Thought: Creating Twentieth-Century Physics* (Birkhä user, Boston, 1984).

24 더 많은 수학적 시각화 연습문제들이 다음에 나옴. J. Franklin, *What Science Knows: And How It Knows It* (Encounter Books, New York, 2009), 133.

심적 존재자들이 문자 그대로 그것들이 표상하는 물리적 체계들과 똑같은 구조적 속성을 가질 가능성은 수학적 지식의 확실성에 대한 함축을 갖는다. 만일 심적 표상들이 문자 그대로 우리가 연구하기를 소망하는 구조적 속성들을 갖는다면, 우리는 감각 지각과 감각 지각의 가능한 오류들에 동반하는 불확실성을 피할 수 있다. 감각의 오류들은 정신이 그 자신의 내용들과의 관계를 강요할 수 없고, 그에 따라 오류의 한 가지 주된 원천이 제거된다. 만일 단순한 수학적 지식이 이 경우에 아는 자와 알려진 것 사이의 긴밀한 관계에 예측된 확실성의 감정에 동반된다면, 그 사실은 놀랍지 않다. 그런 지식이 단지 이 밀접한 관계 때문에 오류를 범할 수 없다고 주장하려는 것이 아니다. 한 복잡한 심적 모델, 특히 시각화된 정육면체 같은 것을 다룰 때, 정신은 쉽게 혼돈에 빠지는데, 왜냐하면 단일한 지식 행위가 다수의 부분들과 부분들의 복잡하게 얽힌 관계들을 다뤄야만 하기 때문이다. 어떤 복잡성을 지닌 심적 모델은 심지어 유사한 복잡성을 지닌 나무로 이루어진 것보다 건설하고 계산하기가 더 어려울 수 있다—심적 주산의 전문가들이 아주 빠름에도 불구하고, 대부분의 사람들은 물리적 주판을 사용하는 것을 훨씬 더 쉬워한다.25 그럼에도 불구하고, 지각의 오류들은 사실의 문제들에 관한 우리의 불확실성의 이유들 중 큰 부분을 이루고, 지식의 주요 분과에서 그 오류의 원천을 제거하는 일은 큰 인식론적 중요성을 지니는 문제다.

그 문제는 여전히 뭔가를 설명하지 않은 채로 남겨둔다. 이해와 통찰의 신비를 설명하는 대신, 수학적 사고가 복잡한 내적 모델들과 함께 작용한다는 견해는 앞서 제기된 문제를 단지 미뤄둔 것에 불과하다. 지식이라는 단일한 행위를 성취하기 위해 정신은 부분들을 지닌 심적 모델과 무엇을 실제로 하는 것인가? 예를 들어, 정육면체를 시각화하고 각

25 J.W. Stigler, Mental abacus: the effect of abacus training on Chinese children's mental calculation, *Developmental Psychology* 16 (1984), 145-176; cf. P. Saariluoma and V. Kalikoski, Apperception and memory in blindfold chess, *Memory* 6 (1998), 67-90.

각의 면에서 몇 개의 대각선을 그릴 수 있는지를 물으면서, 정신이 갑자기 "각각의 면 위에 두 개의 교차된 대각선이 있다"는 것을 깨달을 때, 정신이 마음속에 그려진 대각선들에 추가하는 것은 과연 무엇인가?[26]

그러나 답은 미스터리로 남는다. 왜 2 × 3 = 3 × 2인지에 대한 직접적인 수학적 이해보다 더 분명한 것은 아무것도 없지만, 그 이해가 무엇인지에 대한 설명은 도달 불가능한 것으로 여겨진다.

천각형과 시각화의 한계

흄의 빠진 파란색 음영 삽입의 예는 상상 능력의 표준적인 것이다. 상상력의 한계들의 전통적 예시는 데카르트의 천각형의 예다. 그는 *여섯째 성찰*에서 이렇게 쓰고 있다:

> 나는 우선 상상력과 순수 지성 [또는 이해] 사이에 존재하는 차이를 말한다 … 만일 내가 천각형을 생각하기를 원한다면, 나는 확실히 삼각형을 세 변만을 지닌 도형으로 이해하는 것과 마찬가지로 그것이 천 개의 변을 지닌 도형이라는 것을 참되게 이해한다; 그러나 나는 어떤 방식으로든 [내가 삼각형의 세 변에 하듯] 천각형의 천 개의 변을 상상할 수가 없고, 나는, 말하자면, 천각형을 [내 마음의 눈들과 더불어] 현전하는 것으로 간주할 수도 없다 … 천각형을 상상하는 데 있어서 나는 나 자신에게 어떤 도형을 혼란스럽게 표상하는 것일 수 있는데, 왜냐하면 어떤 방식으로도 내가 만각형이나 다른 다각형 도형들을 생각할 때 나 자신에게 표상하는 것과 다르지 않기 때문이다.[27]

26 이해를 더 잘 알려진 인지 능력들과 연결지으려는 시도들은 다음 참조. J. Avigad, Understanding proofs, in P. Mancosu, ed., *The Philosophy of Mathematical Practice* (Oxford University Press, Oxford, 2008), 317–353.

27 Descartes, *Meditations on First Philosophy*, Sixth Meditation, trans. E.S. Haldane (Cambridge University Press, Cambridge, 1911), http://www.sacred-texts.com/phi/desc/med.txt.

그 예는 '눈으로 천각형의 각들이 1996 직각들과 같다고 결정하거나 이 비례에 접근하는 어떤 추측을 하기는 불가능하다'고 말한 흄에 의해, 그리고 다른 다수의 철학자들에 의해 되풀이해서 사용되었다.[28] 합리주의자나 경험주의자의 관념 개념 중 어느 것을 필연적으로 채택하지 않아도, 우리의 시각화 능력이 특정 수준을 넘어서는 복잡성에 의해 혼란되고 복잡한 수학적 구조들을 정확하게 진술할 수 없다는 것은 확실히 참이다. 복잡성을 조종하는 어떤 다른 방법이 필요하다.

28 Hume, *Treatise of Human Nature* I.iii.1; J. Hospers, *An Introduction to Philosophical Analysis* (4th edn, Routledge, Abingdon, 1997), 56.

12 수학 알기 : 증명과 확실성

만일 수학적 신리가 시각화되어 한눈에 이해하기에는 너무 복잡하다면, 두 차례 바라본 바를 합침으로써 결론적으로 확립될 수 있다. 그렇지 않으면 세 차례나 n차례로. 즉, 설사 전체가 동시에 분명하지는 않을지라도, 각각이 개별적으로 분명한 추론들의 연쇄에 의해 증명될 수 있다. 이것이 증명 배후에 있는 아이디어이다.

증명: 통찰의 연쇄

증명은 한 정리의 복잡성을 일련의 단순한 단계들로 분해하고, 그 단계들 각각은 간단한 방법들에 의해 확립될 수 있다. 하나의 쇠사슬은 그 쇠사슬의 가장 약한 고리만큼 강하므로 약한 고리가 전혀 없는 쇠사슬은 아주 강하다.

이는 원리상 어떻게 증명이 시각화로 가능한 바의 한계를 넘어 수학적 지식을 확장할 수 있는지를 설명해준다.

모종의 전체적 견해가 기호적 단계들 안에서 불가능하다거나 심지어는 일반적으로 결여되어 있다고 말하는 것이 아니다. 실로, 다수의 수학 연구 세미나들의 목적은 '나의 p 증명 개관'을 제시하는 것이고, 대부분의 수학 연구 논문들은 종종 그 증명의 전체적 구조의 개요를 포함하는 '동기'에 대한 짧은 서론을 앞세운다. 그럼에도 불구하고, 한 형식적 증명의 주된 아이디어는 전체적 견해의 정반대이다. 그 아이디어는 증명을 각각이 원리상 더 전체적인 어떤 것을 거론할 필요 없이 검증될 수 있는 일련의 작은 단계들로 쪼개는 것이다. 이것이 증명에게 확실성을 확립하는 데 있어서의 이점을 주는 것이다—일단 개별적 단계들을 모두 체크하고 나면 전체 증명이 검증된다. 그러나 바로 그 국지적인 것에의 집중이 총체적 견해를 방해한다. 증명 자체에서 쉽게 얻어지지 않는 것은 증명의 화제의 구조를 직접적으로 반영하는 심적 구조이다.

그것은 예컨대 개별적 단계들의 본성에 관하여, 그리고 그 과정을 개시하기 위해 필요한 공리들이 있느냐(그리고 있다면, 그것들이 자명한가, 임의적인가, 그렇지 않으면 또 다른 어떤 것인가) 하는 문제들을 제기한다. 아리스토텔레스주의의 방식에서 간단한 예를 하나 고찰하고 특수자 안의 일반적인 것을 보도록 하자.

우리는 수학의 한 분야로 의심스러울 수 있는 가정들(예를 들어, 무한에 관한)로 특별히 어수선해지지 않는 조합수학에서 '맨손' 증명을 취한다. 그 증명은 제4장에서 다소간 다른 목적에서 전시되었다.

각 쌍이 하나의 선으로 이어진 여섯 점들을 고려하라. 선들은 모두 두 색깔(그림에서는 점선과 실선으로 표상된) 중 하나로 채색되어 있다. 그러면, 한 가지 색깔로 된 삼각형(즉, 그것들을 잇는 세 선 모두가 같은 색깔인 세 점)이 하나 틀림없이 존재한다.

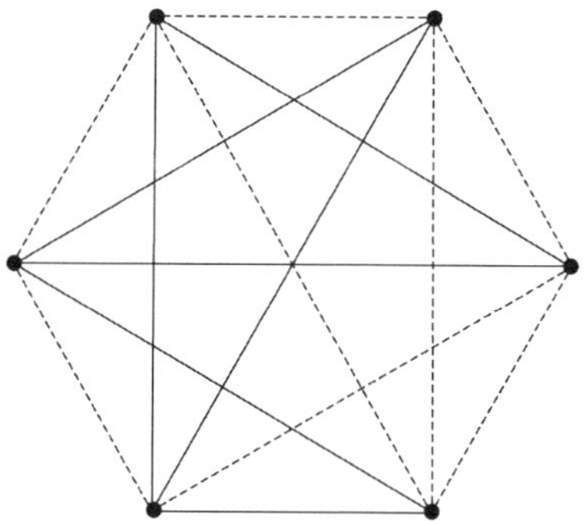

그림 12.1 다시 여섯 점으로 하는 조합수학

이 결과가 왜 2 × 3 = 3 × 2인지를 이해할 수 있게 해주는 앞 장에서 본 것과 유사한 한눈에 깨닫는 시각화 '증명'에 직당하지 않다는 데 주목하라. 그 이유는 가능한 구성의 복잡성에 있다. 우리는 다이어그램에서처럼 한 단일한 구성을 그저 시각화할 수 있을 수도 있다. 그것들 모두를 시각화하고, 시각화된 모두가 한 색깔의 삼각형 하나를 포함하는 것을 볼 희망은 전무하다.

따라서 우리는 단계적으로 복잡성을 통해 작업해감으로써 시각화 가능한 것을 넘어서 우리 지식을 확장할 수 있는 하나의 증명을 필요로 한다.

증명: 점들 중 하나를 취해 그것을 O라고 부르자. 그러면 그 점에서 다른 점들로의 다섯 선 중 최소한 세 선이 똑같은 색깔, 예컨대 A라는 색깔을 가질 것이 틀림없다. 그 선들 끝의 세 점들을 고찰하라. 만일 그 중 어느 것이든 둘이 A라는 색깔의 선으로 연결된다면, 그것들과 O가 하나의 A-색깔 삼각형을 만든다. 그러나 만일 그렇지 않다면, 그 세 점은 모두 B-색깔 선들로 연결될 것이 틀림없고, 따라서 B-색깔 삼각형이 하나 있다. 따라서 언제나 하나의 단일한 색깔의 삼각형이 있다. 증명 끝(QED).

이 증명에는 아리스토텔레스주의 수학적 철학이 꼭 있어야 한다고 말하는 것 외에는 아무것도 없다—임의의 공리들도 없고, 정신에 의해 부과된 형식들도 없고, 플라톤주의 집합론에서의 구성들도 없고, 무한 집합들도 없고, 비단정적(impredicative) 정의들도 없다—오직 단순한 구조적 보편자들의 필연적 관계들, 그리고 개별적으로 분명한 추론들의 연쇄를 따름으로써 귀납된 증명에 대한 우리의 특정의 통찰만이 있다. 쓰여진 하나의 증명은 일련의 통찰을, 즉 수학에서 다뤄지는 (양적 또는 구조적) 보편자들 사이의 필연적 연관성들에 대한 통찰을 독자에게 전달해야만 한다.[1] 그것은 개별적 증명이 공리와 정리라는 하나의 중요한 연역적 도식 안에 부합될 수 있는지, 또는 그것들이 순수하게 통사론적인 형식으로 확장될 수 있는지와 무관하게 그러하다.

이 관점에서 수학의 고전적 증명들 중 하나인 2의 제곱근이 무리수라는 증명을 검토해보도록 하자. 각각의 단계에서 우리는 무엇이 사용되는지를 주의깊게 살펴볼 것이다.

'무리수'는 부정형이고, 모순에 의한 (귀류법) 증명의 필요를 시사한다. 모순에 의한 증명은 시각화에 적합하지 않다—모순은 실현될 수 없으므로, 시각화되어야 할 (소위) 구조가 없다. 따라서 반대의 가정의 귀결들이 더 엄격하게 논리적인 수단에 의해 연역되어야만 한다.

증명:
$\sqrt{2}$이 유리수라고 가정하라.
즉, 어떤 정수 p와 q에 대해 $\sqrt{2} = p/q$ ['유리수'의 의미를 해명할 뿐임]
공약수를 약분함으로써, 우리는 p와 q가 공약수를 갖지 않는다고

1 이 관점에서 쓴 증명에 관한 교과서로 J. Franklin and A. Daoud, *Proof in Mathematics: An Introduction* (Quakers Hill Press, Sydney, 1996; Kew Books, Sydney, 2011)이 있음.

가정할 수 있다.
따라서 $2 = (p/q)^2$ ['제곱근'의 의미를 해명한다]
따라서 $2 = p^2/q^2$ ['잘 알려진' 수의 법칙]
따라서 $2q^2 = p^2$ [나눗셈의 의미]
따라서 p^2은 짝수이고, 따라서 p는 짝수다 [왜냐하면 만일 p가 홀수였다면 p^2는 홀수였으리라는 것이 쉽게 증명됨]
따라서 어떤 정수 k에 대해 $p = 2k$ ['짝수'의 의미]
따라서 $2q^2 = (2k)^2 = 4k^2$ ['잘 알려진' 수의 법칙]
따라서 $q^2 = 2k^2$ [양변 모두를 2로 나눔]
따라서 q^2는 짝수이고, 따라서 q는 짝수다 [위에서와 같이]

따라서 p와 q 양자 모두 짝수이고, 따라서 공통 2를 갖는다, p와 q가 공약수를 가지지 않는다는 가정과 모순.

그러므로 $\sqrt{2}$는 유리수일 수가 없다. 증명 끝(QED).

그 증명에 의해 제공되는 '분해'는 두 종류로 온다: 첫 번째는 다른 단계들의 선형적 열에 의해, 그리고 두 번째는 수순하게 해독용 정의들의 문제가 아닌 단계들을 위해 제공되는 '오프라인' 정당화들에 의해. 그 정당화들은 '만일 p가 홀수였다면 p^2는 홀수였을 것이다' 같은 보조정리들일 수 있고, 그것은 증명 자체와 같은 본성을 갖지만 더 작다; 그렇지 않으면 $(2k)^2 = 4k^2$ 같은 이 단계에서 확립된 것으로 가정되는 '표준적' 결과들에 호소한다. 이것들은 자명하지 않고, 어디서로부터인가 와야만 한다. 그런 단순한 수론 공식들의 경우, 페아노의 공리들로부터의 증명일 수도 있고, 그렇지 않으면 우리가 다음과 같은 시각화를 통한 이해를 제공할 수도 있다:

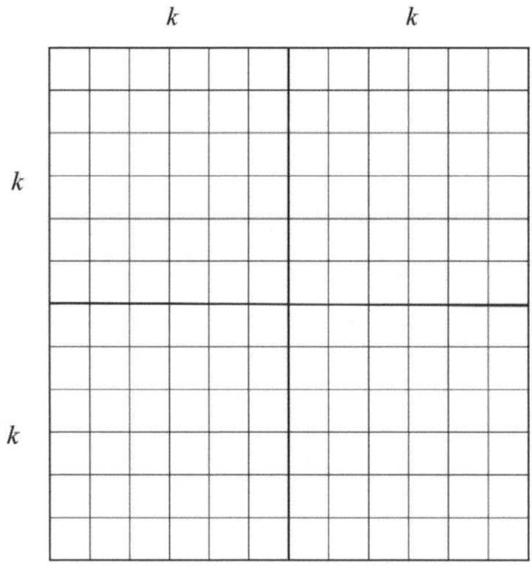

그림 12.2 왜 $(2k)^2 = 4k^2$인가?
(답: $2k \times 2k$ 정사각형은 네 개의 $k \times k$ 정사각형으로 이루어지니까)

두 접근법 중 어느 것이 나은지는 연습의 목표에 달렸다. 만일 그 목표가 개별적으로 완벽하게 분명한 일련의 통찰들을 합쳐 전체 증명이 확실하고도 더할 나위 없이 설명적이도록 만드는 것이라면, 시각화들을 동원한 증명이 이상적이다. 만일 목표가 그 증명을 가능한 한 최대로 형식화된(즉, 통사론적인) 산수의 연역적 체계 안에서 하나의 정리로 자리 잡게 하는 것이라면, 페아노의 공리들로부터의 증명이 더 낫다. 그것들은 다른 목표들이다. 전자가 명백한 장점을 지니고, 그것이 이해될 수 있는 단계들을 한데 합치려는 목표를 가진 보통 수학적 증명들에서 발견되는 것이다. 순수하게 형식적인 후자의 연습의 요점을 상기하자. 그것은 그 모든 유리한 점에도 불구하고 시각화는 오류를 범하기 문제에서 기호적 추리보다 덜 완벽한 성적기록을 갖고 있다는 점이다. 그에 대해서는 이후 더 이야기할 것이다.

기호적 증명 '대' 시각화: 각각의 유리한 점

1800년경까지는 수학에서의 시각화와 증명 사이의 쉽고 복잡하지 않은 한 관계가 있었다. 모든 수학자들의 훈련장인 유클리드의 기하학은 그 증명들에서 다이어그램의 본질적인 참조와 (자와 컴퍼스를 가지고 하는) 작도에 초점을 맞추는 일을 포함했다. 미적분과 해석학은 연속 함수 속성의 증명을 돕기 위해 상례적으로 시각적 직관들을 소환했다. 시각화는 수학에서 너무도 얽혀 있어서, 유클리드의 작도들에 감동한 칸트는 *직관*(Anschauung)을 자신의 수학철학의 토대로 삼았다.[2] 그러고 나서 19세기에 시각화는 수학의 첨단(및 수학철학)과 관계가 소원해졌다. 해석학에서 극한과 수렴의 '직관적' 개념들이 더 엄밀하고, 순수하게 기호적인 정의들로 움직여 나감으로써만 설명될 수 있는 잘못들로 인도했다는 결정적으로 중요한 의미에서 부적절하다는 점이 발견되었다.[3]

중심적인 사례가 함수들의 일양(一樣; uniform) 연속성에 관한 코시의 잘못된 생각이었다. 다소간 혼란스러운 역사를 단순화하면, 코시는 연속 함수들의 수렴 열의 극한이 연속적임을 증명했다고 주장했다. (예를 들어, 푸리에 급수의 부분 합들의 열은 연속 함수에 수렴할 것이다.) 만일 그 열이 일양 수렴하면 그 주장은 참이지만, 단지 점별(點別; pointwise) 수렴하면 그렇지 않다. 코시는 그 구별을 짓는 데 실패했고, 나중에 그가 한 가지 오류를 범했었다는 데 동의했다.[4] 그것은 위대한 수학자들이 범한 완전한 의미에서의 오류(즉, 단순히 후대의 엄밀한 표준에 미치지 못하는 증명들에서의 불명료성이 아니라 증명되었다고 주장된 결과들이

2 J. Franklin, Artifice and the natural world: mathematics, logic, technology, in K. Haakonssen, ed., *Cambridge History of Eighteenth Century Philosophy* (Cambridge University Press, Cambridge, 2006), 817-853.

3 I. Grattan-Guinness, ed., *From the Calculus to Set Theory* (Princeton University Press, Princeton, NJ, 1980), 제3장이 입문을 제공해준다.

4 코시의 텍스트 해석은 논쟁의 여지가 많은데, 그가 그 스스로 분명하게 하지 못했던 구별을 향해 씨름하고 있었다는 점을 감안할 때, 그것은 놀라울 바가 없다. 코시가 오류를 범하지 않았음을 보이려는 시도들에 대한 논평은 G. Schubring, *Conflicts Between Generalization, Rigor, and Intuition: Number Concepts Underlying the Development of Analysis in 17-19th century France and Germany* (Springer, New York, 2005), 432, 470 and H.N. Jahnke, ed, *A History of Analysis* (American Mathematical Society, Providence, RI, 2003), 181-184에서 볼 수 있음.

거짓인 오류)의 아주 드문 사례들 가운데 하나이고, 따라서 그 사례는 역사적으로 중요하다. 일양 수렴과 점별 수렴 사이의 구별은 시각적 직관으로(또는 무한소를 사용함으로써) 식별하기가 매우 어렵다. 이제 보통 연속성의 엡실론–델타 기호적 정의를 사용하여 구별되고, 만일 그것이 행해지고 나면, 일양 수렴과 점별 수렴의 정의들은 오직 양화사들의 순서에 있어서만 다르다. (점별 연속성이 '모든 점들 x에 대해, 존재한다 N …'를 가질 때, 일양 수렴은 '존재한다 N 모든 점들 x에 대해 …'를 갖는다.) 양화사들의 순서는 순수하게 기호적이므로, 그것은 연속성이라는 관념의 개념적 미끄러움를 다루는 데 있어서 기호적 방법의 시각화에 대한 우월성의 아주 설득력 있는 증명이다.

수학자들은 이 잘못들에 대해 '한 번 물리면 두 번 부끄러워하는' 태도를 취했고, 어떤 시각적 표상도—그림들, 그래프들, 다이어그램들 등—(발견술적 예시로서는 예외일 수 있다 해도) 최종 증명들에서는 추방되어야만 하고 오직 엄밀한 기호들과 논리만이 남아야 한다고 주장하기에 되었다. 코시, 칸토어, 바이어슈트라스와 데데킨트는 실수들의 정의 안에서 시각적 직관들에의 암묵적 의존을 말살했던 해석학의 산수화 설계자들이다. 동시에, 추상 대수와 기호논리학같이 시각화 가능성이 결여된 수학의 분야들이 전면에 나섰다. 프레게 또한 기호의 직관에 대한 우위를 옹호했고, 그는 그 점에서 수학철학에서의 형식주의와 논리주의 학파들에 추종되었다. 그런 경향들은 순수수학에서의 부르바키 학파의 엄밀한 형식주의와 전적으로 이산적이고 해석되지 않는 기호들에 의존하는 컴퓨팅의 발전 양전 모두에 의해 강화되었다.

앞서 논증되었듯이, 왜 최전선의 수학이 형식적인 것으로서의 증명을 포함하고 가능한 한 시각적 직관에의 의존으로부터 해방된 완벽주의를 고집해야 하는지에 대해서는 훌륭한 이유들이 있다. 그 방법론은 일반적으로 시간의 테스트를 견뎌내고, 수학적 진리들을 최종적으로 확립하고, 한 가지 방식에서 후대의 훈련된 수학자들에 의해 개관 가능한 증명들로 인도되어왔다. 그러나 그것은 수학이 현실적으로 증명들에 관한 것이라는 형식주의자나 논리주의자의 견해들을 지지해주지 않는다: 예를 들어, 앞의 조합론적이거나 대수적인 증명들에서는 각각의 주장을 어떤 외적 실재에 관한 것 이외의 다른 것으로 간주할 아무런 동기도 없다. 내가 다음으로 논증하겠듯이, 그것은 증명이 특별히 임의적 공리들과 관련된다고 시사하지도 않는다.

증명: 논리주의자, '만일-이면주의자', 형식주의자의 잘못

통찰의-연쇄를-전하는 견해에는 수학적 증명에 대한 대안적 비전이 있는데, 이는 1세기 전 논리주의와 형식주의 수학철학에서 나오고 컴퓨터 프로그래밍에 필수적인 통사적 관점에 의해 고무된 철학자들의 그림이다.

또는 차라리 그러한 세 가지 별개의 비전이 있고, 그 비전들은 다소간 다른 이유들로 인해 옳지 않다. 첫째는 논리주의의 견해로 그 비전에 따르면 수학은 그저 증명이고, 논리학의 한 분과다. 둘째는 이주 다른 수학에 대한 '만일-' 주의의 견해로 수학을 임의의 공리들로부터 무엇이 도출될 수 있는지에 관한 과학으로 보는 것이다. 셋째는 힐베르트의 형식화 프로그램과 집합론과 수론의 형식화들로부터 나온 것이다.

하나의 프로그램으로서 논리주의는 한 세기도 넘는 오래전에 실패했음에도 불구하고, 여전히 발전 현황에 어두운 철학자들에 의해 되풀이되고 있다. 그래서 피터 싱거는 윤리학에 관한 평판이 높은 저서에서 이렇게 쓰고 있다:

> 윤리적 직관주의의 옹호자들은 우리가 예컨대 1 + 1 = 2와 같은 수학의 기본 진리들을 알거나 즉각적으로 파악할 수 있는 방식에서 평행점이 있다고 논증했다. 이 논증은 수학의 기본 진리들의 자명함이 수학을 그것의 기본 요소들이 사용된 용어들의 의미 덕

> 에 참인 동어반복의 체계로 봄으로써 하나의 다르고 더 인색한 방식으로 설명될 수 있음이 보여졌을 때 결정타를 맞았다. 오늘날 보편적으로는 아닐지라도 널리 받아들여지고 있는, 이 견해에 의하면, 1 + 1 = 2라는 것을 확립하기 위해 그 어떤 특별한 직관도 요구되지 않는다—그것은 정수 '1'과 '2', 그리고 '+'와 '='에 주어진 의미들 덕에 참인 논리적 진리이다. 따라서 직관이 옳고 그름에 대한 어떤 실체적인 종류의 지식을 제공한다는 아이디어는 그것의 유일한 유사물을 잃어버렸다.[5]

그 견해는 보편적으로 받아들여지지도 않고, 널리 받아들여지지도 않고, 실로 그 어떤 생존 중인 수학철학자에 의해서도 받아들여지지 않고 있다. 1900년 전후의 원조격인 논리주의의 옹호자들은 설득력 있게 순수하게 논리적이라고 표상될 수 없는 집합들과 집합 원소 됨의 관념들에 의존하지 않고서는 수학을 논리적 동어반복으로 환원하는 그들의 프로그램을 완수할 수 없다는 것을 발견했다.[6] 이후 기술하겠듯이, 특히 (하나의 무한 집합이 존재한다고 진술하는) 무한 공리를 논리적이라 주장하는 것은 그럴 법하지 않았다. 그러나 왜 수학에 대한 논리주의의 견해가 하나의 환상인지를 설명하기 위해 어떤 그런 기술적 문제들에 호소할 필요가 없다. 앞의 장들에서 기술되었듯이, 일단 우리가 수학이 어떻게 실재의 양적이고 구조적인 측면들에 관한 진리들을 제공하는지를 알아차리고 나면, 수학적 진리들을 사소하다거나 동어반복적이라고 가정할 동기가 남아 있을 법하지 않다. 확실히 예컨대 신장들의 비율 사이의 보다-크다의 이행성에 관하여 사소하거나 논리적인 것은 아무것도 없다.

5 P. Singer, introduction, in P. Singer, ed., *Ethics* (Oxford University Press, Oxford, 1994), 3-13, at 8.

6 논주의의 다양한 문제들에 대한 논의는 다음 참조. S. Körner, *The Philosophy of Mathematics: An Introductory Essay* (Hutchinson, London, 1960), 제3장; N. Tennant, Logicism and neologicism, *Stanford Encyclopedia of Philosophy* (2013), http://plato.standford.edu/entries/logicism, 제6절.

논리실증주의자들이 한편으로 유의미하고 경험적인 과학적 진술들, 그리고 다른 한편으로 필연적이지만 사소한 논리적 진술들을 첨예하게 구별하기를 소망했을 때, 논리주의가 거짓으로 판명되었다는 것은 가장 불편한 사실이었다. 만일 수학이 실체적인 필연적 진리들을 다루었다면, 실체적인 형이상학적 진리들 같은 공포물들에 길을 열어주게 될 터였다. 수학의 필연적 진리들은 동어반복적인 것으로 쉽게 버릴 수 없었으므로, 논리실증주의자들은(그리고 심지어 어느 정도까지는 더 이른 시기의 러셀도7) '만일-이면주의의 묘책'으로 그 상황에서 구조를 시도했다.8 그것은 수학철학 외부의 철학자들 사이에서 평판이 좋은 수학에 대한 또 다른 견해로 인도되었는데, 그 견해는 비록 언제나 그것으로부터 구별되지는 않았지만 논리주의와는 별개의 것이었다. 그것은 수학이 공리의 임의적 선택으로 따라나오는 것에 관한 것이라 주장했다. 공리들은 자유롭게 선택될 수 있고, 그리고 나서 수학의 업무는 귀결들을 도출하는 것이라고 말해졌다. 퍼트넘(Putnam)은 그다지 정확하지는 않게 이 견해의 표명을 러셀에게 귀속시킨다:

> 수학자들은 만일 그러저러한 공리들(예, 군론의 공리들)을 만족하는 어떤 구조가 있다면, 그 구조는 이러저러한 더 이상의 진술들(군론이나 다른 이론의 어떤 정리들)을 만족한다는 것을 보여주는 업무에 종사한다는 것.9

'만일-이면주의'가 논리주의에 대한 반론들 중 어떤 것들에 의해 반박되지 않는다는 것은 참이다. 예를 들어, 집합 원소 됨은 연관성이 없는데,

7 N. Griffin, Russell, logicism and 'if-thenism', in A. Schwerin, ed., *Bertrand Russell on Nuclear War, Peace and Language* (Praeger, Westport, CT, 2002), 117-138.

8 A. Musgrave, Logicism revisited, *British Journal for the Philosophy of Science* 28 (1977), 99-127; 그것은 수학이 '만일 수들이 존재했다면, 3은 소수일 것이다' 같은 진술들을 다룬다고 주장하는 허구주의의 한 형태인 퍼트넘의 '만일-이면주의'와 구별되어야 한다.

9 H. Putnam, The thesis that mathematics is logic, in R. Schoenman, ed., *Bertrand Russell, Philosopher of the Century* (Allen & Unwin, London, 1967), 273-303, 281에서.

왜냐하면 '만일-이면주의'는 수학의 기본 진술들이 논리적이고, 단지 다른 것들로부터 어떤 진술들이 따라나오는 것이라고 주장하지 않기 때문이다. '만일-이면주의'에 대한 어떤 다른 반론들이 요구된다.

'만일-이면주의'의 본질적인 문제는 제5장에서 설명된 것이다. 수학에 관해서든 다른 어떤 것에 관해서든, 하나의 지식 체계가 공리들과 정리들의 체계로 배열될 수 있다는 사실은 단순히 '모든 A는 B다'가 '만일 어떤 것이 하나의 A이면 그것은 하나의 B다'로 표현가능하다고 하는 통상적인 논리적 사실에 기인한다. 그것은 무조건적 사실들을 가설적인 것으로 만드는 것이 아니다. 예를 들어, 만일 윤리학이 공리화된다면, 단순히 논리학으로 간주할 유혹은 없다. 윤리학은 그저 윤리적 사실들의 총체가 어떤 것들이 다른 것들로부터 따라 나온다는 어떤 논리적 구조를 가진다는 것뿐이다.

그것은 퍼트넘이 든 예인 군론에 의해 잘 예시된다. 군론의 주된 목적은 대칭성을 (기하학적 도형들의 대칭 이동들과 회전 같은) 대칭성 연산들을 수단으로 하여 연구하는 것이다. 두 대칭성 연산의 합성이 대칭성 연산인 것이 대칭성과 대칭성 연산의 본성이다. 군론의 첫째 공리가 대칭성을 진술하고, 군론의 다른 공리들은 대칭성 연산의 다른 일반적 특색을 포착한다.[10] 군론의 정리들은, 예를 들어, 결정체들의 가능한 형태들에 제한을 가한다: 결정체들은 그 형태를 반복해서 공간을 채우도록 하고, 군론이 증명하듯, 제한된 수의 그렇게 하는 가능한 방법들이 있다.[11] 군론은 대칭성에 관한 지식의 체계이지 임의의 공리들로부터의 연역들의 집합이 아니다.

10 H. Weyl, *Symmetry* (Princeton University Press, Princeton, NJ, 1952), 41–43; W. Miller, *Symmetry Groups and Their Applications* (Academic Press, New York, 1972).

11 R.C. Powell, *Symmetry, Group Theory and the Physical Properties of Crystals* (Springer, New York, 2010), 제1장.

하나의 수학철학으로서, 형식주의는 논리주의와 똑같은 오류를 범한다. 형식주의는 손가락을 가리키고 있는 것으로 오인한다. 일단 수학이 세계의 실제 특색들을 다룬다는 것이 확립되고 나면—그것의 양적이고 구조적인 수학의 방법들의 어떤 특색을(예를 들어, 논리적이고 형식적인 특색들) 그 자체로 수학의 주된 대상들로 간주할 동기부여가 거의 없다.12

그러나 논리주의와 형식주의 프로젝트들은 시간 낭비가 아니었다. 그것들은 수학에 관해, 특히 수학적 증명에 관해—어떤 중요한 테크니컬한 진리들을 확립했다.

공리들, 형식화와 이해

한 세기 묵은 힐베르트 프로그램, 집합론과 산수의 공리들, 그리고 괴델의 불완전성 정리 이야기는 잘 알려져 있다. 우리는 어떻게 이것들을 이 장에서 논의하고 있는 인식론에서의 증명에 관한 아리스토텔레스주의적 이야기와 맞아 들어가는지를 보기 위해 간략하게 재검토한다.

아리스토텔레스의 『분석론 후서』에 따르면, 참된 과학은 관련된 보편자들의 본성을 표현하는 자명하게 참인 공리들로부터의 연역 체계로 조직됨으로써 관찰된 사실들의 더미—심지어는 참인 경험적 일반화들의 더미—와 다르다. 이상적으로, 전제들로부터의 각각의 연역은 인간의 이해가 왜 그 결론이 참이어야만 하는지를 파악하도록 허락한다. 유클리드의 기하학은 아리스토텔레스의 모델과 아주 가깝게 합치되어,13 기하학을 아리스토텔레스의 비전의 이 측면을 서구 문명에 전달하는 주된 수송수단으로 만든다. 아마도 그 주장들은 지나치게 치장되었겠지만, 보

12 형식주의의 다양한 문제점들은 Körner, *Philosophy of Mathematics*, 제5장; A. Weir, Formalism in the philosophy of mathematics, *Stanford Encyclopedia of Philosophy* (2011), http://plato.stanford.edu/entries/formalism-mathematics 참조.

13 R.D. McKirahan, *Principles and Proofs: Aristotle's Theory of Demonstrative Science* (Princeton University Press, Princeton, NJ, 1992), 제12장.

편자들에 대한 인간의 이해가 얼마나 괄목할 만한 것인지, 그리고 그것이 얼마나 감각적 지식과 다른지를 강조한 점에서 스콜라 학자들은 옳았다. 그 차이는 수학적 예들에서 가장 명백하고, 그것이 수학철학이 철학자들에게 일반적으로 널리 관심을 끄는 한 가지 이유다.

어느 정도는 현대 형식 수학이 아리스토텔레스의 모델에 부합된다. 힐베르트의 『기하학의 기초(*Foundations of Geometry*)』(1899)는 기하학을 완전히 형식화하려, 즉 인간이 용어들의 의미를 이해하거나 어떤 다이어그램들이나 기하학적 직관을 사용할 것을 요구하지 않으면서 모든 정리를 산출할 유클리드 기하학의 공리들을 제공하려 했다. 이제 우리가 이야기할 것과 같이, 추론들은 컴퓨터에 의해 체크 가능할 수 있는데, 왜냐하면 그것들이 순수하게 통사론적인 규칙들에 의존할 것이기 때문이다. 거의 동시에, 페아노 산수의 공리 체계와 체르멜로-프렝켈 집합론의 공리들이 개발되었고, 그것들은 정리들의 순수하게 통사론적인 도출들을 지지하기 위해 설계되었다. 통사론적 도출의 이념은 이해 가능한 단계들의 연쇄를 통한 증명의 이념과 다르다. 실로, 실용적으로, 한 순수하게 통사론적인 증명은 읽기에는 지나치게 자세하다는 점에서 그 이념들은 종종 양립불가능하다: 나무를 보기 바빠서 숲을 보기가 불가능해진다. 그러나 철학적으로 그 이념들은 양립가능하고, 어느 정도 상호 협력적하다. 만일 어떤 증명이 순수하게 통사론적이면, 인간의 직관에 어떤 잘못이 있을 가능성이 전혀 없고, 따라서 그것은 가능한 최고 수준의 확실성과 가능한 최고 수준의 확실성의 전달을 제공한다. 그 세 가지 공리화는—기하학, 산수, 그리고 집합론의—자명한 공리들로부터 연역적으로 따라 나오는 필연적 진리들로서의 지식의 체계들의 조직화라는 아리스토텔레스의 이상의 현대적이고 더 완벽한 실현이라고 주장할 수 있을 것이다:

그 이념의 하나의 수행으로서, 세 공리화 모두 어떤 결함를 지닌 것으로 판명되었지만, 아마도 치명적이지는 않을 것이다. 힐베르트는 그의 기하학적 도출들을 순수하게 통사론적으로 만드는 데 그다지 성공하지 못했다.[14] (비록 이후 공리화들이 성공하기는 했지만[15]); 그리고 어쨌거나 비유클리드 기하학들이 존재하는 이상 만일 유클리드 기하학의 공리들이 자명하게 참인 어떤 것이 있으면 어찌 되는가 하는 문제가 있었다 (제9장에서 논의되었듯이). 수학 학술지들에서의 통상적인 준형식적 추리가 완벽하게 형식화될 수 있는지에 관한 최근의 탐구들은 일반적으로 그럴 수 있다는 것을 보여주는 경향이 있었다.[16] 실제 수학적 추리의 형식화는 부르바키 학파의 터무니없는 공상이 아니다.

페아노 산수의 공리들은 힐베르트의 기하학과 같은 종류의 문제가 있지는 않다. 그것들은 자연수들의 고정된 체계를 다루고, 그 체계의 자명한 진리들이고, 수론의 모든 주요 정리들의 순수하게 통사론적인 수단에 의해 생성된다. 완벽주의자들은, 만일 그 공리들이 통사성의 최고의 표준에 의해 제1차(first-order)일 것이 요구된다면 귀납 '공리'는 실제로 공리 도식(schema), 즉 한 공통된 패턴에 부합하는 무한수의 공리들이라는 점을 지적했다. 그것은 결코 형식화에 있어서의 심각한 흠이라 불릴 수는 없는데, 왜냐하면 하나의 공리의 사례가 그 패턴에 부합하는지 형식적으로 체크 가능하기 때문이다. 페아노의 공리화에 대해 한 가지 훨씬 더 중대한 한계는 괴델의 불완전성 정리의 따름정리이다: 모든 산수의 진리들이 그 공리들로부터 생성될 수 있는 것은 아니다. (그리고 그 흠은 내재적이고 어떤 개관 가능한 추가적 공리들을 추가함으로써 치유될 수 없다.) 산수의 복잡성은 공리화를 피한다. 그것은 확실히 공리화의 성공에 대한 어떤 한계다—그리고 그 결과는 또한 수학에서의

14 L.I. Meikle and J.D. Fleuriot, Formalizing Hilbert's Grundlagen in Isabelle/Isar, *Theorem Proving in Higher Order Logics*, Lecture Notes in Computer Science, Vol. 2758 (2003), 319–334.

15 예를 들어, 실수들의 공리들 위에 건설되는 버크호프(Birkhoff)의 공리들: G.D. Birkhoff, A set of postulates for plane geometry (based on scale and protractors), *Annals of Mathematics* 33 (1932), 329–345.

16 T.C. Hales, Formal proof, *Notices of the American Mathematical Society* 55 (2008), 1370–1380.

진리가 그저 공리들로부터 따라 나온다는 철학적 입장을 반박하는 데 유용하다. 그러나 그 한계는 소수의 자명한 참인 공리들로부터 가장 형식적인 수단들에 의해 수론의 주된 내용이 따라 나온다는 사실이 얼마나 감동적인지에 대해 우리가 눈감아서는 안 된다.

체르멜로-프렝켈의 집합론 공리화가 지닌 문제점들은 다소 다르다. 러셀의 역설이 발견된 후, 역설을 피하기 위해서는 집합론을 위한 아주 단순한 공리들의 집합은 있을 수 없다는 것이 분명해졌다. 체르멜로-프렝켈 공리들은, 무한 집합들의 고차적 차(次; order)들을 포함하여 만족스러울 만큼 광범한 범위의 집합론을 지지해주는 한편, (비록 증명가능할 정도로는 아니지만) 역설을 피하는 데 성공적인 것으로 판명되었다. 그러나 그 공리들 중 어떤 것들이 무한에 관한 주장들을 폄으로써 유클리드의 제5공준처럼 자명함에서 무언가를 결여한다고 하는 똑같은 흠을 지녔다. 무한 공리(이후 더 논의됨)와 선택 공리는, 비록 아주 온당하기는 하지만, 단적으로 논리학의 문제들도 아니고, 유한한 정신들에게 자명하다고 그럴 법하게 주장될 진리들도 아니다. 그 문제는 연속체 가설의 공리들부터의 독립성 증명에 의해 복합적이게 되었다. 비교적 작고 쉽게 이해되는 무한 집합들에 관해 자연스럽게 발생하는 한 가지 진술이 공리들로부터 증명가능하지도 않고 그것의 모순 명제가 증명가능하지도 않다는 사실은 산수의 복잡성에 관한 괴델의 결과와 같은 결론을 시사했다: 공리들에 의해 포착되기에는 주제가 내재적으로 지나치게 복잡했다.[17] 자명하거나 자명하지 않을 경우 설득력 있게 자연스러운 공리들의 집합에 의해 그토록 많은 것이 포착된다는 것도 아주 인상적이다.

17 또 다른 가능한 해석은 연속체 가설이 참인지 거짓인지는 사실의 문제가 아니라는 것이다; 그것은 여전히 그 공리들과 그것들의 귀결들이 그 주제에 관한 모든 것을 결정할 수 없는 채로 남겨둔다. P. Koellner, Large cardinals and determinacy, *Stanford Encyclopedia of Philosophy* (2013), http://plato.stanford.edu/entries/large-cardinals-determinacy에서의 논의 참조.

셈

셈은 보기보다 쉽지 않다. 단순한 지각과 하위화(subitization)는 아주 작은 수들, 조그마한 것들의 시각화를 잘 다룰 수 있지만, 셈은 무한정 진행될 수 있기 때문에 수학적 지식의 셋째나 그 이상의 단계에 속한다. 그것이 (현대의 표현으로) 하위화는 감각적이지만, 셈은 지성적이란 것을 알아차리며 칸트가 말한 바였다. 셈은 척 보고 내리는 크기 판단에 어떤 양에 한 단위가 몇 차례나 포함될 수 있는지에 대한 사고를 추가한다. "이 몇 차례는 연속적인 반복 위에 근거지어진다"고 칸트는 말한다.[18] 네 살 난 어린이들에게 셈을 가르치는 필요한 엄청난 노력(과 개들에게 그랬을 경우의 노력의 낭비)은 매체와 큰 수들의 인식론은 아주 작은 수들의 인식론과는 칸트가 설명했던 대로의 방식으로 다르다는 점을 가르쳐준다. 큰 수들은 척보고 한눈에 셀 수 없다; 중요한 것은 집합체가 '종합되는', 즉 세는 것을 허용하는 단위들의 연속적 덧셈의 (지적) '도식'이다.[19] 칸트는 수학에서의 증명의 창시자들인 가장 초기의 그리스 기하학자들에게 수학적 지식의 필연성이 한 심상 또는 경험을 어떤 규칙에 따라 구성 또는 종합으로 수렴시키는 데서 온다는 발견을 귀속시킨다.[20] 아리스토텔레스주의의 관점에서, 그것은 문제의 형상들이 발견되는 것이 아니라 정신에 의해 부과된다는 칸트의 믿음을 제외하고는 옳다. '사과임'과 같은 단위-만들기 보편자는 그 집합체를 어떤 정신에 의해 그것이 그렇게 한다는 어떤 인지에 앞서 아주 많은 사과들로 구조화한다. 따라서 주의 깊은 지성적 작업은 보편적인 '연속적 반복'과 더불어 얼마나 여러 차례에 걸쳐 그 단위가 그 집합체 안에 등장하는지에 대한 정확한 셈(수들을 표상하기 위한 어떤 구조화된 기호법 안에서의 지적인 작업에서 표현 가능한 셈)을 허락할 것이다.

18 Kant, *Critique of Pure Reason*, B 300.
19 Kant, *Critique*, B 16, B179–B181; discussion in J. Franklin, Artifice and the natural world.
20 Kant, *Critique*, B xii; 오늘날 인지과학의 용어로 말하자면, 우리는 '범주 명세'는 가지고 있지만 '시각적 감각'은 결여하고 있다: M. Giaquinto, *Visual Thinking in Mathematics* (Oxford University Press, Oxford, 2007), ch. 6.

셈에는 그 어떤 내재적 한계도 없다. 그 생각이 우리를 수학 인식론에서 아마도 가장 어려운 문제에 도전할 준비를 시켜준다: 어떻게 무한은 알려질 수 있는가?

무한 알기

제8장에서 다루었듯이, 무한의 가지성에 대한 반론들을 반박하는 일은, 우리가 유한에 제한된 한, 어떻게 그것이 현실적으로 알려질 수 있는지를 보여주려는 것이 아니다. 무한 구조에 대한 직접적인 지식이 순수하게 지각 경험으로부터 도출될 수 없다는 것은 명백하다. 우리의 지각 경험은 성격상 유한하다: 한 단일한 지각 행위의 그 어떤 유한한 양의 반복도 우리를 위해 하나의 무한한 대상을 구성하지 않을 것이다. 우리는 한 무한 구조를 문자 그대로 볼 수는(즉, 하나의 무한 구조에 대해 그것이 무한이라는 것을 볼 수는) 없다. 어떤 무한 구조가 시각 능력 안에 맞춰질 수도 없는데, 그것은 우리가 보았듯이 보통의 유한한 복잡성에 의해서도 쉽게 혼동된다.

따라서 정신은 무한의 관념을 추출하기 위해 지각적 경험의 데이터를 가지고 힘든 작업을 해야 할 것이다. 데카르트가 가상디에게 답변하며 말했듯이, 우리는 긍정적인 무한의 관념을 지니고 있지만, 이 관념은 감각적 경험이나 상상력으로부터가 아니라 이해력(이성)으로부터 도출된 것이다.[21]

그러나 문제가 하나 있다. 하나의 무한 집합이 가능하다는 무한에 관한 가장 기본적인 사실을 아는 것은 증명의 범위를 넘어서는 것으로 보인다. 최소한 무한은 더 단순한 어떤 것으로부터의 증명의 범위는 넘어선다. 그것이 무한 공리를 체르멜로-프렝켈의 공리들 같은 집합론의

21 가상디에 대한 데카르트의 답변: J. Cottingham, R. Stoothoff and D. Murdoch, trans., *The Philosophical Writings of René Descartes* (Cambridge, Cambridge University Press, 1984), 제II권, 252

공리들의 표준적 목록에 포함시킨 일의 교훈이다. 무한 공리는 완강하게 '하나의 무한 집합이 있다'고 진술하고, 그 공리는 다른 공리들로부터 논리적으로 도립적이다. 버트런드 러셀은 『수학의 원리들(*The Principles of Mathematics*)』에서 존재자들의 무한은 논리적 수단에 의해 증명가능하다고 주장했지만, 『수학원리(*Principia Mathematica*)』 때에 이르러서는 그 문제가 논리학으로 해결할 수 없다는 데 동의하였다. 그는 "논리학 안에 그것의 참 또는 거짓을 필연적인 것으로 만드는 것은 아무것도 없다는 것, 그리고 그것이 다만 경험적 근거에서 정당하게 믿어지거나 믿어지지 않을 수 있을 뿐이라는 것은 명백해 보인다"고 썼다.22 그것은 수학을 논리학으로 환원하는 논리주의 프로젝트에 가장 어려운 장애물로 남아 있다. 닐과 닐이 일반적 평결을 다음과 같이 표현한다:

> 무한 공리에는 심원하게 불만족스러운 어떤 것이 있다. 그것은 그 용어의 그 어떤 온당한 의미로도 하나의 논리학의 진리로 기술될 수 없고, 따라서 그것을 원초적 명제로서 도입하는 것은 결과적으로 산수를 논리학의 전개로 보여주려는 프레게의 프로젝트 포기에 해당한다.23

'경험적 근거들' 또한 명백히 유한하므로, 어떻게 그것들이 (현실적이거나 가능한) 무한들의 존재에 대한 증거를 제공할 수 있는지 이해하기 어렵다. 무한에 관한 지식의 원천들이 어디서 올 수 있는지도 이해하기 어렵다. 어떻게 한 유한한 정신이 하나의 무한 구조를 표상하거나 알 수 있을까? 어떻게 가련한 유한한 정신이 무한한 수학적 대상들의 광대한 건축물을 감당하는가?

22 A.N. Whitehead and B. Russell, *Principia Mathematica* (Cambridge University Press, Cambridge, 1910-1913), vol. II, 183; P.W. Hylton, Logic in Russell's logicism, in A.D. Irvine, ed., *Bertrand Russell: Critical Assessments of Leading Philosophers* (Routledge, London, 1999) 제II권 196-231, 221에서의 논의 참조.

23 W. and M. Kneale, *The Development of Logic* (Oxford University Press, Oxford, 1962), 699.

존재론과 인식론을 분리하는 것은 언제나 바람직하다. 그러나 그것은, 우리가 앞서 보았듯이, 우리의 유한한 정신의 한계들에 근거하여 그 개념에 관한 오랜 의심의 역사를 이어온 무한이라는 주제에서 특별히 필요하다. 따라서 우선 무한이 존재하도록 하는 것은 무엇인지를 논의하고, 그러고 나서는 우리가 무한에 관한 실재론적 견해를 가질 적절한 이유가 있는지와 그에 관해 아는 우리의 능력에 대한 긍정적 평가를 논의하도록 하자.

제1장과 제2장에서 간략히 기술한 (플라톤주의로 기우는) 아리스토텔레스주의 보편자의 철학에 따르면, 한 보편자의 실재성에의 개입은 그 보편자의 물리적 (또는 다른 어떤) 세계 안에서 사례화됨에의 개입을 함축하지 않는다. 따라서 하나의 사례화되지 않은 파랑의 음영은 하나의 진정한 보편자다. 세계에 관한 우연적 사실들이 어떤 보편자가 사례화되는지 결정하지만, 사례화되었든지 그렇지 않든지 모든 보편자들을 연구하는 것은 과학의 임무다. 플라톤주의와는 반대로, 그럼에도 불구하고, 아리스토텔레스주의는 무한을 포함하여 보편자들이 실재하는 세계 안에 문자 그대로 사례화될 수 있다고 주장한다.

따라서 한 아주 큰 유한수(확정하건대 $10^{120} + 127$)나 한 무한수(확정하건대 $\aleph_0$)가 실재하는 보편자라고 말하는 것은 그 수만큼의 물리적 대상들이 있다고 주장하는 것이 아니다. 그러나 그러한 물리적 대상은 (가능하기는 하지만 우리가 그 대상들의 본성에 대해 아는 바에 비춰볼 때 그럴 법하지 않듯이, 물리적 대상들의 본성 내에 그것들이 격증되는 것을 방해하는 어떤 것이 없는 한—전자들은 라이언 킹이나 질투심 많은 신들처럼 그들과 같은 종류의 다른 것의 존재를 애써 방해하는 것으로 보이지 않으니까) 그만큼 다수의 물리적 대상이 있을 수 있다고 주장하는 것이다.

언제나 큰 유한수와 무한수들에 대한 믿음의 핵심부에 자리해온 한 가지 고전적이고, 간단하고 순진한 논증이 있다: '얼마나 많이 가졌든지 간에 언제나 거기에 하나를 더 추가할 수 있을 것이다'. 작은 수들의 경험에 기초한 수의 이해에 의존하는 한 그 논증은 건전한 논증이지만, 그 수들이 작음은 거기서 연관성이 없다. 우리는 세 마리의 앵무새 무리에 한 마리 앵무새를 더하면 그 결과로 '하나의-앵무새임'이라는 보편자에 대한 관계 4에서는 하나의 정수를 얻는다는 것을 (문자 그대로) 본다. 앵무새들의 무리에도 똑같은 일을 해서 10^{120} + 128 앵무새의 무리를 만들 수 있다는 우리의 지식은 우리가 더 작은 사례들로부터 얻은 이해—복제가능성(하나를 더하기, 또는 새로운 부분으로 나누기)은 그 자체로 기존 부분들의 수에 영향을 받지 않는다—에 의존한다. 필요한 모든 것은 새로운 부분과 기존의 부분들의 비동일성이고, '아니다'와 '–은 –과 동일하다'는 개념들 중 가장 근본적이고 주제-중립적이다.

그 누구든지 그 추리에 반대하려 한다면, 가장 큰 유한수가 어떤 크기의 것이고 왜 그런지에 대한 어떤 설명을 제시할 의무가 그들에게 있다. 만일 현실적 무한이 불가능하다면, 무한히 다수인 유한수들은 없다. 따라서 가장 큰 유한수가 있고, 모든 유한수는 어떤 특수한 유한수이다. 그래서 어느 것이 그것인가? 그것에 대한 어떤 추리도 인간 정신(또는 고양이 또는 신적인 정신)의 한계들을 들먹거려서는 안 되는데, 왜냐하면 무한을 옹호하는 원래의 추리는 오직 복제와 비동일성 같은 개념들, 전혀 정신주의적 요소를 갖지 않는 개념들만을 포함했기 때문이다.

그러나 그 어떤 특수한 수가 마지막 수라고 시사하는 그런 수들 안에서의 알려졌거나 의심받는 비대칭성은 전혀 없다.

이 논증은 우주의 가장자리에서 창던지기라는 사고실험에 기초한 고대의 공간의 무한성 옹호 논증보다 강력하다. 만일 공간에 가장자리가 있다면, 밖으로 던져진 창에 무슨 일이 일어날까?**24** 우리는 이 논증에

24 Lucretius, *De Rerum Natura*, book 1, lines 967–982; 원문은 다음 참조. *Archytas of Tarentum* (C.A. Huffman, *Archytas of Tarentum: Pythagorean, Philosopher, and Mathematician King,* Cambridge University Press, Cambridge, 2005, 541).

서 무엇이 잘못되었는지를 이해하는데, 왜냐하면 비유클리드 기하학들의 발견에 따라 우리는 공간이 어떤 형태를 지니는지, 즉 다수의 가능한 기하학적 구조들 중에서 어느 것을 사례화하고 있는지는 경험적 문제임을 이해하게 되었기 때문이다. 그것은 유클리드 공간이거나 그와 아주 가까운 것일 수도 있고, 그렇지 않으면 가장자리를 가질 수도 있고, 유한하지만 속박 없이 직선으로 던진 창이 결국 창 던진 이를 그의 출발점으로 다시 데려올 수도 있다. 어느 것이 그것인지는 경험적 문제이고, 공간의 큰 규모를 감안할 때 답하기 어려운 문제이다. 이와 유사하게, 얼마 많은 사물들이 있는지는 경험적 문제이다. 실제로 셀 전자가 다 떨어질 수도 있다. 그러나 '우리가 언제나 하나 더 추가할 수 있다'는 논증은 단지 추가할 가능한 전자들만을 필요로 한다: 그것은 하나의 추상적 수학적 구조, 제1장에서 기술한 의미에서 하나의 아리스토텔레스주의적 보편자에 적용된다. (실로, 그 논증은 정합성 있게 진술되기 위해 아리스토텔레스주의 실재론이나 플라톤주의 실재론을 요구한다.) '우리가 언제나 창을 더 멀리 던질 수 있다'는 논증은 또한 3차원 유클리드 공간 같은 어떤 적당한 수학적 구조에서 올바를 것이다. 물리적 대상들의 어떤 컬렉션이 $10^{120} + 127$ 또는 $\aleph_0$을 사례화하는지 여부를 우리가 알지 못하는 것과 꼭 마찬가지로 우리는 물리적 세계의 어떤 부분이 그 구조(전체)를 사례화하는지의 여부를 모를 뿐이다.

$\aleph_0$을 넘어서는 고차적 무한들의 실재성에 관하여 다른 논증이 필요하다. 그것들이 '하나 더하기'나 '또 다른 부분으로 나누기'의 과정에 의해 도달될 수 없기 때문에 그렇다. 따라서 우리는 $\aleph_0$의 실재성은 받아들이지만 그 어떤 더 고차의 무한들은 받아들이지 않을지도 모른다. 멱집합 공리나 그것의 어떤 부분-전체의 논리적 동치를 받아들일 때 그리고 오직 그럴 때만 우리는 고차적 무한들의 실재성을 받아들일 것이다: 만일 우리가 어떤 집합으로 이루어진 하나의 전체나 단위들로 나누어진 하나의 전체를 가지면, 모든 부분집합들(또는 단위들의 더미로 이루어진 모든 부분들) 자체가 하나의 전체성을 형성한다는 것. 그것이 우리가

작은 사례들에서 이해하는 바와 일치한다는 점에서 이는 직관적인 호소력을 지니고 있고, 그 사례들이 작다는 것은 아무런 연관성도 없는 것으로 보인다. 그리고 한 세기에 걸친 공리적 집합론의 경험에서 멱집합 공리의 잘못으로 밝혀진 바는 아무것도 없다. 그 논증들은 고차적 무한들의 실재성을 옹호하는 강력하지만 파기할 수 있는 이유들이다.

13 수학에서의 설명

과학에서의 설명에 관한 철학적 논쟁이 있고, 수학에서의 설명에 관한 철학적 논쟁이 있다. 그것들은 대체로 서로 독립적으로 진행되어 왔다. 예를 들어, 『스탠퍼드 철학 백과사전』의 "과학적 설명"에 대한 기사1와 "수학에서의 설명"에 대한 기사2는 그 어떤 공통적 쟁점도 거의 언급하지 않으며 그것들의 긴 참고문헌 목록에서 단 세 가지 항목을 공통적으로 포함하고 있다. 이러한 점은 이상한데, 왜냐하면 일견 설명은 수학에서와 과학에서 거의 같은 방식으로 작동하기 때문이다. 과학적 설명에 대한 해설이 수학에서의 설명을 포괄하지 않는다면(또는 최소한 왜 수학의 경우가 다른지에 관한 다소의 추리를 포함하지 않는다면) 불완전하다.

다른 자연과학들과 마찬가지로 수학이 실재하는 세계의 특정 속성들

1 J. Woodward, Scientific explanation, *Stanford Encyclopedia of Philosophy* (2003, revised 2009), http://plato.stanford.edu/entries/scientific-explanation/.

2 P. Mancosu, Explanation in mathematics, *Stanford Encyclopedia of Philosophy* (2008, revised 2011), http://plato.stanford.edu/entries/mathematics-explanation/; 수학적 설명에서의 쟁점들의 더 긴 개관은 P. Mancosu, Mathematical explanation: why it matters, in P. Mancosu, *The Philosophy of Mathematical Practice* (Oxford University Press, Oxford, 2008), 134-150 참조.

의 과학이라고 보는 아리스토텔레스주의 실재론자의 관점에서는 수학과 과학에서 설명이 유사하게 작동하는 것이 특별히 기대된다. 완전한 설명의 이론을 제공하지는 않으면서 이 장은 아리스토텔레스주의 실재론이 수학적 설명들과 과학적 설명들 사이의 공통점들을 해명할 필요가 있다고 논변한다.

그리고 확실히 수학적 설명을 먼저 고려할 몇 가지 이유가 있는데, 그 이유는 수학적 설명이 본질적으로 더 단순하고 더 분명한 주제를 다루기 때문이다. 이론 물리학에서의 전형적인 설명은 근본 법칙들과 수학적 장치의 다소간의 조합에 의존하고, 종종 경험적인 것과 수학적인 것의 상대적 비중을 판단하기가 어렵다. 그러나 수학에서는 그런 복잡성이 전혀 없기에 설명 자체에 관한 쟁점들을 분리를 소망함 직하다. 수학은 자연법칙들, 원인들, 확률들, 또는 귀납적이고 가추적(abductive, 假推的)추론들에 관하여 있을 수 있는 혼동과 레드헤링(red herring)으로부터 자유로운데, 그것들 모두는 과학에서의 설명에 대한 해명을 복잡하게 만드는 경향이 있는 난해한 문제들이다. 나아가서, 맹목적인 경험적 사실들이나 설명되지 않은 자연의 근본적 상수들의 잔여가 전혀 없는 탓에 수학에서의 설명은 더 완전하게 설명적이다. 최선의 사례들에서는 우리가 수학적 설명을 너무도 철저하게 이해할 수 있어서 모든 가능세계에서 왜 그것이 반드시 그러해야 하는지까지 이해한다. 자연과학에서의 설명들은 결코 그 표준을 획득하지 못한다.

쓰이고 있는 '설명'의 관해서는 무엇이 설명을 이루는지에 대한, 그리고 무엇이 더 훌륭하고 더 열등한 설명들을 이루는지에 대한 직관에 대체로 일반적 동의가 있다는 점이 행운이다. 실로, 과학철학에서 '설명의 문제'를 만드는 것은 바로 그 일반적 동의다—일반적 동의가 주어진 한에서, 그 일치라는 사회학적 사실 이외에 훌륭한 설명들이 공통적으로 갖는 것이 무엇인가? 나아가서 설명이 존재론적이고 인식적인 이중의 측면을 갖는다는 데 의견이 일치한다: (법칙들과 공리들 같은 일반적 사실들을 포함하여) '세계 안'의 사실들을 가리켜야 하지만, 또한 특수한 인식적 결과들을 가져야만 한다: 그것들은 설명되어야 할 명제가 참이라는 데 대한 애초의 온당한 정도의 놀람을 해소하면서 '왜 질문들'에 답해야만 한다.[3]

나는 수학적 설명의 다양성을 예시하기 위해 충분할 만큼 다수의 단순한 예들을 들면서 시작한다. 그러고서는 어떻게, 그리고 어느 정도로 표준적인 과학적 설명의 이론들이 수학에서의 설명들을 해명할 수 있는지 검토한다. 그것은 어느 정도로 과학에서의 실재론이 설명에 관하여 수학에서의 실재론으로 이월되는지를 확립해줄 것이다.

쟁점들은 순수수학 내에서의 설명, 과학에서 기하학적 설명, 그리고 과학에서 비기하학적인 수학적 설명의 경우가 다 다소 다르고, 따라서 나는 이것들을 차례차례 다룬다. 우리는 특히 응용수학에서의 설명이 어떻게 아리스토텔레스주의 실재론적 수학철학의 틀 안에서 가장 잘 이해될 수 있는지를 볼 것이다.

순수수학에서의 설명

순수수학에서 설명은 분명히 순수수학이 과학에서 작동하는 바와 거의 같은 방식으로 작동한다. 따라서 우선 비교적 단순하고 절대적으로 필연적인 순수수학의 주제에서 설명을 연구하는 것이 바람직하다.

데이비드 흄은 한 가지 단순한 예를 든다:

3 B. van Fraasen, *The Scientific Image* (Clarendon Press, Oxford, 1980), 제5장; 이 이론이 수학적 사례에서 사소하게 되리라는 데이비드 샌드보그의 주장은 (D. Sandborg, Mathematical explanations and the theory of why-questions, *British Journal for the Philosophy of Science* 49 (1998), 603-624, 제5절) 이후 마지막 장에서 그에 대해 반론이 제기되는 수학적 명제들에 적용된 어떤 확률 이론들에 의존한다.

산수 연구가들에 의해, 만일 어느 것이든 이전의 곱들을 구성하는 모든 문자들을 더한다면, 9의 곱들은 언제나 9이거나 어떤 더 작은 9의 곱으로 구성된다는 것이 관찰되었다. 따라서 9의 곱들인 18, 27, 36에 관하여, 8에다 1을, 7에다 2를, 6에다 3을 더하여 9를 만든다. 따라서, 369는 또한 9의 곱이다; 그리고 만일 당신이 9의 하나의 더 작은 곱인 3과 6, 그리고 9를 더하면, 당신은 18을 만든다. 피상적인 관찰자에게는, 그런 멋진 상례성(regularity)은 우연이나 설계의 결과로서 감탄될 수 있다: 그러나 숙련된 대수학자는 즉각 그것이 필연성의 작품이라고 결론짓고, 이 수들의 본성으로부터 영원히 나올 결과에 틀림없음을 증명한다.[4]

흄의 목적을 위해서는 이 필연성의 (표준적) 증명이 설명적인지의 여부는 전혀 문제되지 않지만, 실제로 그것은 설명적이다:

만일 어떤 수가 $a_n, \cdots, a_1, a_0$라는 숫자들을 가지면, 그 수 자체는

$$a_n \times 10^n + \cdots + a_2 \times 100 + a_1 \times 10 + a_0$$

인 반면, 그 숫자들의 합은

$$a_n + \cdots + a_2 + a_1 + a_0$$

따라서 그 수와 그 숫자들의 합 사이의 *차이*는

$$a_n \times 999 \cdots 9 + \cdots + a_2 \times 99 + a_1 \times 9$$

이고 그것은 명백히 9로 나누어진다. 따라서, 그 수는 그 숫자의 합이 9로 나누어지면, 그리고 오직 그럴 때만 9로 나누어진다. QED.

이 증명의 설명적임이 갖는 몇 가지 본질적 특색들은 다음과 같다:

- 일견 그 결과는 그럴 법하지 않음(왜냐하면 아홉 개의 수 중 오직 하나만이 9로 나누어지므로 만일 임의의 수의 숫자들의 합이 9로 나누

4 D. Hume, *Dialogues Concerning Natural Religion* (1779), part IX.

어지면 그것은 놀랍기 때문이다);

- 9로 나누어진다는 차이가 각각의 수와 그 자릿수의 합 사이의 연결고리를 제공한다;
- 그 연결은 모종의 필연성을 갖는다;
- (보통의 수학적 능력을 지닌) 우리는 그 연결을 이해하고, 따라서 어떻게 그 증명이 작동하는지를 이해한다.

따라서 하나의 설명은 존재론적 측면과 인식적 측면 양자 모두를 지니고 있다: 연결과 그 연결이 증명 안에서 어떻게 작동하는지는 존재론적인 반면, 연결에 대한 우리의 이해는 인식적이고—하나의 복잡한 증명은, (아리스토텔레스의 표현대로) '지혜로운 자에게' 설명적이지만 각각의 단계를 따라갈 수는 있어도 전체를 파악하지는 못해서 수학적으로 더 어려운 도전을 받는 우리들에게는 단지 설득력이 있을 뿐이라는 점에서, '우리'가 누구인지에 따라 상대적일 수 있다. (증명의 이중적인 존재론적/인식적 본성과 믿음의 논리적 확률/정도의 이중적 본성을 비교하라.) 우리가 하나의 왜 질문에서 대조하는 것 또한 우리의 관심사에 따라 상대적일 수 있다. 그럼에도 불구하고, 일단 우리가 인식적이고 심리적인 측면들로부터 추상하고 나면, 대조하는 것의 설명적임의 진리생성자는 존재론적인 어떤 것이다: 예를 들어, 설명항과 피설명항 사이의 연결의 직접성.

우리는 이제 다양하게 선택된 순수수학에서의 왜 질문들을 열거하고, 그 질문들에 답하는 증명들의 설명력에 관해 간략한 논평을 덧붙인다:

1. 왜 $\sqrt{10}$은 3보다 조금 더 큰가?

[훌륭한 증명은 이렇게 시작함직하다: $(\sqrt{10})^2 = 10$ ($\sqrt{10}$의 정의 또는 특징적 속성은 그것의 제곱이 10이라는 것이다), 그것은 $9 = 3^2$보다 조금 더 크고, 수들의 제곱근은 수들이 커짐에 따라 점차 더 커지므로,

따라서 $\sqrt{10}$ 은 3보다 조금 더 클 것이 틀림없다.

조금 덜 설명적인 증명은 다음과 같다: $\sqrt{10}$ 은 3.162로 계산되는데… 그것은 3을 조금 초과한다.

한 가지 더 나쁜 증명은 다음과 같다: $\log_{10}(\sqrt{10}) = 0.5$인 반면 $\log_{10}(3) = 0.477$ … 따라서 $\sqrt{10}$ 은 3을 조금 초과한다.]

2. 왜 짝수의 제곱은 언제나 짝수인가?

[하나의 짝수는 $2n$의 형식을 갖는다(한 짝수의 정의적 속성은 그 짝수가 어떤 정수의 두 배라는 것이다). 따라서 그 짝수의 제곱은 $(2n)^2 = 4n^2$이고, 짝수다. 이는 하나의 완전한 증명이고, 우리는 설명으로써 더 완전한 추리를 요구할 수 없다.]

3. 왜 첫 번째 n 홀수들의 합은 언제나 어떤 수의 제곱인가?

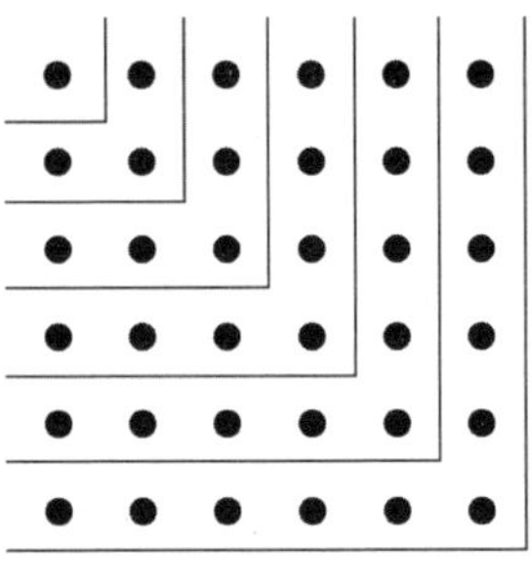

그림 13.1 홀수들의 합은 제곱

(출처: http://www.ndl.go.jp/math/e/s1/c6.html, National Diet Library의 허락을 얻어 재수록됨)

[대수학적으로 진행하는 것도 가능하지만, 설사 다이어그램들을 엄밀한 증명들로 취급하도록 허락되지 않는다 하더라도, 그림 13.1의 다이어그램이 더 설명적이라는 데 광범한 의견의 일치가 있다. 제11장에서 논의되듯이, 시각화는 우리가 홀수들과 제곱임을 연결하는 구조를 이해하게끔 해준다.]

4. $\sqrt{2}$는 왜 무리수인가?

[앞 장에서 제시된 보통 증명은 귀류법이다: $\sqrt{2}$가 유리수라고 가정함으로써 시작하고, 모순을 도출하라. 귀류법적 증명은 설명적이지 못하다고 논변되어 왔다; 그러나 '무리수'의 부정적 본성이 ('왜 그것은 유리수가 될 수 없는가?' 하는 문제에 답하면서) 귀류법적 증명을 적당하고도 설명적이게 만든다.[5]]

5. 왜 어떤 수의 소수 확장은 그 수가 유리수일 때, 그리고 오직 그럴 때만 반복되는가?

[증명은 예 2와 유사하지만 더 복잡하다.]

6. 왜 모든 연속 함수들이 미분가능하지는 않은가?

[질문의 형식이 반례에 의한 증명을 적합하게 만들지만, 왜 애초의 반대되는 예상이 잘못되었는지를 보여주는 것은 예를 들어 $f(x) = |x|$ 같은 신비롭지 않은 반례여야 한다.]

7. 왜 n차의 일반 다항 방정식은 오직 $n \le 4$에서만 거듭제곱근으로 해결 가능한가?

[비록 증명이 새로운 종류의 존재자(방정식의 근들의 순열의 갈루아 군)를 도입하고는 있지만, 5차와 그 이상의 것들의 사례들과 4차와 그 이하의 것들의 사례들 사이의 본질적 차이를 설명함으로써 그 증명은 미스터리의 핵심에 도달하는 것으로 느껴진다.]

5 J. Franklin and A. Daoud, *Proof in Mathematics: An Introduction* (Kew Books, Sydney, 2010), 제6장.

8. 왜 ζ(3)은 무리수인가? (ζ(3)이 정의에 의해 $\sum_{n=1}^{\infty}\frac{1}{n^3}$)

[그 증명은 (다른 사례들에 일반화할 수 없는) 일회용이지만,[6] 주어진 것들 중 최고의 것일 수 있다. (설명적 장점은 거의 없지만 그럼에도 불구하고 존재하는 것들 중 최고의 설명인 하나의 증명에는 아무런 역설도 없다).]

9. 왜 오직 네 색깔만 가지고 지도를 색칠하기가 언제나 가능한가?

[알려진 가장 단순한 증명[7]은 컴퓨터-지원 증명이고 인간의 개관 가능성을 넘어서는 것이지만, 쓸 수 있는 것들 중 최고일 수 있다. (수학자 허브 윌프(Herb Wilf)는 "신은 그런 아름다운 정리가 그토록 추한 증명을 갖도록 허락하지 않을 것이다"라고 논평했지만,[8] 확실히 그 논평을 문자 그대로 받아들일 수는 없는데, 왜냐하면 수학적 증명들의 공간은 신의 의지에 종속되지 않으므로 신은 그 문제에서 선택권이 없기 때문이다.)]

10. 왜 다음의 소수 확장에서 아주 일찍 네 자리 숫자들이 반복되는가?
$e = 2.7\underline{18281828}459045235360287471352662497757247093699995\cdots$?

[아무런 설명도 *없다*; 그것은 우연의 일치다—양자 모두 숫자들이 1828인 두 토막에 대한 어떤 공통적인 수학적 설명도 없다.[9]]

6 A. Van der Poorten, A proof that Euler missed, *Mathematical Intelligencer* 1 (1979), 195–203 (corrected reprint at http://www.maths.mq.edu.au/~alf/45.pdf).

7 N. Robertson, D. Sanders, P. Seymour and R. Thomas, The Four-colour theorem, *Journal of Combinatorial Theory* B, 70 (1997), 2–44.

8 K.I. Appel, Review of Jensen and Toft, Graph Coloring Problems, *Bulletin of the American Mathematical Society* 33 (1996), 287–288.

9 M. Lange, What are mathematical coincidences, and why does it matter? *Mind* 119 (2010), 307–340.

순수수학적 설명은 얼마나 설명에 대한 해명에 부합되는가?

그 예들은 순수수학에서의 설명의 다양성에 입문하게 해준다. 그 지식 기반에 비춰 자연스럽게 과학적 설명에 대한 표준적 설명들 중 어느 것이 순수수학에서의 설명에 적용될 수 있을지를 묻게 된다. 예컨대 인과적 설명에만 적용될 취지인 과학적 설명에 대한 해명은 수학적 설명을 반영하는 데서의 무능에 의해 허위화되지는 않는다 하더라도, 설명이 작동하는 방식에 있어서 일견 상당한 유사성이 있을 때, 그 둘 사이에 왜 그토록 큰 불일치를 보는지에 관해 변명이 필요하다.

과학에서의 설명에 대한 어떤 설명들은 쉽게 순수수학적 설명에 적응시킬 수 있는 반면, 어떤 것들에는 큰 어려움이 따른다. 나는 설명에 대한 설명들을 간략히 개관할 것인데, 여기에는 과학 일반을 위해 개발된 것과 특별히 수학을 염두에 둔 것 양자 모두가 포함된다. (나머지 과학들에 대해서는 부적합할 다소의 위험을 무릅쓰고) 나는 수학에 쉽게 적응(adapt)될 수 있는 이론들로부터 시작한다.

첫째는 독창적 과학적 설명 이론으로 아리스토텔레스의 『분석론 후서』의 이론이다. 그것에 따르면, 참된 과학적 설명은 삼단논법에 의한 것이다; 속성 A와 속성 C 사이에 원인 또는 연관성의 이유이고, 왜 속성 A를 갖는 어떤 것이든 반드시 속성 C를 가지는지를 증명해주는 중명사 B가 발견된다.[10] 유클리드의 『기하학원론(*Elements*)』은 그 계획에 잘 부합하고,[11] 아리스토텔레스의 모델 안에서의 필연성의 증명에 대한 강조는 관찰적이거나 실험적인 사실들에 기초한 과학들보다 연역적인 수학에 더 자연스럽게 적용 가능하게 만든다.

10 Aristotle, *Posterior Analytics*, 특히 I.6.

11 R.D. McKirahan, *Principles and Proofs: Aristotle's Theory of Demonstrative Science* (Princeton University Press, Princeton, NJ, 1992), 제12장; 설명에 있어서의 수학적 전통들과의 관계에 대한 더 많은 논의는 C. Cellucci, The nature of mathematical explanation, *Studies in History and Philosophy of Science* A 39 (2008), 202–210, 제1절 참조.

마크 스타이너(Mark Steiner)는 아리스토텔레스의 이론과 다소간 유사성이 있는 수학적 설명의 이론을 전개했다.[12] 스타이너는 설명적 증명들이 넓게 보아 한 수학적 존재자의 '특징적 속성'으로부터 흘러나오는 것들이라고 주장했으며, 그 (속성의) 관념은 아리스토텔레스의 '본질'과 가깝다. 정확히 어떤 속성들이 '특징적'인지 말하기는 어려운 것으로고 판명되었고,[13] 스타이너의 모델이 특정 사례들에 잘 맞지 않는다는 비판을 받아온 반면,[14] 그 모델은 왜 설명적 증명들의 중심적 예들 중 어떤 것들이 진실로 설명적인지에 대한 매력적인 설명으로 남아 있다. 예를 들어, 앞의 첫 두 예가 설명으로서 간단한 것은 대체로 그 예가 항의 (각각 제곱근과 짝수들) 본질적 의미로부터 출발하고, 어떻게 매우 빨리 그 결과로부터 따라 나오는지 보여주기 때문이라 여겨진다. 어떤 증명에서 사용된 한 속성이 진실로 본질적(또는 특징적 또는 중심적)인지에 고한 쟁점들은 유클리드의 삼각형의 내각 합이 180°라는 것의 증명이 외각들을 구성해야만 하므로 아리스토텔레스의 증명 이념을 충족하지 못한다는 프로클로스(Proclus)의 불평으로까지 소급되는 것으로 여러 차례 제기되어 왔다.[15] 똑같은 문제들이 왜 수학적 귀납법에 의한 증명들이 일반적으로 (동등하게 단순한) 대안들만큼 설명적이지 못하다고 여겨지는지에 대한 최근의 설명들에서 제기된다.[16]

12 M. Steiner, Mathematical explanation, *Philosophical Studies* 34 (1978), 135–151.

13 E. Weber and L. Verhoeven, Explanatory proofs in mathematics, *Logique et Analyse* 179–180 (2002), 299–307.

14 M. Resnik and D. Kushner, Explanation, independence, and realism in mathematics, *British Journal for the Philosophy of Science* 38 (1987), 141–158; J. Hafner and P. Mancosu (2005), 수학적 설명의 다양성에 관해서는 다음 참조. P. Mancosu et al., eds, *Visualization, Explanation and Reasoning Styles in Mathematics*, Synthese Library vol. 327, 제2부, 215–250.

15 Proclus, *A Commentary on the First Book of Euclid's Elements*, trans. G. Morrow (Princeton University Press, Princeton, NJ, 1970), 160–162; O. Harari, Proclus' account of explanatory demonstrations in mathematics and its context, *Archiv für Geschichte der Philosophie* 90 (2008), 137–164 and Mancosu (n. 2)에서 논의됨.

16 M. Lange, Why proofs by mathematical induction are generally not explanatory, *Analysis* 69 (2009), 203–211; A. Baker, Mathematical induction and explanation, *Analysis* 70 (2010), 681–689.

주로 자연과학을 위해 고안된 설명 이론들 가운데서 키처(Kitcher)의 통합(unification) 이론[17]이 수학에도 마찬가지로 적용 가능하도록 가장 쉽게 확장된다. 키처의 이론은 설명이 다양한 현상들을 소수의 원리들로부터 통합하는 데서 도출된다고 보았다. 그 견해에 따르면, 성공적인 설명은 어떤 것들을 다른 것들로부터 도출함으로써 맹목적으로 설명되지 않은 사실들의 수를 줄이는 데 달렸다. 가능한 한, 다른 도출 패턴들의 수는 (다른 분야들에서 똑같은 도출들을 찾음으로써) 최소화되어야 하는 반면, 도출된 결론들의 수는 최대화되어야 한다. 수학에서의 공리화는 그 모델에 잘 부합될 수 있는데, 왜냐하면 소수의 공리들로부터 다수의 정리들의 도출을 포함하고, 공리화에 의한 통합이 수학적 덕목이라는 것은 의심할 여지없이 참이기 때문이다.[18] 그러나 키처의 이론은 특정 형식의 과학적 설명을 설명하는 데서의 난섬으로 인해 널리 비판받아 왔고, 그것이 수학적 설명에 적용된다면 유사한 비판들이 적용될 것이다. 예를 들어, 그것은 앞의 예 8 같은 '일회용' 설명들에 적용될 수 없는 것으로 여겨지고, 그 예들은 일반적으로 설명에서의 공리들의 지도적 역할을 시사하지 않는다.[19]

한 현상은 그것이 포괄 법칙(covering-law)의 한 사례임을 보여줌에 의해 설명된다는, 더 오래된 과학적 설명의 연역-법칙적 이론[20]은 수학에도 잘 적용될 수 있다. 최소한 '모든 삼각형의 내각의 합은 180°' 같은 수학적 법칙들을 법칙들로 간주하는 것이 허용된다면 그럴 수 있

17 P. Kitcher, Explanatory unification and the causal structure of the world, in P. Kitcher and W. Salmon, *Scientific Explanation* (University of Minnesota Press, Minneapolis, 1989), 410–505; Woodward (n. 1)에서 논의됨.

18 J. Tappenden, Proof style and understanding in mathematics I: visualization, unification and axiom choice, in P. Mancosu et al., eds, *Visualization,Explanation and Reasoning Styles in Mathematics*, Synthese Library vol. 327 (2005), 제2부, 147–214.

19 그것의 수학적 사례로의 적용에 대한 상세한 비판은 J. Hafner and P. Mancosu, Beyond unification, in P. Mancosu, *The Philosophy of Mathematical Practice* (Oxford University Press, Oxford, 2008), 151–179 참조.

20 C. Hempel, *Aspects of Scientific Explanation and Other Essays in the Philosophy of Science* (Free Press, New York, 1965); Woodward (n. 1)에서 논의됨.

고, 포괄 법칙을 고려하는 애초의 동기 중에 그것을 막는 것은 전혀 없다고 여겨진다. 그러나 통합이론에서와 마찬가지로, 포괄 법칙 모델이 과학적 설명에 대한 해명으로서 부적합하고 수학적 사례들에서 그에 대한 이유들이 재등장한다는 데 널리 의견이 일치한다. 예를 들어, '9의 모든 배수들은 9로 나누어지는 자릿수들의 합을 갖는다'는 하나의 참인 보편 양화라는 의미에서 하나의 수학적 법칙일 수 있지만, 설명은 단순히 개별적 사례들에서 그 법칙을 언급하고 맒으로써 작동하지 않는다. 그 대신 그 설명은 (간단한 방식으로) 그 연결의 필연성을 증명하고, 그 때에 그 필연성은 각각의 개별적 사례들에 적용가능하다. 그 법칙은 설명적 무게를 지니는 것으로 여겨지지 않는 반면, 그 연결의 개별적 사례에서의 작동은 그 법칙에 대한 참조를 회피한다.

과학적 설명에 관한 문헌에서 논의는 포괄 법칙과 통합주의 모델로부터 순수수학에서의 설명들에 적용하기가 훨씬 더 쉽지 않은 인과성을 포함하는 이론들로 이동하는 경향을 보여 왔다. 과학적 설명들에서 제아무리 성공적이었을지라도 인과-기계론적 모델들, 통계적 연관성, 우연적 법칙들이나 증가되는 확률화, 조작가능성이나 표지들이나 에너지 전이를 포함하는 과학적 설명에 대한 설명들[21]은 순수수학의 무인과적이고 결정론적인 영역에서 적용 가능할 전망이 거의 없다. 그런 모델들을 순수수학적 설명에 적용하려는 그 어떤 시도도 그 모델의 용어들의 상당한 재해석을 요구할 것이고, 이는 시도된 적이 없다.

다시, 인과적 설명에 대한 설명은 무인과적인 어떤 것에 대한 설명에 실패한다는 이유로 온당하게 비난받을 수 없다는 점을 강조해 두어야만 한다. '처음에 놀라웠던 현상들을 설명해줄 연관성들을 찾는' 직관적 수준에서 분명한 과학적 설명과 수학적 설명의 공통점들은 인과적 설명 이론에 의거해서는 해명되지 않는 채로 남을 따름이다.

21 Woodward, n. 1에서 개관됨.

순수수학에서의 설명이라는 주제를 떠나기에 앞서 수학철학들 자체가 그 문제와 무관한 것처럼 보인다는 점에 주목할 만한 가치가 있다. 우리는 왜 한 증명이 다른 것보다 더 설명적인지에 대해 더 현명해지지 않으면서도 하나의 플라톤주의자, 유명론자, 논리주의자, 형식주의자, 구조주의자, 또는 아리스토텔레스 실재론자의 수학철학을 지닐 수 있다. 그에 대한 한 가지 이유는 물론 그 철학들이 근본적으로—수학적 존재자들의 본성에 관한—수학 존재론의 이론들인 반면, 설명력-있음은 부분적으로 인식론적이라는 것인데, 이는 수학적 증명들에 대한 우리 인지 능력들의 관계를 포함하는 문제이고, 그 철학자들은 거의 논의하지 않았다. 따라서 그 쟁점들은 제11장과 연관성을 지니고, 거기서는 수학 인식론에서의 이해의 역할이 강조된다. 설명은 왜 문제를 답하는 것에 관한 것이고, 따라서 왜 사물들이 반드시 그래야만 하는지를 이해하는 데 관한 것이다.

과학에서의 기하학적 설명

순수 기하학에 의한 자연 현상들의 설명들은 아주 흔하지만, 과학적 (또는 수학적) 설명의 이론들 안에서 많이 논의되지는 않았다. 그것들이 종종 아주 설득력 있고 완전한 설명들이고, 그에 의해 설명들이 진행되는 기하학적 속성들은 분명하고 애매하지 않은 까닭에, 이는 놀라운 일이다.

순수수학에서의 설명처럼 고전적 예에서 시작하고, 쾨니히스베르크의 다리들을 한 번 그리고 오직 한 번만 건너기가 왜 불가능한지에 대한 오일러의 설명을 재사용하도록 하자.[22]

22 L. Euler, *Solutio problematis ad geometriam situs pertinentis* (1735), trans. in *Graph Theory 1736-1936*, ed. N. Biggs, E. Lloyd and R. Wilson (Oxford University Press, Oxford, 1976), 3-8; 그것의 분석이 C. Pincock, A role for mathematics in the physical sciences, *Nous* 41 (2007), 253-275, section II에 나오고, 또한 그것은 그래프 이론에서의 표준적인 현대의 증명의 구조적 본성을 강조한다.

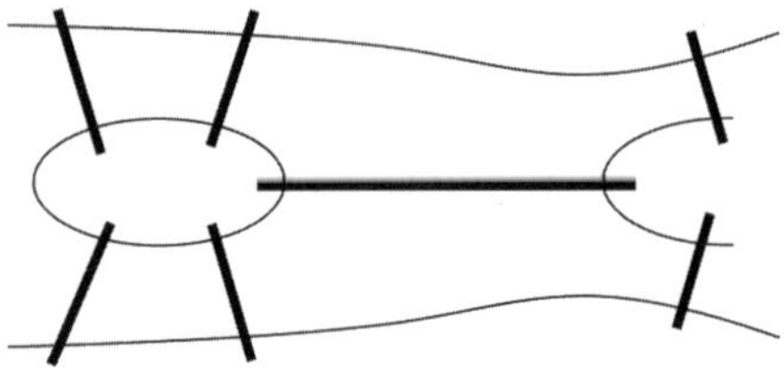

그림 13.2 다시 쾨니히스베르크의 다리들

오일러는, 쾨니히스베르크의 시민들이 의심했듯이, 모든 다리를 그중 최소한 하나를 두 번 건너지 않으면서 건너는 일은 불가능하다는 것을 증명했다. 그의 증명은 순수하게 기하학의 아주 일반적인 측면—다리들과 육지 지역들의 위상학 또는 상호연관성—에 의해 이루어진다. (오일러는 그것이 기하학의 하나의 새로운 비양적 부분, 즉 '위치의 기하학'에 속한다는 점을 주목함으로써 그의 논문을 시작한다). 그 다이어그램을 그리는 데는 아무런 이상화나 근사도 포함되지 않는다; 비록 그 도시의 단순화된 표상이지만, 그 다이어그램은 연관성이 있는 모든 기하학적 특색들을 포함하고 있고, 그 증명은 물리적 실재에 관한 불가능성을 증명해 보이면서 실제 다리와 육지 지역의 체계에 직접적으로 적용된다. 오일러의 추리는 하나의 설명으로서 완벽하다.

예를 들기 위해, 우리는 그 질문들에 대한 답들이 기하학적 설명들인, 잘 알려진 과학에서의 '왜?' 질문들을 열거한다:

- 왜 월식들은 만월일 때 일어나는가?[23]
- (왜 둥근 상처들은 길고 좁게 난 상처들보다 낫는 것이 더딘가? (아리스토텔레스는 '둥글게 난 상처들이 더 느리게 낫는다는 사실을 아는 것은 의사에게 속하지만, 그 이유를 아는 것은 기하학자에게 속한다'고 말한다.[24])

23 Aristotle, *Posterior Analytics* 2.18; O. Goldin, *Explaining an Eclipse: Aristotle's Posterior Analytics 2.1–10* (University of Michigan Press, Ann Arbor, 1996).

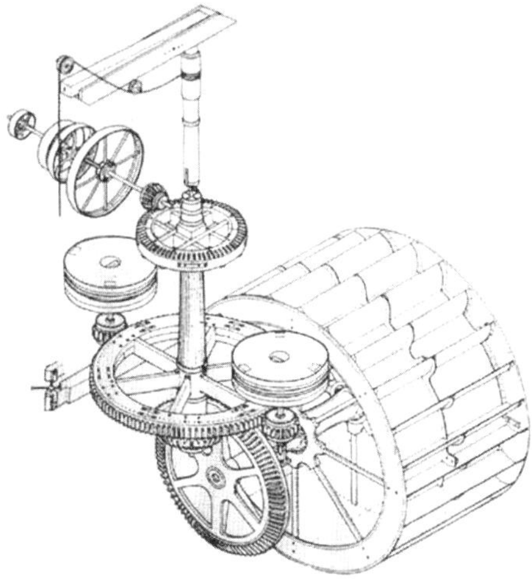

그림 13.3 물레방아 연동기, Worthing, Norfolk, 1876

(출처: http://www.norfolkmills.co.uk/watermill-machinery.html, copyright www.norfolkmills.co.uk, 조나단 네빌(Jonathan Neville)의 허락을 얻어 재수록됨)

- 왜 벌집은 육각형의 구조를 갖는가?[25]
- 왜 눈송이들은 육각형으로 대칭적인가?[26]
- 왜 열대성 저기압은 북반구에서는 시계 반대 방향으로 움직이고 남반구에서는 시계 방향으로 움직이는가?[27]
- 무지개는 왜 그것이 가진 색깔들을 갖고, 또 그것이 가진 각들을 갖는가?[28]

24 Aristotle, Posterior Analytics 1.13.

25 A. Lyon and M. Colyvan, The explanatory power of phase spaces, *Philosophia Mathematica* 16 (2008), 1-17.

26 J. Kepler, *The Six-Cornered Snowflake: A New Year's Gift (1611)*, trans. J. Bromberg (Paul Dry Books, Philadelphia, 2010).

27 H.M. Stommel and D.W. Moore, *An Introduction to the Coriolis Force* (Columbia University Press, New York, 1989); D.J. Van Domelen, *Getting around the Coriolis force* (1996),www.algon.dk/dokumenter/coriolis.pdf에 직관적인 입문이 제공됨.

28 Theodoric of Freiberg, *De iride* (c. 1305), E. Grant, *A Source Book of Medieval Science* (Harvard University Press, Harvard, 1974), 435-440에 발췌되어 있음; C. Pincock, Mathematical explanations of the rainbow, *Studies in History and Philosophy of Science* B 42 (2011), 13-22.

- 공간의 곡률이 어떻게 운동 중인 대상들의 경로들이 힘들이 없는 곳에서 발산하거나 수렴하는지를 설명해줄 것인가?[29]
- 그림 13.3 같은 복잡한 물레방아 기세의 다이어그램에서, 왜 바퀴들이 그 같은 방식으로 도는가?

과학적 설명의 이론들에서 '인과적-기계론적' 설명들에 관한 빈번한 담론을 볼 때, 이 마지막 예는 특별히 흥미롭다.[30] 그 이론들이 문자 그대로 그것들의 인과적 작용들이 전적으로 (부분들의 강직성에, 즉 그것들의 기하학을 유지하려는 성향에 의해 지지되면서) 기하학으로 설명될 수 있는, 레버와 기어를 지닌 기제 메커니즘의 의미에서 기계론적인 예들을 대단히 드물게 사용한다는 것은 놀랍다.

올바른 과학적 설명 이론이 어떤 것이든 간에, 그 이론은 기하학에 의한 설명들에 적용하기 쉬워야만 한다. 아리스토텔레스주의 실재론적 이론에 따르면—실로, 거의 어느 이론에 따르든—형태, 크기, 그리고 다른 기하학적 속성들은 그저 색깔 같은 다른 과학적 속성들과 똑같은 방식으로 인과적 힘을 갖고, 지각 가능하며, 측정 가능하다. 실로, 그것들은 원자 구조처럼 숨겨진 원인들과 비교할 때 지각하고, 측정하기가 특별히 쉽다.

그러나 왜 기하학이 증명에 회부된다는 의미에서 특히 수학적인지에 대한 어떤 설명이 제시되어야만 한다. 그렇게 하는 일은 어떤 형태를 공간이 갖는지 (예를 들어, 어떤 차원과 어떤 곡률의) 같은 경험적 문제들을 (유클리드 기하학의 연역적 구조 같은) 수학적 문제들로부터 주의 깊게 분리하는 어떤 기하학의 철학을 요구할 것이다. 그 작업은 제9장에

29 G. Nerlich, What can geometry explain?, *British Journal for the Philosophy of Science* 30 (1979), 69–83.

30 W. Salmon, *Scientific Explanation and the Causal Structure of the World* (Princeton University Press, Princeton, NJ, 1984); Woodward (n. 1)에서 개관됨.

서 시작되었다. 그 결과는 과학에서의 기하학적 설명을 기본적으로 파악하기 위해 본질적 것은 아니지만, 기하학적(또는 다른 수학적) 설명의 주된 이점들 중 하나를 이해하는 데 도움을 줄 것이다. 수학은 통찰과 증명에 회부되고 그에 따라 이해에 개방되어 있기 때문에, 하나의 수학적 설명은 설명으로서 비수학적 인과적 설명이나 포괄−법칙적 설명보다 우월하다. 따라서 시곗바늘의 움직임들에 대한 '블랙박스' 설명을 내적 시계 장치의 기하학으로 설명하거나 실험적으로 확립된 약물의 효과를 단백질 접힘으로 설명하는 것으로 대치하는 일은 진보다.31

과학에서의 비기하학적 수학적 설명

설명력의 무게가 수학에 달린 과학적 현상들의 설명이 몇 가지 있다. 다음은 자연과학에서의 몇 가지 왜 질문들의 목록인데, 그 질문들에 대한 답들이 수학적(비기하학적) 설명들이다.

- 왜 특정 매미들의 생명-주기들의 햇수가 제법 큰 소수(prime number)들인가?

[이 예는 많이 논의되었는데, 왜냐하면 수론이 그 설명에 본질적인 것으로 여겨졌기 때문이다—큰 소수의 주기를 갖는 것은 매미들이 포식자들의 주기를 피하도록 하는데, 그렇지 않으면 포식자들이 매미들과 똑같은 세월에 번성하여 그들의 주기를 매미들의 주기에 '짜 맞출' 수 있을 것이다. 논쟁은 대체로 그 사례가 수들에 대한 플라톤주의자의 견해를 옹호하는 하나의 필수불가결성 논증을 지지해준다는 베이커의 주장에 대한 응수로 이루어졌다;32 토론자들은 그 예를 유명론자나 최소한 비

31 수학적 도출들의 역할에 관한 유사한 견해는 M. Strevens, *Depth: An Account of Scientific Explanation* (Harvard University Press, Harvard, MA, 2008), 329-332 참조.

32 A. Baker, Are there genuine mathematical explanations of physical phenomena? *Mind* 114 (2005), 223-238; A. Baker, Mathematical explanation in science, *British Journal for the Philosophy of Science* 60 (2009), 611-633.

플라톤주의자의 언어로 (그 둘을 분명히 구별하지는 않으면서) 고치고자 시도하거나[33] 플라톤적 존재자들과 모형화된 현상들 사이의 관계의 이해와 같은 플라톤주의의 문제점들을 제기했다.[34]]

- 왜 매해 x% 성장하는 인구가 두 배가 되는 데 약 70/x년이 걸리는가? (만일 x가 지나치게 크지 않다면)

[이것은 x% 성장률을 표현하는 방정식의 지수해의 단순한 계산을 요구한다.]

- 왜 행성들과 어떤 포식자-먹이의 개체수는 주기적인가 (반복적으로 그것들의 처음 위치로 되돌아오는가)?

[행성 운동과 포식자-먹이 상호작용들은 유사한 미분방정식들에 의해 지배되고, 그것들에 대한 해들은 주기적이다.[35]]

- 왜 몸통은 점박이에 꼬리는 줄이 들어간 동물들은 있는데, 몸통은 줄무늬이고 꼬리는 점박이인 동물들은 없는가?

[그에 대한 설명은 배(胚; embryo)에서의 코트 패턴 형성을 지배하는 반응-확산 방정식의 해들에 의해 주어진다.[36]]

33 S.I. Bangu, Inference to the best explanation and mathematical realism, *Synthese* 160 (2008), 13-20; D. Rizze, Magicicada, mathematical explanation and mathematical realism, *Erkenntnis* 74 (2011) 101-114; J. Saatsi, The enhanced indispensability argument: representational versus explanatory role of mathematics in science, *British Journal for the Philosophy of Science* 62 (2011), 143-154.

34 R.W. Batterman, On the explanatory role of mathematics in empirical science, *British Journal for the Philosophy of Science* 61 (2010), 1-25.

35 L. Ginsburg and M. Colyvan, *Ecological Orbits: How Planets Move and Populations Grow* (Oxford University Press, New York, 2004).

36 J.D. Murray, How the leopard gets its spots, *Scientific American* 258 (3) (1988), 80-87.

● 왜 날씨는 예측하기가 어려운가?

[대기 흐름을 지배하는 네비어-스톡스 방정식(Navier-Stokes equation)들은 혼란스럽다—그것들은 아주 단기간에 대한 것을 넘어서는 미래 예측을 아주 어렵게 만드는 난기류와 소용돌이를 산출하는 강한 경향을 지닌다.37]

● 왜 한 낙체는 떨어진 거리에 비례하는 속도를 가질 수 없는가?

[갈릴레오는 낙체의 속도에 관한 두 가지 대안적 이론을 고찰했다: 그것은 소요된 시간에 비례하거나 횡단한 거리에 비례한다는 것; 그리고 나서 맨손으로 한 수학적 추리를 담은 한 뛰어난 글에서, 그는 후자가 설대 불가능하다는 것을 보였다.38]

● 왜 고정점을 지니는 모든 강체 3D 운동은 어떤 축에 대한 회전인가?

[가장 자연스러운 설명은 3D에서 고정점을 갖는 강체 운동을 표현하는 매트릭스들의 군의 대수학적 구조에 의해 주어진다.39]

● 왜 실험적 오류들은 정규 분포되는가?

[푸앵카레는 이렇게 말했다. "리프먼(M. Lippmann)이 어느날 나에게 '누구나 이것을 믿는데 왜냐하면 실험가들은 그것이 수학의 하나의 정

37 T. Palmer, A weather eye on unpredictability, *New Scientist* 124 no. 1690 (11 November 1989), 56-59; R. Kautz, *Chaos: The Science of Predictable Random Motion* (Oxford University Press, Oxford, 2011), 제1장.

38 S. Drake, Uniform acceleration, space and time, *British Journal for the History of Science* 5 (1970), 21-43.

39 M. Steiner, Mathematics, explanation and scientific knowledge, *Nous* 12 (1978), 17-28.

리하고 가정하고 수학자들에게는 그것이 하나의 실험적 사실이기 때문’이라고 말했다”.40]

● 왜 지적 설계 이론은 그른가/옳은가?

[다윈주의 진화론에 대한 지적 설계론의 반론들은 수학적이다: 환원 불가능한 복잡성’은 우연 돌연변이에 작용하는 자연 선택 같은 무작위적 검색 과정에 의한 거의-연속적 경로를 따라 진화할 수 없다는 것;41 직접적인 관찰적 증거가 없는 상태에서 답변들 또한 수학적이어야만 한다.42]

완전성을 위해 다음의 형식과학들(또는 ‘복잡성의 과학’ 또는 ‘인공적인 것들의 과학’), (제6장에 기술되었듯이) 지난 80년 동안 수학과 자연과학들 사이의 공간에서 발전되어 온 운영 체제 연구, 시스템 공학, 컴퓨터과학과 통계학에서의 수학적 설명의 몇 가지 예를 들어둔다. 그로부터 나온 왜 문제들로서 그에 대한 답들이 수학적 설명인 것들 중 몇 가지는 다음과 같다:

● 왜 컴퓨터는 모든 가능한 수들을 검색함으로써 체스를 둘 수 없는가?
● 왜 큰 무작위 샘플들에 기초한 여론 조사들은 일반적으로 신빙성이 있는가?
● 왜 한 옥타브를 열 두 음으로 나누어 모든 중요한 협화음들을(장3도, 장5도 등) 정확하게 할 수 없는가?43

40 H. Poincaré, *Calcul des probabilities* (2nd edn, Gauthier-Villars, Paris, 1912), 171; debates on the reasons in W.J. Adams, *The Life and Times of the Central Limit Theorem* (2nd edn, American Mathematical Society, Providence, RI, 2009), 제6장.

41 M.J. Behe, *Darwin's Black Box* (Free Press, New York, 1996); W.A. Dembski, *The Design Inference: Eliminating Chance through Small Probabilities* (Cambridge University Press, New York, 1998).

42 E.g. W. Elsberry, and J. Shallit, Information theory, evolutionary computation and Dembski's ‘complex specified information’, *Synthese* 178 (2011), 237–270.

● 왜 버스들은 꼭 두 대가 함께 오는가?[44]

올바른 과학적 설명 이론이 어떤 것이든 간에, 그것은 물리적 대상들 및 다른 대상들이 그것들 덕에 설명들이 작동하는 수학적 속성들을 지닌다면 과학에서 그런 수학적 설명의 사례들을 직접적으로 적용가능할 것이다. 그것이 아리스토텔레스주의 실재론적 수학철학이 주장하는 바이다. 예를 들어, 소수에 관한 플라톤주의자의 견해를 취하는 대신 우리는 매미의 생애 주기가 이산적인 시간적 길이라는 실재하는 양적인 속성을 갖는 것으로 보아야 한다. 소수성은 (밝음은 그것 자체가 물리적 사물들의 하나의 실재적 속성인 색깔의 하나의 실재적 속성인 것과 얼추 같은 방식으로) 그 길이의 하나의 실재적 속성이다. (기하학적 속성들 같은) 그런 속성들은 인과적 힘을 갖고 (최소한 단순한 사례들에서) 지각 가능하다.

설명적 성공을 위한 아리스토텔레스주의 실재론

수학 자체 내와 수학의 과학에의 응용 양자 모두에서 아주 다양한 수학적 설명들이 있다. 왜 수학적 현상과 과학적 현상이 처음에는 놀랍지만 반드시 그래야만 하는지에 대해 분명한 통찰을 제공하는 까닭에 그 현상들은 설명의 이론들의 시험대를 제공한다.

표준적인 수학철학들과 과학적 설명에 대한 표준적인 철학적 설명들은 수학적 설명에 밝은 빛을 던져주는 데 똑같이 실패했다. 의심할 여지없이 그것이 애당초 수학적 설명의 문제를 직접적으로 거론하는 데 실패했기 때문인데, 그것은 그 이론들이 주로 개발된 목적들을(각각, 수학

43 N. Bibby, Tuning and temperament: closing the spiral, in J. Fauvel, R. Flood and R. Wilson, eds, *Music and Mathematics: From Pythagoras to Fractals* (Oxford University Press, New York, 2003), 제1장.

44 R. Eastaway and J. Wyndham, *Why Do Buses Come in Threes?: The Hidden Mathematics of Everyday Life* (Wiley, New York, 2000) (그 책이 설명하듯, 버스들이 세 대씩 온다는 것은 신화이지만, 실제로 두 대씩 온다.)

철학들의 경우에는 수학의 본성, 그리고 과학적 설명의 이론들의 경우에는 인과적 설명들과 법칙-기반 설명들) 감안하면 이해할 수 있는 실패이다.

그러나 어떻게 그 이론들을 확장하여 수학적 설명들까지 포괄할 수 있는지는 불분명하고, 그렇게 하려는 시도들은 심각한 장애물들을 직면한다. 앞 장들에서 논증되었듯이, 플라톤주의와 논리주의처럼 순수수학을 설명하기 위해 개발된 수학철학들은 응용수학 일반에서 난점을 지니지만, 심지어 순수수학에 관해서도 설명의 관념과 존재론적이고 인식론적인 혼합된 측면들은 그 철학들에서 아무런 명백한 역할도 하지 못하고 있다. 예를 들어, 증명에 대한 그 모든 강조에도 불구하고, 논리주의는 설명적 증명들과 비설명적 증명들을 구별하는 데 아무런 수단도 제공하지 못하는 것으로 여겨진다. 그 사이 과학적 설명에 대한 설명은 더욱 더 인과성과 자연법칙들의 역할을 강조하였고, 따라서 수학적 설명들을 포괄할 가능성으로부터 더 멀어졌다.

아리스토텔레스주의 실재론적 수학철학은 수학과 과학 양자 모두를 가로지르는 설명의 단일성을 회복하려는 애초의 희망을 제공한다. 그것은 물리적 세계를 비율과 대칭성 같은 양적이고 구조적인 속성을 소유하는 것으로 간주한다. 그 속성들은 지각가능하고, 과학에서 연구되는 다른 자연적 속성들과 비슷하게 인과적 힘을 갖는다. 그런 속성들의 내적 관계는 순수수학에 의해 연구되는 반면, 실재하는 대상들에 의해 소유된 것으로서의 그 속성들은 응용수학에 의해 연구된다. 따라서 과학에서의 설명에 관한 그 어떤 설명도 수학적 설명과 과학적 설명 양자 모두를 포괄하면서 설명 일반의 설명으로 이전될 수 있어야만 한다.

그러나 순수수학에서의 설명의 가능성은 아이디어들의 이전은 꼭 한 가지 방식만이어서는 안 된다는 것을 시사한다. 수학적 사례들로부터 설명 일반에 관해 뭔가 배울 바가 있다: 인과적 설명에 대한 배타적 집중은 지나치게 협소하다는 것, 그리고 우리는 설명에 대한 설명이 단지 인과적 연관성만이 아니라 속성들 사이의 논리적 연관성으로 설명하는 것을 포괄하는지 확실하게 해야 한다는 것.

14 이상화 : 아리스토텔레스주의의 견해

수학이 세계의 실제 특성들을 연구한다는 아리스토텔레스주의의 견해에 대한 한 가지 주된 반론은 그것이 종종 실재가 아니라 이상화를 연구한다고 여겨진다는 것이다. 아리스토텔레스는 플라톤주의자들이 '기하학은 완벽한 선들과 원들을 연구하는데 그것들은 물리적 세계에 실현될 수 없고 따라서 어떤 비물리적 영역에 존재하는 것이 틀림없다'고 논증하는 것으로 묘사했다:

> 왜냐하면 지각가능한 선들은 기하학자들이 이야기하는 그런 선들일 수도 없기 때문이다(왜냐하면 그 어떤 지각가능한 사물도 이런 식으로 똑바르거나 휘어질 수 없기 때문이다; 하나의 굴렁쇠는 프로타고라스가 기하학자들을 반박하며 그렇다고 말했던 것처럼 한 점에서 직선 모서리와 접하지 않기 때문이다).[1]

1 Aristotle, *Metaphysics* 997b35-998a4, also 1036a4-12. 아리스토텔레스 자신의 견해는 기하학적 대상들이 어떤 방식으로 물리적 세계 내에 존재한다는 것이지만, 그는 정확히 어떤 방식으로 그것들이 그러한지는 결정하기 힘들다고 생각한다: J. Lear, Arisotle's philosophy of mathematics, *Philosophical Review* 91 (1982), 161-192, R. Pettigrew, Aristotle on the subject matter of geometry, *Phronesis*54 (2009), 239-260 and D. Bostock, Aristotle's philosophy of mathematics, in *Oxford Handbook of Aristotle* (Oxford University Press, Oxford, 2012), 제18장에서의 논쟁 참조.

반론은 다음과 같이 전개된다: 기하학은 실재하는 사물들의 형태들을 연구하지 않는다. 예를 들어, 구체 이론은 청동 공들에 적용되지 않는데, 왜냐하면 청동 공들은 완벽하게 구형이지 않기 때문이다.[2] 이런 노선을 따라 생각했던 이들은 기하학의 완벽한 구체들과 평범한 실재하는 청동 공들 사이에 다양하게 이해된 '이상화'의 관계를 공준했다. 완전히 플라톤주의적 결론으로 인도되지는 않더라도, 어떤 그런 사유도 수학의 이상적(따라서 필연적) 영역과 물리적(그리고 우연적) 세계 사이의 대조로 귀착될 것이다.

그 반론은 오늘날에도 여전히 건재하다. 따라서 수학이 과학적 이해에 어떻게 기여하는지에 관한 연구의 장을 설정하면서, 핀콕은 '물리적 세계의 진정한 구성요소들의 목록은 그 구성요소들이 수학적 존재들을 포함한다는 것을 누설한다'고 보는 과장된 형이상상적 이해를 폐기한다. 그의 논증은 이상화에 대한 특정 견해에 의존한다:

> 수학의 기여에 대한 형이상학적 이해가 과학의 성공에 잘 들어맞는 특정 사례들이 있다는 것을 부인하기는 어렵다. 동시에, 이것이 이야기의 전부일 수는 없다고 생각할 훌륭한 이유가 있다. 수학이 그 안에서 전개되고 있는 것을 발견하는 사례들 태반에서 과학자가 수학을 문제 현상의 기저 실재를 반영하는 것으로 여기는 경향은 거의 없다. 우리는 예컨대, 어떤 표상이 수학적 이상화를 사용할 때마다 이를 본다. 나의 목적을 위해서, 하나의 이상화된 표상은 그 표상을 배치하는 행위자가 거짓으로 여긴다는 가정들을 포함하는 표상이다. 어떤 유체가 연속적인 것으로 표상될 때, 설사 그 표상을 가지고 작업하는 행위자가 그 체계가 이산적이라고 믿을지라도, 우리는 그 어떤 형이상학적 해석에도 저항하는 유용한 수학을 갖고 있는 것이다.[3]

2 Proclus, *Commentary of the First Book of Euclid's Elements*, G.R. Morrow의 영역 (Princeton University Press, Princeton, NJ, 1970), 10–11.

사트시(Saatsi)도 플래토(Plateau)의 (수학적) 법칙을 가지고 비누막을 모델링하는 일을 논의하면서 이와 비슷하게 논증한다:

> 수학적 속성에 관한 일종의 아리스토텔레스주의 실재론이 아마도 수학적 속성과 인과적 속성을 연결할 조금 더 많은 여지를 허락할 것이다. 프렝켈린[2009]은 수학을 '양과 구조의 과학'으로 제시하는데, (여기서 양과 구조) 양자 모두 물리적 세계 안에 사례화될 수 있는 보편자들로 해석된다. 이 형이상학적 틀 안에서 플래토의 법칙들을 전시하는 물리적 비누막들이 유관한 수학적 속성들을 사례화하는 것으로 보일 수 있다는 아이디어를 우리가 환대하지 않을 수 있을까? 그러나 물론 어떤 실제 비누막도 현실적으로 수학적 최소 표면 이론(예, 기하학적 측정 이론)에 의해 연구되는 정확한 속성들을 사례화하지 않는다: 우리가 가진 것은 그 막을 한데 유지시키는 것 이외의 힘을 무시하는 실제 비누막의 이상화된 수학적 모델들이다.[4]

배터맨(Batterman)도 유사하게 이상화들은 수학이 물리적 세계에 어떻게 적용되는지에 대한 그 어떤 '투사 해명', 즉 '어떤 수학적 구조로부터 어떤 적당한 물리적 구조로의 (일종의) 지도'를 포함하는 해명도 문제라고 논증한다. 플라톤주의 방식의 표현이지만, 그것이 수학의 추상적 세계와 물리적 세계의 분리를 포함하는 한, 배터맨의 이상화로부터의 반론은 그런 분리를 전혀 보지 않는 아리스토텔레스주의 실재론적 견해에 대해서도 마찬가지로 적용될 것이다. 그의 반론은 다음과 같다:

> 문제는 간단하다: 물리적 세계 내의 어떤 것도 이상화에 현실적

3 C. Pincock, *Mathematics and Scientific Representation* (Oxford University Press, Oxford, 2012), 4; 이와 유사하게 이해에 관한 최근의 논쟁은 이상화들이 문자 그대로 거짓인 것으로 취급한다: M. Mizrahi, Idealizations for scientific understanding, *Philosophical Studies* 160 (2012), 237-252.

4 J. Saatsi, Mathematics and program explanations, *Australasian Journal of Philosophy* 90 (2012), 579-584.

> 으로 대응되지 않는다. 따라서 어떤 의미에서 우리는 한 수학적 구조로부터 어떤 현실적으로 존재하는 물리적 구조로의 투사를 할 수 있는가? 투사 설명들은 표상적이고, 훌륭한 표상들은 세계에 관한 진리를 반영한다. 그러나 이상화들은 거짓이다.[5]

(아리스토텔레스주의자의 견해에 따르면, 물리적 우주에 추가되는 그 어떤 수학적 구조도 없다: 수학은 물리적 구조의 구조적 측면들을 직접적으로 연구한다; 그러나 이상화가 물리적 구조에 관한 거짓 진술이 되므로, 그 반론은 여전히 적용된다.)

명백히, 수학적 이상화와 실재 사이에 다소 간극이 있다고 생각하는데 무언가 자연스러운 면이 있다. 그것은 이해할 만하게도 수학에 관한 아리스토텔레스주의 실재론에 대한 하나의 반론으로 받아들여진다. 이상화는 수리 과학에서 진정한 현상이므로, 아리스토텔레스주의 수학철학은 이상화에 대한 설명을 제시해야만 할 것이다.

그 설명은 네 단계로 이루어진다:

- 그 어떤 이상화나 모델－실재 간극도 없이 응용수학이 직접적으로 적용되는 다수의 사례들이 있다; 그 사례들에서 세계는 문자 그대로 그리고 정확히 수학에 의해 기술된 구조를 갖는다.
- 완벽한 원들, 이상적 가스들, 그리고 마찰 없는 면들처럼 다른 어떤 사례들에서는 실재하는 세계가 실로 더 단순한 구조에 의해 모형화되고, 그것(구조)은 제2장에서의 의미로 하나의 사례화되지 않는 보편자이다. 그러나 그 더 단순한 구조와 실재하는 것 사이의 관계는 신비로운 플라톤적 이상화가 아니라 *근사*이고, 단순한 구조와 복잡한 구조들 사이의 근사 관계는 수학적 증명에 회부되어야만 한다.

5 R.W. Batterman, On the explanatory role of mathematics in empirical science, *British Journal for the Philosophy of Science* 61 (2010), 1–25, at 10.

- 음수들과 복소수들 그리고 무한에서의 이상적 점들 같은 특정의 다른 경우들은 다르다; 그 경우들은 비록 그 사용이 종종 개념적으로 '완전하게 된' 현실적으로 실현된 구조들과의 어떤 수학적 관계에 의존하지만, 원리상 실현가능한 비교적 단순한 수학적 구조들이다.
- *영*과 공집합은 또 다르다. 그것들은 다른 수학적 구조들에 관한 추리를 돕는 구성들 또는 허구들이다.

이상화 없는 응용수학

먼저 '과학의 성공에 수학이 기여한 데 대한 형이상학적 이해에 들어맞는 특정의 사례들이 있다는 것은 부인하기 힘들다'는 핀콕의 양보를 거론하도록 하자. 만일 수학의 과학에의 *모든* 적용들이 이상화를 포함한다면, 그것은 어떤 것은 그렇고 어떤 것은 그렇지 않은 경우보다 아리스토텔레스주의에게 더 심각한 문제가 될 것이다: 만일 어떤 적용들이 이상화를 포함하지 않는다면, 그것들에 대한 솔직한 아리스토텔레스주의적 설명에는 아무런 문제가 없고, 역으로 그런 사례들을 인정하지 못하는 플라톤주의나 유명론적 철학들에게 문제가 있다.

앞의 여러 장들에서 보았듯이, 쾨니히스베르크의 다리들의 경우가 바로 그런 종류의 것이다. 그중 하나를 두 번 건너지 않으면서 모든 다리를 건너는 일의 수학적으로 증명된 불가능성은 그 불가능성의 어떤 이상화나 모델이 아니라 다리들과 육지 구역의 체계에 직접 적용된다. 그러한 불가능성은 다리들과 육지 구역들이 문자 그대로 그 증명이 적용되는 연관성들의 구조를 갖기 때문이다. 그 모델은 육지 구역들의 크기 같은 그 상황의 어떤 측면들을 남겨두거나 추상하지만, 증명과는 연관성이 없다. 그 문제에 연관성을 지니는 수학적 구조에 관하여 증명이 말하는 바, 즉 지역들 간의 연관성들은 실재하는 육지 구역들과 다리들의 체계에 대해 문자 그대로 그리고 정확히 참이다.

수학의 초기 단계에서, 똑같은 것이 자연수들의 셈으로의 가장 단순한 적용들에 대해 참이다. 만일 내가 한 상자 안에 두 마리의 토끼와 (다시 또 다른) 두 마리 토끼를 넣고, 나중에 (더는 들어간 것이 없이) 거기서 다섯 마리를 보면, 나에게 새끼를 낳았다는 추론을 하도록 허락하는 것은 2 + 2 = 4라는 사실이다. 반쯤-자란, 반쯤-분해된 또는 반쯤-연합된 것들처럼 토끼와 사과 같은 이산적 (단위-만들기) 보편자들의 경계선상의 사례들의 가능한 존재는 그 사실에 영향을 미치지 않는다: 단위-만들기 보편자들의 분명하고 애매하지 않은 사례들은 산수의 법칙들을 정확하게 지킨다. '두 마리 토끼와 두 마리 토끼는 네 마리 토끼이다'는 2 + 2 = 4만큼 정확하다. 아무런 이상화도 필요하지 않다.

네트워크 위상수학과 산수가 양자 모두 이산적 구조라는 것은 결코 우연이 아니다. 전형적으로, 이산 구조들은 실재하는 세계에 정확하게 사례화될 수 있다. 예를 들어, 보통 친족 나무는 실제로 정확히 한 그루의 나무다—순환 없이 가치 치는 하나의 네트워크.

그런 정확한 모델링 사례들의 존재는, 설사 희귀하더라도, 이상화에 대한 플라톤주의자의 견해에 대해 가혹한 문제가 된다. 플라톤주의는 수학적 이상화와 실재 사이에 항상 간극이 있을 것을 요구한다. 그러나 '모든 모델들은 이상화이고 그것들은 적용가능성에서 한계가 있다'는 흔한 견해6는 (물론 '모델'이 필연적으로 실재의 한 단순화인 방식으로 정의하지 않는 한) 거짓이다. 모델-실재 간극이 전혀 없는 다수의 예가 있고, 따라서 플라톤주의에 아무런 동기도 없다.

이상화가 아닌, 단순한 구조와의 접근

설사 오일러의 다리들 같은 정확한 모델링의 사례들이 가능하다손 치더라도 그것들은 희귀한데 왜냐하면 전형적으로 어떤 수학적 모델이나 컴

6 A.C. Fowler, *Mathematical Models in the Applied Sciences* (Cambridge University Press, Cambridge, 1997), 3, 다음에서 찬성하며 인용됨. R.W. Batterman, Idealization and modelling, *Synthese* 169 (2009), 427-446.

퓨터 시뮬레이션은 그것이 모형화하는 실제 상황의 단순화나 이상화이기 때문이라고 (그리고 그 모델에 관해 증명된 그 어떤 확실성도 모형화된 상황에 관한 확실성으로 전이되지 않기 때문이라고) 논증되어 왔다. 그러나 대다수의 현실적인 모델링 상황들에서 관련된 그 모델들은 실제 체계들의 단순화된 추상들이고, 그 모델과 물리적 체계 사이의 엄격한 동형성을 확립하기는 불가능하다고 주장된다.[7]

확실히 응용수학이 단순한 모델들의 사용, 즉 모형화되는 실제 세계 상황에 대해 문자 그대로 정확히 참이지는 않은 수학적 구조들의 사용에 의해 진행되는 아주 많은 사례들이 있다. 완벽한 원들의 기하학은 바퀴와 동전을 연구하는 데 사용되고, 연속적 흐름들은 실재하는 유체 안의 원자들의 이산적 더미들의 움직임들을 모형화하는 데 사용되고, 마찰 없는 평면들은 마찰이 있는 실제 평면들 위에서의 운동을 모형화하기 위해 사용된다. 그리고 만일 우리가 완벽한 유클리드적 원들에 의해 동전들을 모형화하고 그 모델을 사용해서 동전들의 면적을 계산하고, 유사하게 다른 예들을 다룬다면, 답은 정확히 참은 않을 것이다.

이 사례들에 대해 플라톤주의자로서 반응하려는 데 있어서의 그 어떤 경향도 '단순한'과 '정확한', 그리고 그것들의 반대들의 의미들에 직면하여 정지(pause)해야만 한다. '단순한'의 반대는 '복잡한'이고, '정확한'의 반대는 '근사적인'이나 '부정확한'이다. 즉, 똑같은 종류의 존재자들(예컨대, 형태들)이 단순하고 복잡하고, 똑같은 종류의 존재자들이 정확하고(예컨대, 원들) 근사적이다. 한 단순한 형태는 어떤 복잡한 것보다 더 플라톤주의적, 비실재적이거나 추상적인 것이 아니다. (어떤 특수한 실재하는 바퀴의 형태같이) 어떤 부정확한 원의 어떤 특수한 형태는 한 정확한 원과 꼭 마찬가지로 추상적이거나 이상적이다.

7 K. de Laplante, Certainty and domain-independence in the sciences of complexity: a critique of James Franklin's account of formal science, *Studies in History and Philosophy of Science* 30 (1999), 513–533.

이상화에 대한 아리스토텔레스주의자의 견해는 결과적으로 어떤 방식으로든 플라톤주의적으로 이해된 이상화를 근사로 대치한다. 전형적으로, 어떤 복잡한 실제-세계 상황은 단순한 수학적 모델에 의해 모형화되는데, 그것은 현실적인 구조에 (단적이고 측정 가능한 수학적 의미에서) 근접하는 하나의 가능한 구조다:[8] 그것은 현실적인 구조와 같은 종류의 보편자이지만, 사례화되지 않은 것일 수 있다. (사례화되지 않은 보편자들에 대한 해명은 제2장에 주어졌다는 것을 상기하기 바란다.) 그 주제에 관해 모든 저자들이 동의하는 한 가지는 한 이상화가 실제 상황의 단순화를 다룬다는 것이다—그것이 이상화를 다루기 더 쉽게 만들고 아마도 더 설명적으로 만든다. 그러나 한 단순한 구조는 여전히 복잡한 구조와 똑같은 종류의 구조이다: 한 완벽한 원은 완벽하지 않은 원과 마찬가지로 하나의 형태이다.

그것은 왜 단순한 구조를 가지고 작업하는 것이 현실적인 복잡한 구조에 관한 유용한 어떤 것을 말해주어야만 하는가 하는 문제를 남긴다. 그에 대한 답은 철학적인 것이 아니라 수학적인 것이다.

기하학자의 완벽한 구체와 실재하는 세계의 청동 공이라는 고전적 사례 안에서 이것이 무엇을 의미하는지 보도록 하자. 청동 공들은 완벽하게 구체가 아니다. 따라서 어떻게 완벽한 구체의 연구가 그것들에게 도움이 될 수 있는가?

아니다. 그 문제는 단순히 그리스 수학의 원시적 상태의 하나의 결과로 밝혀졌다. 고대 수학은 오직 완벽한 구체 같은 단순한 형태들만을 다

8 J.D. Norton, Approximation and idealization: why the difference matters, *Philosophy of Science* 79 (2012), 207-232의 주의 깊은 논의는 '타깃 체계의 하나의 부정확한 기술'인 근사와 '타깃 체계와 별개인 하나의 시재적 또는 허구적 체계로서 그것들의 속성들 중 어떤 것들이 타깃 체계의 어떤 측면들에 대한 부정확한 기술을 제공하는' 이상화를 구별한다; 그 분류에서, 여기서 다뤄지고 있는 것은 어떤 양적인 척도에서 근사이면서 '부정확한 기술'을 지닌 이상화다. 근사를 이론들의 박진성과 연관지으려는 더 벗어난 시도들은 C. Liu, Approximation, idealization, and laws of nature, *Synthese* 118 (1999), 229-256에 개관되었다.

룰 수 있었다. 현대 수학은 연속적 변화를 연구함으로써 수학의 활동을 불완전한 구체 같은 더 복잡한 형태들로 확장할 수 있게 되었다. 다시 말해서, 특수한 완벽하지 않은 구체들에 관한 것이 아니라 다양한 종류의 완벽하지 않은 구체들의 앙상블에 관한 결과들이 있다.[9] 예를 들어, 반지름이 1미터인 하나의 구체로부터 거의 다르지 않은—예컨대, 완벽한 구체로부터 어디에서든 1센티미터 이상 벗어나지 않는—모든 완벽하지 않은 구체들을 고찰하라. 그러면 그런 어떤 완벽하지 않은 구체의 체적도 1입방미터의 1/6보다 작게, 완벽한 구체의 체적과 다르다. 따라서 완벽하지 않은 구체 형태들은—비록 더 어렵기는 해도—완벽한 구체들과 꼭 마찬가지로 수학적으로 연구될 수 있다. 그러나 실재하는 청동 사물들은 아무런 '이상화'나 '단순화' 없이 (정확히) 완벽하지 않은 구체 형태를 가진다. 따라서 완벽하지 않은 구체들에 관한 수학적 결과들은 직접적으로 실재하는 사물의 실제 형태에 적용될 수 있다.

어떻게 이 이야기가 이상화를 근사로 대치하는지에 주목하라. 지저분한 실제-세계의 청동 공과 플라톤적 영역의 이상화된 수학적 완벽한 구체 사이의 가정된 관계 대신, 두 형태, 같은 종류의 존재자들(아마도 공간의 부분들), 즉 불완전한 청공 공의 정확한 형태, 그리고 그것과 가까운 확정된 완벽한 구체 사이에 근사 관계가 있다. 어떤 물리적 존재자와 플라톤적 존재자 사이의 관계가 모호한 반면, 형태들 사이의 근사 관계는 완벽하게 분명하다: 그것은 그 두 형태들 사이의 경계선들이 결코 멀리 떨어지지 않는다(예컨대, 1센티미터 이하로)는 것을 의미한다.

또한 완벽한 구체와 완벽하지 않은 구체 사이의 하나의 완전히 구체화된 수학적 관계를 가지는 것의 귀결에 주목하라: 체적에서의 비슷함 같은 완벽한 구체와 완벽하지 않은 구체들 사이의 관계는 철학의 문제가 아니고 수학적으로 증명가능하다. 만일 어떤 완벽하지 않은 구체가

9 모든 완벽한 원들은 모두 같다; 각각의 불완전한 원은 그것 자신의 방식으로 불완전하다.

반지름의 1미터의 완벽한 구체로부터 경계선 어디서나 1센티미터 이하로 작다면, 그것은 반지름 0.99m의 구체와 1.01m의 구체 사이에 놓이고, 따라서 그 구체들의 체적 사이의 체적을 가지는데, 그것은 각각 (반지름 1m의 완벽한 구체의 4.19와 비교되는) 4.06과 4.32입방미터이다.[10] 따라서 우리는 그 체적이 얼마나 큰 오차 한계를 갖는지 정확히 계산할 수 있다. 그 체적은 증명가능한 한계들 내에 놓이고, 완벽한 구체와 완벽하지 않은 구체 사이의 관계나 추상적 존재자들과 물리적 세계의 관계에 관한 손 흔들기 철학적 논증들은 필요하지 않다.

논증이 필요하지 않다는 것은 표면적에 대해서는 사정이 아주 다르다는 사실에 의해 확증된다. 반지름 1미터의 완벽한 구체에서 1센티미터 이내로 놓인 한 완벽하지 않은 구체는 임의로 움푹 패이고, 질감과 프랙탈한 표면을 가질 수 있고, 따라서 완벽한 구체의 표면적보다 임의로 훨씬 더 큰 표면적을 가질 수 있다. 이는 또다시 하나의 순수하게 수학적인 사실이다.

일반적으로, 유용하기 위해서 연속적 체계들의 수학적 모델들은 '구조적으로 안정적'이어야만 한다는 점이 인정되었다.[11] 즉, 그것들의 (질적이거나 근사적으로 양적인) 예측들은 작은 변화에 둔감하다. 모든 측정은 작은 잘못에 회부되므로, 그리고 모든 사물은 작은 요동에 회부되므로, 어떤 모델도 그것이 예측하는 바가 그런 작은 변화에 의해 단지 조금 영향을 받는 것이야만 한다. 그러면 그 모델은 구조적으로 안정적이라 말한다. 예를 들어, 만일 우리가 요리하는 데 필요한 시간을 가늠

10 하나의 불완전한 구체가 측정 불가능한 점들의 집합이고 따라서 체적을 전혀 갖지 않을 수 있는지 여부에 관한 테크니컬한 쟁점이 있다. 제9장에서 우리는 공간의 영역들이 반드시 측정 가능해야만 한다는 견해를 옹호했지만, 지금 우리는 그 논증에 영향을 미치지 않으면서 그 논증을 측정 가능한 불완전한 구체들에 한정할 수 있다.

11 J. Franklin, Philosophy and mathematical modelling, *Teaching Mathematics and Its Applications* 2 (1983), 118–119; R.M. May, *Stability and Complexity in Model Ecosystems* (Princeton, 1973), 특히 ch. 2.

하기 위해 오븐 속의 닭 한 마리를 하나의 구체로 모형화한다면, 반지름의 작은 변화나 구체로부터의 형태의 작은 변화는 산정된 요리 시간에 오직 작은 영향만을 미칠 것이다. 그렇지 않다면, 그 모델은 예측을 위해 쓸모가 없을 것이다. 오직 정확히 반지름이 1미터인 하나의 정확한 구체에 대해서만 어떤 결과를 예측하는 이론은 아무짝에도 쓸모가 없는데, 왜냐하면 그 어떤 물체도 정확히 이 형태와 크기를 지니지 않을 것이고, 설사 그럴지라도, 우리는 그것을 정확히 측정할 수 없기 때문이다.

조금 일그러진 원은 원이 아니라는 점에서 *하나의 원이라는 것* 자체는 구조적으로 안정적이지 않다. 그러나 원형 구역의 이론은 방금 설명한 의미에서 구조적으로 안정적이다. 원형으로부터 다소의 변형은 다만 면적에서 사소한 변화를 만들 따름이다. 전형적인 혼돈된 동역학적 모델들의 예측들에서도 유사하다: 그 모델의 질적 예측들은 입력이나 매개변수들이 약간 변할 경우 전혀 변화하지 않는다—개별적 궤적은 변화하지만, 관찰가능한 장기적 평균 형태들은 변화하지 않는다. 입력치나 매개변수들 측정의 정확성은 장기적 예측들의 확실성을 위해 요구되지 않는다는 결론이 따라 나온다. 하나의 특수한 사례에서, 우리는 그 모델이 현실적으로 얼마나 변화에 강건한지에 관해 무언가 알 필요가 있을 것이다—그러나 그것은 그 자신이 증명의 확실성을 지니면서 알 수 있는 모델에 관한 순수하게 수학적인 사실이다.[12]

그런 사례들에서, 우리는 이상화에 대해 제기되는 표준적 문제에 대해 직접적으로 답할 수 있다: 어떻게 거짓인 무언가를 가정하는 것이 진리를 찾는 데 도움을 줄 수 있는가? 핀콕이 말하듯:

> 수학적 이상화의 문제점은 이제 분명해야 마땅하다. 이들 거짓 가정을 채용한 결과가 표상일 그 어떤 보장이 있는가? 아니면,

12 더 자세한 내용이 다음에 나옴. J. Franklin, Structure and domain-independence in the formal sciences, *Studies in History and Philosophy of Science* 30 (1999), 721-723.

> 더 정확히 말해서, 표상이 그 정확성과 적합성에 따라 순위가 매겨질 수 있다면, 거짓 가정이 훌륭한 표상을 산출하는 데 기여해야 하는가? 그 미스터리는 우리가 그것을 가지고 결국 더 쉽게 작업할 수 있는 어떤 수학 방정식을 얻게끔 하려는 것이 거짓 가정을 만드는 유일한 동기로 보이는 그런 종류의 사례들에서 특히 절박하다.[13]

답은 철학이 아니라 수학에 의해 공급된다. 만일 그 모델이 구조적으로 안정적이면, 그 모델의 결과들은 반드시 그 모델이 모형화하는 실제 상황에 대해 근사적으로 참이다. 이 '반드시'는 수학적 증명의 보증에 달렸다. 그러나 실제 상황이 그 단순한 모델에 진실로 얼마나 가까운지를 알아내기 위해 측정에 의해 보충될 필요가 있다—예를 들어, 마찰이 없는 평면을 이용한 한 안정적 모델이 근사적으로 정확하게 마찰이 있는 평면에 적용되기 위해서는 그 마찰이 충분히 작아야 하고, 그것은 측정에 의해 결정되어야만 하는 하나의 경험적 사실이다.

이상화에 관한 논의에서 한 가지 인기 있는 주제가 한계들을 취해 어떤 무한 구조가 더 어지럽고 유한한 어떤 것의 하나의 이상화로 사용되도록 하는 일이다. 한 전형적인 예에서, 다수의 이산적 원자들의 흐름은 연속적인 유체의 흐름으로 이상화되고, 그것은 수학을 훨씬 더 다루기 쉽게 만든다. 우리는 무한에 관한 제8장에서 그런 사례들을 다뤘다. 그런 이상화들이 작동하는 것은 무한이나 연속의 사례에서의 행태가 간단한 양적인 의미에서 유한한 현실적인 사례의 행태에 실제로 근접할 때, 그리고 오직 그럴 때뿐이다. 만일 우리가 이산적 구조들과 연속적 구조들을 잘 안다면, 그것은 수학적 증명에 회부할 문제이다. 만일, 이산적 실재성이 완벽하게 알려지지는 않은 유체 흐름의 사례처럼, 우리가 잘 알지 못한다면, 유관한 경험적 증거가 있다: 연속적인 동역학 이론의 예측과 실제 유체들의 실험적 행태 사이에 평행하는 점들이 관찰될 때, 그

13 C. Pincock, Mathematical idealization, *Philosophy of Science* 75 (2007), 957–967.

것은 한 이산적 리만 적분이 한 연속적 함수의 적분에 접근하는 것과 같은 방식으로, 참된 이산적 흐름 구조가 연속적인 흐름에 문자 그대로 근접하는 것이라는 훌륭하지만 파기할 수 있는 증거를 제공한다. 일단 근사화(近似化; approximation)가 수학적이고 실험적인 수단에 의해 확립되면, 이상화의 미스터리들에 대한 더 이상의 순수하게 철학적인 탐구의 필요나 여지가 없다.

음수와 복소수, 이상적 점, 존재론의 다른 확장

근사에 의한 분석이 무한에서의 점들이나 복소수나 무한소 같은 '이상적 존재자들'의 경우에 적용될 수 없다는 것은 분명하다. 무한에서의 한 점은 보통 선들이나 평면들에의 추가이고, 결과로 나오는 구조는 원래 구조에 대한 근사화가 아니다. 양수만이 아니라 음수까지 포함하려는 수 체계, 또는 실수뿐만 아니라 복소수까지 포함하려는 수 체계의 확장은 근사화와 아무런 상관이 없다: 그것은 존재적 폐쇄에 의한 '개념적 단순화'의 이론적 통일성과 이해를 위한 존재론의 일종의 '완전하게 다듬기'를 포함한다.14

그런 이상적 존재자들에 대한 아리스토텔레스주의자의 이론이 취할 수 있는 두 가지 방향이 있다—하나는 허구주의자의 방향, 그리고 다른 하나는 실재론자의 방향. 아리스토텔레스주의자는, 그의 일반적으로 실재론자인 경향에도 불구하고, 이 지점에서는 실재론에 개입하지 않는다. 예를 들어, 자연수와 비율 같은 가장 중심적인 수학적 존재자에 관한 그의 실재론은 수학자들의 열병에 걸린 듯한 상상력이 꿈꿀 법한 모든 것에 대한 개입를 함축하지는 않는다.15 어떤 수학적 존재자들에 대한 허

14 K. Manders, Domain extension and the philosophy of mathematics, *Journal of Philosophy* 86 (1989), 553-562.

15 J. Gredt, *Elementa Philosophiae Aristotelico-Thomisticae* (5th edn, Freiburg, 1929), 1194와 몇몇 후대의 토마스주의자들의 입장은 A. Maurer, Thomists and Thomas Aquinas on the foundation of mathematics, Review of Metaphysics 47 (1993), 43-61에서 설명되고 있다.

구주의자의 설명은 다른 것들에 대한 실재론자의 설명과 일관성이 있다. 그럼에도 불구하고, 그 어떤 허구주의자의 설명도 왜 허구적 존재자들은 어떤 속성들을 부여받고 다른 것들은 그렇지 않은지, 그리고 어떻게 그것들이 그 무엇이건 그것들이 수행하는 수학적 과제를 수행하는지를 설명할 필요가 있을 것이다. (스콜라 철학의 용어로) '실재에 토대를 지닌 심적 존재들'은 실재 안의 그것들의 토대가 무엇인지를 설명해야 할 필요가 있었다. 분명히, 어떤 허구가 실재 내에 더 많은 토대를 지닌 것으로 판명될수록 그것은 덜 진정으로 허구적이게 된다—토대들은 막중한 일을 하고 있는 데 비해, 허구와 이름 짓기는 편의의 문제이고 인간의 사고와 의사소통의 양태의 편의도모다.

그 반면, 우리는 실재론의 선택지를 더 집요하게 추구함 직하다. 아리스토텔레스주의자는 수학적 개념들의 실현을 탐색하기를 쉽게 포기하지 않을 것이다. 예컨대, 음수와 복소수의 구조에 대한 이해가 주어졌을 때, 우리는 "그 구조들을 사례화하는 논쟁의 여지없이 실재하는 존재자들이 있는가?"라고 물을 수 있다. 만일 그렇다면, 그 구조들은 자연수들과 똑같은 지위를 갖는다: 그것들은 실현가능하고, 아리스토텔레스주의자에게는 그 실현들이 '참된' 음수 또는 복소수인지의 여부에 관한 더 이상의 문제란 존재하지 않는다. 그 상황은 4가 그저 하나의 앵무새 무리와 한-앵무새임 사이의 관계가 하나의 공 무더기와 하나의-공임 사이의 관계와 공유하는 바인 자연수들의 경우와 평행하고, 추상적 수 4에 관한 담론은 그저 수학적 발견에 심리적 버팀목으로서 유용한, 플라톤주의적으로 영감을 받은 부수현상에 지나지 않는다. 같은 방식으로, 만일 음수들이나 복소수들의 구조들을 사례화하는 실재하는 존재자들이 있다면, 그 구조들은 그저 그 존재자들이 공유하는 바다.

음수와 복소수들의 사례들은 실제로 발견될 수 있다. 음수들에서부터 시작하자. 제3장에서 제시된 양으로서의 자연수들과 실수들의 표준적 해석들이 부정적 양들로 확장되지 않는다는 것은 참이다. 만일 4가 어떤 앵무새들의 무리와 하나의-앵무새임 사이에 성립할 수 있는 관계라면, 하나의-앵무새임에 대해 −4의 관계에 설 수 있는 '부정적 앵무새'의 무리란 없다. 마찬가지로, 만일 1.27이 당신의 키가 내 키의 비율이라면, 내 키에 대해 −1.27의 관계에 설 수 있는 부정적 키도 없다.

그러나 하나의 양이 그 반대를 소거할 수 있다는 점에서 부정적 관계들 안에 서 있는 어떤 다른 종류의 양들이 있다. 그것은 한 선 안에서의 이동에서 그러하다.[16] 그것들의 결합이 어떤 순서로든 움직임이 없음을 초래한다는 점에서, 1미터 서쪽으로의 움직임은 1미터 동쪽으로 움직임의 부정이다. 동쪽으로의 이동에서 임의의 양의 비율들이 실현되므로, 동-서쪽으로의 이동에서 양과 음의 비율들이 실현된다. 음수들에 관한 수학적 사실들의 (이 모델 안에서의) 물리적 의미들 또한 분명하다: 예를 들어, 2 × −7 = −14는 서쪽으로 7의 이동은, 두 배가 되면, 서쪽으로 14의 이동(또는 동쪽으로 14의 이동을 소거)을 의미한다.[17] 그러므로 양수와 음수의 체계는 물리적 실재에서 실현될 수 있다. 음수는 허구로 간주할 필요가 없다.

음수들의 실현의 또 다른 예를 소개해보자. 그것은 곱셈을 강조하는 이점을 지니고 있다. 또한 복소수의 실현가능성에 관해 물을 때가 되면 유용할 것이다.

(원점이 식별된) 유클리드 선이나 유클리드 평면을 취해보자.[18] 그러면 한 인수 r에 의한 선 또는 면, 또는 확장 또는 폭발은 원점으로부터 인수 r에 의해 (어떤 양의 실수 r) 평면을 확장하는 사상(寫像; map)이다. 점 (x, y)은 (rx, ry)로 데려갈 수 있다. 사진들의 확대, 스크린으로의 투사 등은 그런 사상들을 (근사적으로) 충족한다.

16 공간에 대한 실재론적 해석이 제9장에서 제시되었음을 상기하라.
17 따라서 수선 위를 앞으로 뒤로 걸음으로써 음수들을 도입하려는 노력들이 나온다.
18 다시, 제9장에서 '유클리드적 평면'을 해석하는 방법을 설명했다. 따라서 그것 안에는 허구주의가 전혀 포함되지 않는다.

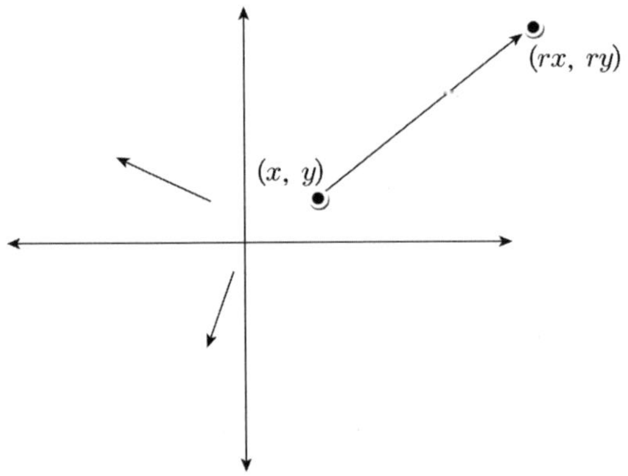

그림 14.1 인수 r에 의한 평면의 팽창

(양의) 비율 r 각각에 대해, 인수 r에 의한 선 또는 면의 팽창이 있다. 팽창들의 합성은 곱셈을 실행한다. 따라서 비율의 전체 스펙트럼은 팽창들 안에 실현된다: 만일 우리가 어떤 비율 r에 의해 면을 팽창시키고, 그것을 다른 어떤 비율 s에 의해 팽창시키면, 최종 결과는 rs에 의한 하나의 팽창이다.

음의 팽창은 말이 된다. 양의 비율 r에 대해 $-r$의 팽창은 원점을 통한 반사와 더불어 r에 의한 팽창을 의미한다: (x, y)은 $(-rx, -ry)$로 간다. 따라서 -1은 팽창은 그저 원점을 통한 반사이다.

이 곱셈 모델은, 옛 압운 시구에 표현되었듯이, 음수를 처음 배우려 애쓰는 이들 사이에서 흔한 당혹감을 해소해준다:

음수 곱하기 음수는 양수
이에 대한 이유는 논의할 필요가 없다네

음수 곱하기 음수는 양수, 원점을 통한 두 번의 반사는 소거되니까.

이제 우리는 복소수들에 관하여 물을 위치에 있다. −1의 제곱근이 어떤 것을 의미할 수 있는가? 이 모델에서, −1의 제곱근은 그 스스로와 합성되어 그 원점을 통해 (즉, 이 모델에서 −1) 반사(reflection)를 주는 하나의 연산을 의미할 수밖에 없을 것이다.

그 연산은 선에서는 쉽지 않지만, 평면에서는 쉽게 이루어진다.19 (이것이 평면에서의 팽창 모델이 도입된 이유다). 원점 주위로의 90° 회전은 (시계 방향이나 시계 반대 방향으로) 그 제곱이 원점에서의 반사인 하나의 연산이다. 두 90° 회전의 합성은 하나의 180° 회전이고, 그것은 원점에서의 반사와 똑같은 결과를 갖는다: 또한 각각의 점을 정반대쪽의 점으로 가져간다. 즉 (x, y)은 $(-x, -y)$로 간다. 따라서 이 연산의 제곱은 모델 내에서 −1이다. 이 모델에서, 그 연산은 자기 자신과 합성되었을 때 원점을 통한 반사(즉, 이 모델에서 −1)를 준다.

그것이 진정으로 −1의 제곱근의 실제 사례를 찾은 것이고, 따라서 −1의 제곱근이 가상의 존재자가 아님을 보여주는가? 예와 아니오이다. 우리는 하나의 진짜 수는 (그저 어떤 비율에 의한 확장 같은 하나의 연산에 그치는 것이 아니라) 어떤 비율이나 그와 유사한 어떤 것의 일반화여야만 한다고 논증할 직도 하다. 만일 그것이 요구된다면, 이는 아직 이루어진 적이 없고, 그 의미에서 '−1의 제곱근'은 정당하게 '허수'라 불리는 채로 남아 있다. 그 반면, 복소수들의 전체 수학적 구조를 사례화하는 평면의 단순한 변형으로 이루어지는 하나의 실재적인 존재자가 전시되어 왔다. 복소수들은, 순수하게 구조주의적 관점에서, 실수들의 하나의 복사본을 포함하고, 실수를 사용한 모든 대수 방정식, 특히 $x^2 = -1$의 해들을 포함하는 체(즉, 정의되고 통상적인 수 법칙들을 만족하는 덧셈과 곱셈을 지닌 원소들의 집합)다.모든 실수에 의한 평면의 팽창을 포함하는 분야, 원점을 통한 반사, 그리고 원점 주위의 회전은 그 기

19 잘 알려진, i 곱하기는 아르강 평면에서의 90° 회전이라는 수학적 사실에 기초함.

술을 만족하고, 따라서 복소수들의 구조를 실현한다. 그러나 그것은 가상적이라거나 보통 존재론에의 추가적 공준이라고 정당하게 불릴 것을 전혀 포함하지 않는다; 모든 팽창 등은 평면의 운동들로서 실현가능하고, 평면 자체가 (설사 현실적으로 그렇게 실현되지 않더라도) 물리적 세계 안에서 실현가능한 하나의 존재자다.

이는 왜 복소수들이 2차원에서 압축할 수 없고 무회전 흐름의 유선형이나 양자역학 같은 영역에서 그토록 잘 적용되는지를 덜 신비스럽게 만든다.[20] 양자 물리학에서의 복소수의 사용은 유진 위그너의 유명한 논문 '자연과학들에서의 수학의 믿기지 않는 효율성'에서 최고의 전시품이었다. 그는 이렇게 쓰고 있다:

> 확실히 선입견 없는 정신에게 복소수들은 자연스럽거나 단순한 것과는 거리가 멀고 물리적 관찰들에 의해 제안될 수 없다. 그뿐만 아니라 복소수들의 사용은 이 경우 응용수학의 계산 트릭이 아니라 양자역학의 법칙들의 정식화에서 하나의 필연성에 근접한다. 마지막으로, 이제 복소수들뿐만이 아니라 소위 해석 함수들이 양자론의 정식화에서 결정적인 역할을 수행할 운명인 것으로 보이기 시작한다 … 여기서 하나의 기적이 우리를 직면하고 있다는 인상을 피하기 어렵다.[21]

충분히 단순한 기하학적 모델을 갖는 수학적 구조의 물리학에서의 사용은 기적이 아니다.

그러나 그것은 복소수나 무한에서의 이상점들의 전형적인 수학적 사용들이 그런 수학적 구조들의 물리적 실현가능성들을 요구한다고 말하

20 G.K. Batchelor, *An Introduction to Fluid Dynamics* (3rd edn, Cambridge University Press, Cambridge, 2000), 106-108.

21 E. Wigner, The unreasonable effectiveness of mathematics in the natural sciences, *Communications in Pure and Applied Mathematics* 13 (1960), 1-14.

는 것이 아니다. 복소수들은 실수들을 포함하는 하나의 구조이고, 어떤 방식들에서(예를 들어, 모든 대수 방정식의 해를 허락하는 점에서) 실수들보다 더 단순하다; 사영 평면은 유클리드 평면을 포함하지만 (그것의 대칭성이 모든 선들의 쌍에 교차를 허락하면서) 더 단순하다. 놀라울 일도 아니지만, 어떤 증명들은 그 더 단순한 구조들 안에서 더 간단하고, 만일 그 결과들이 (각각) 실수들이나 유클리드 평면으로 되돌아가서 해석된다면 그 결과에 대해 더 통찰력 있는 견해를 줄 수 있을 것이다.[22] 이상적 요소들에 대한 힐베르트의 표현을 옮기면, 더 단순한 무엇보다 중요한 구조들은 "당신이 진실로 걱정하는 것들에 대한 이론을 더 단순하고 더 우아하게 만드는 편의성으로 도입된다".[23] 네 구조(실수, 복소수, 유클리드 평면, 사영 평면) 모두 실현가능하지만 아마도 물리적 세계에 실현되지는 않을 것이다; 그것들은 (우리가 앞서 보았듯이, 제아무리 실현된 구조들과 가깝게 연관된다고 하더라도) 사례화되지 않은 보편자들이다. 어떤 구조들을 더 단순하거나 더 대칭적인 것들 안에 포함시키는 일이 이해에 기여한다면, 그것은 놀랍지 않다.

영

음수와 복소수를 논의하는 데서 0에 대한 언급은 주의깊게 회피되었다는 점이 주목될 것이다. 단지 그 식이 $x + (-x) = 0$이라는 진술을 포함하기 때문에 우리가 0에 대한 설명을 제시했다고 해서 그것이 우리가 (이동 같은) 부정적 양들의 실재성을 설명했었다는 사실로부터 따라 나오지 않는다. 그 이유는 만일 두 이동들이 소거되면, 남아 있는 것이 아무것도 없기 때문이다: 따라서 상쇄되는 긍정적 부정적 이동들은 (마치

22 한 가지 전형적 예가 사영기하학을 통해 증명되는 유클리드 기하학의 파푸스의 정리이고, 그것은 평행선들을 특별한 경우로 고려할 필요가 없다., H.S.M. Coxeter and S.L. Greitzer, *Geometry Revisited* (Mathematical Association of American, Washington, DC, 1967), 67-69.

23 P. Benacerraf, Mathematical truth, *Journal of Philosophy* 70 (1973), 661-679, 664에서, 다음에 기초함. D. Hilbert, On the infinite (1925), P. Benacerraf and H. Putnam, eds, *Philosophy of Mathematics: Selected Readings* (2nd edn, Cambridge University Press, Cambridge, 1983), 183-201에 영역본이 있음.

그런 존재자가 있는 것처럼 이야기하는 것이 제아무리 편리하더라도) 0 이동 같은 존재자의 존재를 함축하지 않는다. 그것은 (질량 등의) 양의 비율들의 경우에도 같다.[24] 임의의 작은 그런 비율들의 존재와 '0 비율'에 관한 형식적 편리함은 0의 실재성의 증명(또는 심지어 훌륭한 증거)에 해당되지 않는다.

0은 특별하다. 그것은 그 자신의 이야기를 필요로 한다. 0에 관한 저술들은 구성주의자의 의견의 온상인데, 그 의견은 확실히 모든 것을 만들어진 것으로 보기에 이는 전혀 놀랍지 않은 일이다.[25] 즉, 한 가지 방식에서 그 의견은 참이다. 우리는 마침내 실재론자의 설명이 적용가능하지 않은 수학의 한 부분에 도달했다. (제3장에서 약속되었듯이, 공집합 또한 특별 취급을 필요로 한다) 0과 공집합은 명백히 '무(無)'와 밀접하게 관계된다—말하자면, 무(無)의 수학적 판본들로서[26]—따라서 그것들에 대한 설명은 그 주제에 관한 아리스토텔레스주의나 다른 견해들을 고찰함으로써 발견됨 직하다는 것은 그럴 법하다. 부재, 결여, 무(無) 같은 '부정적 존재자들' 일반의 지위에 관해 상당한 논의가 있었다.[27] 말할 필요도 없이, 논의의 일치점은 도달되지 못했다. 그럼에도 불구하고, 논의는 대개 특정 매개변수들 안에서 진행되고, 그것은 해결책의 적합성 조건으로 취급될 수 있다. 매개변수들은 수학철학의 목적을 위해 충분한 0과 공집합에 대한 설명을 거의 결정한다.

24 유사한 논의이지만 관련된 물리학에서의 더 테크니컬한 쟁점들을 다룬 것으로 다음 참조. Y. Balashov, Zero-value physical quantities, *Synthese* 119 (1999), 253–286.

25 R. Kaplan, *The Nothing That Is: A Natural History of Zero* (Oxford University Press, Oxford, 2000); C. Seife, *Zero: The Biography of a Dangerous Idea* (Viking, New York, 2000); B. Rotman, *Signifying Nothing: The Semiotics of Zero* (St. Martin's Press, New York, 1987).

26 "무(無) 같은 것은 없고, 0은 존재하지 않는다. 모든 것은 어떤 것이다. 아무것도 무가 아니다." 빅토르 위고, 『레 미제라블(*Les Misérables,* 1862)』, 제2부, 제7권, 제6장.

27 구멍들은 잘 연구된 사례지만, 제9장의 이론에 따라 하나의 구멍이 공간의 일부이고, 구멍 자체가 실재적일 수 있다; 움직이는 대상 안의 구멍의 경우처럼, 설사 공간의 부분이 변화 가능하고 외적으로 구체화된다고 할지라도, 구멍은 여전히 하나의 실재하는 존재자의 일부이다.

이 매개변수들은 다음과 같다:

- 부정적 존재자들은, 마치 우주의 가구의 일부인 것처럼 어떤 진정으로 실재적이거나 마이농(Meinong)적 방식으로도 존재하거나 자립(subsist)하지 않는다.[28] 우주 내의 사물들의 명세서는 부정적 존재자들을 포함하지 않는다. 그것은 특별히 그리고 명백히 무(無)에 대해 그래야 마땅하다: 나는 추상적 대상들이나 구멍들이 존재하는지에 대해 확신하지 못할 수도 있지만, 만일 실제로 존재하지 않고 존재할 수도 없는 어떤 것이 있다면, 확실히 그것은 아무것도 아니다. 아무것도 아니라는 것이 무(無)의 요점이다.
- 만일 무, 결여, 허구, 추상적 존재자 또는 다른 그런 '존재들'이 존재하지 않는다고 말하면, 그것늘에 관해 생각하거나 이야기하는 일의 요점에 대해 어떤 설명이 제시되어야만 한다. 거기에는 두 측면이 있다. 첫째, 우리는 '존재들'에 관한 담론에서 거기에 붙여지는 실재가 무엇인지를 설명해야만 한다: 무엇이 실제로 있는가? 둘째, 그런 '존재들'에 관한 담론, 공준 또는 명백한 지칭은 어떤 일을 하고 있음에 틀림없다. 어떻게든 그 담론은 실재에 관해 충실한 담론과 관계될 것이 틀림없다. 그것들에 대한 설명은 그 과제가 무엇이고, 어떻게 명백한 그것들에 대한 지칭들이 그 과제를 성취하는지가 설명되기까지는 완전하지 않다.
- 그 담론이 제거 가능하든 그렇지 않든 간에 그러하다. 이름들이 반드시 언제나 문자 그대로나 '존재론적 개입'을 지니고 사용됨에 틀림없는 척할 필요가 없다.' "페가수스는 하늘을 나는 말이다"는 페가수스에 관한 것이라고 말하는 바로 그 사람이 또한 페가수스는 없다는 데 대해 확고하다.'[29] 언어가 작동하는 방식이 그 언어의 사용자들이 실

28 왜 그렇지 않은지에 대한 이유들이 다음에서 설명된다. M. Reicher, Nonexistent objects, *Stanford Encyclopedia of Philosophy*, (2006, revised 2012) http://plato.stanford.edu/entries/nonexistent-objects/.

29 J. Azzouni, *Talking About Nothing: Numbers, Hallucinations and Fictions* (Oxford University Press, Oxford, 2010), 250.

재하지 않는다는 것을 아주 잘 알고 있는 '존재들'에 대한 이름들이 나 그것들에의 양화를 요구하는 것일 수 있다. (비록 그들이 무엇이 실재하는지와 무엇이 실재하지 않는지, 그리고 명백히 비존재에 관한 언어와 사고의 요점이 무엇인지를 설명할 필요는 없다고 하더라도) 철학자들이 사람들에게 그것이 불가능하다고 말해줄 필요는 없다.

비록 부정적 존재자들이 확실히 아주 단순한 (비)존재자들이기는 하지만—결국, 부정적 존재자들에게는 아무것도 없고, 따라서 복잡할 수 없다—우리는 어떻게 그것들에 대한 담론이 작동하는지에 관한 문제들에 대해 필연적으로 단순한 답을 기대해서는 안 된다. 예를 들어, 원인들로서의 부재에 관한 아주 복잡한 논쟁에서 그 점은 분명하다. 관계없는 이들이 화초들에 물을 주지 않은 것이 화초들의 죽음의 원인으로 취급되지 않는다 하더라도 (설사 그 화초들이 스미스가 그랬거나 다른 이들이 물을 줌으로써 살아남을 수 있었다고 하더라도) 어떻게 스미스가 사무실 화초에 물을 주지 않은 것이 화초의 죽음의 원인이라는 말인가?30 어떻게 어떤 부재들은 인과적 이야기 안으로 들어는 것으로 취급되고 다른 것들은 그렇지 않다는 것은 명백히 어려운 문제이다; 그 문제에 답하려 시도하지 않으면서, 교훈은 부정적 존재자들에 대한 형이상학적으로 단순한 설명은 그런 존재자들에 관한 담론의 역할에 대한 복잡한 설명과 결합될 필요가 있을 수 있다는 것이다. 그리고 그런 설명들은 우리가 언어적 역할들에 대한 설명이 형이상학적 문제들과 상호작용하기를 필연적으로 기대하지는 않는다는 점에서 별개의 과제들이다.

상당한 일반성을 지니면서 스콜라 철학의 '단지 심적인 존재'(*entia rationis*), 특히 부정과 결여 같은 '실재 안에 토대를 갖는 심적 존재들'의 이론에 그런 존재자들에 대한 발전된 설명이 있다. 그 이론은 현대

30 D. Lewis, Void and object, in J. Collins, N. Hall and L.A. Paul, eds, *Causation and Counterfactuals* (MIT Press, Cambridge, Mass., 2004), 277–290, at 282; H. Beebee, Causing and nothingness, in ibid., 291–308. http://strangebeautiful.com/uwo/metaphys/collins-hall-paul-caus-counterfacts.pdf.

허구주의, 그리고 또한 부재와 구멍들에 관한 현대의 연구와 다소 유사성을 보이지만, 그중 어느 것과도 정확히 똑같지는 않다.

스콜라 철학의 이론에 따르면, 언어와 심적 작용들은 실재 안에 현실적으로 존재하는 것들을 넘어서 광범한 범위의 '존재자들'을 대상으로 하는 것으로 보인다. 이것들은 아주 본질적으로 다르다—가능한 말(馬)들, 네모난 원은 별개이고, 명제들과 논리적 함축 같은 '제2지향'은 또 다르고, 맹목성 같은 결여는 역시 또 다르다. 그것들이 정신 바깥에서 존재를 결여한다는 공통점을 지니고 따라서 어떤 의미로 '심적 존재들'이나 '이성의 존재들'이라고 불릴 수 있다는 점을 예외로 하고서 그것들 모두에게 동일한 취급을 할 필요는 없다.[31] 마이농의 비존재의 이론이나 데이비드 루이스의 가능사 이론에서 공준되는 것 같은 어떤 형태의 정신 외적 존재도 배제하기 위해 그것은 최소주의적 의미로 받아들여야 하는 반면, '0'과 '무(無)'라는 발화들이 안정적인 의미들을 지니고 그 개념들이 사고 안에서 (구체화될) 모종의 역할을 수행하는 점에서 언어적 재동인(再同認)을 지지해주는 심적인 어떤 것이 있어야 함을 인정해야 한다.

이 설명은 특정의 차이를 지닌 채로 수학적 존재자들에 대한 현대 허구주의자의 설명과 닮았다. 허구주의가 언어에 대해 더 많이 이야기하고 심적 존재 이론이 사고에 관해 더 많이 이야기한다는 사실은 중대한 차이가 아니다—가정된 언어 배후의 사고의 부재에 관한 라일(Ryle)주의적 이론들이 위축된 이래, 언어가 사고를 표현한다는 것은 일반적으로 인정되고 있고, 사고가 언어보다 더 사적(私的)이라는 사실에 대

31 입문과 분류가 다음에서 이루어짐. D.D. Novotný, Scholastic debates about beings of reason and contemporary analytic metaphysics, in L. Novák, D.D. Novotný, P. Sousedík and D. Svoboda, eds, *Metaphysics: Aristotelian, Scholastic, Analytic* (Ontos Verlag, Heusenstamm, 2012), 25-40; also G. Klima, The changing role of entia rationis in mediaeval semantics and ontology: a comparative study with a reconstruction, *Synthese* 96 (1993), 25-58.

해 이 논쟁에 특별한 의미가 있지도 않다. 0에 관해 이야기하기 위해, 우리는 0에 관해 생각해야만 하고, 어떻게든 0에 관한 다른 사람들의 생각과 말과 조정되는 방식으로 그리 해야 한다. 따라서 하나의 '심적 존재' 이론은 모든 중요한 (특히 형이상학적) 측면에서 언어학적 용어로 스스로를 표현하는 어떤 허구주의 이론과 유사한 것으로 간주될 수 있다.

그러나 어떤 허구주의 이론 이야기인가? 그것은 그것에 따를 경우 수학적 담론이 플라톤주의의 추상적 존재자들에 관해 이야기한다고 주장하는 한 표준적 판본의 허구주의[32]와 가깝지 않고 거짓인데, 왜냐하면 그런 존재자들이 없기 때문이다. 그러나 그 안에서 '어떤 담론에 대한 허구주의의 특징적 성격이 (a) 그 담론의 어떤 가치 있는 목적의 인지, 그리고 (b) 설사 그 담론의 맥락 안에서 발화된 문장들이 문자 그대로 참은 아닐지라도 그 목적은 이룰 수 있다는 주장'인 더 넓은 의미에서 허구주의는 허구적이다.[33] 0에 관한 한 심적 존재 이론에 따르면, 0 같은 존재자는 없고 0에 관한 담론이 어떤 유용한 목적에 봉사하여 그 이론이 허구주의의 한 판본이게 된다.

심적 존재 이론은 그렇다면 이렇게 전개된다: 형이상학적으로, 0는 무(無)다. 그것은 무, 또는 부재, 또는 결여, 또는 부족과 같은 지위를 갖는다. 그것은 (예컨대) 'π'처럼 어떤 실재하는 양 또는 비율을 언급하지 않는다: 현실에서 실현될 수 있는 0의 양이나 비율 따위는 없다.

그 점을 이야기하고 나서, 우리는 첫째, 어떤 실재들이 0에 대한 담론의 '토대'인지, 그리고 어떻게 0에 대한 담론이 그 실재들을 다루는 데

32 M. Balaguer, Fictionalism in the philosophy of mathematics, *Stanford Encyclopedia of Philosophy,* http://plato.stanford.edu/entries/fictionalismmathematics/.

33 M. Leng, Fictionalism in the philosophy of mathematics, Internet Encyclopedia of Philosophy, http://www.iep.utm.edu/mathfict/; 자세한 논의는 M. Leng, *Mathematics and Reality* (Oxford University Press, Oxford, 2010) 참조.

도움이 되는지를 설명해야 한다.

0에 대한 담론이 적용되는 종류의 문자 그대로의 실재성은 양들의 소거 또는 균형 잡기에 관한 것이다. 우리가 보았듯이, 힘들과 이동들과 같이 같은 종류의 긍정적, 부정적 양들이 있을 수 있다. 그것들은 실재들이다. 반대 방향으로의 두 힘이 어떤 물체에 작용할 때처럼 하나의 긍적적 실재와 부정적 실재가 상호작용할 때, 두 가지 가능성이 있다: 그 힘들이 크기가 다르고 결과가 힘이거나, 그것들이 정확히 균형을 이루고 아무 결과도 없거나이다. 후자의 경우, 어떤 결과의 부재는 문자 그대로 진리이다. 유사하게, 무게 같은 두 긍정적 양이 크기와 비교될 때, 그것들의 차이는 보통 하나의 긍정적 양이지만—동일한 무게의 경우에는—아무런 차이가 없다. 정확한 균형이나 동일한 무게들의 예외적 사례들은 거기에 0에 대한 담론이 나오는 것들이다. 그 사례들의 실재성은 이제 0의 힘 또는 무게 같은 어떤 소위 존재자들의 언급이나 '공준' 없이 완전히 기술되었다.

0에 대한 담론의 역할이 무엇인지, 또는 0이라는 기호의 사용을 설명하는 일이 남았다. 이 사례들에서 0은 무엇을 위함인가? 그 질문은 기호 0을 포함한 문장들이 (0이 아닌) 양에 관한 참인 사실들을 진술하는 데 사용되는지를 기술함으로써 답해질 수 있다. 그것은 0이 수학 담론에 도입된 방식으로부터 잘 알려져 있다. 예를 들어, 두 양들 사이의 차이가 0라고 말하는 것은 (같지 않은 양들을 뺄 때처럼 어떤 확정된 양과 대조적으로) 그중 하나를 다른 하나로부터 뺄 때 남는 것이 없다고 말하는 것이다. 한 양의 d와 한 음의 d의 합이 0과 같다고 말하는 것은 그것들이 결합되었을 때 그 결과가 어떤 d도 결여되었다고 말하는 것이다. 기타 등등. $x = -y$일 때의 예외에 대해 계속 주목할 필요 없이 항상 $x + y$에 대한 답을 얻는 수학적 편리함이 어떤 것인지는 명백하다. 0에 대한 심적 존재 이론에 따르면, 그 편리함은 그 어떤 형이상학적 간접비용도 치르지 않으면서 얻어진다.

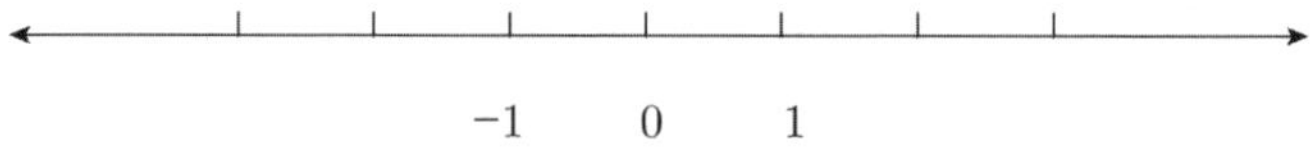

그림 14.2 0을 포함한 수선

편리함은—또는 독창적 순수수학으로의 영감은—예컨대, 0을 수선 위의 한 점으로 −1과 1 사이 중간에 그림으로써, 0을 어떤 방식으로 '구체화'하는 더 많은 정신적 곡예에 의해 얻어질 수 있다.

이 그림이 자극적일 수 있겠지만, 그것은 실재성을 0에 귀속시키는 일을 함축하지는 않는다. 제9장에서처럼, 우리는 공간과 양을 구별해야만 한다. 한 무한히 확장된 공간 안의 선은(잠시 그 공간이 무한하게 연장되고 무한하게 분할가능하다고 가정하자) 하나의 구조이다: 그 선은 간극이 없고 어떤 자연적 0도 없거나 그 선에 관한 다른 어떤 두드러진 점도 없다. 모든 비율들의 체계들은, 예컨대 질량들의, 구조에서 한 무한한 선의 부분과 어떤 유사성을 갖는다. 한 선의 어느 부분에 비율의 체계가 대응하는지는 연구에 의해 결정되는 것이고, 권위적 명령에 의한 것이 아니다. 그것은 무한하게 연장된 선(종지점은 포함하지 않음)의 절반과 같은 구조를 갖는다: 그 절반의 선 위의 각각의 점에 대해 그 점까지의 구간의 길이의 길이 1에 대한 비율이 모든 비율들의 체계들 가운데 하나다(그리고 그것이 존재하는 모든 비율들이다). 그 비율은 관련된 양이 이동들과 같은 양과 음의 양 양자 모두를 허용할 때의 비율들과 같다. 무한정으로 작고 무한정으로 큰 그런 양과 음의 양들의 비율들이 있다. 따라서 그 모든 비율들의 체계는 중심 점이 빠진 채로 양방향 모두로 무한한 선의 구조를 갖는다. 우리는 0을 포함하는 수선을 그릴 수 있지만, 0이 특별하다는 것을 알고, 선이 비율들을 표상하는 데 사용될 때, 다른 모든 점들은 어떤 비율을 표상함에도 불구하고 0은 어떤 비율을 표상하지 않는다.

'결코 0으로 나누지 말라'는 아주 현명한 충고는 0이 얼마나 특별한지를 보여주는 하나의 징후이다. 어떤 진정한 양이 0에 대해 갖는 비율은 없다.

0에 대한 '심적 존재' 이론에는 한 가지 명백한 문제가 있다. 그것은 의심할 여지없이 유의미한 실재적인 것들에 심적 존재들을 추가하기를 요구하는 것으로 보인다. 만일 1.73이 하나의 실재하는 양을 표시한다면, 예컨대 센티미터로 길이를 표시한다면, 어떻게 등식 1.73 + 0 = 1.73에서처럼 하나의 실재하는 길이가 심적 존재와 상호작용이 가능한가? 범주를 오인하는 오류가 아닌가? 그것은 상황에 대한 올바른 기술이 못된다. 한 심적 존재는 실재의 일종이 아니기 때문에, 심적 존재와의 상호작용은 있을 수가 없다. '나는 스프 한 캔을 인스턴트 식품에 추가했다'가 '나는 전무한 스프의 캔을 인스턴트 식품에 추가했다'와 다르다는 것과 똑같은 이유로 '1.73 + 0'은 '1.73 + 2'와 다른 문법을 갖는다; 예를 들어, 후자는 '나는 어떤 스프의 캔도 인스턴트 식품에 추가하지 않았다'로 바꿔 쓸 수 있다. 0이라는 기호를 사용하는 데 따르는 수학석 편리함이 제아무리 크다 해도 그것이 형이상학적 실재를 바꿀 수는 없다.

공집합

공집합 또한 그 자신의 이야기기 필요하다. 제3장에서 주목했듯이, 공집합은 수들을 '구성'하기 위해 필요한 것이 아니고, 따라서 마치 인간 정신이 '무(無)를 괄호 안에 묶음'으로써 한 허구적 존재자를 구성하기로 결정한 듯 공집합을 어느 정도 허구적인 것으로 취급하는 데 대해서는 원리상 아무런 반론도 없다. 그러나 그렇게 하는 가운데, 우리는 0과 어떤 다른 단지 심적인 존재같이, 그 개념의 실재에서의 토대가 무엇인지, 그리고 그 존재자에 대한 담론이 어떤 일을 수행하는지 양자 모두에 대한 설명을 제시해야만 한다.

나아가서, 우리가 A와 B가 아무 원소도 공통으로 가지지 않을 때 집합 A와 B의 교집합은 공집합이라고 쓸 때처럼 초보수학에서의 공집합의 가장 자연스러운 첫 등장 사례들이 그것을 허구로 보는 해석을 시사할 수 있다. 어떤 형태의 허구주의가 칸토어, 프레게, 그리고 형식적 집합론의 다른 창립자들의 견해였고, 여기에는 심지어 '아무 원소도 포함하지 않는 하나의 (부적당한[*uneigenliche*]) 집합, 공집합, 0이 있다'고 쓴 체르멜로도 포함된다.[34] 그들이 그랬듯 '대상들의 컬렉션'으로서의 집합 개념으로부터 와서, 그 서사들은 자연히 무(無)를 모은다는 데서 난점을 발견한다.[35]

공집합의 존재를 옹호하는 현실적인 논증들은 순환적인 것, 마술적인 것, 또는 '수학적 편의'에의 의존으로 향한다.[36] 그것에 따르면 집합 {a}가 어떤 단위-만들기 속성을 갖는 사태인 암스트롱의 이론처럼 환원적인 집합론들은 또한 공집합의 존재에 관해 부정적인 견해로 인도되는데, 왜냐하면 무가 어떤 단집합을 갖는 사태란 없기 때문이다. 우리는 또한, 루이스의 기괴한 제안처럼 모든 집합이 아닌 것들의 부분-전체론의 논리적 합—'모든 개체들의 융합' 같은 집합론 안에서 공집합과 똑같은 형식적 역할을 할 수 있는 어떤 임의의 집합이 아닌 항목을 지명하고자 시도할 수도 있다.[37]

공집합에 대응하는 실재를 발견할 유일하게 온당한 전망은 사례화의

34 E. Zermelo, Untersuchungen über die Grundlagen der Mengenlehre I, *Mathematische Annalen* 65 (1908), 261–281, 다음과 같은 영역본이 있다. J. van Heijenoort, *From Frege to Gödel: A Source Book in Mathematical Logic,1879–1931*, (Harvard University Press, Harvard, MA, 1967), 199–215, 특히 202. ('허구적(fictitious)'은 'uneigentlich'의 번역어이다).

35 A. Oliver and T. Smiley, What are sets and what are they for? *Philosophical Perspectives* 20 Metaphysics (2006), 123–155, section 1.1; A. Kanamori, The empty set, the singleton and the ordered pair, *Bulletin of Symbolic Logic* 9 (2003), 273–298.

36 Oliver and Smiley, section 1.2.

37 D. Lewis, Mathematics is megethology, *Philosophia Mathematica* 1 (1993), 3–23, at 9; 유사한 내용이 다음에 나옴. E. Zermelo, On boundary numbers and domains of sets: new investigations in the foundations of set theory, in W. Ewald, ed., *From Kant to Hilbert: A Source Book in the Foundations of Mathematics*, vol. II (Oxford University Press, Oxford, 1996), 1219–1233; 공집합의 무의미함에 대한 후대의 항의들에 관해서는 다음 자료 참조. P.A. Carmichael, The null class nullified, *Philosophical Review* 52 (1943), 61–68 and P.A. Carmichael, Animadversion on the null class, *Philosophy of Science* 10 (1943), 90–94.

부재에 대한 공집합의 관계로부터 온다. 한 속성의 외연이 공집합이라고 말하는 것은 그 속성이 사례화되지 않는다고 말하는 것이고, 따라서—'사태'의 확장된 의미에서—하나의-일각수임의 사례화되지 않은 사태가 있다. 따라서 하나의-일각수임이라는 보편자와 5년-임기-미국-대통령임이라는 보편자는 공통적인 어떤 것, 즉 사례화되지 않음을 갖고 있다.[38] (사례화되지 않은 보편자들은 어떤 더 엄격한 아리스토텔레스주의적 견해들과 반대로 제2장에서 인정되었음을 기억할 것이다.) 집합 A와 집합 B의 교집합이 공집합일 때도 이와 유사하다: 공집합은 A와 B 양자 모두의 구성원임'이 사례화되지 않았을 때 나타난다. 그 공통성—다른 보편자들이 공유하는 사례화되지-않음—이 공집합에 대한 담론의 실재에서의 토대다.

사례화되지-않음이 모종의 존재인지 그렇지 않으면 하나의 허구로 고려되어야 하는지에 대해서는 여전히 논쟁의 여지가 있다. 그 쟁점은 여기서 결정되지 않을 것이다.

끝으로, 만일 아리스토텔레스주의자가 영과 공집합에 대한 허구론자의 이론을 인정할 준비가 되었다면, 그 지점에 이르기까지 실재론을 옹호하고 허구론을 피하기 위해 그토록 노력을 아끼지 않아야 할 필요가 진짜 있었을까?[39] 아마도 영에 관한 허구주의는 빙산의 일각일 것이다: 만일 영에 대해 허구주의가 받아들일 만하다면, 왜 더 일반적으로 수들에 관한 허구주의를 받아들이지 않는가?

그것은 옳지 않다. 영과 공집합은 진실로 특별하다. 0의 비율이란 없

38 공집합이 '자기-동일적이지 않은' 같은 개념의 외연이라는 프레게의 아이디어와 명백한 유사성들이 있지만, 아리스토텔레스주의적 해석은 그 어떤 프레게의 플라톤주의적 비용도 치르지 않는다.

39 로마 가톨릭의 낙타를 감수해야 했을 때 왜 액튼 경이 교황 무류성의 각다귀를 무리하게 끌어들여야 했는지에 관한 라이튼 스트래치(Lytton Strachey)의 질문과 비교하라. (L. Strachey, *Eminent Victorians*, Oxford University Press, Oxford, 2003, 75.)

음에도 불구하고—비례가 0인 두 양이 존재할 수 없음에도 불구하고[40]—내 키가 당신의 키에 대해 갖는 비율은 실재에서 실현된다. 극단적으로 큰 비율들은 현실적으로 실현되지 않을 수 있지만, 0과는 달리, 그것들은 실현될 수 있다. (이산적) 두 배의 비율은 한 더미 내의 구두들의 수와 더미 내의 구두들의 쌍들의 수의 비율 안에 실현된다. 기타 등등.

일단 플라톤주의가 잘못되었다는 것, 수학의 대상들로 봉사할 정신-독립적인 비시공적이고 비인과적인 '추상적 대상들'이 존재하지 않는다는 것이 받아들여지고 나면, 허구주의가 (정신-의존적) 허구들을 추상적 대상을 대신 판 위에 벌여 놓는다. 아리스토텔레스주의는, 그와 대조적으로, 앞의 장들에서 설명된 것처럼, 그것들 대신에 시간-공간적이고 인과적인 정신-독립적인 대상들을, 즉 비율들과 같은 관계들을 내놓는다.

40 비록 무한소의 비율이 논외가 아니라고 하더라도, 예를 들어, 만일 하나의 양은 유한하고 다른 하나는 무한하다면.

15 수학 안의 비연역적 논리학

만일 수학적 실재론—플라톤주의든 아리스토텔레스주의든—이 참이라면, 수학은 '바깥' 세상에 대한 하나의 과학적 연구다. 그럴 경우, 증명처럼 수학의 특수한 방법들에 덧붙여 실험, 추측, 그리고 관찰들에 의한 이론들의 입증 같은 보통의 과학적 방법들의 역할이 있어야만 한다. 그 방법들은 과학에서와 꼭 마찬가지로 수학에서도 작동해야 한다. 수학은 그 자신의 부가적이고 더 확실한 방법들을 지니지만, 그 사실이 보통의 과학적 방법들의 작동을 방해해서는 안 된다.

실험적 수학의 이론과 실천에 대한 검토는 세 가지 일을 할 것이다. 그 일들은 수학철학에서의 실재론을 확증할 것인데, 왜냐하면 객관주의적 과학철학은 과학이 연구하는 존재자들과 진리들에 관한 실재론을 전제로 하기 때문이다. 그것은 과학방법론에 대한 논리적 해석을 제안할 것인데, 왜냐하면 과학의 방법들이 우연적 문제뿐만 아니라 필연적 문제에서도 작동하기 때문이다. (따라서, 예를 들어, '자연의 제일성' 같은 그 어떤 우연적 원리들을 가정할 필요도 의심받을 것이다.) 그리고 객관적 베이즈주의 확률철학을 지지할 것인데, 그에 따르면 (최소한 어떤) 확률들은 엄격하게 논리적이다—그것들은 증거들과 가설 사이의 부분적 함축 관계들이다.

수학자들은 종종 증명에는 미치지 못하는 증거에 의해 확증되는 추측들에 관해 이야기한다. 그들 자신의 추측들에 대해 증거는 증명을 찾는 더 많은 연구를 정당화해준다. 페르마의 마지막 정리가 그랬고 리만 가설이 여전히 그런 것처럼 오랫동안 증명되지 못한 추측들은 우호적이거나 적대적인 증거를 놓고 고려되어야만 했다. 증거의 가설에 대한 관계를 '주관적', '어림법적', 또는 '실용적'이라 기술하는 것은 적절치 않다; 그 증거를 믿는 것이 합리적인 요소, 즉 비연역적 논리학의 요소가 있음에 틀림없다. 수학은 그러므로 (무엇보다도) 하나의 실험적 과학이다.

그러나 수학에서의 비연역적 논리학, 또는 논리적 확률, 또는 증명되지 않은 추측들에 대한 합리적 지지의 발생은 곤혹스러운 일이다. 그것은 연역 논리학을 유일한 진짜 논리학으로 간주해온 수학자들에게 곤혹스럽다. 그것은 확률을 오직 무작위적 과정들이나 상관 빈도들로만 보기를 소망하는 통계학자들에게 곤혹스럽다: 수학의 진리들에는 정녕 확률적인 것이 전무할까? 그것은 귀납이 논리학에 의해서가 아니라 자연법칙들이나 '자연의 제일성'에 의해 정당화된다고 믿는 철학자들에는 문제다: 자연이 얼마나 무법칙적일 수 있든지 간에 수학은 똑같다. 수학에서의 비연역적 논리학은 대부분의 수학철학자들과 잘 맞지 않는다. 그것은 심지어 비연역적 논리학의 옹호자들에게조차 수상하다. 만일 비연역적 논리학이 함의보다 약한 논리적 관계를 다룬다면, 어떻게 그런 관계들이 수학의 필연적 진리들 사이에서 성립할 수 있을까?

최소한 극히 최근까지 이 주제에 관한 연구는 희소했다. 주목할 만한 하나의 예외가 있는데, 수학자 조지 푸야(George Polya)가 저술한 한 쌍의 책 『수학과 그럴듯한 추리』이다.[1] 그 탁월함에도 불구하고, 그의 책들

1 이 장의 첫 판본은 J. Franklin, Non-deductive logic in mathematics, *British Journal for the Philosophy of Science* 38 (1987), 1-18로 발표되었다; 현재와 거의 동일한 판본이 Non-deductive logic in mathematics: the probability of conjectures, in A. Aberdein and I. Dove, eds, *The Argument of Mathematics* (Springer, Dordrecht, 2013), 11-29로

은 수학자들에게 거의 주목받지 못했고, 철학자들에게는 더욱 더 그러했다. 의심할 여지없이 그것은 주로 푸야가 그의 책 제목에 '그럴듯한(plausible)'이라는 단어를 쓴 불운한 선택 때문이다—'그럴듯한'은 주관적, 심리적 울림을 주고, 그런 이유로 '설득력 있는'이나 '수사적으로 설득력이 있는'과 거의 동치이다. 심리적 이유들로 인해 어쩌다 설득하는 논증들은 정당하게 수학과 철학에 별로 흥미롭지 못한 것으로 간주된다. 푸야는 그러나 그가 주관적 인상들이 아니라 증거에 의해 얼마만큼의 믿음의 정도가 정당화되는지에 관심을 둔다는 점을 분명히 했다.[2]

추측들의 개연성 판단하기

비연역적 논리학은 어떤 명제들이 다른 것들에게 주는 함의에 미치지 못하는 지지를 다룬다. 만일 한 명제가 이미 참으로 승병되었다면, 물론 그에 대한 비결론적인 증거를 더 이상 고려할 필요가 없다. 그 결과, 비연역적 논리학은 수학 안에서 수학자들이 아직 증명되지 않은 명제들을 고찰하는 분야들에서 발견될 것이다. 이것들에는 두 종류가 있다. 첫째

출판되었다. Springer 출판사의 허락을 얻어 여기 재수록한다. G. Polya, *Mathematics and Plausible Reasoning* (vol. I, *Induction and Analogy in Mathematics*, and vol. II, *Patterns of Plausible Inference*, Princeton University Press, Princeton, NJ, 1954); 최근의 부활은 다음을 참조하라. D. Fallis, The epistemic status of probabilistic proof, *Journal of Philosophy* 94 (1997), 165–186; J.R. Brown, *Philosophy of Mathematics: An introduction to the world of proofs and pictures* (Routledge, London, 1999), ch.10; D. Fallis, The reliability of randomized algorithms, *British Journal for thePhilosophy of Science* 51 (2000), 255–271; D. Corfield, *Towards a Philosophy of Real Mathematics* (Cambridge University Press, Cambridge, 2003), ch. 5; A. Baker, Is there a problem of induction for mathematics?, in M. Leng, A. Paseau and M.D. Potter, eds, *Mathematical Knowledge* (Oxford University Press, Oxford, 2007), 59–73; A. Baker, Non-deductive methods in mathematics, *Stanford Encyclopedia of Philosophy* (2009) http://plato.stanford.edu/entries/mathematics-nondeductive; I.J. Dove, Towards a theory of mathematical argument, *Foundations of Science* 14 (2009), 137–152, section 3; B. van Kerkhove, and J. P. van Bendegem, Pi on earth, or mathematics in the real world, *Erkenntnis* 68 (2008), 421–435; L. Lehrer Dive, An epistemic structuralist account of mathematical knowledge, PhD thesis, University of Sydney, 2003, ch. 6; 간략한 비평은 G.B. Kolata, Mathematical proofs: the genesis of reasonable doubt, *Science* 192 (1976), 989–990 참조.

2 Polya, *Mathematics and Plausible Reasoning*, vol. I, 68.

는 그 어떤 현역 수학자든 그가 출판하기를 희망하는 증명들을 찾기에 앞서서나 실로 그가 증명하기를 희망하는 정리들을 찾기에 앞서 그 예비 작업에서 다루는 것들이다. 둘째 종류는 다수의 수학자들이 다루었지만 증명하지는 못한 오래된 추측들이다.

성찰해보면 어떤 수학자가 어떤 문제를 연구하는 첫 단계에서 비연역적 논리학을 사용함에 틀림없다는 것은 명백하다. 수학은 추측, 반박, 그리고 증명만으로 이루어질 수 없다. 누구든지 추측을 생성할 수 있지만, 어떤 것이 연구할 가치를 지닐까? 어떤 것들이 주어진 문제와 연관성이 있을까? 어떤 쉬운 사례들에서 어떤 것들이 확증되거나 반박되어 온당한 시간 내에 그것들의 참임에 대한 모종의 암시가 있을 것인가? 어떤 것들이 수학자들의 레퍼토리에 들어 있는 어떤 방법에 의해 증명될 수 있음 직한가? 어떤 것들이 다른 어떤 사람의 정리로부터 따라 나올까? 어떤 것들이 다음 종신교수직 심사가 끝난 후까지 답을 낼 법하지 않은가? 수학자는 그의 시간과 노력을 배분하기 위해 이 질문들에 답해야만 한다. 그러나 이 문제들에 대한 모든 답이 똑같이 훌륭하지는 않다. 수학자로 계속 고용되기 위해 그는 그것들을 높은 성공 비율로 잘 답해야만 한다. 그러나 어떤 답들이 다른 것들보다 낫다고 말하는 것은 그가 가진 증거에 비추어 어떤 것들이 다른 것들보다 더 온당하다는 것, 즉 증거에 의해 더 잘 지지된다는 것을 인정하는 것이다. 그것은 비연역적 논리학의 역할을 받아들이는 것이다.

한 수학자가 이런 종류의 최선의 차별을 할 것에 틀림없는—그리고, 이론상, 잘못된 결정을 내릴 경우 그가 하게 될—분야가 박사학위 과정 학생에게 조언을 주는 지도교수로서의 일이다. 박사과정을 시작하는 학생에게는 수학의 어떤 일반 분야를 고르고 나서 그 분야의 한 전문가를 찾아뵙고 지도교수로 모시는 것이 통상적이다. 다음에는 지도교수가 그 분야에서 학생이 연구할 문제를 선택한다. 수학에서는 다른 어느 학문 분야에서보다도 처음의 문제 선택이 박사학위 취득 과정에서 결정적인

사건이다. 그 문제는 반드시:

1. 현재 미해결이어야 하고;
2. 곧 그것을 해결할 법한 사람에 의해 연구되고 있지 않으며; 그러나 무엇보다도 중요하게는
3. 다룰 수 있어야 한다. 즉 박사과정 수준에서 3년의 연구로 아마도 해결 가능하거나 최소한 부분적으로 해결 가능해야 한다.

생각되어 왔거나 생각될 수 있는 엄청난 수의 미해결의 문제들 중 다룰 수 있는 것은 비율이 작다는 것, 그리고 어느 것들이 그런 것인지를 가려내기는 힘들다는 것이 인식되고 있다. 지도교수에게 요구되는 비연역적 논리학 기량은 높은 수준이다. 따라서 박사과정 학생에게는 어떤 분야나 문제를 고를지 너무 걱정하지 말고 훌륭한 지도교수를 찾는 데 집중하라고 충고할 일이다.

박사 과정에서 도전할 만한 이유:

4. 흥미로운 문제 찾기가 어려운지 또한 분명하다.

이 비연역적 테크닉들을 단순히 '어림법적' 또는 '실용적' 또는 '주관적'인 것으로 내치는 것은 가능하지 않다. 비록 이것들은 각각 일리 있는 올바른 기술들이지만, 테크닉들 사이의 결정적 차이들, 즉 어떤 것들은 더 온당하고 다른 것들보다 일관되게 더 성공적이라는 데에 대한 아무런 통찰도 주지 못한다. '성공적'은 '운이 좋은'을 의미할 수 있지만, '일관되게 성공적'은 그럴 수 없다. 그루초 막스(Groucho Marx)가 말했듯, '운 좋은 전환점을 많이 가졌다면, 그것은 그저 우연일 수가 없다'.[3]

3 C. Chandler, *Hello, I Must Be Going: Groucho Marx and His Friends* (Doubleday, Garden City, New York, 1978), 560.

참인 결과의 발견으로 인도한다는 의미에서 많은 테크닉들이 어림법적일 수 있지만, 우리는 특별히 진리에 도달했다고 믿을 이유를 주고 후속 연구를 정당화해주는 것에 관심이 있다. 시도되고 있는 증명들에 관한 노력의 할당은 다수의 요인들에 안내되었을 수 있고, 따라서 그것들은 '실용적'이라고 불릴 수 있지만, 완성된 증명으로 인도될 만한 것들은 단순한 완고함처럼 그럴 법하지 않은 것들로부터 구별될 필요가 있다. 어떤 문제를 해결하는 데 있어서 어느 접근법이 생산적일지에 관해서는 의견들이 다를 수 있고, 따라서 주관적이라 불릴 수 있지만, 신입 대학원생은 훌륭한 이유 없이 전문가들의 의견에 맞서 그의 주관적인 의견을 관철시키라는 조언을 받지는 않는다. 경마에 관한 데이먼 런욘의 관찰은 공부할 과정들에도 똑같이 적용된다: "경주에서 빠른 말이 언제나 이기는 것은 아니고, 싸움에서 강자가 늘 이기는 것도 아니지만, 그것이 돈을 거는 법이다".[4] 이후 기술되듯이, 전문가들의 의견이 일치했고, 결국 올바른 것으로 판명된 한 예가 유한 단순 군들의 분류였다.

비슷한 말을 꼭 수학 연구에서만이 아니라 가설들의 평가에서 작동하는 합리적 원리들을 이해하려는 그 어떤 시도에 대해서도 할 수 있으리라는 것은 참이다. 과학 연구에서 다양한 귀납적 원리들이 명백히 결과를 내고, 그 결과들이 단순히 실용적, 어림법적, 또는 주관적인 것으로 내쳐지지 않는다. 그러나 그것들이 논리학의 원리들이 아니라 자연법칙들(또는 인과율이나 자연의 상례성) 때문에 작동한다고 가장하는 것이 흔하다. 이 선택지는 수학의 경우에는 가능하지 않다. 수학은 혼돈되거나 규칙적인 모든 세계들 안에서 참이다. 따라서 수학 안에서 가설과 증거 사이의 관계를 지배하는 그 어떤 원리도 오직 논리적인 것일 수밖에 없다.

현대 수학에서는 어떤 증명의 구성으로 인도하는 과정들을 출판할 때

4 C. Fadiman, *The American Treasury* (Harper, New York, 1955), 794.

숨기는 일이 보통이다. 충분히 자연스러운 일인데, 왜냐하면 일단 어떤 결과가 증명되면, 증명이 나오기 이전에 존재했던 그 어떤 결정적이지 않은 증거도 더 이상 흥미롭지 않기 때문이다. 항상 그랬던 것은 아니다. 그가 증명할 수 없었던 가설들을 그것들에 대한 증거와 함께 으레 출판했다. 예를 들어, 그는 무한 합

$$1+\frac{1}{4}+\frac{1}{9}+\frac{1}{16}+\frac{1}{25}+\cdots$$

(분모인 수들이 정수의 제곱들의 연속인)이 일견 그럴 법하지 않은 값 $\pi^2/6$과 같다고 결론짓기 위해 어떤 대담하고 명백히 엄밀한 방법들과는 거리가 먼 방법들을 사용했다. 두 표현들이 소수점 아래 일곱 자리까지 일치하는 것, 그리고 유사한 논증 방법이 이미 증명된 결과

$$1-\frac{1}{3}+\frac{1}{5}-\frac{1}{7}+\frac{1}{9}-\frac{1}{11}+\cdots=\frac{\pi}{4}$$

로 인도되는 것을 발견하고서 오일러는 이렇게 결론지었다: “우리의 방법으로 말하자면, 어떤 이들에게는 충분할 만큼 신빙성이 없을 수 있지만, 여기서 상당히 확증된다는 것이 밝혀진다. 그러므로 여기서 우리는 똑같은 방법에 의해 도출되는 다른 것들도 전혀 의심하지 않을 것이다.” 그는 훗날 그 결과를 증명했다.[5]

심지어 오늘날도 수학자들은 어떤 정리로 인도한 증거를 출판물에서 때때로 언급한다. 컴퓨터의 도입 이래, 그리고 최근 기호 조작 소프트웨어 패키지들이 사용된 이래 더욱 더 특정 종류의 추측들에 대한 많은

5 Polya, *Mathematics and Plausible Reasoning*, 제1권, 18–21. 어떤 명제의 '엄밀한 증명과 거의 동치인 것으로 간주될 직한 … 그런 증거'를 설명하는 데 바쳐진 오일러의 또 다른 출판물의 번역이 '제1권, 91–98에 제시되어 있다.

양의 증거를 수집하는 일이 가능해졌다.[6] 소수의 수학자들이 어떤 경우에는 '준-엄밀한' 체킹으로 충분할 때 증명에 의해 확실성을 성취하려는 데 과도한 값을 치르는 것은 그럴 가치가 없다고 논변한다.[7]

현재에는 증명들이 발견될 때까지 출판을 미루는 것이 보통이다. 이 규칙은 참이라 믿어지지만 지금까지 증명되지 못한 오래된 수학의 추측들에 관한 연구에서만 깨진다. 이들 중 가장 주목할 만한 것은 페르마의 마지막 정리의 증명 이후 수학의 에베레스트산으로 군림하고 있는 리만 가설이다.

리만 가설의 (지지하거나 반대하는) 증거

리만은 1859년의 한 유명한 논문[8]에서 "(사소한 예외를 지닌 채로) 리만 제타 함수의 모든 해들은 ½과 같은 실수부를 갖는다는 것은 아주 그럴 법하다고 생각한다"고 진술했다. 이것이 여전히 증명되지 않은 리만 가설이다. 리만 제타 함수는

$$\zeta(s) = \frac{1}{1^s} + \frac{1}{2^s} + \frac{1}{3^s} + \cdots$$

6 많은 예들이 J.M. Borwein and D. Bailey, *Mathematics by Experiment: Plausible Reasoning in the 21st Century* (A.K. Peters, Natick, MA, 2004)에 나옴; J.M. Borwein, D.H. Bailey and R. Girgensohn, *Experimentation in Mathematics: Computational Paths to Discovery* (A.K. Peters, Natick, MA, 2004); J. Müller and M. Neunhöffer, Some computations regarding Foulkes' conjecture, *Experimental Mathematics* 14 (2005), 277-283; 이런 종류의 실험 수학에 관한 논평은 in D. Epstein, S. Levy and R. de la Llave, About this journal, *Experimental Mathematics* 1 (1992), 1-13 참조; A. Baker, Experimental mathematics, *Erkenntnis* 68 (2008), 331-344에서 철학적 검토 참조.

7 D. Zeilberger, Theorems for a price: tomorrow's semi-rigorous mathematical culture, *Notices of the American Mathematical Society* 46 (1993), 978-981.

8 B. Riemann, On the number of primes less than a given magnitude, translated in H.M. Edwards, *Riemann's Zeta Function* (Academic, New York, 1974), 299-305.

라는 공식에 의해 s > 1인 양의 정수들에 대해 정의된다. (따라서, 예를 들어,

$$\zeta(2) = 1 + \frac{1}{4} + \frac{1}{9} + \frac{1}{16} + \frac{1}{25} + \cdots$$

는 위의 오일러의 결과와 같이 $\pi^2/6$이다.) 그 정의는 전체 복소수 평면으로 확장될 수 있다: $\zeta(s)$는 독특한 복소 함수로서 $s = 1$에서를 예외로 하고서는 해석적이고, 1보다 큰 양의 정수들에 관하여 위의 공식과 일치한다. $\zeta(s)$이 음의 짝수인 정수들에서 명백한 ('사소한') 해를 갖는 것이 발견되었다. 리만 가설은 모든 (무한히 다수인) 다른 것들이 ½과 같은 실수부를 갖는다는 것이다.[9] 지금 여기서의 분석을 위해서는 복소 함수들에 대한 이해는 필요하지 않다: 오직 이것이 '모든 까마귀는 검정색이다' 같은 단순한 전칭 명제라는 것만이 중요하다. 리만 제타 함수의 무한히 많은 사소하지 않은 해들이 자연적 순서를 가지고, 따라서 우리가 첫 백만 해들을 이야기할 수 있다는 것 또한 참이다.

일단 리만 가설은 증명하기가 아주 어려울 것이라는 점이 분명해졌을 때, 그것의 참 또는 거짓에 대한 증거를 찾는 일은 자연스러웠다. 가장 단순한 종류의 증거는 보통의 귀납일 것이다: 가능한 한 많이 그 해를 계산하고, 그것들이 모두 ½이라는 실수부를 갖는지 보라. (가능한 한 많이 계산을 저장해서 결과가 가능한 한 멀리 나아갈 수 있도록 하는 교묘한 알고리즘을 만들 필요가 있으므로, 비록 실제로는 계산적으로 어렵지만) 이것은 원리상 간단하다. 그런 수적 작업은 리만에 의해 시작되었고, 훗날 다음의 결과들과 더불어 수행되었다:

9 Accounts in Edwards, *Riemann's Zeta Function*; J. Derbyshire, *Prime obsession:Bernhard Riemann and the Greatest Unsolved Problem in Mathematics* (Joseph Henry Press, Washington, DC, 2003), ch. 5; K. Sabbagh, *Dr Riemann's Zeros* (Atlantic, London, 2002); M. du Sautoy, *The Music of the Primes: Searching to Solve the Greatest Mystery in Mathematics* (HarperCollins, New York, 2003).

표 15.1 초기의 리만 제타 함수의 해들의 계산들

연구자	½이라는 실수부를 갖는 것이 발견된 해들의 수
Gram (1903)	15
Backlund (1914)	79
Hutchinson (1925)	138
Titchmarch (1935/6)	1,041

'넓게 말해서, 그램, 백룬드 그리고 허치슨이 리만 가설의 그럴 법함에 대해 충분히 기여했지만, 왜 그것이 참일 수 있는지에 관해서는 아무런 통찰도 주지 못했다.'[10] 그다음 연구들은 전자 컴퓨터들을 사용할 수 있었고, 그 결과들은 다음과 같다:[11]

표 15.2 훗날의 리만 제타 함수의 해들의 계산

Lehmer (1956)	25,000
Meller (1958)	35,337
Lehman (1966)	250,000
Rosser, Yohe and Schoenfeld (1968)	3,500,000
Brent (1979)	81,000,001
Te Riele, van de Lune et al. (1986)	1,500,000,001
Gourdon (2004)	10^{13}

그것은 세계에서 가장 큰 귀납들 중 하나였다.

이 단순한 귀납적 증거 외에도 리만 가설이 참이라고 믿을 몇 가지 다른 이유들이 있다. 그리고 그것을 의심할 이유들도 있다. 지지하는 증거:

10 Edwards, *Riemann's Zeta Function*, 97.

11 R.P. Brent, J. van de Lune, H.J.J. Te Riele, and D.T. Winter, On the zeros of the Riemann Zeta Function in the critical strip (II), *Mathematics of Computation*, 39 (1982), 681-688; X. Gourdon, The 10^{13} first zeros of the Riemann Zeta Function, and zeros computation at very large height, 2004, http://numbers.computation.free.fr/Constants/Miscellaneous/zetazeros1e13-1e24.pdf.

1. 하디는 1914년에 리만 제타 함수의 무한히 많은 해들이 ½의 실수부를 갖는다는 것을 증명했다.[12] 이것은 리만 가설의 아주 강한 귀결이지만, 그 가설을 높은 개연성을 갖게 만들기에는 충분하지 않은데, 왜냐하면 만일 리만 가설이 거짓이라면, 그것에 대한 예외들이 희귀하더라도 놀랍지 않을 것이기 때문이다.
2. 리만 가설은 그 가설이 그때까지 증명되지 않았던 '소수 정리'를 함축한다는 것을 보여주었다. 이 정리는 훗날 독립적으로 증명되었다. 이것은 어떤 명제의 사소하지 않은 귀결들은 그것을 지지해준다는 근본적인 비연역적 원리의 한 예이다.
3. 또한 1914년에, 보어(Bohr)와 란다우(Landau)는 거칠게 '거의 모든 해들이 ½에 아주 가까운 실수부를 갖는다'고 표현될 수 있는 한 정리를 증명했다. 더 정확하게는, '어떤 $\delta > 0$에 대해서도 해들의 한 무한소적 비례를 제외하고는 모두가 ½의 δ 내에서 실수부를 갖는다'. 이 결과는 오늘날까지도 '리만 가설을 입증하는 해들의 위치에 관한 가장 강한 정리이다'.[13]
4. 어떤 유명하고 난해한 수론에서의 연구들은 그 안에서 리만 제타 함수와 유사한 제타 함수들을 고려하는 것이 자연스러웠던 분야들을 드러내주었다.[14] 어떤 유명하고 난해한 연구에서 앙드레 와일(앙드레 베유, André Weil)은 리만 가설의 아날로그가 이 제타 함수들에 대해서 참임을 증명했고, 심지어 더 일반적인 부류의 제타 함수들에 대한 그의 연관된 추측들은 1970년대에 널리 박수갈채를 받았다. '그것들이 리만 가설이 참이라고 믿을—다시 말해서, 그것의 한 단면이 모든 해 ρ이 Re s = ½에 놓이는 심원하지만 아직 이해되지 못한 수론의 현상이 있다고 믿을—최고의 이유들 몇 가지를 제공한다고 여겨진다.'[15]

12 Edwards, *Riemann's Zeta Function*, 226–229.
13 Edwards, *Riemann's Zeta Function*, 193.
14 A. Weil, *Variétés abéliennes et courbes algébriques* (Hermann, Paris, 1948).
15 Edwards, *Riemann's Zeta Function*, 298.

5. 끝으로, 주목할 만한 '리만 가설에 대한 덴조이의 확률적 해석'이 있다.[16] 동전을 n번 던지면, 우리는 물론 대략 $\frac{1}{2}n$번의 앞면과 $\frac{1}{2}n$번의 뒷면을 예상한다. 그러나 우리가 각각이 정확히 절반이리라고 예상하는 것은 아니다. 그렇다면, 우리는 동등성으로부터의 평균 일탈이 얼마인지 물을 수 있다. 베르누이의 시대까지 알려진 답은 $\sqrt{n}$이었다. 이 사실의 한 가지 정확한 표현은 다음과 같다:

   확률 1의 모든 $\varepsilon > 0$에 대해, n번의 동전 던지기에서 앞면이 나온 횟수 빼기 뒷면이 나온 횟수의 값은 $n^{1/2+\varepsilon}$보다 덜 빠르게 증가한다

   이제 우리는 '앞면'과 '뒷면'의 열을 다음과 같은 규칙에 의해 형성한다:

   수들의 열을 따라가며 그것들의 소인수를 보라. 만일 하나의 수가 같은 둘 이상의 소인수를 가지면 (즉, 어떤 수의 제곱에 의해 나누어지면), 아무것도 하지 마라. 그렇지 않다면, 그것의 소인수들은 모두 다를 것에 틀림없다: 만일 그것이 짝수의 소인수들을 갖는다면, '앞면'이라고 써라. 만일 그것이 홀수의 소인수들을 가지면, '뒷면'이라고 써라. 뫼비우스 함수라고 불리는 그 열은 이렇게 시작한다:

표 15.3 뫼비우스 함수의 첫 몇 값들

2	3	4	5	6	7	8	9	10	11	12	13	14	15	16	17	…
		2^2		2×3		2^3	3^2	2×5		$2^2\times3$		2×7	3×5	2^4		
T	T		T	H	T			H	T		T	H	H		T	…

16 Edwards, *Riemann's Zeta Function*, 268–269.

결과로 나오는 열은 물론 '확률적'이라는 의미에서 '무작위적' 이지는 않은데, 왜냐하면 그것이 완전히 결정되기 때문이다. 그러나 그것은 '패턴이 없는'이나 '불규칙적'이라는 의미에서는 '무작위적'이다(그런 열들은 수론에서 흔하고, '확률적 수론'이라 오도적으로 불리는 분야에서 연구된다).[17] 동전 던지기의 유비로부터,

> 모든 $\varepsilon > 0$에 대해, 열의 첫 n번의 '동전 던지기' 앞면이 나온 횟수 빼기 뒷면이 나온 횟수의 값은 $n^{1/2+\varepsilon}$보다 덜 빠르게 증가한다

는 것은 그럴 법하다.

> 이 진술은 리만 가설과 동치이다. 에드워즈는 리만 제타 함수에 관한 그의 책에서 이렇게 논평한다:
>
> 리만 가설을 그토록 어렵게 만드는 이유 중 하나가 그럴 법한 논증이 없다는 것, 엄밀하지 못할지라도 왜 그것이 참이어야 하는지의 이유에 관한 아무런 힌트도 없다는 것이다. 이 사실은 리만 가설에 대한 덴조이의 확률적 해석에 다소 중요성을 부여하는데, 그것은, 비록 주의 깊게 고려할 경우 아주 터무니없더라도, 리만 가설에 대해 그럴듯하다는 찰나의 빛을 던져준다.[18]

리만 가설에 관련되는 모든 확률적 논증들이 그것에 대해 우호적이지는 않다. 그것에 반대하는 측에는 다음과 같은 논증들이 있다:

17 G. Tenenbaum, *Introduction to Analytic and Probabilistic Number Theory* (Cambridge University Press, Cambridge, 1995), Part III.
18 Edwards, *Riemann's Zeta Function*, 268.

1. 리만의 논문은 그의 연구들의 요약에 불과하고, 그는 그의 가설이 '아주 그럴 법하다'는 그의 믿음에 대해 아무런 이유도 제시하지 않는다. 그의 미출판 논문들에서도 아무런 이유도 발견되지 않는다. 그러나 에드워즈는 리만이 알았던 사실들에 대한 설명을 제시하고, 그것은 자연스럽게 그에게 그 가설들에 대한 증거로 여겨졌을 것이다. 하지만 문제의 그 사실들은 오직 이른 시기의 해들에 대해서만 참이다: 나중의 것들 가운데는 몇몇 예외들이 있다. 에드워즈(Edwards)는 이렇게 결론짓는다:

> 그 발견들은 … 리만-시걸 공식에 기초한 어떤 논증도 무효로 하고, 110년 동안 수학자들을 피해 갔던 어떤 기본적 원인이 작동하지 않는 한 이따금씩 ρ의 해들을 선 밖에서 [즉, ½이 아닌 실수부를 가지면서] 얻는 것이 모두 가능하다는 점을 시사한다. 간략히 말해서, 리만의 통찰이 깜짝 놀랄 만한 것이었지만, 그것이 초자연적인 것은 아니고, 그에게 1859년에 '그럴 법해' 보였던 것은 오늘날 덜 그렇게 여겨질 수 있는 것이다.[19]

이것은 푸야에 의해 제시된 '우리의 어떤 추측에 대한 확신은 그 추측의 가능한 근거 하나가 폭발되었을 때 단지 감소할 뿐'이라는 비연역적 규칙의 하나의 예다.[20]

2. 컴퓨터에 의한 계산들이 리만 가설에 대한 어떤 반례를 드러내 보여주지는 못했다고 하더라도, 레머의 그리고 후대의 연구는 예상외로 '거의 반례들'로 보는 것이 자연스러운 값들을 발견했다. 한 극단적으로 가까운 것은 13,400,000번째 해에 가까운 것으로 보인다.[21] 이것이 부분적으로 계산가들로 하여금

19 Edwards, *Riemann's Zeta Function*, 166.
20 Polya, *Mathematics and Plausible Reasoning*, 제II권, 20.

그들의 노동을 인내하도록 촉진해주었는데, 왜냐하면 그것이 만일 그것에 대한 반례가 있다면 그것이 아마도 곧 등장하리라고 믿을 이유를 제공했기 때문이다. 계산이 멀리까지 진행되었음에도 불구하고, 지금까지 그런 일은 일어나지 않았고, 따라서 리만 가설은 처음 그래 보였던 것처럼 이런 고찰에 의해 그다지 훼손되지 않았다.

3. 아마도 리만 가설을 의심하는 가장 심각한 이유는 그것의 소수 정리와의 밀접한 연관성들로부터 올 것이다. 이 정리는 x 보다 작은 소수들의 수는 (큰 x에 대해) 근사적으로 적분값 $\int_2^x \frac{dt}{\log t}$과 같다고 진술한다.

만일, 계산이 도달할 수 있는 한에서 x에 대해, x보다 작은 소수(prime)들의 수와 이 적분의 값들에 대한 표가 만들어진다면, x보다 작은 소수들의 수가 언제나 실제로 그 적분값보다 작은 것이 발견된다. 이 증거에 근거하여 여러 해 동안 이것이 모든 x에 대해 참이라고 생각되었다. 그럼에도 불구하고, 리틀우드(Littlewood)는 이것이 거짓임을 증명했다. 그가 그것에 대해 거짓인 하나의 실제 수를 산출하지는 않았지만, 첫 번째 그런 수는—컴퓨터의 계산 범위를 족히 넘어가는—아주 큰 것으로 여겨진다. 에드워즈는 "이 관찰들에 비추어 볼 때, 로써와 그의 공저자들에 의해 제공된 리만 가설를 지지하는 증거는 모든 힘을 상실한다"고 논평한다.[22] 그것은 지나치게 강한 결론으로 보이는데, 왜냐하면 리틀우드의 발견이 리만 가설에 대해 갖는 연관성의 정도가 전혀 분명하지 않기

21 Edwards, *Riemann's Zeta Function*, 175-179; A. Ivić, On some reasons for doubting the Riemann Hypothesis, in P. Borwein et al., eds, *The Riemann Hypothesis: A resource for the aficionado and virtuoso alike* (Springer, New York, 2008), 131-160에 더 많은 논의가 나옴.

22 Edwards, *Riemann's Zeta Function*, 269; 계산된 값들을 대표이기에는 지나치게 작은 것으로 간주할 더 많은 이유들에 대한 논의는 P. Sarnak, Problems of the millennium: the Riemann Hypothesis, in Borwein, *The RiemannHypothesis*, 107-115 참조.

때문이다. 그러나 그것은 실로 비록 작은 반례들은 없다고 할지라도 그 가설에 대해 아주 큰 반례가 있을 수 있다고 의심할 만한 다소의 이유를 제공한다.

그렇다면, 리만 가설에 관하여 '그것이 증명되지도 그것의 모순 명제가 증명되지도 않는다'보다는 이야기할 바가 훨씬 더 많다는 점은 명백하다. 비연역적 논리학 없이는, 그럼에도 불구하고, 더 말할 수 있는 바가 없다.

아마도 고전적인 미해결의 수학 문제들 중 진술이 가장 쉬운 것일 수 있는 골드바흐의 추측의 상황도 유사하다. 1742년 골드바흐(Goldbach)에게서 온 편지에 기초해서 오일러는 (2를 제외하고) 모든 짝수는 두 소수의 합이라고 추측했다. 그 추측은 여전히 증명되지도 않았고 그것의 모순 명제가 증명되지도 않았으며 증명이 임박하지도 않았다고 믿어지고 있다.[23] 개별적 수들에 대한 컴퓨터 검증은 가능하고 10^{18}까지, 그리고 그것보다 큰 짝수들에 대한 추측을 검증한 분배된 계산 프로젝트가 있고,[24] 다양한 더 약한 결과들이 알려졌다. 지난 50년간 극적인 진전은 이루어지지 않은 것으로 여겨진다.

유한 단순 군들의 분류

비연역적 추론의 중심적 역할의 마지막 수학적 예는 유한 단순 군들의 분류에 의해 제공되고, 그것은 현대 순수수학의 위대한 협동의 노력들의 사례 중 하나이다. 하나의 사례연구로서, 그것은 어떤 측면들의 비연역적 성격이 주역들에 의해 아주 명시적으로 인정되었다는 장점을 지니고 있다. 그렇게 된 것은 그 프로젝트의 규모 때문이다. 다른 대륙에 살고 수

23 Y. Wang, ed., *Goldbach Conjecture* (World Scientific, River Edge, NJ, 2002); 실험적 방법들의 관점에서의 논의는 J. Echeverría, Empirical methods in mathematics, *Spanish Studies in the Philosophy of Science*. Boston Studies in the Philosophy of Science, vol. 86, ed. G. Munévar (Kluwer, Dordrecht, 1996), 19–55와 Baker, Is there a problem of induction for mathematics? 참조.

24 http://www.ieeta.pt/~tos/goldbach.html.

년에 걸쳐 연구하면서 너무나 많은 사람들이 참여했기 때문에, 부분적인 발견물들을 출판하고 학술대회에서 발표할 필요가 있었고, 이것들이 소망하는 전체 결과들에 어떤 함축을 갖는지를 설명을 곁들여야 했다.

제4장에서 간략히 기술되었듯이, 군들은 고등수학의 기본적 존재자들 중 하나이고, 대칭성을 기술하는 데서, 다양한 종류의 굽은 표면들을 분류하는 데서, 그리고 다른 많은 분야들에서 용도를 지닌다. 다음을 읽기 위해서 꼭 알아야만 할 필요가 있는 것들은 이렇다:

1. 한 군은 유한하거나 무한하게 다수인 구성원들로 구성된다: 한 유한 군의 구성원들의 수는 그것의 차(次; order)라 불린다.
2. 어떤 군도, 어떤 특정의 의미에서, '단순' 군들로 구성된다. ('단순'은 '군'과 마찬가지로 기술적 용어다; '단순' 군들은 어떤 의미에서도 이해하기가 쉽지 않지만, 그것들이 더 작은 군들로 구성되지 않기 때문에 그렇게 불린다.)

그렇다면 한 가지 근본적인 문제는 이것이다: 얼마나 많은 다른 유한 단순 군들이 있는가? 그리고 그것들 각각의 차(次)는 무엇인가? 이 질문들이 유한 군 프로젝트에 의해 도전되는 것들이다.

그 본격적 프로젝트는 1962년에서 1981년까지의 20년을 포괄했다. 군들은 19세기와 20세기 초에 연구되었고, 다양한 유한 단순 군들이 발견되었다. 그중 대부분이 몇 개의 무한 친족들에 속한다는 것이 발견되었다. 이 친족들은 1950년대 중반에 이르기까지 아주 잘 기술되었고, 훗날에는 다소의 마무리 연산들도 기술되었다. 그러나 이 분류에는 1860년대의 발견되고, 그들의 이름을 따서 마티외(Mathieu) 군이라 불리는 다섯 가지 유한 단순 군들이 누락되었다. 1960년경에는, 더 많은 것들을 기대해야 하는지, 그렇지 않으면 이것들만이 가능한 단순 군들이라는 것을 증명하는 데 얼마나 많은 연구가 소요될지는 알려지지 않았다.

그 분야는 1963년의 페잇과 톰슨(Feit and Thompson)의 유명한 정리에 의해 열렸다.25 ('유한 군론의 진화에서 마른 땅에 물고기가 출현한 것에 비길 만한 순간이다'26):

> (순회 군이라는 명백한 예외를 지니면서) 어떤 유한 단순 군의 차수는 하나의 짝수이다.

그 결과를 진술하고 이해하기는 쉬웠음에도 불구하고, 그것들의 증명은 『퍼시픽 수학 저널(*Pacific Journal of Mathematics*)』의 255페이지에 달하는 특집호를 요구했다. 만일 우리가 모든 유한 단순 군들을 안다면, 우리는 그것들 각각의 차수가 짝수라는 것을 쉽게 체크할 수 있을 것이므로). 이 정리는 완전한 분류 결과의 한 가지 귀결이었다. 따라서 만일 완전한 분류가 발견될 수 있다면, 그것은 엄청난 사업이 될 것으로 보였다.

그 답에서의 최종 단계는 1981년 2월에 완성되었다고 공표되었다. 완전한 증명은 대략 300~500편에 이르는 학술지 논문들로 퍼져나갔고, 분량이 5,000~10,000페이지에 달했다.27

흥미로운 점은 증명이 전개됨에 따르는 논리적 상황이고, 특히 그 분야의 연구자들이 종착점에 도달하기 오래전부터 답에 대해 갖는 증가하는 확신—발생한 대로 정당화되는—이다.

그 다섯 가지 마티외 군들이 유일한 '산재군(散在群; sporadic group)'

25 W. Feit, and J. Thompson, Solvability of groups of odd order, *Pacific Journal of Mathematics*, 13 (1963), 775–1029.
26 R. Solomon, A brief history of the classification of the finite simple groups, *Bulletin of the American Mathematical Society* 38 (2001), 315–352.
27 D. Gorenstein, *Finite Simple Groups* (Plenum, New York, 1982), 1; a 'cleaned-up' final version in D. Gorenstein, R. Lyons and R. Solomon, *The Classification of the Finite Simple Groups* (American Mathematical Society, Providence, RI, 6 vols, 1994–2005).

(무한 친족들 이외의 군들이 그렇게 불리게 된)들은 아닌 것으로 판명되었다. 첫 번째 새로운 것은 캔버라의 잰코(Zvonimir Janko)에 의해 발견되었고,[28] 연구자들이 다수의 방법들을 응용하여 더 많은 것들을 발견함에 따라 흥분이 고조되었다. 산재군의 수는 최종적으로 26이다. 이 발견들은, 그 프로젝트의 아버지 격이자 그것이 어떻게 진행되고 있었는지에 관한 지도자적 전문가인 럿거스대학의 다니엘 고렌슈타인(Daniel Gorenstein)에 의해 설명되었듯이, 다수의 사례에서 강한 비연역적 측면을 지니고 있다:

> 산재군 이론의 또 다른 측면은 초보 입자 이론과의 유비를 더욱 더 적절하게 만든다. 여러 사례에서 (일차적으로, 그러나 배타적이지는 않게 그 안에서 컴퓨터 계산이 궁극적으로 요구되었던 사례들) '발견'은 어떤 군의 현실적인 구성을 포함하지 않았다—확립되었던 것은 어떤 구체화된 조건들의 집합 X를 만족하는 단순 군 G의 존재에 대한 강한 증거가 전부였다. 작동하는 메타수학적 군 원리는 다음과 같았다: 만일 X라는 속성을 갖는 임의의 군 G에 관한 연구가 모순으로 인도되지 않고 오히려 '양립가능한' 내적 하부 군 구조로 인도되면, 속성 X를 갖는 하나의 현실적인 군이 존재한다. 모든 사례에서, 그 원리는 옹호되어 왔다; 그러나 발견과 구성 사이의 터울은 수개월에서 여러 해에 이르기까지 다양했다.[29]

1970년대에 그 분야의 또 다른 지도자였던 마이클 애쉬바허(마이클 애쉬배처, Michael Aschbacher)는 어떤 새 그룹 군에서의 세 단계를 구별했다: 발견, 존재, 유일성.

> 나는 군에 관한 충분한 양의 자기-일관적 정보가 주어졌을 때 하나의 산재군이 발견된다는 것을 이해한다 … 이 정의 아래서 그 군은

28 Z. Janko, A new finite simple group with abelian 2-Sylow subgroups and its characterization, *Journal of Algebra* 3 (1966), 147–186.
29 Gorenstein, Finite Simple Groups, 3–4.

> 그것이 존재하는 것으로 보여지기 이전에 발견될 수 있다는 데 주목하라 … 물론 그 군은 P를 만족하는 어떤 유한 단순 군이 존재한다는 증명이 있을 때 존재한다고 말한다.[30]

어떤 군들은 다른 것들보다 더 많은 의심을 받았다; 예를 들어, 리차드 라이언즈(Richard Lyons)에 의해 발견된 것은 한동안 습관적으로 Ly?로 표시되었고 '만일 이 군이 존재한다면, 그것은 다음과 같은 속성들을 갖는다' 같은 언어로 이야기되었다.[31] 라이언즈는 그의 독창적 논문의 제목을 '한 가지 새로운 유한 단순 군의 존재의 증거'로 붙였다.[32] 유사한 상황이 후자의 군들 중 오난에 의해 발견된 또 다른 것으로 인해 벌어졌다. 그의 논문 '한 가지 새로운 단순 군의 존재에 대한 다소의 증거'는 '위의 정리들에 의해 그것의 존재가 지적된 새로운 단순 군 G의 몇몇 속성들'을 찾는 데 바쳐졌다.[33]

새로운 산재군의 발견율은 1970년 이후 둔화되었고, 관심은 더 이상은 가능하지 않다는 것을 보여주는 문제로 넘어갔다. 1972년 시카고대학에서 열린 한 학회에서 고렌슈타인은 분류를 완성할 16가지 논점의 프로그램을 정립했다.[34] 그때 당시에는 그것이 지나치게 낙관적이라고 생각되었지만, 대체로 고렌슈타인의 프로그램을 따라 애쉬바허, 글라우버만(Glauberman), 그리고 또 다른 이들에 의해 엄청난 진보가 이루어졌다.

30 M. Aschbacher, *The Finite Simple Groups and Their Classification* (Yale University Press, New Haven, CT, 1980), 6-7.

31 J. Tits, *Groupes finis simples sporadiques, Séminaire Bourbaki*, in Springer Lecture Notes no. 180 (1969/1970), 204.

32 R. Lyons, Evidence for a new finite simple group, *Journal of Algebra*, 20 (1972), 540-569

33 M. O'Nan, Some evidence for the existence of a new finite simple group, *Proeedings of the London Mathematical Society* 32 (1976), 421-479, p. 422에서.

34 D. Gorenstein, The classification of finite simple groups (I), *Bulletin of the American Mathematical Society* New Series, 1 (1979), 43-199.

> 의심할 여지없이 전환점은 1976년 여름 미네소타 주 덜루스에서 열린 학술대회에서 발생했다. 거기서 제시된 정리들이 너무나 강력해서 청중은 완전한 분류가 멀지 않았다는 결론을 피할 수 없었다. 그 시점으로부터 유한 군 이론 전공자들은 점점 더 '종말이 가까웠다'고—처음에는 5년 내에, 그리고 나서는 2년 내에, 그리고 마침내는 즉시로—확신하게 되었다. 남은 회의론은 대체로 일반적인 수학 커뮤니티에 한정되었는데, 그것은 아주 온당하게 그 분류 정리가 '거의 증명되었다'는 것을 액면 그대로 받아들이지 않으려 했을 것이다.[35]

'거의 증명되었다'가 연역논리학에서는 아무 의미가 없다는 데 주목하라. 돌이켜 보면, 우리는 증명에서의 대부분의 단계들이 발견되었을 때 하나의 정리가 거의 증명되었다고 말할 수 있다; 그러나 증명이 완성되기 전에는 기존의 단계들의 열이 미래의 증명의 대부분을 구성할 것이라고 믿을 훌륭한 비연역적 이유만이 있을 수 있다.

1978년 영국 더럼에서의 학술대회('단순 군들의 분류, 이제 거의 완성된 프로그램'에 관한)가 열릴 때에 이르러서는 낙관론이 심지어 더 고조되었다. 그 단계에서, 산재군들 중 스물넷에 대하여 존재와 유일성이 증명되었고, '그것에 대해 상당한 증거가 존재하는' 단 둘만을 남겨놓고 있었다.[36] 이 중 하나는 1980년에 ('그런 산재군에 대한 얀코의 첫 증거 제시가 있은지 4년 후'[37]) 성공적으로 다루어졌고, 관심은 그것의 엄청난 규모 때문에(약 10^{54}차) '괴물'로 알려진 마지막 것에 집중되었다. 애쉬바허는 1978년 예일대에서의 강연 중에 이렇게 말했다:

> 만일 그 군이 존재한다면 그것이 반드시 그것들의 존재가 그때까

35 Gorenstein, *Finite Simple Groups*, 5-6.
36 M.J. Collins, ed., *Finite Simple Groups II* (London Mathematical Society, London, 1980), 21.
37 Gorenstein, *Finite Simple Groups*, 110.

> 지 의심되지 않았던 두 새로운 산재군(표 2에서 F_3와 F_5로 표시된)을 포함해야만 한다는 점이 관찰되었다. 즉, 이 군들은 괴물의 하부 군들로 발견되었다. 그때 이래로 F_3와 F_5라는 군들이 존재한다는 것이 보여졌다. 이것은 물리학에서 어떤 물리적 현상들을 예측하는 어떤 이론이 구성되고 나중에 실험적으로 검증되는 상황과 유사하다. 그런 검증은 으레 그 이론이 올바르다는 증거로 해석된다. 이 경우, 나는 F_3와 F_5의 존재를 괴물이 존재한다는 아주 훌륭한 등거로 취급한다 … 아직 더 발견되어야 할 군들은 기껏해야 극소수라는 것이 내가 믿는 바다. 도박을 한다면, 나는 더 이상은 없다는 데 걸겠다.38

고렌슈타인의 1978년 개관 논문은 아마도 연역주의, 모든 논리학이 연역적이라는 테제에 대한 전문가의 마지막 예규를 담고 있을 것이다. 그는 이렇게 썼다:

> 현재로서는 모든 유한 단순 군들의 결정은 완성에 아주 가까워졌다. 그런 주장은 무의미하지 않다면, 명백히 주제넘은데, 왜냐하면 우리는 정리들을 '거의 증명되었다'고 이야기하지 않기 때문이다.39

연역주의자에게, 제안된 증명에서 대부분의 단계들이 완성되었다는 사실은 결코 나머지도 그럴 것이라고 믿을 이유가 되지 못한다. 그러나 그것을 묵인하고서 고렌슈타인은 계속해서 이렇게 말했다:

> 완전한 증명은, 그것이 얻어졌을 때, 대략 학술지 5,000쪽을 넘어갈 것이다! 나아가서, 현재 그것의 80% 이상이 이미 존재할 가능성이 있다…

38 Aschbacher, *The Finite Simple Groups*, 13–15.
39 Gorenstein, *The classification of finite simple groups*, 50–51.

> 분류가 거의 끝났다는 주장은 진실로 현재 이용할 수 있는 테크닉들이 여전히 남아 있는 문제들을 다루기에 충분하리라는 예측이다. 그것을 지지하기 위해, 우리는 두 가지 예외를 제외하고서 모든 미해결의 문제들이 미해결인 까닭은 아무도 그것들을 아직까지 검토하지 않았기 때문이지 그것들이 어떤 내재적 난점을 지니기 때문이 아니라는 사실을 지적한다.

더럼 학술대회가 있은 지 1년 후, 전문가들이 최고의 확신을 갖고서 캘리포니아주 산타 크루즈에 다시 모였다. 고렌슈타인의 개관이 '지금 급속히 완성에 가까워진 유한 단순 군들의 분류의 간략한 개요'를 제공했다.[40] '학술대회의 또 다른 발표자는 그의 발표를 '유한 단순 군들을 분류하는 문제가 아마도 완성에 가까우므로'라는 말로 시작했다'.[41]

남은 우려는 프로젝트의 완성에 관한 것이라기보다 그다음에 무엇을 할 것인가에 관한 것이었다; 그 학술대회 논문집의 편집인은 다음과 같은 논평으로 발간사를 시작했다. "지난해 즈음 군론이 끝났고 더할 일이 아무것도 남지 않았다는 루머가 널리 퍼졌습니다."[42] 뉴욕타임스 주간서평(1980년 6월 22일)은 "한 이론가들의 학파가 스스로 일을 다 마치고 퇴출되다"라는 제목의 기사를 머리기사로 내보냈다.

그 확신은 정당화되는 것으로 판명되었다. 그리스(Griess)는 괴물의 존재를 보여줄 수 있었고, 마침내 1981년에는 케임브리지대학교의 사이먼 노튼(Simon Norton)이 괴물의 유일성 증명을 완성했다.[43]

40 D. Gorenstein, An outline of the classification of finite simple groups, in B. Cooperstein and G. Mason, eds, *The Santa Cruz Conference on Finite Groups, Proceedings of Symposia in Pure Mathematics*, vol. 37, 1980, 3–28, 3에서.

41 D.C. Hunt, A computer-based atlas of finite simple groups, in Cooperstein and Mason, 같은 책, 507–510.

42 G. Mason, Preface to Cooperstein and Mason, ibid., xiii.

43 Gorenstein, *Finite Simple Groups*,

최소한, 그것이 당시에 주장된 바였다. 1980년대 후반에 '콰지틴(quasithin)' 군들에 관한 그 증명의 일부가 이전에 생각했던 것만큼 아주 완전하지는 않다는 것이 발견되었다. 한 간극이 채워 넣기 어려운 것으로 판명되었지만, 그것은 아슈바허와 다른 이들에 의해 2001년에 완성되었다.[44]

필연적 진리들 사이의 확률적 관계?

증거와 결론 사이의 비연역적 관계들의 가장 자연스러운 개념화는 객관적 베이즈주의의 것이다. 논리적 확률 이론이라고도 알려진 (객관적) 베이즈주의 증거 이론은 증거의 본성이 무엇인지를 설명하는 것을 목표로 한다. 그것은 증거의 결론에 대한 관계는 수학에서의 공리들의 정리들에 대한 관계처럼 엄격한 논리학의 문제이지만 일종의 부분적 함축처럼 덜 결정적이라고 주장한다. 어떤 재판에서나 어떤 과학 이론에 관한 논쟁에서—고정된 증거의 몸통이 주어지고, 또 결론이 주어지면, 그 증거가 결론을 지지하는 정도도 고정된다. 그것은 케인즈(Keynes)의 『확률론(*Treatise on Probability*)』에서, 그리고 더 최근에는 제인(E. T. Jaynes)에 의해 옹호되었다.[45]

예를 들어, 그것은, 만일 '온당한 의심을 넘어서는 증명'이라는 법적 표준이 무엇인지 확립할 수 있다면, 주어진 재판에서 제시된 증거가 그 표준을 만족하는지 그렇지 않은지는 논리적 사실의 개관적 문제이고, 따라서 한 배심원은 그 증거에 관한 평결이 옳거나 그를 것이라고 말한다.

44 M. Aschbacher, The status of the classification of the finite simple groups, *Notices of the American Mathematical Society* 51 (2001), 736–740.

45 J.M. Keynes, *A Treatise on Probability* (Macmillan, London, 1921); E.T. Jaynes, *Probability Theory: The logic of science* (Cambridge University Press, Cambridge, 2003); a somewhat less objectivist version in J. Williamson, *In Defence of Objective Bayesianism* (Oxford University Press, Oxford, 2010); J. Franklin, Resurrecting logical probability, *Erkenntnis* 55 (2001), 277–305에서의 소개들; J. Franklin, *What Science Knows: And How It Knows It* (Encounter Books, New York, 2009), 제10장.

증거의 결론에 대한 관계가 하나의 정확한 수를 부여받아야 한다는 것도, 전형적인 사례들에서 증거와 결론 사이의 논리적 관계를 계산하는 것이 가능해야 한다는 것도 베이즈주의의 관점에 본질적이지 않다. 객관적 베이즈주의로서는, 어떤 가설들이 어떤 증거들의 몸통에 근거할 때 가능성이 높다거나 거의 확실하다거나 실질적으로 불가능하다는 것은 때때로 직관적으로 명백하다는 것으로 충분하다.46 케인즈는 확실히 심지어 원리상으로도 한 임의의 증거의 내용과 한 결론 사이의 관계를 하나의 정확한 수로 계산하는 일이 언제나 가능하지는 않다고 믿었다. 그럼에도 불구하고, 하나의 이상화로서 임의의 증거 e와 어떤 결론 h에 대해서도 0과 1 사이에 e가 h를 지지하는 정도를 표현하는 수 $P(h|e)$가 있다고 가정하는 것, 그리고 그 수는 통상의 조건 확률의 공리들을 만족한다고 가정하는 것이 보통이다;

$$P(\text{not-}h|e) = 1 - P(h|e)$$
$$P(h_1 \text{ and } h_2|e) = P(h_1|e) \times P(h_2|h_1 \text{ and } e)$$

그것들의 사소하지 않은 귀결들에 의한 가설들의 확증 같은 푸야의 질적인 증거의 원리들은 그렇다면 그 공리들로부터의 쉬운 연역들이다.

그 관계의 논리적 본성은 그것을 순수수학의 필연적인 주제에 적용하는 데 특별히 적당하게 만든다. 역으로, 그것의 추측들의 현실적인 평가와의 직관적 일치는 확률의 한 가지 가능한 유의미한 해석으로서 [추계학(推計學; stochastic)적 결과나 이상화된 믿음의 정도나 이상화된 상관빈도 또한 똑같은 공리들을 만족할 수도 있으므로, 필연적으로 유일하게 타당한 것은 아니다] 그것을 지지해준다.

46 J. Franklin, The objective Bayesian conceptualisation of proof and reference class problems, *Sydney Law Review* 33 (2011), 545-561.

특히 논리적 확률 이론이나 비연역적 논리학을 *수학*에 적용하는 데서 정확하게 해야 할 필요가 있는 점 하나가 있다. 만일 e가 h를 함의하면, P($h|e$)는 1이다. 그러나 비록 지금까지 알려지지 않지는 않았더라도, 수학에서는 전형적인 사례가 e가 h를 함의한다. 만일 P($h|e$)가 진짜 1이라면, e가 h에게 줄 수 있는 (비연역적) 지지를 논의하는 것이 그동안 어떻게 가능한가? 다시 말해서, 만일 h와 e가 필연적으로 참이거나 거짓이라면, 어떻게 P($h|e$)가 0이나 1이 아닐 수 있는가?

답은 연역 논리학과 비연역적 논리학 양자 모두에서 두 명제에 다수의 논리적 관계들이 있을 수 있다는 것이다. 어떤 것들은 알려질 수 있고, 어떤 것들은 그렇지 못하다. 연역 논리학에서 인위적으로 단순한 예를 하나 취해보기 위해 다음 논증을 고찰하라:

> 만일 모든 사람들이 가사적(mortal)이면, 이 사람은 가사적이다
> 모든 사람들은 가사적이다
> ―――――――――――――――――――――――――
> 그러므로, 이 사람은 가사적이다

전제들은 확실히 결론을 함의하지만, 그것보다 더 많은 것이 여기 있다. 그것들은 결론을 두 가지 방식으로 함의한다: 첫째, 전건긍정식에 의해, 둘째, 둘째 전제로부터만 예화에 의해. 즉, 전제들로부터 결론에 이르는 두 가지 논리적 경로가 있다.

더 복잡하고 현실적인 사례들이 수학 문헌에서 흔히 발견된다. 255페이지에 달하는 모든 유한 단순 군들이 (사소한 예외를 지니면서) 짝수의 차수를 갖는다는 페잇과 톰슨의 증명은 벤더(Bender)에 의해 단순화되었다.[47] 그것은 벤더가 '유한 단순 군'의 정의로부터 '모든 유한 단순

47 H. Bender, On the uniqueness theorem, *Illinois Journal of Mathematics* 14 (1970), 376-384.

군들이 (사소한 예외를 지니면서) 짝수의 차수를 갖는다'라는 명제로 나아가는 페잇과 톰슨에게 알려진 것과 다르고 더 짧은 논리적 방법을 찾았다는 것을 의미한다.

전제들과 결론 사이에 두 연역적인 경로들이 있을 수 있는 것과 꼭 마찬가지로, 오직 후자만이 알려진 하나의 연역적 경로와 하나의 비연역적 경로가 있을 수 있다. 그리스인들의 연역적 기하학 개발 이전에 이렇게 논증할 수 있었다:

> 지금까지 측정된 모든 등변(평면)삼각형들은 등각인 것으로 발견되었다.
> 이 삼각형은 등변이다.
> ---
> 그러므로, 이 삼각형은 등각이다.

전제와 결론 사이에 비연역적인 논리적 관계가 있다: 전제들이 결론을 귀납적으로 지지한다. 그러나 연역적 기하학이 등장하자, 둘째 전제만으로 결론을 함의하므로, 거기에 연역적 관계 또한 존재한다는 것이 발견되었다. 이 발견은 어떤 방식으로도 이전의 비연역적 추리의 올바름을 해치거나 그 비연역적 관계의 존재에 의심을 제기하지 않는다. 그 관계는 어떤 다른 관계의 발견들에 의해 영향을 받을 수 없다.

따라서 '어떻게 필연적 진리들 사이에 확률적 관계들이 있을 수 있는가?'라는 질문에 대한 답은 단순히 그 관계들은 그 어떤 연역적 관계들에 추가적이라는(그리고 그것들과 독립적으로 알려질 수 있다는) 것이다.

수학에서의 귀납의 문제

비연역적 논리학이 수학에서 사용되고 있다는 것은 우선 수학에 중요하다. 그러나 그것은 귀납 또는 관찰된 것으로부터 관찰되지 않은 것으로의 추론의 문제와의 관계 속에서 철학에 더 넓은 중요성을 지닌다.

오직 '모든 관찰된 불꽃들은 뜨거웠다, 따라서 다음에 관찰되는 불꽃도 뜨거울 것이다'와 '모든 관찰된 까마귀들이 검정색이었다, 따라서 다음번에 관찰되는 까마귀도 검정색일 것이다' 같은 자연세계로부터의 예들만을 사용하여 귀납을 논의하는 것이 보통이다. 그것은 귀납의 문제가 관찰된 것과 관찰되지 않은 것을 묶어주는 일종의 '우주의 시멘트'를 제공하는 자연법칙들(또는 원인들, 또는 성향들, 또는 자연의 상례성)에 의해 해결되어야 한다는 견해를 고무해왔다.

그런 견해의 난점은 그것이 거기서 귀납이 자연과학에서와 꼭 마찬가지로 작동하는 수학에 적용되지 않는다는 데 있다.

앞서 리만 가설의 해 계산과 관련하여 예들이 제시되었지만, 특별히 간단한 사례를 살펴보도록 하자:

π의 첫 백만 자릿수들은 무작위적이다

그러므로, π의 두 번째 백만 자릿수들은 무작위적이다

('무작위적'은 여기서 '패턴 없음', '무작위성에 대한 통계적 테스트를 통과한다'를 의미하고, '확률적으로 생성된', '확률론적인'을 의미하지 않는다.48)

π라는 수는 다음의 소수 확장을 갖는다.

3.14159265358979323846264338327950288419716939937…

이 수들에는 어떤 명백한 패턴도 없다. 첫 백만 자릿수는 오랫동안 계산

48 E.g. A.L. Ruhkin, Testing randomness: a suite of statistical procedures, *Theory of Probability and Its Applications* 45 (2001), 111-132; Franklin, *What Science Knows*, 162-163.

되어 왔다 (계산은 1조를 넘는 데까지 도달했다). 이 자릿수들의 조사는 아무런 패턴도 드러내지 못하고, 무작위성에 대한 컴퓨터 계산을 동원한 테스트들은 이 인상을 확증해준다. 그렇다면 귀납적으로 두 번째 백만 자릿수들도 마찬가지로 아무런 패턴도 전시하지 않으리라고 논증될 수 있다. 이 귀납은 훌륭한 것이다. (실제로, 아무런 증명도 없음에도 불구하고, 누구나 π의 자릿수들이 계속해서 무한정으로 무작위적이리라고 믿는다.[49])

베이커(Baker)에 의해 논증되었듯이,[50] 모든 관찰된 사례들이 작은 수들에 관한 것이라는 점에서 수학에서의 귀납적 논증들의 특별한 문제가 있다는 것은 참이다. 수들 일반과 비교했을 때, 계산될 수 있는 그 어떤 수도 아주 작다. 증거에 대한 그 편견은 '모든 관찰된 수들이 X라는 속성을 갖는다, 그러므로 모든 수들이 X라는 속성을 갖는다'는 형식의 어떤 귀납도 높은 확률을 가질 수 있는지 여부에 관해 문제를 제기할 수 있다. 그러나 그것은 수학에서의 귀납적 논증들이 일반적으로 조악하나는 것을 함축하지 않는다. 첫째, 작은 수들에 대한 증거의 한 편견은 더 온건한 결론들을 지닌 '모든 관찰된 수들이 X라는 속성을 갖는다, 따라서 다음 계산될 수는 X라는 속성을 가질 것이다' 같은 귀납적 논증들에 영향을 미치지 않는다. (π의 자릿수들에 관한 위의 논증은 다만 유한한 거리만을 외삽하고, 따라서 작은 수들에 머물러 있다) 둘째, 다른 많은 귀납적 논증들이 (비록 그것들이 덜 안전하게 될 수는 있을지라도) 그로 인해 가치 없게 되는 일 없이 증거에서 편견을 갖고 있다. 예를 들어, '모든 관찰된 유럽 백조들은 흰색이다, 그러므로 세계의 모든 백조들은 흰색이다' 같은 외삽적 귀납 논증은, 비록 관찰된 범위를 넘어서는 외삽이 그것을 약화시킬지라도, 가치 있는 귀납 논증이다.

49 G. Marsaglia, On the randomness of pi and other decimal expansions, 2005, http://www.yaroslavvb.com/papers/marsaglia-on.pdf.
50 Baker, Is there a problem of induction for mathematics?

이제 π의 숫자들에 관한 추리를 불꽃이나 까마귀들에 관한 귀납들에서 사용된 것과 구별할 이유는 전혀 없는 것으로 여겨진다. 그러나 π의 숫자들은 그 어떤 자연법칙들이 거기서 성립하든 성립하지 않든지 간에 모든 가능세계들에서 똑같다. π에 관한 어떤 추리 또한 자연법칙들에 관한 어떤 경험적 사실들과도 관계없이 합리적이거나 그렇지 않다. 그러므로 귀납은 자연법칙들이(또는 어떤 다른 그런 우연적 원리가) 있는지 여부와 독립적으로 합리적일 수 있다.

이 논증은 자연법칙들이 귀납을 논의하는 데서 아무런 자리도 갖지 못한다는 것을 보여주지 않는다. 귀납의 수학적 예들이 합리적인 것은 수학적 법칙들이나 상례성들이 있기 때문일 수 있고, 자연과학에서의 목표가 상례성의 계속성을 해명해주는 데서 수학적 법칙들을 대신할 자연법칙들 같은 어떤 대체물을 찾는 것일 수도 있다. 그러나 이런 추리 노선이 추구되면, 단순히 '법칙들이 있다'는 가정을 만드는 일이 귀납적 추론을 하는 데 거의 도움이 되지 않는다는 것은 분명하다. 의심할 여지없이 수학은 완전히 법칙적이지만, 그것은 π의 자릿수들이 계속 무작위적인지의 여부를 결정하는 데 전혀 도움이 되지 않는다. 어떤 증명도 없을 때, 귀납이 π의 자릿수들이 무작위적이다라는 법칙(만일 그것이 법칙이라면)을 지지하기 위해 필요한 것이지, 그 법칙이 귀납을 지지해줄 수 있는 것이 아니다. 'π의 자릿수들이 무작위적이다'나 'π의 자릿수들이 무작위적이지 않다'가 하나의 법칙이라면, 어느 것이 맞는지에 대한 지식이 없을 때, 우리는 단지 증거가 이 가설들 중 첫 번째 것에 대해 주는 확증만을 가지고 있을 뿐이다. 따라서 수학적 예의 고찰은 우리가 법칙들의 탐색에 있어서 간과할 수 있는 바를 드러내 보여준다: 법칙이든 비법칙이든 비연역적 논리학이 귀납적 추론들을 하기 위해 필요하다.

또한 굿먼(Goodman)의 '초랑(grue)' 역설의 수학적 아날로그들이 있다는 점에 주목할 가치가 있다. 어떤 실수의 소수 확장이 첫 백만 자릿수에서 무작위적이고 그다음부터는 6일 경우 그것을 '소랑'이라고 부르도록 하자. '소랑'이라는 술어는 투사 가능하지 않다는 점에서 '초랑'과 같다. 'π는 첫 백만 자릿수에서 무작위적이다'는 'π는 첫 백만 자릿수에서 소랑이다'와 논리적으로 동치이지만, 이 명제는 'π는 항상 무작위적이다'를 지지하지 'π는 소랑이다'를 지지하는 것이 아니다. '초랑' 역설에 대한 그 어떤 해결책도 자연에서뿐만 아니라 수학에서도 투사 가능하거나 '자연적인' 속성들이 발견되는 것을 허용해야만 한다.

이 예들은 비연역적 논리학이 자연과학들에서보다 수학에서 진가가 더 잘 이해된다는 푸야의 말을 예시해준다.[51] 수학에서는 자연법칙들, 자연의 제일성, 근사치들, 성향들, 관찰의 이론-적재성, 화용론, 과학적 혁명들, 과학에서의 사회적 관계들 또는 다른 레드헤링들(red herrings)에 관한 혼동이 있을 수 없다. 오직 가설, 증거, 그리고 그것들 사이의 논리적 관계들만이 있다.

51 Polya, *Mathematics and Plausible Reasoning*, 제II권, 24.

에필로그 : 수학, 이성의 최후의 요새

20세기는 말을 듣지 않는 *앙팡 테리블즈(enfant terriblisme)*에 의해, 그리고 거의 그것에 의해 규정되다시피 한 문화적 삶 안에 에워싸였다. 다다이즘으로부터 1960년대까지, 포스트모더니즘까지, 지적 파파라치들로부터 전폭적 지지를 얻기 위해서는 전통에 토마토를 던지는 것으로 충분했다. 이를 이해하기 위해 더 장기적 조망을 달리 필요로 하지 않는다.

20세기 문화의 압박을 받는 와중에 정신건강을 유지하기를 소망하는 이들에게 탈출로는 어디에 있을까? 인문학의 세계에는 언제나 과거가 있었고, 몬테베르디(Monteverdi)나 페르메르(Vermeer)나 제인 오스틴(Jane Austen)과의 친교를 통해 회복된 다양한 모더니즘에서 다수의 피난처가 있었다. 그러나 그들의 문화가 여전히 살아 숨쉬는 것을 선호했던 이들에게 가장 광범하고 파손되지 않은 공간은 과학과 수학이었다.

불운하게도, 과학 전체가 시대정신으로부터 도피했던 것은 아니고, 과학적 세계 외부에서 가장 두드러지게 보이는 부분들 중 몇몇은 불편한 칠칠적 질병들에 걸렸다. 물리학의 고급 이론은 좋은 과학이었지만, 대중화로의 여정에서 약간의 독일 관념론을 습득했고, 그것에 의해 '관찰자 의존적 실재'에 관한 산문으로 포장된 채로 방치되었다. 유전학의 업적들도 주로 사회생물학의 '이기적 유전자'식 설명의 거꾸로 된 팽글로스주의를 통해 알려지면서 비슷한 운명을 겪었다. 힘들게 사유하고 진리를 찾는 종류의 진짜 과학은 상대적으로 숨겨져 보이지 않게 되었다. 그럼에도 불구하고, 그것은 여전히 행복한 여러 세대의 헌신적 연구자들을 유지하면서 계속 앞으로 나아가고 있고, 그들 중 거의 모두가 문화평론가들이 더 넓은 커뮤니티에게 제시하는 진리의 추구가 불가능하다는 다양한 증명들을 유쾌하게 잊었다.

과학의 두 영역이 특히 그것들 자신에 대한 그 어떤 현대의 신경증에서 해방된 채로 남아 있었다. 하나는 공학이었고, 문화적 상대주의자의 원리들에 근거하여 교량 건설하는 일은 인간의 법칙들만큼이나 엄격하게 자연법칙들에 의해 금지된다는 명백한 이유 때문이었다. 다른 하나는 수학이었다.

수학은 상대주의들과 회의주의들에 대한 문화적 균형추로서 여러 가지 이점을 지니고 있다. 누구나 수학에 관해 어느 정도 알고—사실상 그것에 관해 아주 많이 알고—따라서 예컨대 양자 물리학에서 그러하듯 그 분야 안의 모든 일에 관해 전문가들의 말을 반드시 받아들여야 할 필요가 없다. 둘째로, 그 안의 진리들은 증명에 회부되고, 증명된 것은 (더 잘 증명될 수는 있어도) 증명되지 않은 것이 되지는 않는다. 이런 이유들로 인해 수학은 항상 진리를 발견하는 인간 정신의 능력을 찬양하는 합리주의자의 견해들을 끊임없이 지지해왔다. 역으로, 수학은 인간의 지식을 폄하하고, 그것이 감각 경험, 문화적 경험 또는 개인적 교육과 관점에 의해 제한된다고 주장하는 의견을 가진 측에게 지속적인 가시가 되어왔다. 4까지 셀 수 있는 어떤 문화나 개인도 2 + 2 = 4임을 발견해왔고, 행여 그 진리에 대한 이해를 상실하는 데 대한 공포가 야기되기라도 한다면, 돌 세기에 호소하여 신속하게 어떤 불안도 완화시킬 것이다.

물리적 세계에 인과적 작용을 할 수 없으므로, 수학의 진리들은, 불운하게도, 스스로를 변호할 수 없다. 윤리적 진리도, 수학적 진리도, 그리고 이념들도 탱크나 역사나 정치에 관한 의혹의 눈보라에 맞서 싸울 수 없다. (비록 그 원수들에 의해 제거될 수도 없지만)—그 이상들에 기여하고 다음 세대에게 그 이상들을 가르치기 위하여—그 이상들은 인간의 정신들이 그것들과 조화를 이루면서 그것들을 대신하여 행동하는 데 의존한다.

그저 어떻게 수학이 그 객관성을 성취할 수 있는지를 설명함으로써 필요한 방어 활동을 하는 것이 수학철학의 과업이다. 유감스럽게도, 수학철학에서의 표준적 대안들은 (앞서 논증했듯이, 잘못되었다는 것은 차치하고) 그 과제를 잘 수행하지 못한다. 형식주의와 논리주의는 수학이 단지 어떤 의미에서 사소하기 때문에 객관적이라고 시사한다. 칸트주의자와 직관주의자의 견해들은 수학의 객관성을 인간 정신이 기여한 결과로 본다. 플라톤주의는 수학적 진리의 어엿한 객관성을 옹호하지만, 수학을 나머지 과학들이 그에 관해 문자 그대로의 진리들을 전하는 물리적 세계와 절연시키는 댓가를 치르면서 그리한다.

참으로 책임의 무거운 짐을 어깨에 지고 수학이 적용되는 실재하는 세계의 광범한 영역들을 가로질러 수학의 객관성을 옹호할 수 있는 수학철학은 더 잘할 필요가 있다. 그것은 순수수학만큼 응용수학을 옹호하고, 물리적 세계에 관해 증명할 수 있을 만큼 참인 결과들을 지지하고, 아기들로부터 첨단 연구를 수행하는 수학자들에 이르기까지 앎을 추구하는 자들의 영역 전체를 가로질러 수학적 지식의 연속성을 보여주어야만 한다.

그 요구들을 감당할 유일한 수학철학은 아리스토텔레스주의이다.

간추린 참고문헌 목록

주: 어떤 의미로든 이 목록은 최근 수학철학이나 언급된 저술들의 완전한 참고문헌 목록이 아니다. 이 목록은 이 책의 견해를 형성하는 데 특별히 가치 있는 것으로 판명된 책들과 논문들을 열거한다.

Armstrong, D.M. (1991), Classes are states of affairs, *Mind* 100, 189–200.

Baker, A. (2009), Mathematical explanation in science, *British Journal for the Philosophy of Science* 60, 611–633.

Belot, G. (2011), *Geometric Possibility* (Oxford University Press, Oxford).

Benacerraf, P. (1965), What numbers could not be, *Philosophical Review* 74, 495–512.

Benacerraf, P. (1973), Mathematical truth, *Journal of Philosophy* 70, 661–679.

Bigelow, J. (1988), *The Reality of Numbers: A Physicalist's Philosophy of Mathematics* (Clarendon, Oxford).

Bigelow, J. (1993), Sets are haecceities, in J. Bacon, K. Campbell and L. Reinhardt, eds, *Ontology, Causality and Mind: Essays in Honour of D.M. Armstrong* (Cambridge University Press, Cambridge), ch. 4.

Bigelow, J. and R. Pargetter (1990), *Science and Necessity* (Cambridge University Press, Cambridge).

Brown, J.R. (2008), *Philosophy of Mathematics: A Contemporary Introduction to the World of Proofs and Pictures* (Routledge, New York).

Carey, S. (2009), Where our number concepts come from, *Journal of Philosophy* 106, 220–254.

Cheyne, C. and C.R. Pigden (1996), Pythagorean powers, *Australasian Journal of Philosophy* 74, 639–645.

Colyvan, M. (2001), *The Indispensability of Mathematics* (Oxford University Press, Oxford).

Corfield, D. (2003), *Towards a Philosophy of Real Mathematics* (Cambridge University Press, Cambridge).

Corry, L. (1992), Nicolas Bourbaki and the concept of mathematical structure, *Synthese* 92, 315–348.

Crowley, C.B. (1980), *Universal Mathematics in Aristotelian-Thomistic Philosophy* (University Press of America, Washington, DC).

De Laplante, K. (1999), Certainty and domain-independence in the sciences of complexity: A critique of James Franklin's account of formal science, *Studies in History and Philosophy of Science* 30, 513–533.

Dehaene, S. (1997), *The Number Sense: How the Mind Creates Mathematics* (Oxford University Press, New York).

Dennett, D. (1991), Real patterns, *Journal of Philosophy* 88, 27–51.

Ellis, B. (1968), *Basic Concepts of Measurement* (Cambridge University Press, Cambridge).

Field, H. (1980), *Science Without Numbers: A Defence of Nominalism* (Princeton University Press, Princeton, NJ).Select Bibliography 303

Forrest, P. (2002), Sets as mereological tropes, *Metaphysica* 3 (1), 5–9.

Forrest, P. *The Necessary Structure of the All-Pervading Aether: Discrete or Continuous? Simple or Symmetric?* (De Gruyter, Berlin, 2013).

Forrest, P. and D.M. Armstrong (1987), The nature of number, *Philosophical Papers* 16, 165–186.

Franklin, J. (1987), Non-deductive logic in mathematics, *British Journal for the Philosophy of Science* 38, 1–18.

Franklin, J. (1989), Mathematical necessity and reality, *Australasian Journal of Philosophy* 67, 286–294.

Franklin, J. (1994), The formal sciences discover the philosophers' stone, *Studies in History and Philosophy of Science* 25, 513–533.

Franklin, J. (2009), Aristotelian realism, in A.D. Irvine, ed., *Handbook of the Philosophy of Science: Philosophy of Mathematics* (North Holland/Elsevier, Amsterdam), 103–155.

Franklin, J. (2011), Aristotelianism in the philosophy of mathematics, *Studia Neoaristotelica* 8, 3–15.

Franklin, J. (2014), Quantity and number, in D. Novotný and L. Novák, eds, *Neo-Aristotelian Perspectives in Metaphysics* (Routledge, London), 221–

244.

Giaquinto, M. (2007), *Visual Thinking in Mathematics* (Oxford University Press, Oxford).

Gillies, D. (2000), An empiricist philosophy of mathematics and its implications for the history of mathematics, in E. Grosholz and H. Berger, eds, *The Growth of Mathematical Knowledge* (Kluwer, Dordrecht), 41–57.

Hellman, G. (1989), *Mathematics Without Numbers: Towards a Modal-Structural Interpretation* (Oxford University Press, Oxford).

Irvine, A. ed. (1990), *Physicalism in Mathematics* (Kluwer, Dordrecht).

Irvine, A.D. (2010), Frege on number properties, *Studia Logica* 96, 239–260.

Kessler, G. (1980), Frege, Mill and the foundations of arithmetic, *Journal of Philosophy* 77, 65–79.

Körner, S. (1960), *The Philosophy of Mathematics: An Introduction* (Hutchinson, London).

Lehrer Dive, L. (2003), An epistemic structuralist account of mathematical knowledge, PhD thesis, University of Sydney.

Leuenberger S. and P. Keller (2009), Introduction: The philosophy of vectors, *Dialectica* 63, 369–380.

Lewis, D. (1991), *Parts of Classes* (Blackwell, Oxford).

Lewis, D. (1993), Mathematics is megethology, *Philosophia Mathematica* 1, 3–23.

Linnebo, Ø. (2008), Structuralism and the notion of dependence, *Philosophical Quarterly* 58, 59–79.

Maddy, P. (1990), *Realism in Mathematics* (Oxford University Press, Oxford).

Maurer, A. (1993), Thomists and Thomas Aquinas on the foundation of mathematics, *Review of Metaphysics* 47, 43–61.

Michell, J. (1994), Numbers as quantitative relations and the traditional theory of measurement, *British Journal for the Philosophy of Science* 45, 389–406.

Michell, J. (2005), The logic of measurement: a realist overview, *Measurement* 38, 285–294.

Mortensen, C. and G. Nerlich (1978), Physical topology, *Journal of*

Philosophical Logic 7, 209–223.

Mundy, B. (1987), The metaphysics of quantity, *Philosophical Studies* 51, 29–54.304 Select Bibliography

Musgrave, A. (1977), Logicism revisited, *British Journal for the Philosophy of Science* 28, 99–127.

Nerlich, G. (1994), *The Shape of Space* (2nd edn, Cambridge University Press, Cambridge).

Newstead, A.G.J. (2000), Aristotle and modern mathematical theories of the continuum, in D. Sfendoni-Mentzou, ed., *Aristotle and Contemporary Science* (Lang, New York), vol. 2, 113–129.

Newstead, A. and J. Franklin (2008), On the reality of the continuum, *Philosophy* 83, 117–127.

Newstead, A. and J. Franklin (2012), Indispensability without Platonism, in A. Bird, B. Ellis and H. Sankey, eds, *Properties, Powers and Structures* (Routledge, New York), 81–97.

Paseau, A. (2008), Motivating reductionism about sets, *Australasian Journal of Philosophy* 86, 295–307.

Pincock, C. (2007), A role for mathematics in the physical sciences, *Nous* 41, 253–275.

Pincock, C. (2012), *Mathematics and Scientific Representation* (Oxford University Press, Oxford).

Polya, G. (1954), *Mathematics and Plausible Reasoning* (2 vols, Princeton University Press, Princeton, NJ).

Reck, E. and M. Price (2000), Structures and structuralism in contemporary philosophy of mathematics, *Synthese* 125, 341–383.

Resnik, M.D. (1997), *Mathematics as a Science of Patterns* (Oxford University Press, New York).

Shapiro, S. (1997), *Philosophy of Mathematics: Structure and Ontology* (Oxford University Press, Oxford).

Steiner, M. (1998), *The Applicability of Mathematics as a Philosophical Problem* (Harvard University Press, Cambridge, MA). 305.

찾아보기

(ㄱ)

가능자들 183
결정가능자 33
경험주의자 305
골드바흐 400
공집합 381
관계주의자들 252
괴델 193, 213, 321
구성주의 210
구조 3
구조주의 49, 50
굿먼 414

(ㄴ)

널리히 249
네트워크 위상수학 140
논리실증주의자 317
논리주의 2, 49
논리주의자 315
뉴턴 118

(ㄷ)

다니엘 고렌슈타인 403
다이어그램 188, 292
데데킨트 314
데이비드 루이스 170
데이비드 암스트롱 38
데이비드 흄 333
데카르트 252
드앤 200

(ㄹ)

레스닉 50
리만 216, 227
리만 가설 392
리미니의 그레고리 220
리차드 라이언즈 404
리틀우드 399

(ㅁ)

마이클 레스닉 76
마이클 애쉬바허 403
마크 스타이너 340
마티외(Mathieu) 군 401
만일-이면주의 224
만일-이면주의자 315
매디 65, 194, 196
모리스 클라인 254
모어텐슨 198
무어 218
무한 2
미셀 175
미첼 198

밀 37

(ㅂ)

바나흐 239
바이어슈트라스 314
배터맨 357
밸러거 162, 276
버클리 157
버트런드 러셀 21, 227, 325
베나세라프 69, 194
베이즈주의 385
베이커 413
벨롯 232, 253
보편자 25
부르바키학파 169
부분-전체 논리 90
브라운 188, 200
브라이언 엘리스 37
브래들리 121
브렌트 먼디 35
비글로 52, 198, 199
비연역적 논리학 385
비유클리드 기하학 206

(ㅅ)

사이먼 노튼 407
사이먼즈 62
사케리 258
사트시 357
산재군 402
상상 290
상상력 288
셔피로 31, 50
셰인 178
수리생태학 139
수아레즈 228
수학적 모델링 135
순수수학 125
슈발리에 드 메레 258
스튜어트 셔피로 76
시각화 5, 264
실체주의 251
실체주의자 252
실험적 수학 385

(ㅇ)

아른체니우스 241
아리스토텔레스주의 2
아인슈타인 116
암스트롱 198
양 3
어바인 194, 196
에드워즈 398
에르빈 슈뢰딩거 207
엘리스 198
역설 214
연속체 가설 213
오일러 73, 103, 235, 344
운영체제연구 127
월프럼 294
윌리엄 제임스 288
월홀트 197
유명론 2, 163
유클리드 104, 339
유한 단순 군 400

응용수학 6, 125
이상화 5, 114, 139
이해 298
인공지능 267

(ㅈ)

접속 187
제어 이론 128
제임스 페처 143
조지 푸야 386
존 스튜어트 밀 191
준(準)플라톤주의적 3
증명 307
지아퀸토 200, 283
집합 22, 60

(ㅊ)

체르멜로 322
체르멜로–프렝켈 공리들 203
추상 27, 264
추상들 139
추상적 대상 264
추상적 존재자 7
치하라 65

(ㅋ)

칸토어 314
칸토어 추측 213
칸트 313, 323
캔버라의 잰코 403
컴퓨터 과학 133
컴퓨터 시뮬레이션 135
케미니 206
케인즈 5, 408
코시 216, 314
콜리반 177
콰인 176, 210
쾨니히스베르크 73
쾨르너 193
클러스터 분석 129
키처 194, 341

(ㅌ)

타르스키 239
톰슨 402
통계 역학 140

(ㅍ)

파게터 198
파스칼 258
파슨즈 179
패턴 인지 18
퍼트넘 176, 317
페르마 386
페아노 312
페잇 402
포레스트 62, 198
폴 어니스트 254
푸앵카레 349
프레게 23, 155
프렝켈 322
프로그램 검증 141
프로클로스 302, 340

플라톤주의 2
피타고라스주의자 199
픽던 178
필드 165, 174
필수불가결성 18
필수불가결성 논증 175

(ㅎ)

하위화 323
하트리 필드 16
합리주의 305
허구주의 378
허브 윌프 338
헬먼 91, 180
헴펠 224
형식과학 4, 125
형식주의 2, 49
형식주의자 315
호어 144
확정자 33
흄 122, 288, 304
힐베르트 193, 320, 373